U0224624

锦屏一级水电站

大坝混凝土碱-硅酸反应

抑制措施及长期安全性

王继敏　白银 等　著

中国水利水电出版社
www.waterpub.com.cn
·北京·

内 容 提 要

本书总结了锦屏一级水电站工程大坝混凝土碱-硅酸反应的抑制措施和长期安全性评价，提出了采用掺加优质粉煤灰、限制总碱量、使用组合骨料等综合措施作为控制碱-硅酸反应的技术思路，通过反应动力学预测模型、离散单元法材料细观力学模型、有限单元法结构宏观受力模型等模拟分析手段，与全级配混凝土长龄期暴露试验、大坝实体芯样试验相结合，对大坝混凝土碱-硅酸反应的长期安全性进行了系统论证。本书是国内首次对大坝混凝土碱-硅酸反应特点、抑制措施和安全评价的全面总结，研究成果值得类似工程参考和借鉴。

本书可供水利水电工程相关研究、设计、施工、检测技术人员参考使用。

图书在版编目（CIP）数据

锦屏一级水电站大坝混凝土碱-硅酸反应抑制措施及长期安全性 / 王继敏等著. -- 北京 : 中国水利水电出版社, 2022.5
ISBN 978-7-5226-0724-5

Ⅰ. ①锦… Ⅱ. ①王… Ⅲ. ①水力发电站－混凝土坝－安全管理－研究－锦屏县 Ⅳ. ①TV642.4

中国版本图书馆CIP数据核字(2022)第087614号

书　名	锦屏一级水电站大坝混凝土碱-硅酸反应抑制措施及长期安全性 JINPING YIJI SHUIDIANZHAN DABA HUNNINGTU JIAN－GUISUAN FANYING YIZHI CUOSHI JI CHANGQI ANQUANXING
作　者	王继敏　白　银　等　著
出版发行	中国水利水电出版社 （北京市海淀区玉渊潭南路1号D座　100038） 网址：www.waterpub.com.cn E－mail：sales@mwr.gov.cn 电话：（010）68545888（营销中心）
经　售	北京科水图书销售有限公司 电话：（010）68545874、63202643 全国各地新华书店和相关出版物销售网点
排　版	中国水利水电出版社微机排版中心
印　刷	北京印匠彩色印刷有限公司
规　格	184mm×260mm　16开本　17印张　414千字
版　次	2022年5月第1版　2022年5月第1次印刷
定　价	**140.00**元

前言

锦屏一级水电站位于四川省凉山彝族自治州木里县与盐源县交界处的雅砻江大河湾干流河段上，是雅砻江下游卡拉—江口河段水电规划梯级开发的龙头水电站。水电站以发电为主，装机容量3600MW。锦屏一级水电站工程由挡水、泄水及消能、引水发电等永久性建筑物组成，属Ⅰ等大（1）型工程。挡水建筑物采用混凝土双曲拱坝，最大坝高305m，是世界上已建最高坝。工程于2005年11月开工，2012年11月开始蓄水，拱坝投入运行；2013年8月首批2台机组发电；2013年12月23日拱坝浇筑完成；2014年7月12日，机组全部投产。2016年4月19—22日，四川省发展和改革委员会授权水电水利规划设计总院组织对锦屏一级水电站工程进行了正式验收。

锦屏一级水电站坝体混凝土工程量巨大，受环境与经济因素制约，建设用砂石材料采用坝址附近的变质砂岩和大理岩骨料。变质砂岩骨料具有潜在碱活性，可能导致坝体混凝土发生碱-骨料反应（alkali - aggregate reaction，AAR）。AAR是骨料中的活性组分、孔溶液中的碱以及水发生的复杂的物理化学反应，会导致混凝土不均匀膨胀、开裂，是混凝土结构耐久性下降的重要原因之一，被称为混凝土的"癌症"。为了保障工程长期安全运行，雅砻江流域水电开发有限公司与国家自然科学基金委员会联合设立研究基金，针对砂岩骨料的碱活性鉴别、抑制方案制定、长期安全评价等技术难题进行深入研究，组织水利部交通运输部国家能源局南京水利科学研究院、长江水利委员会长江科学院、中国电建集团成都勘测设计研究院有限公司、清华大学等国内知名科研院校联合攻关，采用掺加优质粉煤灰、限制总碱量、使用组合骨料等抑制措施，通过反应动力学预测模型、离散单元法材料细观力学模型、有限单元法结构宏观受力模型等模拟分析手段，与全级配混凝土长龄期暴露试验、大坝实体芯样试验相结合，对大坝混凝土AAR变形的长期安全性进行了系统论证，相关研究成果值得类似工程参考和借鉴。

全书共分为七章，第1章介绍了锦屏一级水电站基本情况、骨料料源选择问题以及国内外大坝混凝土AAR研究进展；第2章介绍了骨料碱活性不同试验方法的优缺点和适用性，以及锦屏一级水电站砂岩骨料碱活性鉴定情况；第3章介绍了锦屏一级水电站砂岩骨料ASR主要抑制措施、抑制效果；第4章介绍了砂岩骨料中碱金属离子扩散、SiO_2溶解、ASR凝胶肿胀等动力学过程，提出了大坝混凝土ASR长期变形全过程动力学预测模型；第5章介绍了基于离散单元法的大坝全级配混凝土ASR化学-力学耦合细观模型，提出了材料层次大坝混凝土ASR膨胀变形控制指标；第6章介绍了采用拱梁分载法、线弹性有限元-等效应力法、弹塑性有限元法等方法对ASR导致结构的变形和应力的计算，提出了结构层次大坝混凝土ASR膨胀变形控制指标；第7章介绍了大坝全级配混凝土ASR长期暴露试验和坝体芯样试验结果，提出了使用活性骨料的大坝混凝土服役期安全性论证方法。

锦屏一级水电站大坝混凝土ASR抑制及长期安全性评价，受到国内外专家和学者的关注和关心。工程建设过程中，锦屏工程特别咨询团专家组长马洪琪院士、顾问谭靖夷院士，唐明述院士、王思敬院士、张超然院士、钟登华院士、缪昌文院士、刘加平院士、王浩院士、李文纲大师等知名专家和学者多次现场指导，提出了宝贵的意见和建议。借此机会，也向长期以来支持关心锦屏一级水电站工程建设的专家学者表示衷心的感谢。

本书内容包含了多家单位的研究成果，主要研究人员有王继敏、蔡跃波、周钟、何金荣、丁建彤、李光伟、董芸、段绍辉、陈改新、白银、李鹏翔、潘坚文、张敬、杜成波、杨忠义、周麒雯、庞明亮、冯艺、刘明昌、范智强、周秋景、程恒等。雅砻江流域水电开发有限公司王继敏正高级工程师牵头组织锦屏一级水电站骨料碱活性研究与应用，负责全书主要内容的编撰与统稿，水利部交通运输部国家能源局南京水利科学研究院白银正高级工程师参加了本书第1章、第3章、第4章的编写，长江水利委员会长江科学院李鹏翔正高级工程师参加了本书第2章和第7章的编写，清华大学潘坚文教授参加了本书第5章的编写，中国电建集团成都勘测设计研究院有限公司薛利军正高级工程师和张敬正高级工程师分别参加了本书第3章和第6章的编写。蔡跃波正高级工程师、丁建彤正高级工程师、周钟正高级工程师、李光伟正高级工程师、邓敏教授等对书稿提出了很多建设性的修改意见，在此一并表示衷心感谢。

限于作者水平，书中有错误和纰漏之处，敬请各位专家和广大读者批评指正。

作者

2022年5月

目录

前言

第1章 绪　　论

1.1 锦屏一级水电站工程简介

锦屏一级水电站位于四川省凉山彝族自治州木里县与盐源县交界处的雅砻江大河湾干流河段上，是雅砻江下游卡拉—江口河段水电规划梯级开发的龙头水电站。水电站以发电为主，装机容量3600MW，年发电量166.2亿kW·h。水库正常蓄水位1880.00m，死水位1800.00m，总库容77.6亿m^3，调节库容49.1亿m^3，属不完全年调节水库。

锦屏一级水电站由挡水、泄水及消能、引水发电等永久性建筑物组成，属Ⅰ等大（1）型工程，永久性建筑物为1级建筑物。挡水建筑物采用混凝土双曲拱坝，坝顶高程1885.00m，建基面高程1580.00m，最大坝高305m，是世界上已建最高坝。拱冠梁顶厚16m，拱冠梁底厚63m，最大中心角93.12°，顶拱中心线弧长552.23m，厚高比0.207，弧高比1.811，大坝工程混凝土方量608万m^3，其中大坝结构混凝土方量532万m^3。坝身设置25条横缝，将大坝分为26个坝段，横缝间距20～25m，坝段平均宽度为22.6m，施工期不设纵缝，通仓浇筑，最大浇筑块尺寸约30m×65m，最大浇筑仓面面积约2000m^2。

锦屏一级水电站地处青藏高原东侧边缘地带，属川西高原气候区，主要受高空西风环流和西南季风影响，干、湿季分明。每年11月至次年4月，高空西风带被青藏高原分成南北两支，流域南部主要受南支气流控制，它把在印度北部沙漠地区所形成的干暖大陆气团带入本区，使南部天气晴和，降水很少，气候温暖干燥。流域北部则受北支干冷西风急流影响，气候寒冷干燥。此期为流域的干季。干季日照多，湿度小，日温差大。5—10月，由于南支西风急流逐渐北移到中纬度地区，与北支西风急流合并，西南季风盛行，携带大量水汽，使流域内气候湿润、降水集中，降水量约占全年降水量的90%～95%，雨日占全年的80%左右，是流域的雨季。雨季日照少、湿度较大、日温差小。根据洼里（三滩）专用气象站1990—1999年断续气象资料统计，坝区多年平均气温17.2℃、极端最高气温39.7℃、极端最低气温－3.0℃，多年平均年降水量792.8mm，多年平均相对湿度67%，多年平均年蒸发量1861.3mm。

工程于1989年开始预可行性研究工作，1999年底开始可行性研究选坝阶段，2005年11月开工建设，2006年12月截流，2009年10月23日拱坝混凝土开始浇筑。工程首次蓄水分四个阶段蓄水：

（1）第一阶段蓄水。2012年10月8日，锦屏一级水电站左岸导流洞下闸封堵，右岸导流洞继续泄流。待左岸导流洞临时堵头施工完成后，于 2012 年 11 月 30 日，右岸导流洞下闸封堵、水库开始第一阶段蓄水。坝前水位从 1648.40m 开始上升，至 2012 年 12 月 7 日上午 8：00，坝前水位上升至 1706.67m，坝身导流底孔开始泄流。2012 年 12 月 7 日至 2013 年 6 月 17 日，坝前水位维持在 1706.00m 左右。

(2) 第二阶段蓄水。2013 年 6 月 17 日，开始第二阶段蓄水，坝前水位从 1706.00m 开始上升，至 2013 年 7 月 18 日 23：00，水库蓄水至设计死水位 1800.00m。

(3) 第三阶段蓄水。2013 年 9 月 26 日，坝前水位从 1800.00m 开始上升，至 2013 年 10 月 14 日，水位蓄至 1840.00m，此后维持在 1840.00m 左右，2013 年 12 月 23 日拱坝浇筑完成，创造了 50 个月完成 305m 超高拱坝优质高效建设的新纪录；至 2014 年 1 月水位开始下降，2014 年 5 月底水位回落至死水位 1800.00m。

(4) 第四阶段蓄水。2014 年 6 月 17 日—7 月 10 日，开始第四阶段蓄水，由 1800.00m 水位利用发电剩余水量逐步蓄水并控制在 1840.00m 水位附近运行。泄洪洞 11-1 支洞封堵完成，具备应急过流条件后，2014 年 7 月 11 日，坝前水位从 1840.00m 开始上升，2014 年 7 月 12 日，机组全部投产发电；至 2014 年 7 月 23 日蓄水至 1855.00m，停留 10d 进行安全监测分析评价；2014 年 8 月 4 日水库水位继续从 1855.00m 抬升，至 2014 年 8 月 24 日，水库水位首次蓄至正常蓄水位 1880.00m。

2016 年 4 月 19—22 日，四川省发展和改革委员会授权水电水利规划设计总院组织的专家组和验收委员会对锦屏一级水电站枢纽工程进行了正式验收，创造了我国巨型水电工程全部投产后 20 个月即完成枢纽工程验收的先例。

1.2　坝址区骨料料源情况

锦屏一级水电站工程混凝土总量 608 万 m^3，需成品骨料 1200 万 t，工程区内出露地层主要为三叠系浅变质岩，岩性以变质砂岩和板岩为主，局部夹大理岩；近坝范围内未发现坚硬的火成岩。从坝址附近出露的地层岩性分析，可作为人工骨料料源的仅有大理岩和变质砂岩。

锦屏一级水电站坝体混凝土工程量巨大，受环境与经济因素制约，工程建设用砂石材料只能就地取材。详细调研坝址区可用骨料料源的分布、储量及基本性能，对于工程建设质量、建设进度以及长期安全都非常重要。

1.2.1　骨料地层岩性

在工程预可研、可研阶段，主要调查了木落脚村、解放沟沟口、硝厂沟、普斯罗沟、三滩沟（左岸）和三滩右岸等大理岩骨料场；可研选坝阶段按详查精度对三滩沟（左岸）和三滩右岸大理岩料场开展了勘探试验工作。随着勘探试验工作的深入，发现三滩沟（左岸）料场岩性均一性差、含绿片岩较多、开采条件差，因此，最先放弃了该料场。三滩右岸料场同样存在岩性不均一、岩石强度偏低，人工碎石和人工制砂主要性能指标不满足要求的情况。

2002 年 8 月增加勘探了兰坝大理岩料场和大奔流沟砂岩料场，并在 2002 年 12 月至

2003年1月对这两个料场进行了骨料生产性试验。勘探调查结果表明：兰坝大理岩料场储量不能满足工程要求；大奔流沟砂岩料场存在潜在碱活性问题。

大奔流沟砂岩料场位于坝址下游左岸大奔流沟公路内侧山体，距坝址约9km。料场地形为一顺河方向的斜坡，临河坡度50°～65°。料场长约1000m，宽200～250m，呈长条带状展布于高程1660.00～2100.00m，产地面积约20万m^2。场内发育5条冲沟，除大奔流沟发育较大且深并长年流水外，其余均短小，仅雨季期间有暂时性流水。料场地势陡峻，地表岩体多裸露，沟及缓坡覆盖良好，为块碎石土，厚3～5m，局部10～15m。

该料场有大奔流沟和雅砻江公路边两个天然露头，为探明有用层的储量，沿料场布置4条勘探线，每条勘探线各布1个平洞，位于1710.00～1850.00m高程。料场地层岩性为三叠系杂谷脑组第三段（$T_{2-3}z^{3(1-3)}$）中厚～厚层状变质砂岩及粉细砂质板岩，岩层总厚200～350m，岩层产状N20°～40°E，SE∠60°～85°。砂岩内侧为第二段（$T_{2-3}z^2$）灰～灰白色角砾、条带状厚～巨厚层大理岩。

料场地层由山里向岸边依次为1、2、3层：

第1层为中厚层青灰色变质砂岩夹少量深灰色粉砂质板岩，中部夹厚5～6m的角砾状大理岩，总厚度140～170m。据勘探平洞揭示，断层、层间挤压错动带较发育，据统计，层间挤压错动带间距3～20m不等，宽度一般5～15cm，宽大者50～70cm，带内多为强风化，粉砂质板岩夹层一般厚0.5～2m，厚者4～6m，粉砂质板岩夹层中多发育层间挤压错动带，风化较强。该层中的小断层、层间错动带等无用夹层约占3%～5%、板岩约占5%～7%，中部角砾状大理岩强度相对较低，约占3%，表层强风化无用层厚1～5m，需开挖剥离。

第2层为深灰色粉细砂质板岩夹中厚层状细砂岩，局部底部见厚约1m的条纹、角砾状大理岩，呈带状分布，可分为三层，即$T_{2-3}z^{3(2-1)}$粉砂质板岩、$T_{2-3}z^{3(2-2)}$中厚～厚层细砂岩、$T_{2-3}z^{3(2-2)}$粉砂质板岩。粉砂质板岩板理面黏结较紧，单层厚度5～20cm，部分小于5cm，总厚度40～70m，中部中厚～厚层状细砂岩厚20～30m。

第3层为青灰色变质砂岩夹深灰色粉细砂质板岩，板岩约占35%～40%，板理面黏结较紧，总厚度大于100m。

料场范围内发育一条断层（F_1），在大奔流沟下游100m处公路内侧出露，产状N60°～70°E，SE∠80°～85°，断层破碎带及影响带宽8～10m，由压碎岩、片状岩及少量糜棱岩组成，挤压紧密，延伸长度大于1000m。

岩体中主要发育3组裂隙：①N20°～40°E，SE∠60°～85°，迹长大于10m，间距20～40cm和50～100cm；②N60°～80°W，NE（SW）∠60°～80°，迹长大于10m，间距0.5～2m，多无充填；③N10°～30°W，SW∠10°～20°，迹长大于10m，间距40～100cm，多无充填。第1层和第3层砂岩为中厚～厚层状，岩块大小多为50～100cm及20～40cm，少量为5～20cm，板岩岩块大小多为5～20cm。

根据地表调查及探洞揭示，料源区表部岩体以强卸荷、弱风化为主，水平深度一般为20～50m，且以裂隙式风化为主。部分地表厚1～5m范围内为强风化，层面及裂隙面多为中～强锈染外，其余为微新岩体。

1.2.2　骨料质量及储量

1.2.2.1　砂岩骨料

在可研阶段，根据骨料母岩物理力学性能试验结果（表1.1），第1层青灰色变质砂岩干密度2.69～2.72g/cm³，饱和吸水率0.21%～0.51%，湿抗压强度101.0～147.0MPa，软化系数0.69～0.88；第2层深灰色粉细砂质板岩干密度2.71～2.76g/cm³，饱和吸水率0.45%～0.49%，湿抗压强度（垂直层面）65.2～107.4MPa，软化系数0.70～0.73；第3层中的青灰色变质砂岩干密度2.67～2.71g/cm³，饱和吸水率0.30%～0.40%，湿抗压强度100.3～141.6MPa，软化系数0.78～0.89。第3层中的深灰色粉细砂质板岩岩石物理力学指标与第2层深灰色粉细砂质板岩相近，各层岩石强度均满足人工骨料强度要求。

表1.1　可研阶段大奔流沟人工骨料母岩物理力学性能

岩　性	试验组数	天然密度/(g/cm³)	干密度/(g/cm³)	吸水率/%	饱和吸水率/%	抗压强度/MPa		软化系数
						干	湿	
第1层青灰色变质砂岩	6	2.70～2.72 (2.71)	2.69～2.72 (2.70)	0.02～0.21 (0.08)	0.21～0.51 (0.35)	145.7～182.3 (161)	101.0～147.0 (128.0)	0.69～0.88 (0.79)
第2层深灰色粉细砂质板岩	2	2.72、2.77	2.71、2.76	0.10、0.14	0.45、0.49	92.9、148.0	65.2、107.4	0.70、0.73
第3层青灰色变质砂岩	4	2.69～2.71 (2.70)	2.67～2.71 (2.69)	0.03～0.34 (0.24)	0.30～0.40 (0.34)	123.6～181.2 (146.9)	100.3～141.6 (121.4)	0.78～0.89 (0.83)
第3层深灰色粉细砂质板岩	3	2.71～2.75 (2.73)	2.70～2.75 (2.72)	0.09～0.32 (0.23)	0.29～0.34 (0.31)	110.0～150.3 (125.2)	84.7～107.8 (94.2)	0.72～0.78 (0.76)

注　括号中数值为平均值。

深化研究阶段复核母岩物理力学性能，结果见表1.2。弱风化岩石湿抗压强度54～59MPa，小于60MPa，强度相对较低。新鲜岩石湿抗压强度与可研阶段相比有所减小，为68～102MPa，但均大于60MPa，强度指标满足人工骨料强度质量要求。

表1.2　深化研究阶段大奔流沟人工骨料母岩物理力学性能

岩　性		试验组数	天然密度/(g/cm³)	干密度/(g/cm³)	吸水率/%	饱和吸水率/%	抗压强度/MPa		软化系数
							干	湿	
第1层青灰色变质砂岩	新鲜	8	2.68～2.72 (2.70)	2.68～2.72 (2.70)	0.02～0.07 (0.04)	0.16～0.35 (0.24)	82～107 (93)	68～102 (83)	0.73～0.99 (0.89)
	弱风化	2	2.66～2.70 (2.68)	2.66～2.70 (2.68)	0.05～0.07 (0.06)	0.32～0.43 (0.38)	61～75 (68)	54～59 (57)	0.79～0.89 (0.84)
第2层深灰色粉细砂质板岩		1	2.71	2.71	0.05	0.26	86	77	0.89
第3层青灰色变质砂岩（弱风化）		1	2.66	2.66	0.10	0.44	69	50	0.73

注　括号中数值为平均值。

据人工细骨料物理性能试验结果（表1.3）及人工粗骨料物理性能试验结果（表1.4），骨料成品率较高，除粗骨料个别组次冻融损失超标外，主要性能指标满足标准要求。

据粗骨料针片状含量试验结果（表1.5），特大石（80～150mm）及大石（40～80mm）针片状含量总体满足标准要求，中石（20～40mm）及小石（5～20mm）针片状含量大多超标，尤以在第2、3层深灰色粉细砂质板岩中针片状含量多，最大可达32%。砂岩及板岩生产的人工粗骨料颗粒形状差，多为长块（条）状。

对第1层青灰色变质砂岩取10组样进行人工粗、细骨料物理性能试验复核，其成果见表1.6和表1.7，第1层青灰色变质砂岩人工制砂成品率60%～75%，细度模数2.47～2.90，石粉含量14%～22%，坚固性1.3%～3.2%；成品率89.5%～97.5%，压碎指标9.2%～10.9%，坚固性0.2%～2.8%；对比可研阶段成果，各项指标接近，只是人工制砂成品率略低，主要性能指标满足标准要求。

表1.3　可研阶段大奔流沟人工细骨料物理性能试验结果

岩　性	试验组数	堆积密度/(g/cm³)	干表观密度/(g/cm³)	坚固性/%	细度模数	平均粒径/mm	石粉含量/%	成品率/%
第1层青灰色变质砂岩	6	1.57～1.57 (1.54)	2.66～2.86 (2.74)	1.1～4.6 (3.0)	2.52～3.06 (2.79)	0.43～0.60 (0.52)	13.9～25.9 (18.4)	72.9～84.7 (80.1)
第2层深灰色粉细砂质板岩	2	1.50～1.51	2.77～2.78	8.3～9.1	2.82～2.93	0.56	12.2～13.1	76.2～76.6
第3层青灰色变质砂岩	4	1.48～1.55 (1.52)	2.70～2.80 (2.76)	3.6～9.5 (6.3)	2.74～3.04 (2.92)	0.43～0.56 (0.49)	14.0～18.0 (15.1)	78.7～86.4 (82.0)
第3层深灰色粉细砂质板岩	3	1.51～1.55 (1.53)	2.75～2.86 (2.80)	5.6～7.7 (6.4)	2.93～2.99 (3.03)	0.44～0.56 (0.49)	12.2～14.5 (13.4)	78.3～87.5 (83.6)
《水利水电工程天然建筑材料勘察规程》(SL 251—2000)		>1.5	>2.55	<10	2.5～3.5	0.36～0.50	6～12	

注　括号中数值为平均值。

表1.4　可研阶段大奔流沟人工粗骨料物理性能试验结果

岩　性	试验组数	冻融损失/%	压碎指标/%	坚固性/%	成品率/%
第1层青灰色变质砂岩	6	0.11～0.38 (0.21)	5.8～9.2 (7.7)	0.2～3.5 (1.6)	91.0～97.7 (93.6)
第2层深灰色粉细砂质板岩	2	0.22～0.27	7.8～8.2	0.3～0.6	93.5～94.5
第3层青灰色变质砂岩	4	0.12～25.40 (9.10)	6.3～6.3 (6.8)	0.7～2.4 (1.6)	93.0～96.3 (95.0)
第3层深灰色粉细砂质板岩	3	0.11～38.60 (25.60)	7.0～7.8 (7.3)	0.1～3.0 (1.4)	91.9～92.7 (92.2)
《水利水电工程天然建筑材料勘察规程》(SL 251—2000)		<10%	<20	<12	

表 1.5 可研阶段大奔流沟人工粗骨料针片状含量试验结果

岩 性	试验组数	各级配针片状含量/%			
		80～150mm	40～80mm	20～40mm	5～20mm
第 1 层青灰色变质砂岩	6	0	6.0～27.1 (13.4)	8.0～26.4 (18)	13.7～25 (21.5)
第 2 层深灰色粉细砂质板岩	2	0	23.6～28.4	22～32	25～27
第 3 层青灰色变质砂岩	4	0～2 (0.5)	2.8～13.5 (8.7)	6～16.7 (10.6)	9.8～30 (16.0)
第 3 层深灰色粉细砂质板岩	3	0～3.3 (1.4)	6.8～9.8 (8.7)	11～17 (13.3)	15.2～20.6 (17.3)
《水利水电工程天然建筑材料勘察规程》(SL 251—2000)		<15			

注 括号中数值为平均值。

表 1.6 深化研究阶段大奔流沟人工细骨料物理性能试验结果

岩 性	试验组数	堆积密度/(g/cm^3)	干表观密度/(g/cm^3)	坚固性/%	细度模数	平均粒径/mm	石粉含量/%	成品率/%
第 1 层青灰色变质砂岩	10	1.50～1.57 (1.54)	2.70～2.74 (2.73)	1.3～3.2 (2.1)	2.47～2.90 (2.73)	0.39～0.43 (0.42)	14～22 (17)	60～75 (67)
第 3 层深灰色粉细砂质板岩	1	1.50	2.74	4.5	3.05	0.466	9.8	71.5
第 3 层青灰色变质砂岩	1	1.50	2.74	1.5	2.74	0.425	15	73.3
《水利水电工程天然建筑材料勘察规程》(SL 251—2000)		>1.5	>2.55		2.5～3.5	0.36～0.50	6～12	
《水工混凝土施工规范》(DL/T 5144—2001)			>2.50	<10	2.4～2.8		6～18	

注 数据后括号中数值为平均值。

表 1.7 深化研究阶段大奔流沟人工粗骨料物理性能试验结果

岩 性	试验组数	冻融损失/%	压碎指标/%	坚固性/%	成品率/%
第 1 层青灰色变质砂岩	10	0	9.2～10.9 (10.0)	0.2～2.8 (0.8)	89.5～97.5 (91.6)
第 3 层深灰色粉细砂质板岩	1	0	10.9	0.6	90.9
第 3 层青灰色变质砂岩	1	0	8.5	0.4	90.9
《水利水电工程天然建筑材料勘察规程》(SL 251—2000)		<10	<20	<12	

注 数据后括号中数值为平均值。

据粗骨料针片状含量试验成果（表1.8），对比可研阶段成果，特大石（80～150mm）及大石（40～80mm）针片状含量总体满足标准要求，中石（20～40mm）及小石（5～20mm）针片状含量超标，最大20.9%。

表1.8　深化研究阶段大奔流沟人工粗骨料针片状含量试验结果

岩　性	试验组数	各级配针片状含量/%			
		80～150mm	40～80mm	20～40mm	5～20mm
第1层青灰色变质砂岩	10	0～2.1 (0.79)	3.6～12.3 (7.97)	4.6～20.9 (9.8)	4.2～16 (6.85)
第3层深灰色粉细砂质板岩	1	0.10	10.1	19.8	5.5
第3层青灰色变质砂岩	1	2.3	2.7	5.1	4.8
《水利水电工程天然建筑材料勘察规程》（SL 251—2000）		<15			

注　数据后括号中数值为平均值。

经计算，开挖大奔流沟下游料场区，高程1700.00～2100.00m第1层变质砂岩有用层总储量约1200万m^3，需剥离第2层、第3层板岩及表层1～5m的强风化无用层，约180万m^3，小断层、层间挤压错动带及板岩等无用夹层约270万m^3。高程1700.00～1920.00m第1层变质砂岩有用层总储量约550万m^3，需剥离第2层、第3层板岩及表层1～5m的强风化无用层，约160万m^3，小断层、层间挤压错动带及板岩等无用夹层，约110万m^3。

大奔流沟砂岩料场岩石强度、粗细骨料物理性能主要指标满足人工骨料质量技术要求，料场有用层总储量满足需要，且距坝址约9km，公路直达坝址，运输方便。推荐第1层变质砂岩为大坝混凝土骨料料源。深化研究阶段，通过岩相法、化学法、砂浆棒快速法、压蒸法等方法检验（详见本书第2章），初步评定变质砂岩骨料为具有潜在危害性反应的活性骨料，应对骨料碱活性及抑制措施进行深入研究。

1.2.2.2　大理岩骨料

坝址区附近大理岩料场有4个：三滩右岸料场，位于锦屏一级坝址上游约3km处高程1950.00～2650.00m的山坡上；松坪子料场，位于坝址下游0.5km的雅砻江右岸道班沟与棉沙沟之间的斜坡地带；三滩沟（左岸）料场，位于坝址上游左岸三滩沟内1km处山体；东端模萨沟料场，位于锦屏二级厂区模萨沟右岸，沿锦屏山隧洞距锦屏一级坝址约25km。

各大理岩料场的岩性不均一，三滩右岸料场中细晶大理岩强度较高，但粗骨料的压碎指标达不到标准要求、成品率较低、耐磨性差、跌落损失大；松坪子料场、三滩沟（左岸）料场中细晶大理岩呈带状间夹于岩层中，开采条件差，开采方量较大时，剥离无用层太多。东端模萨沟料场粗晶大理岩强度偏低，湿抗压强度小于60MPa，不适宜做大坝混凝土粗骨料。因此，工程放弃大理岩料场做大坝粗骨料料场。

1.2.2.3 花岗岩骨料

九龙河花岗岩料场位于S215省道K318桩前后300m，距锦屏一级坝址约51km，料场高程1620.00～2000.00m。岩性为燕山期早期（$\gamma\beta_5^2$）白色中粒黑云母二长花岗岩，岩性均匀单一，为次块状～块状结构，块体大小50～200cm。料场下游发育灰绿岩脉和砂岩、砂板岩的捕虏体，岩体完整性差，风化较强。中粒花岗岩强度较高，湿抗压强度为93～112MPa，采用压蒸法、砂浆棒快速法、砂浆长度法和混凝土棱柱体法进行碱活性试验，判定该料场花岗岩为非活性骨料。料场总储量约1080万m^3，需剥离表层无用层约330万m^3。开采条件较好，靠近S215省道，运输方便，但运距太远，运输成本较高经济性差。

1.3 大坝混凝土碱-骨料反应特点与案例

1.3.1 大坝混凝土碱-骨料反应特点

碱-骨料反应（alkali - aggregate reaction，AAR）是活性骨料与混凝土孔溶液中的碱发生的一种复杂的物理化学反应，会导致混凝土膨胀、开裂。按照反应类型不同，AAR又可以分为碱一硅酸反应（alkali - silica reaction，ASR）和碱-碳酸盐反应（alkali - carbonate reaction，ACR）。

大坝混凝土与普通混凝土有显著的不同，王爱勤等（2003）详细讨论了其区别所在，如大坝混凝土的骨料粒径大、强度等级低、胶凝材料用量少、长期处于潮湿环境、使用寿命长等，并且认为大坝混凝土中的AAR比普通混凝土有更大的危险性；蔡跃波等（2008）也针对大坝混凝土的特殊性，指出大坝混凝土中的活性石粉、引气剂等对AAR有一定的"自免疫力"，这种免疫力会在一定程度上降低AAR破坏的风险。对于大坝混凝土而言，与AAR相关的主要影响因素如下。

（1）最大骨料粒径。大坝混凝土的最大骨料粒径一般都比较大（80～150mm），在施工期间由于沉降、泌水等原因，混凝土中的浆体会上浮，而大骨料容易阻止上浮的水分，导致骨料下方形成水囊（覃维祖，2006）。水囊作为一种微环境，提供了AAR发生的必要条件之一，对于AAR来说是非常好的发育平台，因此，骨料粒径越大AAR破坏的风险也就越大。用扫描电镜分析了直径分别为150mm、40mm以及20mm的骨料下方缝隙情况，见图1.1。从图1.1中可以清晰地看出骨料粒径越大，骨料下方的缝隙越宽。

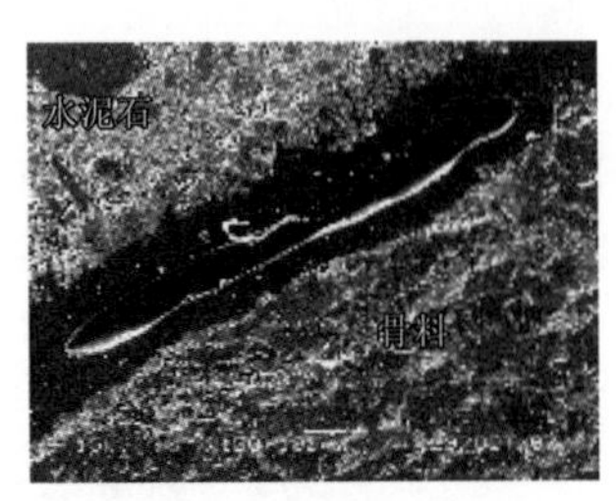

（a）150mm骨料下方缝隙

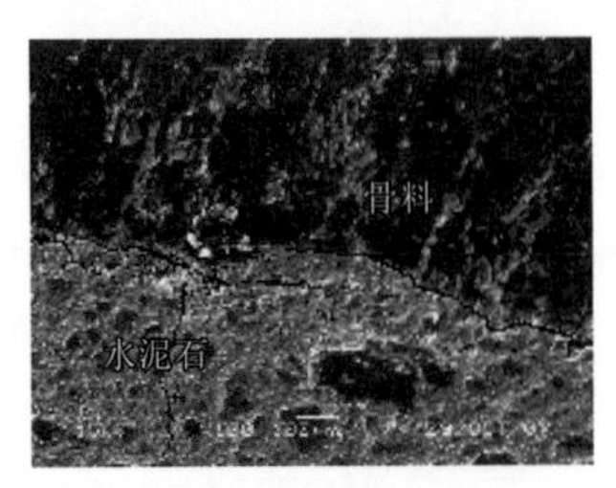

（b）40mm骨料下方缝隙

（c）20mm骨料下方缝隙

图1.1 不同粒径骨料下方开裂情况

测试AAR抑制效果的标准试验方法中采用砂浆进行试验，无法考虑大骨料带来的差异。即使参照混凝土棱柱体法进行试验，所用最大骨料粒径为20mm，也与大坝混凝土的实际情况相差较远。

（2）水胶比。改变水胶比不仅会改变孔隙中碱的浓度，还会改变混凝土内部的孔结构。Grattan－Bellew（1997）指出最有利于AAR发生的水胶比（W/C）是0.4～0.6，具体取值与骨料的性质有关。Fournier和Bérubé（1991）采用砂浆棒法进行的研究表明，当水胶比小于0.5时，随着水胶比的增大，AAR引起的膨胀会增大；当水胶比大于0.5时，则相反。采用锦屏一级水电站砂岩骨料考察水胶比对AAR膨胀率的影响，结果如图1.2所示，水胶比为0.47的试件28d膨胀率比水胶比为0.40的试件高出约35%。由此可见，水胶比带来的影响不容忽视。鉴于大坝混凝土强度要求低，水胶比一般较高，采用水胶比为0.42～0.45的混凝土试件进行试验，可能会错估AAR风险。

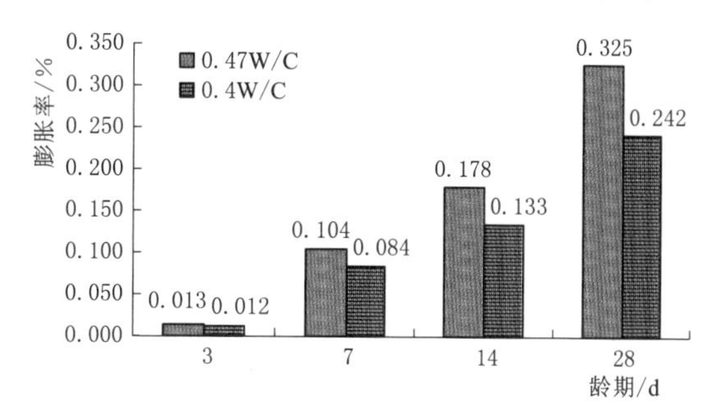

图1.2　水胶比对AAR的影响（砂浆棒快速法）

（3）胶凝材料用量。胶凝材料用量（或浆骨比）小是大坝混凝土的一个非常显著的特点。AAR主要是混凝土中的碱与碱活性骨料发生反应，碱的来源主要是胶凝材料，因此对于特定含碱量的某种胶凝材料体系而言，AAR的程度取决于胶凝材料与碱活性骨料的比例关系，只有浆骨比达到某一合适的比例，AAR才会最剧烈（Fan et al.，2011；Livesey，2009；Ramyar et al.，2005）。在大坝混凝土中，骨料占到混凝土质量的80%左右，胶凝材料用量少导致能够参加AAR的碱比较少，水泥用量的减少将导致AAR膨胀得较少（Fan et al.，2011；Swamy，1992）。另一方面，也有研究（张承志 等，2004）认为胶凝材料作为连续相对AAR膨胀起到约束作用，随着胶凝材料用量的增加AAR膨胀率会降低。在砂浆或者混凝土的总体积保持不变的情况下，胶凝材料用量的增加意味着碱活性骨料用量的减小，最终AAR膨胀率的降低不能完全归结于水泥用量的增加。因此，胶凝材料用量少会对大坝混凝土AAR膨胀产生明显影响，影响的方向还需要进一步的验证。

（4）设计寿命。AAR从发生到引起破坏是一个缓慢的过程，需要一定时间的积累，这对于本身设计寿命比较短的工程，例如机场跑道、公路路面、办公大楼、桥梁等，在AAR未发展至破坏状态时就已经拆除或退役，风险相对较小。而大坝工程的合理使用寿命一般不小于150年，有足够的时间供AAR充分发展，风险相对更大。因此，对于大坝工程，应更加重视AAR的影响，制定合理可靠的抑制措施，以保证工程长期服役安全。

（5）水分供应。大坝工程属于挡水建筑物，从服役开始就长期与水接触，相对于交通、市政等行业的混凝土建筑物而言，大坝混凝土的水分供应非常充足。另外，大坝混凝土体型大，混凝土内部水分不易外溢，所以其内部混凝土始终保持潮湿状态。水分是AAR发生发展的必备条件之一，对于水分供应充足的大坝混凝土而言，其AAR风险要高于其他混凝土。

(6) 含气量。大坝混凝土普遍通过掺加引气剂，引入2%～6%的微小气泡。这些气泡均匀分布在水泥石中，对于AAR膨胀有一定的抑制效果(Forster et al.，1998；Ramachandran，1998)。Jensen et al.(1984)用35种不同碱活性砂进行的试验表明，4%的引气量可以将AAR的膨胀率减少35%，扫描电镜观察表明AAR的产物填充到气孔中，也就是说，引气剂引入的气孔对AAR膨胀起到了“缓冲气囊”的作用。朱蓓蓉等(2001)也得出类似的结论：当混凝土含气量为4.5%时，可以将AAR膨胀减小57%。

利用锦屏一级水电站大奔流沟砂岩料场的砂岩砂，按照砂浆棒快速法试验了砂浆引气对AAR的抑制效果。选择四种引气剂，通过调整掺量分别为0.01%、0.02%、0.03%，获得3.5%～18.3%的砂浆棒含气量。砂浆棒28d膨胀率降低百分比与含气量的关系见图1.3。可见，AAR膨胀随着砂浆中含气量的增加而减小。当引气剂掺量为0.01%时，含气量为3.5%～17.6%，膨胀率降低20%～60%；掺量为0.03%时，含气量为12.8%～18.3%，膨胀率降低约35%～64%。大坝混凝土一般都有3.5%～5.0%的含气量，假设粗骨料含量为60%，则大坝混凝土砂浆含气量为9%～12%，与图1.3对应，相应砂浆的AAR膨胀率降低40%左右。

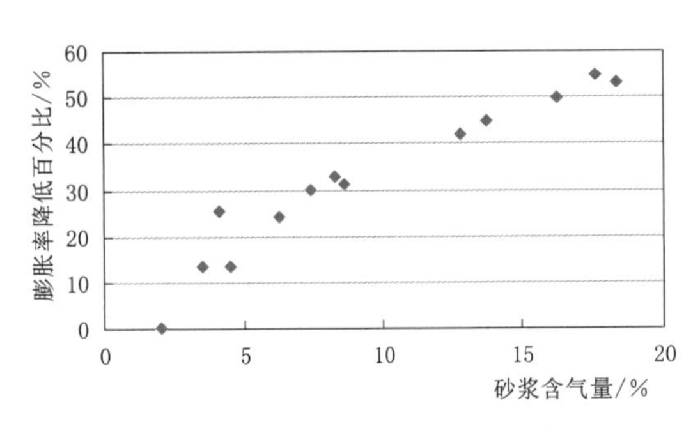

图1.3 砂浆引气对AAR的抑制效果

(7) 活性石粉。采用人工骨料时，如果骨料具有碱活性，则人工骨料(尤其是人工砂)自然就会引入相当数量的碱活性石粉。《水工混凝土施工规范》(DL/T 5144—2001)要求，常态混凝土中细骨料的石粉含量为6%～18%。按照大坝混凝土细骨料用量为700～800kg/m³、胶凝材料用量为200kg/m³估算，石粉的质量相当于胶凝材料用量的20%～80%。

这部分石粉将均匀地分布在水泥石中，其作用主要有两个方面：

1) 与浆体中的碱发生反应。由于石粉的比表面积远大于粗细骨料，它们发生反应的能力更强，对碱的需求也更大，这就可以消耗浆体中的碱。

2) 虽然石粉与碱发生了反应，但是由于石粉分布均匀，且颗粒很小，不会像骨料界面区发生的AAR那样形成局部应力集中，而是使得AAR膨胀力弥散从而避免开裂，对AAR可以达到“以毒攻毒”的效果(Pedersen et al.，2004)。Carles - Gibergues et al.(2008)的试验中，四种碱活性骨料的石粉在60℃混凝土棱柱体法中都表现出减少了AAR所产生的表面裂纹。

采用锦屏一级水电站大奔流沟砂岩料场的碱活性砂岩砂，磨细成勃氏比表面积358m²/kg的石粉(这种人工砂中实际所含未磨细石粉的勃氏比表面积为212m²/kg)，分别取代水泥质量的10%、20%、30%，同时保持浆体体积不变；所选骨料为砂岩砂；采用砂浆棒快速法测试28d。为了避免碱活性石粉掺入以后导致的“稀释效应”，即水泥用

量减少对AAR膨胀率的影响，另外选用掺入非活性大理岩石粉（比表面积为780m²/kg）的试件作为对照组，结果如图1.4所示。

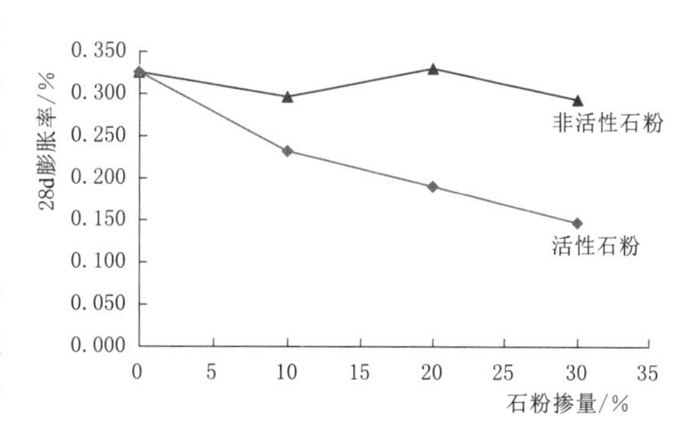

图1.4 不同掺量的碱活性砂岩石粉对AAR的抑制效果

可见，随着碱活性石粉掺量的增加，AAR膨胀率明显减小。当碱活性石粉掺量为胶凝材料质量的20%时，试件28d膨胀率为0.192%，与同龄期膨胀率为0.327%的对照试件相比，免疫效果为41%；当碱活性石粉掺量提高到30%时，免疫效果进一步提高到50%。因此，对于碱活性石粉质量相当于胶凝材料总用量的20%～80%的大坝混凝土，碱活性石粉对AAR的免疫效果将相当可观。掺非碱活性石粉的试件在三种掺量下的28d膨胀率分别为0.298%、0.332%、0.295%，与掺碱活性石粉的试件膨胀率相比大得多，说明碱活性石粉的免疫效果主要不是稀释效应引起的。

综上分析可以看出，大坝混凝土有显著区别于其他混凝土的自身特点，这些特点有的会促进AAR发生，有的会减缓AAR发生。因此，大坝混凝土的AAR风险如何，还需深入研究。

1.3.2 大坝AAR破坏案例

由于AAR发生在混凝土内部，且持续不断进行，修补与加固非常困难，有时甚至需要重建。特别是大坝混凝土结构，因AAR导致的连年整治、维修，代价巨大。世界各国已发生AAR的典型大坝工程案例见表1.9。

表1.9 世界各国已发生AAR的典型大坝工程案例

序号	工程名称	国家	坝型	AAR类型	发现时间
1	派克（Parker）	美国	拱坝	ASR	1938年建成，1940年发现严重裂缝
2	卡里巴（Kariba）	赞比亚	拱坝	ASR	1959年建成，1983年观察到膨胀
3	卡布拉巴萨（Cahorra Bassa）	莫桑比克	拱坝	ASR	1974年建成，1994年观察到膨胀
4	纳鲁巴莱（Nalubaale）	乌干达	拱坝	ASR	1950年建成，1964年观察到膨胀
5	克莱恩普拉斯（Kleinplaas）	南非	重力坝	ASR	1982年建成，1996年观察到膨胀和网状开裂
6	库加（Kouga）	南非	拱坝	ASR	1969年建成，1976年观察到膨胀
7	桑本（Chambon）	法国	重力坝+拱坝	ASR	1935年建成，1958年观察到膨胀

续表

序号	工程名称	国家	坝型	AAR类型	发现时间
8	洛特河畔圣殿（Temple - sur - Lot）	法国	重力坝	ASR	1951年建成，1960年发现膨胀和裂缝
9	皮安特莱西奥（Piantelessio）	意大利	重力拱坝	ASR	1955—1960年建成，20世纪70年代发现膨胀
10	库珀贝因（Copper Basin）	美国	拱坝	ASR	1938年建成，1950年发现膨胀
11	阿尔托塞拉（Alto Ciera）	葡萄牙	拱坝	ASR	1949年建成，1953年发现膨胀
12	伊索拉（Isola）	瑞士	重力坝+拱坝	ASR	1960年建成，20世纪80年代发现膨胀
13	伊而赛（Illsee）	瑞士	重力坝+拱坝	ASR	1962年建成，20世纪70年代末发现膨胀
14	萨兰菲（Salanfe）	瑞士	重力坝	ASR	1952年建成，20世纪70年代发现膨胀
15	斯托尔斯瓦特恩（Stolsvatn）	挪威	重力坝+拱坝	ASR	1948年建成，1972年发现膨胀
16	麦克塔夸克（Mactaquac）	加拿大	重力坝	ASR	1967年建成，20世纪70年代初发现膨胀
17	博哈努瓦（Beauharnois）	加拿大	重力坝	ASR	1930—1961年建成，20世纪60年代末发现异常膨胀
18	奥托霍尔登（Otto Holden）	加拿大	重力坝	ASR	1952年建成，20世纪70年代发现异常膨胀
19	丰塔纳（Fontana）	美国	重力坝	ASR	1946年建成，1972年发现明显膨胀
20	海华西（Hiwassee）	美国	重力坝	ASR	1940年建成，20世纪70年代发现明显开裂
21	奇克莫加（Chickamauga）	美国	重力坝	ACR	1940年建成，1955年发现膨胀
22	斯图尔特（StewartMtn）	美国	拱坝	ASR	1930年建成，1943年确认发生ASR
23	塞米诺（Seminoe）	美国	拱坝	ASR	1939年建成，1950年后发现膨胀
24	弗里恩特（Friant）	美国	重力坝	ASR	1942年建成，数年后发现不规则开裂
25	森特赫尔（CenterHill）	美国	重力坝	ASR	1948年建成，1974年发现膨胀
26	罗阿诺克瑞匹兹（RoanokeRapids）	美国	重力坝	ASR	1955年建成，2006—2008确认发生ASR
27	桑蒂特拉（Santeetlah）	美国	拱坝	ASR	1927年建成，1947年发现膨胀

续表

序号	工程名称	国家	坝型	AAR类型	发现时间
28	莫索托 (Moxoto)	巴西	堆石坝	ASR	1977年建成，1979年发现ASR
29	佩德拉 (Pedra)	巴西	重力坝	ASR	1968年建成，1991年发现ASR
30	比林斯-佩德拉斯 (Billings-Pedras)	巴西	重力坝	ASR	1936年建成，1992年确认ASR

美国的派克坝是一座高98m的混凝土拱坝，1938年建成，1940年发现大坝出现严重裂缝，经研究证实是由于安山岩等具有碱活性的砂石骨料发生ASR导致。

建于1931年的法国桑本坝，是一座混凝土重力坝和拱坝混合型坝，建坝所用骨料为片麻岩，水泥碱含量为0.59%。1958年开始发现AAR膨胀。膨胀导致泄洪闸门启闭受阻，坝体出现畸形变形，是比较典型的混凝土AAR破坏的工程实例。

麦克塔夸克水电站位于加拿大东部，1967年建成，1970年发现异常膨胀，1982年，经过众多专家共同研究，确认是由于AAR造成。该电站是世界上因AAR产生膨胀变形最大的电站，已采取的措施是用钢丝锯将厂房坝段切割成6段，而且每3年切割一次。1982—2007年用于维护因AAR造成破坏的费用共计12亿加元。

中国建设的许多混凝土高坝中是否存在AAR破坏，一直为人们所关注。中国吸取了美国派克大坝等AAR毁坏和重建的教训，从20世纪50年代起，对较大的水利水电工程混凝土所用骨料都要求进行碱活性检验，采用掺入大量混合材、掺活性掺合料等措施。20世纪80年代，中国水利水电科学研究院等单位对全国已建的32座混凝土高坝和40余座水闸的混凝土耐久性和老化病害状态进行了调查，没有发现由于AAR引起工程破坏的实例，但其中有几个典型工程明确使用了碱活性骨料。如柘溪水电站，1959—1962年施工，当时所用骨料为含9.1%燧石的天然骨料，经检测为碱活性骨料，实际检测未发生AAR。河北的大黑汀水库建于1973—1980年，大坝混凝土所用骨料经岩相法、化学法和砂浆长度法检测为非活性骨料，施工中采用了低碱水泥，并掺用了15%的原状粉煤灰，芯样检测结果表明，骨料周边形成了反应环且骨料已经胀裂，微裂缝已经向周围延伸并达到混凝土表面，经综合分析判断，破坏的主因是冻融，但AAR已经发生并形成了微细裂缝。

从全球范围内来看，AAR引起大坝工程破坏的案例较多，整治维修代价巨大。不断总结相关经验和教训，加强AAR理论研究和抑制技术研究，对保障工程长久安全是非常必要的。

1.4 大坝混凝土AAR抑制措施及长期安全性研究的必要性

AAR是混凝土骨料中的活性组分、孔溶液中的碱以及水发生的复杂的物理化学反应，每颗活性骨料周边都可能发生，且一旦发生就会持续不断地进行，维修与加固非常困难，因此，预防和抑制AAR具有重要意义。AAR发生所必需的三个条件是活性骨料、充足的水分、足够的碱，任何一个条件不满足，都可以避免AAR破坏。迄今为止国际混凝土工程界预防 AAR 危害的措施主要有以下四个方面：使用非活性骨料、控制混凝土含碱量、掺加掺合料和外加剂、隔绝水分。针对锦屏一级水电站工程原材料情况，选择合适的 AAR 抑制措施，并合理评价其长期有效性，是解决砂岩碱活性问题的重要基础。

对于已经使用碱活性骨料的混凝土工程，因 AAR 导致的混凝土长期变形如何发展，会对混凝土结构造成怎样的影响，成为工程人员密切关注的问题。通过归纳或预测 AAR 所致混凝土变形发展规律，有助于分析混凝土结构的长期安全性。从典型案例观察发现，AAR 的发生需要较长时间，从发现 AAR 迹象到工程结构破坏往往需要十几年甚至几十年，预测 AAR 变形的长期发展趋势可以为判断结构整体安全性、判断抑制措施长期有效性、预测结构服役寿命、采取预防措施等提供科学依据，因此逐渐成为研究热点。对锦屏一级水电站而言，密切结合变质砂岩的基本物理化学特性和大坝混凝土真实环境，建立能够反映工程特点的 AAR 动力学预测模型，也是本书需要解决的问题之一。

AAR 形成的凝胶具有很强的吸水膨胀能力，在混凝土内部累积应力，当累积的应力达到材料强度时，就会引起混凝土内部的微裂纹产生；微裂纹的扩展连通，逐渐形成宏观裂纹，导致混凝土结构的开裂和破坏。大坝混凝土一般采用连续四级配骨料，含有尺寸达 150mm 的粗骨料，大粒径骨料显著影响大坝混凝土 AAR 膨胀变形过程（Bai et al.，2018）。大坝混凝土的 AAR 变形与一般混凝土相比，具有显著的差异，AAR 对大坝混凝土的劣化效应也可能与一般混凝土不一样。因此，深入研究大坝混凝土 AAR 的劣化特性，建立 AAR 膨胀变形与力学参数退化的关系，从而提出大坝混凝土 AAR 变形控制指标，可为混凝土坝长期运行安全监测与评价提供依据。

在国外有比较多的大坝 AAR 工程实例，有较多的基于监测资料和反馈分析的模拟计算方法，但在设计阶段主动分析并应用活性骨料的较罕见。从结构安全的角度全方位论证膨胀变形的不利影响及相应的控制指标，是安全应用具有潜在 AAR 活性的骨料的前提。

基于结构分析的 AAR 变形指标研究，应基于广泛的调查研究。对国外发生 AAR 的大坝，特别是拱坝工程，进行系统的调查研究，从发生时间、变形量、膨胀速率、膨胀导致的结构异常、影响工程正常运行的方面进行分析，从而确定研究的重点内容。基于结构分析的 AAR 变形指标研究，应基于成熟的计算方法和可靠的控制标准。AAR 不仅是超出常规设计内容的特殊问题，也是制约工程安全的突出问题，计算分析方法的选择，在坚持多方法论证的同时，应注重方法的成熟、结果是否稳定、是否有公允的经过大量工程实践检验的评判标准。基于结构分析的 AAR 变形指标研究，应在系统分析影响工程安全相关因素的基础上综合评判。设计规范从强度应力安全、拱座抗滑稳定安全方面，提出了明确的控制指标，在此基础上，还应分析膨胀可能带来的其他不利影响如闸门启闭，采用弹塑性有限元方法等进行复核论证，多方法分析多维度综合确定控制指标。

由于骨料品种与工程应用条件的多样性、混凝土体系的复杂性，在不同活性骨料的膨胀特性和破坏机理、不同混凝土结构中 AAR 风险等级和防控策略、不同抑制技术及其有效性等方面还有许多科学问题亟待解决。尤其是对于采取抑制措施的工程中 AAR 长期安全性如何，尚缺少明确的结论。国内以往进行水工混凝土 AAR 鉴定，仅是采集骨料或芯样，通过岩相分析、膨胀测长等，定性分析是否有 AAR 发生，至于 AAR 发生程度、带来的损伤程度、残余反应风险等，均未回答，不能回答使用碱活性骨料后是否安全的问题。锦屏一级水电站已经安全运行10年以上，根据当前最新研究进展，对大坝混凝土芯样进行深入分析，对于判断锦屏一级水电站AAR抑制措施有效性以及长期安全性评价均有重要意义。

参 考 文 献

CARLES - GIBERGUES, A, CYR M, MOISSON M, et al. A simple way to mitigate alkali - silica reaction [J]. Materials & Structures, 2008, 41 (1): 73 - 83.

FAN W , GAO H, JIA, X, et al. Dynamic constraints for record matching [J]. The VLDB Journal, 2011, 20 (4): 495 - 520.

FORSTER S W, AKERS D J, LEE M K, et al. State - of - the - art report on alkali - aggregate reactivity [J]. An. Cocr. Inst. ACI, 1998, 221: 1 - 23.

FOURNIER B, BÉRUBÉ M A. Application of the NBRI accelerated mortar bar test to siliceous carbonate aggregates produced in the St. Lawrence Lowlands (Quebec, Canada) Part 2: Proposed limits, rates of expansion, and microstructure of reaction products [J]. Cement and Concrete Research, 1991, 21 (6): 1069 - 1082.

GRATTAN - BELLEW, P E. A critical review of ultra - accelerated tests for alkali - silica reactivity [J]. Cement and Concrete Composites, 1997, 19 (5 - 6): 403 - 414.

JENSEN, A D, CHATTERJI S, CHRISTENSEN, P, et al. Studies of alkali - silica reaction - part Ii effect of air - entrainment on expansion [J]. Cement & Concrete Research, 1984, 14 (3): 311 - 314.

LIVESEY P. BRE Digest 330: alkali - silica reaction in concrete - the case for revision Part Ⅱ [J]. Concrete, 2009, 43 (7): 35 - 36.

RAMACHANDRAN V S. Alkali - aggregate expansion inhibiting admixtures [J]. Cement and Concrete Composites, 1998, 20 (2—3): 149: 161.

RAMYAR K, TOPAL A, ANDI. Effects Of Aggregate Size And Angularity On Alkali - Silica Reaction [J]. Cement & Concrete Research, 2005, 35 (11): 2165 - 2169.

SWAMY R N. The alkali - silica reaction in concrete [M] Glasgow: Blackie, 1992.

蔡跃波，丁建彤，白银. 大坝混凝土对AAR的自免疫力 [J]. 岩土工程学报，2008，30 (11)：4.

覃维祖. 初龄期混凝土的泌水、沉降、塑性收缩与开裂 [J]. 商品混凝土，2006 (1)：5.

王爱勤，张承志. 大坝混凝土的AAR问题 [J]. 水利学报，2003.

张承志，王爱勤，王海生. 关于集料碱活性评定的一些问题 [J]. 混凝土与水泥制品，2004 (1)：5.

朱蓓蓉，杨全兵，吴学礼，等. Sj - 2新型引气剂及其引气混凝土性能 [J]. 混凝土，2001 (4)：21 - 24.

李金玉. 中国大坝混凝土中的碱骨料反应 [J]. 水力发电，2001，31 (1)：34 - 37.

第2章　锦屏一级水电站砂岩骨料的碱活性

自AAR问题提出以来，如何判断骨料的活性始终是一个重要问题，这成为制定试验方法标准的一条主线。国内外对骨料碱活性的检测方法进行了很多的研究，有对骨料的微观结构进行分析的岩相法，有对骨料的化学成分进行分析的化学法，有以骨料与碱作用后产生膨胀作为判据的测长法，这些方法在实践中不断得到验证和完善。在骨料碱活性试验方法方面，现有试验方法就其本身而言，虽然有一些研究基础，试验的许多条件来自已有的水泥砂浆强度试验等方法，如粒径、级配、试件尺寸、水灰比等。然而，随着世界各国对AAR研究的深入，以及对越来越多工程上AAR破坏的事例调查分析，已充分表明单一的试验方法并不总是可靠的。尽管已经对试验方法进行了大量研究，但AAR的复杂性和各国的骨料类型、分布的差异决定了鉴定不能仅凭一种方法，而应多种方法配合使用，对试验结果进行综合评价。

2.1　骨料碱活性检验方法简介

早期遭受AAR破坏严重的国家，都制定了预防AAR产生的标准，如美国材料试验学会（American Society of Testing Materials，ASTM）的ASTM标准、加拿大标准协会（Canadian Standards Association，CSA）标准等。其中ASTM标准，针对碱-硅酸反应的有：《化学法》（C 289）、《岩相法》（C 295）、《砂浆长度法》（C 227）、《砂浆棒快速法》（C 1260）、《混凝土棱柱体法》（C 1293）。上述方法因制定时间较早，在世界范围内影响较大，成为许多国家制定标准的参考依据。目前最活跃的是国际材料与结构研究实验联合会（RILEM）的标准，它集中了全世界各国的专家，吸收近年来各国最新研究成果加以验证和修订。

中国最早在1962年水利电力部颁发的《水工混凝土试验方法》中，列入了化学法和砂浆长度法这两种有关AAR的试验方法；1982年在其基础上补充修订，颁发了《水工混凝土试验规程》（SD 105—82），有关AAR试验规程部分增加了“岩相法”和“碳酸盐骨料的碱活性检验”等方法；《水工混凝土砂石骨料试验规程》（DL/T 5151—2001）、《水工混凝土试验规程》（SL 352—2006），有关AAR试验规程部分增加了“砂浆棒快速法”和“混凝土棱柱体法”。

2.1.1　岩相法

岩相法通常是指通过肉眼观察和借助光学显微镜鉴定骨料的岩石种类、矿物组成及各组分含量，以及矿物结晶程度和结构构造的方法，并据此判断骨料的碱活性。岩相法作为骨料碱活性鉴定的首选方法，对选择合适的检测方法有指导作用，但缺点是得不到活性组分含量与膨胀率的定量关系。完整的岩相法还需借助于扫描电镜、X射线衍射分析、差热分析、红外光谱分析等手段，对骨料作出判断。岩相法可直接鉴定出一些高活性组分如蛋白石、玉髓、火山灰玻璃、隐晶质石英等，但对于潜在碱活性组分和微晶石英、应变石英，则还需进一步的检测。砂料鉴定时，将砂样放在实体显微镜下挑选，鉴别出碱活性骨料的种类及含量。小粒径砂在实体显微镜下挑选有困难时，需在镶嵌机上压型（用树胶或环氧树脂胶结）制成薄片，在偏光显微镜下鉴定。根据发生碱-骨料反应的类型将骨料分为三类：S型骨料（硅质骨料）指组成中含有可能发生碱-硅酸反应（ASR）成分的骨料；C型骨料（碳酸盐类骨料）指组成中含有可能发生碱-碳酸盐反应（ACR）成分的骨料；SC型骨料指组成中含有既能发生碱-硅酸反应又可能发生碱-碳酸盐反应成分的骨料。另外，岩相法的可靠性很大程度上依赖于检测者的技能和经验。

2.1.2 化学法

化学法是通过测定碱溶液和骨料反应溶出的二氧化硅浓度和碱度降低值，来判断骨料在碱溶液中的反应程度。该方法将岩石破碎为0.15～0.3mm的粒径，浸泡在1mol/L NaOH溶液中，置于80℃±1℃恒温水浴中，至24h时将溶液过滤，测定滤液中的二氧化硅浓度S_c和碱度降低值R_c；评定标准为$R_c>70$mmol/L且$S_c>R_c$或$R_c<70$mmol/L且$S_c>35+R_c/2$时，骨料具有潜在碱活性。

化学法是国际上公认的传统分析方法，主要是配合砂浆棒法进行使用。化学法最大的缺点是除二氧化硅外的物质对测试结果有很大的影响，如水化硅酸镁、碳酸盐（碳酸铁、方解石、碳酸镁）、铁的氧化物和铝酸盐、沸石、黏土矿物质、石膏、有机物等。而实际上任何硅酸盐质骨料都由多种矿物组成。另外，化学法可以鉴别高碱环境下膨胀迅速的骨料，但是不能鉴定由于微晶石英或应变石英所导致的缓慢膨胀的骨料，如页岩、砂岩、片麻岩等，因为这些矿物质骨料的二氧化硅溶出量和碱度降低值都非常低。英国、德国、日本、南非等国广泛存在误判实例。

该方法仅仅反映了骨料与碱的反应能力，但与对混凝土的破坏能力没有直接的关系。因此，化学法用于评定非活性骨料是合适的，但不能准确地评定具有潜在活性的骨料。以前由于该方法能够较快地给出结果，在没有足够时间进行混凝土棱柱体或砂浆棒试验的情况下，采用化学法作为辅助方法，但现在已经在很大程度上被快速试验方法所代替。因此在RILEM和中国的标准中已被删除。

2.1.3 砂浆长度法

砂浆长度法是碱硅酸反应活性鉴定最早的方法之一，其他许多方法都是以它作为比较的基准。该方法要求所用水泥的碱含量$Na_2O_{eq}>0.6\%$，骨料粒径为0.15～4.75mm，分为五个粒级，水泥与砂的质量比为1∶2.25，流动度为105～120mm，试件尺寸为25mm×25mm×285mm。试件成型后1d脱模，测量其初始长度，然后在38℃±2℃、相对湿度100%条件下养护，测定1个月、2个月、3个月、4个月、6个月各龄期的膨胀率。每次测量前将试件置于 20℃±2℃环境中冷却 24h±4h。对于砂料以 6 个月的膨胀率是否超过 0.10%作为活性与非活性的判据。

砂浆长度法主要是根据美国弗吉尼亚洲的派克大坝发生开裂破坏的研究经验，用高活性的蛋白石骨料研究制定的，试验的许多条件来自已有的水泥砂浆强度试验等方法，如粒径、级配、试件尺寸、水灰比等。然而，随着世界各国对 AAR 研究的深入，以及对越来越多工程上 AAR 破坏事例的调查分析，砂浆长度法已被充分证明其并不总是可靠的。砂浆长度法需要较长时间，难以满足工程进度的需要。同时，对慢膨胀骨料（如片麻岩、片岩、杂砂岩、泥质板岩等）往往给出错误的结论。按砂浆长度法规定的方法进行试验，一些慢膨胀骨料在 6 个月内仅有很小的膨胀，但它可以持续发展许多年。该方法的判据是 6 个月的膨胀率不超过 0.10%，某些慢膨胀骨料满足这一条件，甚至 12 个月到 24 个月的膨胀率都不超过 0.10%，但 5 年到 10 年以后，膨胀率可以超过 0.30%。

David Stark（1994）、Oberholster（1987）等认为砂浆长度法仅适用于一些高活性的快膨胀的岩石和矿物，如蛋白石质材料和风化变质玻璃体的微晶质材料，对慢膨胀的骨料如片麻岩、片（页）岩、杂（硬）砂岩、灰岩、泥质板岩等则不适用。砂浆长度法在 RILEM 的标准中已被删除。在国内现在也不采用砂浆长度法来鉴定骨料的碱活性。

2.1.4　砂浆棒快速法

1986 年南非提出了砂浆棒快速法（acceleratad motar-bar test，AMBT）。该方法按照砂浆长度法的规定制备砂浆棒，水泥碱含量 0.9%±0.1%，水灰比为 0.47，试件尺寸为 25mm×25mm×285mm。试件成型 1d 后脱模，在 23℃下放进带有水的容器中，再放进 80℃的烘箱。24h 后将砂浆棒试件从热水中移出，在 20s 内测量其长度作为初始值。然后将砂浆棒试件放进 80℃ 1mol/LNaOH 溶液中，以在 NaOH 溶液中的平均膨胀率作为评定骨料潜在活性的依据。若 14d 膨胀率＜0.1%，则骨料被判为非活性骨料；膨胀率＞0.2%，为潜在有害骨料；膨胀率在 0.1%～0.2%时，需进行一些辅助试验，在一定条件下可以将观测龄期延长至 28d。

该方法由于提高了反应的温度和碱度，在较短的时间内就可评价骨料的碱活性。砂浆棒快速法鉴定硅质骨料与工程数据有很好的一致性，对于膨胀慢的硅质骨料一致性程度最高，因此砂浆棒快速法被认为是最精确、可靠的检验方法。1994 年美国对此标准进行了修改，形成了《砂浆棒快速法》(ASTM C 1260)。

该方法对硅质骨料尤其是对慢膨胀的硅质骨料与工程使用记录比较一致，可以替代存在严重缺陷的砂浆长度法，且时间可从 3～6 个月缩短为 14d，所以该方法在 1994 年同时被引入美国标准和加拿大标准。但由于所选的试验参数和条件与骨料所处实际环境有差距，其骨料的检测结果与实际工程使用记录有出入。砂浆棒快速法太严格，在对加拿大魁北克的硅质骨料进行检测时发现，实际工程中评定为活性的骨料，砂浆棒快速法几乎都检测为活性，但很多在实际工程中有良好使用记录的非活性骨料，用砂浆棒快速法却被检测为活性。对 152 份美国和加拿大的粗细骨料进行研究时发现，如以 0.2%作为活性骨料的判据，则有 55%的骨料被判为活性；如以 0.1%作为非活性骨料的判据，只有 15%的细骨料和 40%的粗骨料为非活性；而在这些骨料中，80%的样品在实际工程中使用超过了

40 年。因此，砂浆棒快速法宜作为筛选骨料的工具，不宜作为拒绝骨料的依据。因此，当对检测结果有疑问时，应用混凝土棱柱体法进行检测。

2.1.5 混凝土棱柱体法

加拿大 CSA《混凝土棱柱体试验方法》（A23.2-14A）于 1995 年颁布。ASTM C 1293 是借鉴 CSA A23.2-14A 而形成。用水泥的碱含量（以 Na_2O 计）为 0.9%±0.1%，外加 NaOH 使混凝土中水泥的碱含量达到 1.25%，骨料粒径和级配为 0～4.75mm 细骨料占骨料重量的 40%，4.75～19.0mm 粗骨料占骨料重量的 60%，其中粒径 4.75～9.5mm、9.5～12.5mm 和 12.5～19.0mm 的骨料各占$\frac{1}{3}$。混凝土的水泥用量为（420±10）kg/m^3，水灰比为 0.42～0.45。试件尺寸为 75mm×75mm×285mm，试件成型后置于 20℃养护室 1d，脱模后用湿布和塑料膜包裹在 20℃±2℃、100%RH 条件下预养 24h，测量其初始长度，然后将包裹好的试件在 38℃±2℃、100%RH 条件下养护，测定 7d、28d、56d 以及 3 个月、6 个月、9 个月、12 个月各龄期的膨胀率。每次测量前将试件置于 20℃±2℃环境中冷却 24h。若一年的膨胀率≥0.04%，则骨料为潜在有害活性骨料，否则为非活性骨料。

混凝土棱柱体法（concrete prism test，CPT）最早是加拿大研究人员用来检验碳酸盐类骨料的碱-碳酸盐反应活性的，研究人员发现混凝土棱柱体法也适用于检验硅质骨料的碱活性，因此将该方法用于检验传统的 AAR 活性，对于 ASR 和 ACR 均是适用的。试验过程中可以采用粗骨料，不需要将大骨料进行破碎，该方法更接近于实际的混凝土。

该方法由于采用的试验参数与混凝土工程实际最接近，被认为是评价骨料碱活性最可靠的方法。但由于该方法的试验周期较长，以一年的膨胀率作为判据，很多情况下不能满足工程的需要。而对于后期膨胀和慢膨胀型骨料，需几年甚至更长时间才发生 AAR 和膨胀，在没有加速的条件下，倘若用短时间内的结果来判断碱活性，往往不能反映骨料在工程使用的实际情况而造成漏判。混凝土棱柱体法和砂浆棒快速法的相关性随骨料的性质和来源而有差异，对砂岩的鉴定，两种方法检测的骨料活性相当，相关性较好；对火成岩和变质岩，砂浆棒快速法偏保守，可适当增大活性骨料的判据。因此，混凝土棱柱体法常常用以检验其他方法的可靠性。当采用砂浆棒快速法、砂浆长度法或岩石柱法进行碱活性检验时，若评定结果为骨料具有碱活性，则应进行混凝土棱柱体法检验，并以混凝土棱柱体法评定结果为准。

2.1.6 快速混凝土棱柱体法

快速混凝土棱柱体法（accelerated concrete prism test，ACPT）的试件尺寸、骨料粒径及级配、配合比等与混凝土棱柱体法完全相同，为了加快反应速度，缩短评价的时间，快速混凝土棱柱体法将养护温度提高到 60℃，养护时间缩短为 13 周。该方法可用来测量由于 AAR 而引起的混凝土膨胀，从而在相对较短的时间内评价特定骨料和混凝土配合比的 AAR 安全性。快速混凝土棱柱体法结果评定标准尚未最终确定。根据 RILEM TC 191-ARP 对来自世界各地的已知活性程度的骨料进行快速混凝土棱柱体法试验初步评估，试件13周时的膨胀率小于0.03%表明骨料为非活性。因此，在缺乏其他试验结果的情况下，如果试件13周时膨胀率大于0.03%，则应采取预防措施，以最大限度地降低使用该材料带来的ASR损坏风险。

快速混凝土棱柱体法是在混凝土棱柱体法基础上建立起来的。快速混凝土棱柱体法是国际材料与结构研究实验联合会（RILEM）标准中评价骨料碱活性及特定混凝土配合比AAR安全性的试行方法（称为RILEM AAR-4）。它有三个方面的应用：①作为鉴定骨料潜在碱活性的方法；②作为评价特定混凝土配合比AAR安全性的方法；③作为评价骨料与混凝土碱含量阈值的方法。该方法可用来测量由于AAR而引起的混凝土膨胀，从而在相对较短的时间内评价特定骨料和混凝土配合比的AAR安全性。该方法出现较晚，其最终的参数、试验过程以及判据的确定还需要经过不同的试验室对多种骨料和混凝土配比进行交叉试验、验证，并加以不断完善。目前只在欧洲被列入了标准，在其他国家尚未被列入标准。

2.1.7　压蒸法

压蒸法是中国工程建设标准化协会于1993年在《砂、石碱活性快速试验方法》（CECS 48：93）中提出的。这种方法是测定ASR，把骨料破碎成0.630～0.150mm的粒径，制成三组试件，三组试件的水泥与骨料的重量比分别为10∶1、5∶1、2∶1，一组为6根，试件尺寸为10mm×10mm×40mm。试件成型后，放置在养护箱中室温养护24h±2h取出，在恒温室拆模并测量基准长度，然后将试件放置在蒸养箱中，在100℃温度下蒸养4h±5min，蒸养过程中，试件不得浸泡水中；蒸养后将冷却的试件放置到压蒸釜中，加入10%的KOH溶液，使试件全部浸泡在溶液中，在150℃±2℃下保温360min±5min。压蒸结束后用水将压蒸釜冲冷至40℃左右，打开压蒸釜，将试件冲洗干净，擦干用湿布盖好，在20℃恒温室放置60min±10min，然后测量最终长度。试验结果评定：在三个配比中，用膨胀率最大的一组来评定骨料的活性，如膨胀率大于或等于0.1%，则评定为活性骨料；小于0.1%则为非活性骨料。

为了加快反应速度，缩短评价的时间，压蒸法将养护温度提高到150℃，养护时间缩短为360min。由于所选的试验参数和条件与骨料所处实际环境有差距，其骨料的检测结果与实际工程使用记录有出入，该方法试验条件较为苛刻，存在错误判断的可能。该方法目前只是被列入中国工程建设标准化协会推荐标准，没有被广泛采纳和列入国家标准和行业标准。

2.1.8　骨料碱活性检验流程

国内外标准中AAR评价流程基本是一致的（Sims，2003；Nixon，2000），见图2.1。首先通过岩相法分析骨料是否有潜在碱活性物质，不存在碱活性成分的骨料可以判定为非活性骨料；存在活性成分或者可疑时，应判断碱活性类型，再进一步采用相应的方法进行检验。ASR骨料一般采用砂浆棒快速法、快速混凝土棱柱体法和混凝土棱柱体法进行，碱-碳酸盐反应骨料一般采用岩石柱法、碳酸盐骨料快速初选法进行，也可采用混凝土棱柱体法进行，并都以混凝土棱柱体法评定结果为准。

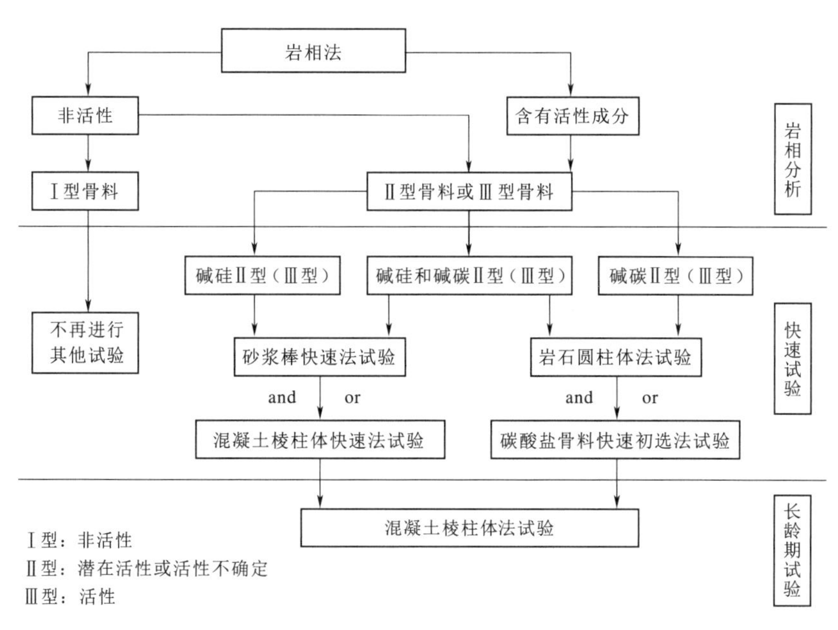

图 2.1 骨料碱活性检验流程图

2.2 锦屏一级水电站砂岩骨料碱活性鉴定情况

2.2.1 岩相法检验

成都院对大奔流沟人工骨料砂岩分别进行岩矿鉴定、化学成分分析和 X 射线衍射分析。砂岩岩矿鉴定结果和化学成分分析结果分别见表 2.1 和表 2.2，砂岩偏光显微照片和 X 射线衍射图谱分别见图 2.2 和图 2.3。

由分析结果可知大奔流沟人工骨料砂岩为变质钙质细砂岩，变余砂状结构，由变余砂粒、方解石和云母等构成，变余砂粒以单晶或多晶石英为主，少量长石。岩屑为石英硅质岩和泥质岩，前者由粒状石英构成，偶尔还残留有玉髓消光痕迹。

骨料中活性 SiO_2 包括无定形、结晶程度差、受应力形变大的 SiO_2 和玻璃体，如蛋白石、玉髓、玛瑙、鳞石英、方石英、非常细小的微晶石英、具有较强波状消光的石英及火山玻璃体。在所有 AAR 破坏事例中，硅质骨料引起的破坏最多。硅质骨料中非晶质的蛋白石碱活性最高，纤维状玉髓和隐晶质石英次之，微晶石英的碱活性相对较弱，结晶完整和晶粒粗大的石英是非活性的。波状消光的石英是否具有碱活性，则不确定；专家们认为，波状消光角小于 15°的石英是不具有碱活性的。

大奔流沟人工骨料砂岩含有大量石英，石英多为微晶石英，少数有波状消光，波状消光角最大为 5°，部分含有少量石英硅质岩岩屑，由粒状石英构成，偶尔还残留有玉髓消光痕迹。整体上看其不属于高活性的骨料。

表 2.1　砂岩岩矿鉴定结果（成都院）

样品编号	矿物组成	岩性描述	岩石定名
JPS-1	变余砂粒 75% 方解石 15% 云母 10%	变余砂状结构。 变余砂粒等轴形状或稍有一向伸长，大小 0.1～0.5mm，大体定向排列，成分以单晶或多晶石英为主，石英为微晶石英，少量长石。石英多消光均匀，少数有波状消光，测得 8 个波状消光角分别为：3°、3°、5°、4°、4°、3°、4°和 3°。 方解石粒状，大小 0.2～0.4mm，分布大体均匀，对石英、长石有轻微交代。 云母多为黑云母，少数为白云母。黑云母片很细小，长多不到 0.1mm，有很强的褐色多色性。白云母片较长，最长可达 0.3mm 左右。所有云母均呈不规则细带状定向排列，推测为原含铁泥质岩屑的区域变质产物。 薄片中有一方解石脉穿过，脉宽在 0.1～0.5mm 间变化	变质钙质细砂岩 （或变质石英砂岩）
JPS-2	变余砂粒 65% 方解石 15% 云母 20%	变余砂状结构。 变余砂粒等轴状或稍有一向伸长且定向排列，大小以 0.1～0.5mm 为主，最大约 0.6mm，其中绝大多数为单晶石英或多晶石英，其次为岩屑，极少量长石。石英为微晶石英，石英干净透亮，少数可包裹较多绢云母，一般消光均匀，偶尔有轻微波状消光。长石多斜长石，新鲜。岩屑为石英硅质岩和泥质岩，前者由粒状石英构成，偶尔还残留有玉髓消光痕迹。 方解石粒状或稍一向伸长状且定向排列，粒度大小 0.2～0.5mm，最大约 0.7mm，常可轻微交代石英。 云母为黑云母和白云母，含量约各占一半，片长一般不大，0.1～0.2mm，最长 0.5～0.8mm，大多呈断续细带状集中定向排列	变质钙质细砂岩 （或变质石英砂岩）
JPS-3	变余砂粒 75% 方解石 15% 云母 10%	变余砂状结构。 变余砂粒多等轴状，少数稍一向伸长，定向排列，粒度大小约 0.1～0.3mm，成分以石英为主，其次为岩屑，少量斜长石。偶见个别电气石。石英为微晶石英，石英等轴状，但边缘常因方解石交代而呈不规则港湾状，干净透亮，偶尔可包裹较多绢云母小片，大多消光均匀，极少数有轻微的波状消光。岩屑为石英硅质岩和泥质岩，前者由粒状石英构成，偶尔还残留有玉髓消光痕迹；后者常含较多不透明碳质和少量绢云母，均有塑性变形而定向排列。 方解石粒状，粒度较细，多在 0.1mm 左右，分布均匀，常对石英有轻微交代。 云母基本为白云母，仅零星黑云母，其片长多为 0.1～0.2mm，最长约 0.3mm，大多呈细带状集中分布且定向排列	变质钙质细砂岩 （或变质石英砂岩）

表 2.2　砂岩化学成分分析结果（成都院）　%

样品编号	SiO_2	CaO	MgO	Fe_2O_3	Al_2O_3	SO_3	K_2O	Na_2O	烧失量
JPS-1	67.95	8.87	1.90	2.89	5.45	0.22	0.90	1.36	9.67
JPS-2	67.09	8.65	1.88	3.26	6.83	0.17	1.38	1.06	8.86
JPS-3	67.60	8.18	1.90	2.87	6.52	0.21	1.23	1.39	9.36

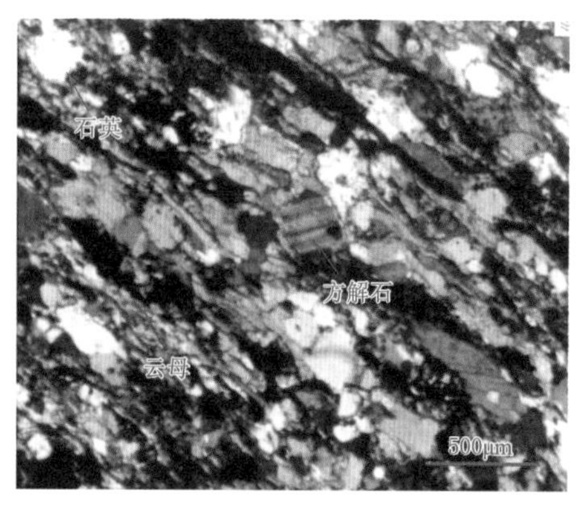

图 2.2　砂岩偏光显微照片（成都院）

2004 年 9 月在大奔流沟人工骨料砂岩深化研究阶段，南京工业大学（简称“南工大”）对大奔流沟三叠系杂谷脑组砂岩各层采集代表性样品，见表 2.3，分别进行化学成分分析、岩矿鉴定和 X 射线衍射分析。砂岩化学成分分析结果、X 射线衍射分析结果和岩矿鉴定结果分别见表 2.4、表 2.5 和表 2.6。

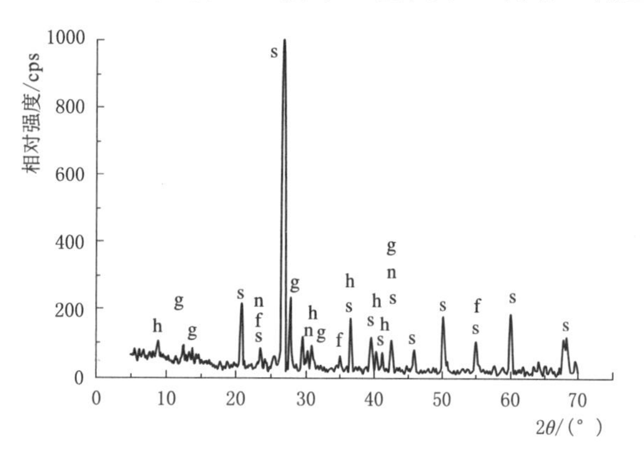

图 2.3　砂岩 X 射线衍射图谱

s—石英；f—方解石；n—钠长石；g—钙长石；h—黑云母

砂岩的主要成分为 SiO_2，为 62%～74%，个别为 51%，其次为 Al_2O_3、CaO 和烧失量，含有少量 Fe_2O_3 和 MgO。当样品中的 CaO 含量较高时，烧失量也较高，相应地，SiO_2 含量降低，如样品 DJ12－2。

表 2.3　　　　大奔流沟料场样品采集情况（南工大）

砂岩编号	取样点
DJ11－1	大奔流沟第三段第一层 1 号平洞距洞口约 15m 处
DJ11－2	大奔流沟第三段第一层 1 号平洞距洞口约 75m 处
DJ11－3	大奔流沟第三段第一层 1 号平洞距洞口约 122m 处
DJ11－4	大奔流沟第三段第一层 1 号平洞距洞口约 165m 处
DJ12－1	大奔流沟第三段第一层距 2 号平洞口约 8m 小路边
DJ12－2	大奔流沟第三段第一层 2 号平洞距洞口 1m 处
DJ12－3	大奔流沟第三段第一层 2 号平洞距洞口 60m 处
DJ12－4	大奔流沟第三段第一层 2 号平洞距洞口 90m 处
DJ12－5	大奔流沟第三段第一层 2 号平洞距洞口 135m 处

续表

砂 岩 编 号	取 样 点
DJIM	大奔流沟第三段大奔流沟沟边 380t 样品采样点
DJ2	大奔流沟第三段第 2 层公路边
DJ3	大奔流沟第三段第 2 层公路边

表 2.4　大奔流沟人工骨料砂岩化学成分分析结果（南工大）　%

砂岩编号	取样地点	CaO	MgO	SiO_2	Fe_2O_3	Al_2O_3	烧失量	总和
DJ11-1	第 1 层 9 号平洞 15m	4.04	1.87	74.03	2.88	8.87	5.00	96.69
DJ11-2	第 1 层 9 号平洞 75m	5.32	2.13	69.36	3.03	9.09	7.15	96.08
DJ11-3	第 1 层 9 号平洞 122m	9.24	2.28	64.55	2.96	8.01	9.79	96.83
DJ11-4	第 1 层 9 号平洞 165m	6.59	2.84	63.64	4.38	9.58	8.77	95.80
DJ12-1	第 1 层 8 号平洞路边	6.43	2.21	62.81	4.24	11.63	8.53	95.85
DJ12-2	第 1 层 8 号平洞 1m	18.20	1.90	51.96	1.98	8.54	15.30	97.88
DJ12-3	第 1 层 8 号平洞 60m	3.27	1.60	74.91	3.38	8.91	4.22	96.29
DJ12-4	第 1 层 8 号平洞 90m	6.53	2.13	69.91	2.53	8.09	7.44	96.63
DJ12-5	第 1 层 8 号平洞 135m	7.20	3.31	66.29	3.28	8.12	8.05	96.25
DJIM	沟边	6.23	2.35	69.37	2.66	9.04	7.22	96.87
DJ2	第 2 层 公路边	6.55	2.25	67.09	2.97	8.66	7.98	95.50
DJ3	第 3 层 公路边	6.24	3.42	60.12	4.99	12.28	8.40	95.45

表 2.5　大奔流沟人工骨料砂岩 X 射线衍射分析结果（南工大）

砂岩编号	取样地点	最强衍射峰强度/cps					
		石英	淡斜绿泥石	长石	云母	方解石	白云石
DJ11-1	第 1 层 9 号平洞 15m	13909	2430	1405	2207	1065	—
DJ11-2	第 1 层 9 号平洞 75m	9859	1703	1199	1874	1185	1499
DJ11-3	第 1 层 9 号平洞 122m	10938	727	1226	2672	2055	1781

续表

砂岩编号	取样地点	最强衍射峰强度/cps					
		石英	淡斜绿泥石	长石	云母	方解石	白云石
DJ11-4	第1层 9号平洞165m	10306	1383	1316	1942	1405	1848
DJ12-1	第1层 8号平洞路边	11290	1682	1320	2417	1852	1927
DJ12-2	第1层 8号平洞1m	11938	2269	1639	2081	2131	929
DJ12-3	第1层 8号平洞60m	12522	2787	1660	2083	2153	—
DJ12-4	第1层 8号平洞90m	12645	1731	1430	2062	2806	1230
DJ12-5	第1层 8号平洞135m	11927	1396	1619	2639	2471	1821
DJIM	沟边	13388	1769	1179	2057	1751	985
DJ2	第2层 公路边	13364	1493	1600	3270	1610	1672
DJ3	第3层 公路边	10540	2114	1488	2537	1219	2030

表2.6　　大奔流沟人工骨料砂岩的岩矿鉴定结果（南工大）

砂岩编号	取样地点	岩石组成与结构
DJ11-1	第1层 9号平洞15m	岩石由57%石英晶体、15%方解石、10%长石、5%淡斜绿泥石和5%云母镶嵌构造而成，有约8%分布在岩石局部区域的微晶石英
DJ11-2	第1层 9号平洞75m	岩石由54%石英晶体、20%方解石、8%长石、3%淡斜绿泥石和5%云母镶嵌构造而成，有约10%分布在岩石局部区域的微晶石英
DJ11-3	第1层 9号平洞122m	岩石由50%石英晶体、25%方解石、8%长石、4%淡斜绿泥石和8%云母镶嵌构造而成，有约5%分布在岩石局部区域的微晶石英
DJ11-4	第1层 9号平洞165m	岩石由57%石英晶体、15%方解石、10%长石、4%淡斜绿泥石和6%云母镶嵌构造而成，有约8%分布在岩石局部区域的微晶石英
DJ12-1	第1层 8号平洞路边	岩石由52%石英晶体、20%方解石、10%长石、4%淡斜绿泥石和6%云母镶嵌构造而成，有约8%分布在岩石局部区域的微晶石英
DJ12-2	第1层 8号平洞1m	岩石由44%石英晶体、35%方解石、8%长石、3%淡斜绿泥石和5%云母镶嵌构造而成，有约5%分布在岩石局部区域的微晶石英
DJ12-3	第1层 8号平洞60m	岩石由55%石英晶体、15%方解石、10%长石、6%淡斜绿泥石和4%云母镶嵌构造而成，有约10%分布在岩石局部区域的微晶石英
DJ12-4	第1层 8号平洞90m	岩石由57%石英晶体、15%方解石、10%长石、5%淡斜绿泥石和3%云母镶嵌构造而成，有约10%分布在岩石局部区域的微晶石英
DJ12-5	第1层 8号平洞135m	岩石由54%石英晶体、12%方解石、10%长石、5%淡斜绿泥石和7%云母镶嵌构造而成，有约12%分布在岩石局部区域的微晶石英

续表

砂岩编号	取样地点	岩石组成与结构
DJM	沟边	岩石由 66%石英晶体、12%方解石、9%长石、3%淡斜绿泥石和 3%云母镶嵌构造而成，有约 7%分布在岩石局部区域的微晶石英
DJ2	第 2 层公路边	岩石由 62%石英晶体、12%方解石、8%长石、3%淡斜绿泥石和 5%云母镶嵌构造而成，有约 10%分布在岩石局部区域的微晶石英
DJ3	第 3 层公路边	岩石由 50%石英晶体、20%方解石、8%长石、3%淡斜绿泥石和 7%云母镶嵌构造而成，有约 12%分布在岩石局部区域的微晶石英

X 射线衍射分析结果表明，大奔流沟料场第三段第 1 层 1 号平洞碎石 DJ11－1、DJ11－2、DJ11－3 和 DJL11－4 的主要矿物为石英，含有一些云母和淡斜绿泥石，有少量长石和方解石，其中 DIl1－2、DJ11－3 和 DJL11－4 还含有少量白云石。大奔流沟料场第三段第 1 层 2 号平洞碎石 DJ12－1、DJ12－2、DJ12－3 和 DJL12－4 的主要矿物也为石英，含有一些云母和淡斜绿泥石，有少量长石和方解石，其中 DJ12－1、DJ12－2 和 DJL12－4 还含有少量白云石。大奔流沟料场第三段 2 号平洞外小路边碎石 DJ12－5、380t 样品采样点碎石 DJIM、第三段第 2 层碎石 DJ2 及第 3 层碎石 DJ3 的主要矿物也为石英，含有一些云母和淡斜绿泥石，有少量长石、方解石和白云石。

岩矿鉴定结果表明，大奔流沟人工骨料砂岩基本由石英晶体、方解石和长石晶体镶嵌构造而成，有一些淡斜绿泥石和云母分布在碎石中，局部区域有 5%～12%的微晶石英。从岩相鉴定的结果看，变质石英砂岩均存在一定数量的微晶石英，该矿物有时会引起 ASR，需要对变质石英砂岩进行膨胀性试验，以确定其碱活性。南工大和成都院两家试验单位的结果基本一致。

2.2.2　化学法检验

在可研阶段，成都院在大奔流沟人工骨料场选取了 3 组砂岩骨料进行了化学法检验，检验结果见表 2.7。由检验结果来看，$R_c<70$ 且 $S_c<35+R_c/2$，因此可以判定大奔流沟人工骨料砂岩不具有潜在有害碱硅酸反应活性。

表 2.7　化学法检验结果

试验编号	取样位置	二氧化硅浓度 S_c/(mmol/L)	碱度降低值 R_c/(mmol/L)
JCD14	沟内约 190m 下游壁，高程 1690.00m	25.81	68.69
JCD15	沟内约 170m 下游壁，高程 1685.00m	34.13	64.32
JCD16	沟内约 190m 上游壁，高程 1685.00m	24.98	54.96

2.2.3　砂浆长度法检验

在可研阶段，成都院在大奔流沟人工骨料场选取 15 组砂岩骨料进行了砂浆长度法检验，试验水泥为峨眉 42.5 中热水泥，试验结果见表 2.8。从试验结果看，试件 6 个月的膨胀率都很小，最大值为 0.021%，平均值为 0.015%，均未超过 0.05%；按标准方法检验和评定，砂岩骨料为非活性骨料。

同期，南工大选取大奔流沟人工骨料场12组砂岩骨料进行了砂浆长度法检验，试验水泥为南京江南-小野52.5级硅酸盐水泥，试验结果见表2.9。从试验结果看，6个月的膨胀率都很小，最大值为0.035%，平均值为0.023%，均未超过0.05%；按标准方法检验和评定，砂岩骨料为非活性骨料。南工大和成都院两家试验单位的结果是一致的。

表2.8　砂浆长度法试验结果（成都院）

砂岩编号	取样地点	膨胀率/%				
		14d	28d	60d	90d	180d
DJ-1	沟上游300m	0.004	0.004	0.013	0.010	0.015
DJ-2	沟上游300m	0.002	0.002	0.009	0.009	0.010
DJ-3	沟上游300m	0.001	0.002	0.005	0.005	0.008
板-1	8号平洞下游内侧	0.006	0.011	0.017	0.014	0.014
PD8-1	8号平洞1m	0.007	0.010	0.015	0.015	0.015
PD8-2	8号平洞1m	0.005	0.008	0.017	0.016	0.017
PD8-3	8号平洞60m	0.006	0.012	0.014	0.015	0.020
PD8-4	8号平洞90m下游侧	0.005	0.007	0.008	0.008	0.014
PD8-5	8号平洞115m	0.001	0.004	0.010	0.013	0.018
PD8-6	8号平洞135m	0.004	0.009	0.017	0.017	0.019
PD9-1	9号平洞15m	0.010	0.012	0.015	0.017	0.021
PD9-2	9号平洞75m	0.007	0.011	0.013	0.013	0.021
PD9-3	9号平洞122m	0.004	0.012	0.015	0.013	0.016
PD9-4	9号平洞165m	0.001	0.001	0.004	0.004	0.009
PD9-5	9号平洞45m	0.004	0.005	0.009	0.012	0.014

表2.9　砂浆长度法试验结果（南工大）

砂岩编号	取样地点	膨胀率/%				
		14d	28d	60d	90d	180d
DJ11-1	9号平洞15m	0.005	0.010	0.010	0.010	0.015
DJ11-2	9号平洞75m	0.006	0.010	0.009	0.011	0.013
DJ11-3	9号平洞122m	0.008	0.015	0.015	0.018	0.026
DJ11-4	9号平洞165m	−0.001	0.005	0.005	0.004	0.010
DJ12-1	8号平洞口路边	0.005	0.011	0.010	0.011	0.029
DJ12-2	8号平洞1m	0.006	0.009	0.009	0.009	0.015
DJ12-3	8号平洞60m	0.008	0.013	0.014	0.013	0.015
DJ12-4	8号平洞90m	0.009	0.019	0.023	0.031	0.035
DJ12-5	8号平洞135m	0.005	0.010	0.012	0.016	0.030
DJM	沟边	0.013	0.016	0.022	0.029	0.035

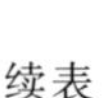

续表

砂岩编号	取样地点	膨胀率/%				
		14d	28d	60d	90d	180d
DJ2	公路边	0.000	0.007	0.008	0.012	0.024
DJ3	公路边	0.008	0.013	0.013	0.012	0.024

2.2.4 砂浆棒快速法检验

在深化研究阶段，成都院在大奔流沟砂岩料场选取 15 组砂岩骨料进行了砂浆棒快速法检验，试验水泥为峨眉 42.5 中热水泥，试验结果见表 2.10。从试验结果看，15 组样品中有 2 组 14d 的膨胀率小于 0.10%，28d 的膨胀率小于 0.20%；5 组 14d 的膨胀率在 0.10%～0.20%，28d 的膨胀率大于 0.20%；8 组 14d 的膨胀率大于 0.20%；14d 的膨胀平均值为 0.165%，28d 的膨胀平均值为 0.291%，按标准方法检验和评定，砂岩骨料为具有潜在危害性反应的活性骨料。一般认为高活性骨料 14d 的膨胀率大于 0.30%，砂岩骨料 14d 的膨胀率最大值小于 0.30%，说明大奔流沟人工骨料砂岩不属于高活性骨料。

同期，南工大选取大奔流沟人工骨料场 12 组砂岩骨料进行了砂浆棒快速法检验，试验水泥为南京江南-小野田 52.5 级硅酸盐水泥，试验结果见表 2.11。从试验结果看，6 组 14d 的膨胀率在 0.10%～0.20%之间，28d 的膨胀率大于 0.20%；6 组 14d 的膨胀率大于 0.20%；14d 的膨胀平均值为 0.199%，28d 的膨胀平均值为 0.377%，按标准方法检验和评定，砂岩骨料为具有潜在危害性反应的活性骨料。南工大和成都院两家试验单位的结果是一致的。

表 2.10　　砂浆棒快速法试验结果（成都院）

砂岩编号	取样地点	膨胀率/%			
		3d	7d	14d	28d
DJ-1	沟上游 300m	0.028	0.076	0.151	0.293
DJ-2	沟上游 300m	0.011	0.030	0.055	0.111
DJ-3	沟上游 300m	0.019	0.034	0.069	0.150
板-1	8 号平洞下游内侧	0.009	0.053	0.121	0.257
PD8-1	8 号平洞 1m	0.022	0.048	0.082	0.159
PD8-2	8 号平洞 1m	0.042	0.125	0.240	0.399
PD8-3	8 号平洞 60m	0.047	0.125	0.239	0.398
PD8-4	8 号平洞 90m 下游侧	0.038	0.107	0.212	0.367
PD8-5	8 号平洞 115m	0.046	0.110	0.216	0.359
PD8-6	8 号平洞 135m	0.017	0.061	0.125	0.264
PD9-1	9 号平洞 15m	0.041	0.079	0.240	0.391

续表

砂岩编号	取样地点	膨胀率/%			
		3d	7d	14d	28d
PD9-2	9号平洞75m	0.031	0.086	0.166	0.294
PD9-3	9号平洞122m	0.018	0.067	0.140	0.291
PD9-4	9号平洞165m	0.035	0.088	0.220	0.293
PD9-5	9号平洞45m	0.030	0.103	0.188	0.332

表 2.11　　砂浆棒快速法试验结果（南工大）

砂岩编号	取样地点	膨胀率/%				
		3d	7d	14d	28d	60d
DJ11-1	9号平洞15m	0.022	0.086	0.164	0.327	0.416
DJ11-2	9号平洞75m	0.051	0.120	0.220	0.323	0.499
DJ11-3	9号平洞122m	0.038	0.092	0.166	0.344	0.390
DJ11-4	9号平洞165m	0.067	0.137	0.241	0.470	0.567
DJ12-1	8号平洞口8m路边	0.050	0.124	0.197	0.376	0.442
DJ12-2	8号平洞1m	0.051	0.119	0.211	0.390	0.427
DJ12-3	8号平洞60m	0.034	0.069	0.129	0.298	0.380
DJ12-4	8号平洞90m	0.071	0.153	0.186	0.406	0.588
DJ12-5	8号平洞135m	0.065	0.148	0.257	0.494	0.578
DJM	沟边	0.049	0.099	0.181	0.315	0.462
DJ2	公路边	0.047	0.125	0.225	0.354	0.436
DJ3	公路边	0.050	0.112	0.221	0.426	0.481

2.2.5　混凝土棱柱体法检验

在可研阶段，成都院在大奔流沟砂岩料场选取15组砂岩骨料进行了混凝土棱柱体法检验，试验水泥为峨眉42.5中热水泥，混凝土棱柱体法试验结果列于表2.12中。从试验结果看，15组样品中只有一组板岩365d的膨胀率小于0.04%，其余14组砂岩365d的膨胀率均大于0.04%，15组砂岩365d的膨胀率平均值为0.11%，按标准方法检验和评定，砂岩骨料为具有潜在危害性反应的活性骨料。

同期，南工大选取大奔流沟砂岩料场12组砂岩骨料进行了混凝土棱柱体法检验，试验水泥为南京江南-小野田52.5级硅酸盐水泥，试验结果见表2.13。从试验结果看，12组砂岩中只有一组砂岩365d的膨胀率小于0.04%，其余11组砂岩365d的膨胀率均大于0.04%，12组砂岩365d的膨胀率平均值为0.077%，按标准方法检验和评定，砂岩骨料为具有潜在危害性反应的活性骨料。南工大和成都院两家试验单位的结果是一致的。

表 2.12　　混凝土棱柱体法试验结果（成都院）

编号	取样地点	试件膨胀率/%						
		28d	56d	84d	120d	180d	270d	365d
DJ－1	沟上游 300m	0.004	0.023	0.034	0.072	0.082	0.095	0.112
DJ－2	沟上游 300m	0.006	0.010	0.021	0.065	0.078	0.083	0.097
DJ－3	沟上游 300m	0.010	0.025	0.035	0.041	0.062	0.078	0.085
板岩	8 号平洞下游内侧	0.009	0.009	0.011	0.027	0.028	0.032	0.035
PD8－1	8 号平洞 1m	0.001	0.018	0.040	0.077	0.089	0.103	0.117
PD8－2	8 号平洞 1m	0.012	0.011	0.030	0.065	0.079	0.090	0.101
PD8－3	8 号平洞 60m	0.011	0.046	0.085	0.137	0.141	0.145	0.152
PD8－4	8 号平洞 90m 下游侧	0.011	0.032	0.069	0.121	0.123	0.124	0.128
PD8－5	8 号平洞 115m	0.011	0.037	0.071	0.126	0.128	0.132	0.135
PD8－6	8 号平洞 135m	0.009	0.039	0.073	0.124	0.127	0.129	0.131
PD9－1	9 号平洞 15m	－0.007	0.008	0.032	0.084	0.095	0.106	0.121
PD9－2	9 号平洞 75m	－0.002	0.010	0.035	0.069	0.081	0.093	0.106
PD9－3	9 号平洞 122m	0.007	0.018	0.035	0.053	0.069	0.081	0.091
PD9－4	9 号平洞 165m	0.008	0.011	0.029	0.075	0.088	0.101	0.114
PD9－5	9 号平洞 45m	0.007	0.020	0.037	0.079	0.092	0.104	0.118

表 2.13　　混凝土棱柱体法试验结果（南工大）

编号	取样地点	试件膨胀率/%						
		28d	56d	84d	120d	180d	270d	365d
DJ11－1	9 号平洞 15m	－0.004	－0.003	0.015	0.025	0.032	0.032	0.034
DJ11－2	9 号平洞 75m	－0.008	0.007	0.032	0.044	0.052	0.069	0.072
DJ11－3	9 号平洞 122m	－0.003	0.007	0.038	0.049	0.059	0.065	0.071
DJ11－4	9 号平洞 165m	0.004	0.014	0.064	0.076	0.088	0.100	0.102
DJ12－1	8 号平洞口 8m 路边	－0.013	0.002	0.023	0.035	0.045	0.046	0.054
DJ12－2	8 号平洞 1m	－0.012	0.008	0.028	0.045	0.050	0.078	0.086
DJ12－3	8 号平洞 60m	－0.009	0.005	0.013	0.031	0.042	0.053	0.061
DJ12－4	8 号平洞 90m	－0.007	0.014	0.042	0.056	0.066	0.069	0.072
DJ12－5	8 号平洞 135m	0.004	0.020	0.097	0.109	0.121	0.128	0.132
DJIM	沟边	－0.003	0.017	0.038	0.073	0.084	0.086	0.089
DJ2	公路边	－0.003	0.011	0.040	0.053	0.055	0.056	0.062
DJ3	公路边	－0.011	0.019	0.025	0.061	0.067	0.081	0.089

在施工初期，成都院、长科院、南科院、南工大采用峨眉中热和双马中热水泥（水泥的化学成分见表 2.14），使用工地砂岩骨料进行了不同水泥品种的混凝土棱柱体法试验，试验结果见表 2.15 和图 2.4。

表 2.14　水泥的化学成分

水泥品种	化学成分含量/%								检验单位
	CaO	SiO_2	Al_2O_3	Fe_2O_3	MgO	SO_3	碱含量	烧失量	
峨眉中热	61.75	21.28	4.12	5.54	3.68	1.67	0.41	0.81	成都院
双马中热	63.71	22.30	3.68	4.03	1.92	1.95	0.47	1.15	
峨眉中热	62.19	22.08	3.55	4.38	2.13	1.14	0.54	2.46	南工大
双马中热	61.57	20.25	3.71	5.57	3.15	1.76	0.39	2.04	
峨眉中热	61.42	20.93	4.72	5.55	3.74	1.92	0.49	—	南科院
双马中热	63.36	22.50	3.84	4.18	1.66	1.72	0.48	—	

表 2.15　混凝土棱柱体法试验结果（施工期）

检测单位	水泥品种	骨料种类		混凝土膨胀率/%					
		粗骨料	细骨料	14d	28d	91d	182d	273d	365d
成都院	峨眉中热	砂岩	砂岩	0.001	0.006	0.044	0.115	0.128	0.143
长科院				0.002	0.006	0.031	0.085	0.118	0.147
南工大				0.016	0.016	0.02	0.05	0.085	0.111
南科院				0.001	0.004	0.008	0.018	0.049	0.073
成都院	双马中热	砂岩	砂岩	0.004	0.002	0.033	0.063	0.066	0.079
长科院				0.004	0.002	0.012	0.059	0.071	0.099
南工大				0.003	0.004	0.012	0.036	0.077	0.108
南科院				0.004	0.009	0.01	0.027	0.059	0.056

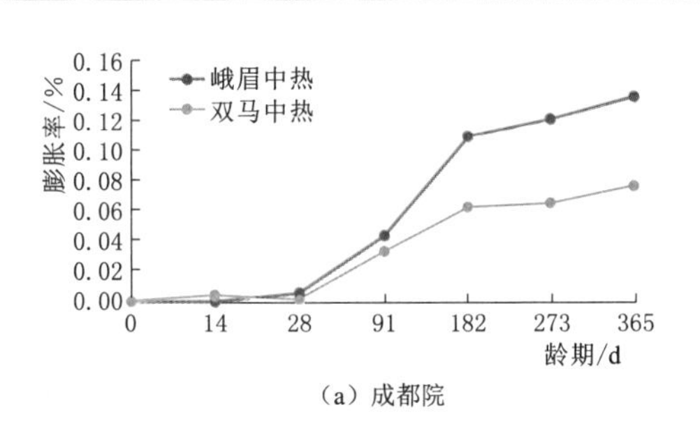

（a）成都院

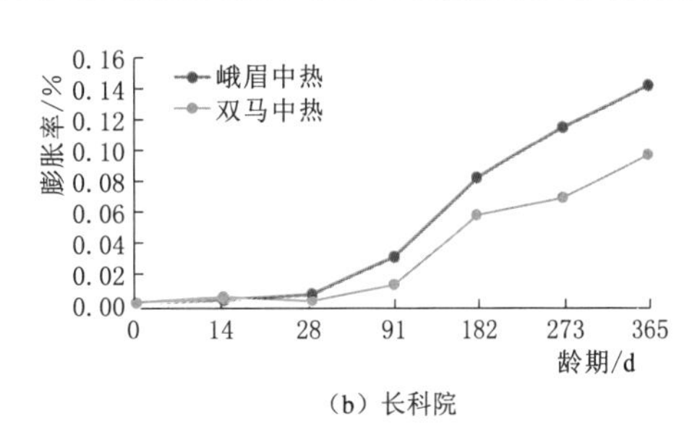

（b）长科院

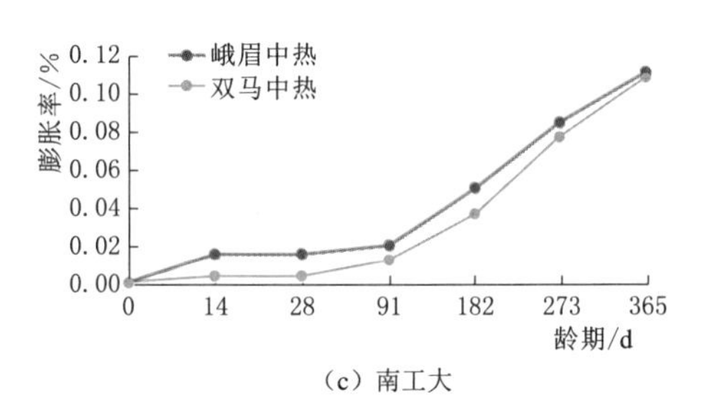

（c）南工大

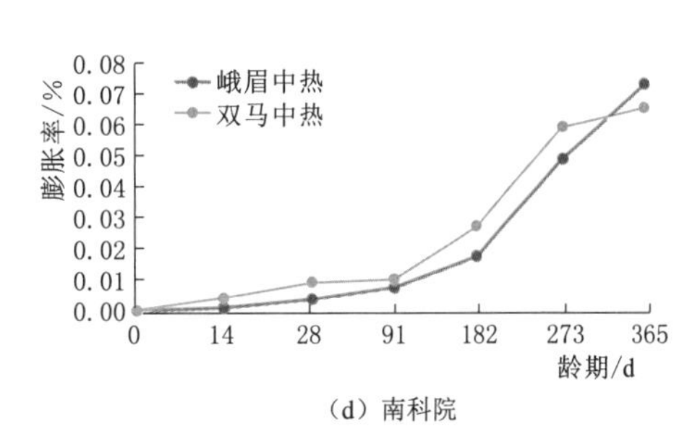

（d）南科院

图 2.4　不同水泥品种的混凝土棱柱体膨胀率变化曲线

从试验结果看：大奔流沟砂岩 365d 的膨胀率均大于 0.04%，为具有潜在危害性反应的活性骨料。水泥的品种对砂岩混凝土碱活性的膨胀有着一定的影响。峨眉中热水泥的混凝土棱柱体法 365d 膨胀平均值为 0.119%，双马中热水泥的混凝土棱柱体法 365d 膨胀平均值为 0.086%，在相同条件下，采用峨眉中热水泥的混凝土棱柱体法膨胀值比采用双马中热水泥的混凝土棱柱体法膨胀值大。

2.2.6　快速混凝土棱柱体法检验

在施工初期，成都院、长科院、南科院、南工大采用峨眉中热和双马中热水泥，使用砂岩骨料进行了不同水泥品种的快速混凝土棱柱体法试验，成都院试验时将砂岩人工砂细度模数均调整为 2.89，长科院试验时将砂岩人工砂细度模数均调整为 2.70，南科院试验时将砂岩人工砂细度模数均调整为 2.96，快速混凝土棱柱体法试验结果见表 2.16 和图 2.5。从试验结果看：

（1）大奔流沟的砂岩 91d 的膨胀率均大于 0.04%，为具有潜在危害性反应的活性骨料。

（2）水泥的品种对砂岩快速混凝土棱柱体法膨胀结果有一定影响。峨眉中热水泥的快速混凝土棱柱体法 365d 膨胀平均值为 0.131%，双马中热水泥的快速混凝土棱柱体法 365d 膨胀平均值为 0.107%，在相同条件下，采用峨眉中热水泥的凝土棱柱体法膨胀值比采用双马中热水泥的快速混凝土棱柱体法膨胀值大。

表 2.16　快速混凝土棱柱体法试验结果

检测单位	水泥品种	骨料种类		混凝土膨胀率/%					
		粗骨料	细骨料	14d	28d	91d	182d	273d	365d
成都院	峨眉中热	砂岩	砂岩	0.062	0.088	0.13	0.146	0.141	0.156
长科院				0.027	0.068	0.087	0.096	0.098	0.101
南工大				0.076	0.126	0.185	0.190	0.191	0.198
南科院				0.010	0.043	0.061	0.060	0.062	0.068
成都院	双马中热	砂岩	砂岩	0.053	0.075	0.098	0.103	0.096	0.106
长科院				0.017	0.044	0.070	0.065	0.069	0.073
南工大				0.063	0.140	0.166	0.169	0.170	0.185
南科院				0.018	0.044	0.055	0.055	0.065	0.065

2.2.7　压蒸法检验

在深化研究阶段，成都院在大奔流沟人工骨料场选取 20 组砂岩骨料进行了压蒸法检验，试验水泥为峨眉 42.5 中热水泥，试验结果见表 2.17。由 15 个变质石英砂岩碎石配置的砂浆试件在 3 个水泥与骨料比下的最大膨胀值为 0.060%～0.079%的有 9 组，为 0.080%～0.099%的有 6 组；大于 0.100%的有 5 组，占所取试样的 33%，为活性骨料。20 组砂岩平均值为 0.093%，接近标准规定的阈值 0.10%。

同期，南工大选取大奔流沟人工骨料场 12 组砂岩骨料进行了压蒸法检验，试验水泥

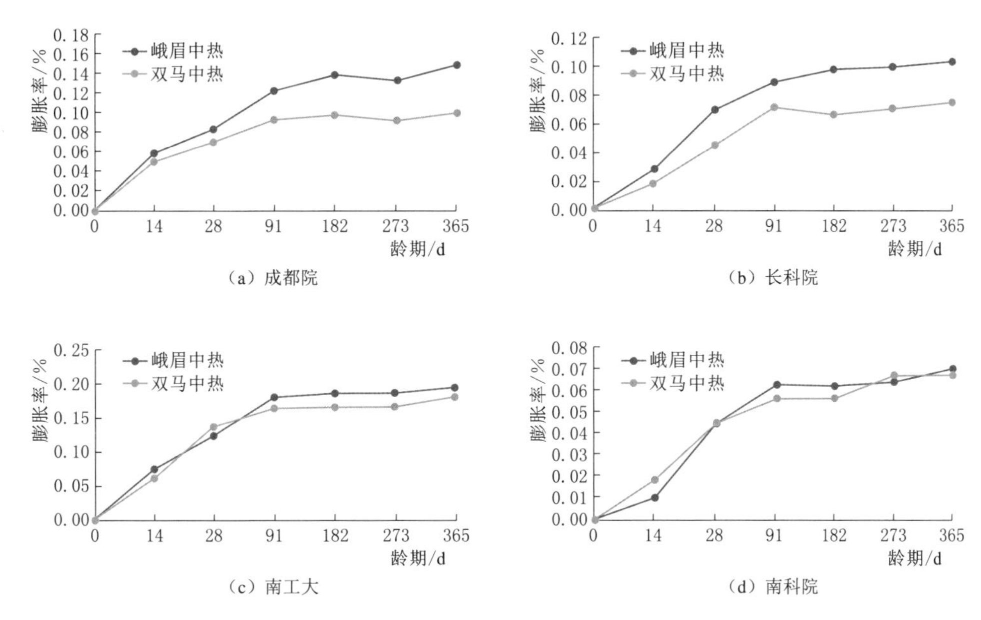

图 2.5　不同水泥品种的快速混凝土棱柱体膨胀率变化曲线

为南京江南-小野田 52.5 级硅酸盐水泥，试验结果见表 2.18。由 12 组变质石英砂岩碎石配置的砂浆试件在 3 个水泥与骨料比下的最大膨胀值为 0.040%～0.049%的有 2 组，为 0.050%～0.059%的有 4 组，为 0.060%～0.069%的有 2 组，为 0.080%～0.089%的有 3 组，为 0.110%～0.120%的有 1 组（DJ3），12 组砂岩平均值为 0.066%。根据标准，变质石英砂岩 DJ3 被判定为具有碱硅酸反应活性，其余变质石英砂岩均被判定为不具有碱硅酸反应活性。值得注意的是，由 DJ11-4、DJ12-1 和 DJ12-5 配制的砂浆试件的最大膨胀值接近标准规定的阈值 0.10%。

表 2.17　　压蒸法试验结果（成都院）

岩石编号	取样地点	膨胀率/%		
		10∶1	5∶1	2∶1
JCD01	大奔流沟下游公路边	0.021	0.048	0.061
JCD02	MD40＋32～36	0.018	0.043	0.060
JCD03	MD4＋74	0.031	0.068	0.082
JCD04	MD40＋90.7	0.027	0.072	0.080
JCD05	大奔流沟上游公路边	0.024	0.060	0.070
DJ-1	沟上游 300m	0.036	0.062	0.070
DJ-2	沟上游 300m	0.041	0.066	0.083
DJ-3	沟上游 300m	0.040	0.064	0.082
板-1	8 号平洞下游 8 便隧内侧	0.038	0.055	0.069
PD8-1	8 号平洞 1m	0.046	0.052	0.081

续表

岩石编号	取样地点	膨胀率/%		
		10∶1	5∶1	2∶1
PD8-2	8 号平洞 1m	0.082	0.098	0.092
PD8-3	8 号平洞 60m	0.089	0.118	0.121
PD8-4	8 号平洞 90m 下游侧	0.084	0.151	0.154
PD8-5	8 号平洞 115m	0.091	0.136	0.180
PD8-6	8 号平洞 135m	0.100	0.137	0.144
PD9-1	9 号平洞 15m	0.070	0.150	0.110
PD9-2	9 号平洞 75m	0.075	0.063	0.083
PD9-3	9 号平洞 122m	0.027	0.046	0.069
PD9-4	9 号平洞 165m	0.049	0.066	0.079
PD9-5	9 号平洞 45m	0.032	0.057	0.081

表 2.18　压蒸法试验结果（南工大）

岩石编号	取样地点	膨胀率/%		
		10∶1	5∶1	2∶1
DJ11-1	9 号平洞 15m	0.031	0.045	0.054
DJ11-2	9 号平洞 75m	0.030	0.049	0.068
DJ11-3	9 号平洞 122m	0.033	0.038	0.042
DJ11-4	9 号平洞 165m	0.051	0.068	0.083
DJ12-1	8 号平洞口 8m 小路边	0.039	0.066	0.086
DJ12-2	8 号平洞 1m	0.034	0.040	0.056
DJ12-3	8 号平洞 60m	0.031	0.037	0.044
DJ12-4	8 号平洞 90m	0.034	0.042	0.053
DJ12-5	8 号平洞 135m	0.043	0.065	0.083
DJM	沟边	0.037	0.043	0.054
DJ2	公路边	0.033	0.050	0.060
DJ3	公路边	0.051	0.082	0.113

2.3　本章小结

（1）本章介绍了世界各国骨料碱活性检验方法，并对各种试验方法的适用范围和优缺点进行了评价，给出骨料碱活性检验流程图。

（2）大奔流沟人工骨料场变质砂岩基本由石英晶体、方解石和长石晶体镶嵌构造而成，有一些淡斜绿泥石和云母分布在碎石中，局部区域有 5%～12%的微晶石英。从岩矿鉴定的结果看，变质石英砂岩均存在一定数量的微晶石英，该矿物有时会引起碱硅酸反应，偶尔还残留有玉髓消光痕迹，不含有高活性的碱活性矿物。

（3）综合岩相法、化学法、砂浆长度法、砂浆棒快速法、混凝土棱柱体法、快速混凝土棱柱体法、压蒸法试验的结果，锦屏砂岩为具有潜在危害性反应的活性骨料。

参 考 文 献

DAVID STARK. Alkali - silica reaction in concrete [C] //Significance of testes and properties of concrete and concrete - make materials. Fredericksburg, 1994: 367 - 368.

NIXON P. B - Detection of potential alkali - reactivity of aggregates - Method for aggregate combinations using concrete prisms. Recommendations [J]. Materials and Structures, 2000, 33 (229): 290 - 293.

OBERHOSTER R. Results of an international inter - laboratory test program to determine the potential alkali reactivity of aggregates by the ASTM C227 mortar prism method [C] //Proceedings of the 7th International Conference on AAR in Concrete, Canada, 1986: 368 - 373.

PIELERT J H. Significance of tests and properties of concrete and concrete - making materials [M]. ASTM, 1978.

SIMS I, NIXON P. RILEM recommended test method AAR - 0: detection of alkali - reactivity potential in concrete—outline guide to the use of RILEM methods in assessments of aggregates for potential alkali - reactivity [J] . Materials & Structures, 2003, 36 (7): 472 - 479.

第3章　砂岩骨料 ASR 抑制措施

迄今为止国际混凝土工程界预防 ASR 危害的措施主要有以下四个方面：使用非活性骨料；控制混凝土含碱量、掺加掺合料和外加剂、隔绝水分。对于大坝混凝土而言，与水接触是不可避免的，因此无法实现隔绝水分；由于混凝土用量十分庞大，当坝址附近的非活性骨料储量不能满足大坝建设需求时，异地运输非活性骨料会产生巨额费用，因此使用非活性骨料这种措施对于大坝混凝土而言也较难实现。所以大坝混凝土中可行的抑制措施是控制混凝土含碱量和掺加掺合料、外加剂。本章主要介绍锦屏一级水电站所采用的 ASR 抑制措施及其效果。

3.1　研究现状

3.1.1　非活性骨料与活性骨料混合使用

一般认为，采用非活性骨料取代活性骨料，会降低 AAR 风险。Ramyar et al.（2005）用砂浆棒快速法（accelerated motar - bar test，AMBT）所做的研究中，在使用活性骨料与非活性骨料组合时，试件膨胀值均小于使用纯活性骨料的；Wigum（2006）的研究报告中用 AMBT 法测试了活性骨料含量与膨胀值之间的关系，使用了 60 种挪威天然砂，结果表明膨胀值并非随着活性骨料含量的增加而一直增加，而是当活性骨料含量或者骨料含量/水泥达到某个值的时候，砂浆棒的膨胀值最大；Kuroda et al.（2004）进一步用 AMBT 法研究了骨料含量/水泥、骨料体积/Na_2O 等因素对膨胀率的影响，也表明这些因素存在一个“最劣比”。Freitag et al.（2003）采用混凝土棱柱体法（concrete prism test，CPT）进行的试验表明，流纹岩骨料占 12%时混凝土的 12 个月膨胀率为 0.55%，而占 100%时的膨胀率则小于 0.10%。因此，当非活性骨料与活性骨料混合使用时，需要验证是否存在“最劣比”风险。

3.1.2　控制混凝土碱含量

控制混凝土碱含量可以预防 ASR 这一结论在国际上已经达成共识，其原理是当混凝土中的碱含量低于一定值时，混凝土孔溶液中 K^+、Na^+ 和 OH^- 浓度便会低于某临界值，AAR 便难于发生或者反应程度较轻，不足以导致混凝土破坏。然而，国际上对于混凝土安全碱含量取值的问题，仍有争议。英国交通部和水泥学会都认为混凝土的碱含量控制在 3.0kg/m^3 以下是安全的。新西兰水泥和混凝土协会规定混凝土的碱含量低于 2.5kg/m^3

是安全的。南非标准（SABS 0100－PartⅡ）中则规定混凝土的碱含量必须低于 2.1kg/m^3 才是无害的。国际材料与结构研究实验联合会（RILEM）2003 年 4 月提出的《减少混凝土中 ASR 的国际标准草案》中，对于不同活性的骨料提出不同的碱含量限制指标：对于低活性骨料，没有对混凝土碱含量的限度提出要求；对于中等活性骨料，混凝土碱含量的限度为 3.0kg/m^3 或 3.5kg/m^3；对于高活性骨料，混凝土碱含量的限度应低于 2.5kg/m^3。1993 年我国提出的《混凝土碱含量限值标准》（CECS 53：93）中对碱含量的限值从 2.1～3.0 kg/m^3 不等，根据环境条件而定。

混凝土中的碱主要来源于水泥，约占总碱量的 99%，还有少部分来源于掺合料、外加剂以及骨料中溶出的碱（Wigum，2006）。对于大坝混凝土，骨料占到混凝土质量的 80%左右，胶凝材料用量一般低于 200 kg/m^3，即使胶凝材料含碱量为 1.0%（一般低于 1.0%，以锦屏一级工程备选的水泥为例，碱含量约为 0.5%，掺混合材后胶材总碱量会降低），大坝混凝土的总碱含量仅为 2.0kg/m^3，很容易就满足国内外对混凝土总碱量的限制。因此，对于控制大坝混凝土 AAR 而言，控制混凝土总碱量看来不是问题。但也有人认为，大坝混凝土的总碱量要求应更加严格，国内大坝如三峡大坝提出了混凝土总碱量小于 2.5kg/m^3 的限值（史迅，2003）。

大坝混凝土的碱含量限制如何确定，与原材料品质相关，应根据实际原材料和配合比情况，提出安全、合理的碱含量控制范围。

3.1.3 掺加掺合料和外加剂

大量的研究表明，使用掺合料取代部分水泥，不仅可以降低成本、改善混凝土的工作性，而且能够有效地抑制 ASR。工程实践也证明，使用掺合料是解决大坝混凝土 ASR 最经济、有效的途径。常用的矿物掺合料主要包括粉煤灰、矿渣、硅灰、沸石等工业废渣或天然矿物材料。除了上述几种掺合料以外，还有许多其他工业废渣或天然矿物材料尚未得到广泛利用，如磷渣、石粉、煤矸石等，一些研究表明这些材料对 ASR 也有一定的抑制效果（Cyr et al.，2009；黎能进 等，2008；周麒雯 等，2008）。由于坝址附近粉煤灰、矿渣等常用矿物掺合料料源离坝址较远，开发利用坝址就近的矿物掺合料来抑制 ASR，对于锦屏一级水电站坝体建设具有重要的经济意义。

使用某些化学外加剂也能抑制 ASR（Lumley，1997；Qinghan et al.，1996；Ramachandran，1998），主要是一些锂盐类外加剂。但由于其长期有效性尚未得到工程实际证实，并且成本昂贵，目前还不适合用于大坝混凝土 ASR 的抑制。

前人的研究结果表明，粉煤灰抑制 ASR 的机理主要包括以下几种：通过火山灰反应消纳一部分碱，进而降低孔溶液碱度；阻止离子扩散，提高混凝土抗渗能力；消耗 $Ca(OH)_2$ 和改善 $Ca(OH)_2$ 的分布。但是这四种机理中的任何一种都不足以解释文献中报道的粉煤灰抑制 ASR 的各种现象，它们有可能是相互交叉，共同存在的。

（1）消纳碱。粉煤灰可以结合大量的碱，降低混凝土孔溶液中的碱度，从而起到抑制 ASR 的效果（Thomas，1996）。使用高碱水泥的净浆孔溶液中 Na^+、K^+ 总量约 0.8mol/L，当掺入 15%粉煤灰以后，孔溶液 Na^+、K^+ 总量降低至约 0.3mol/L（Thomas et al.，2007）。这种机理解释了部分文献中的现象，但是仍有很多现象无法解释。例如，Alasali

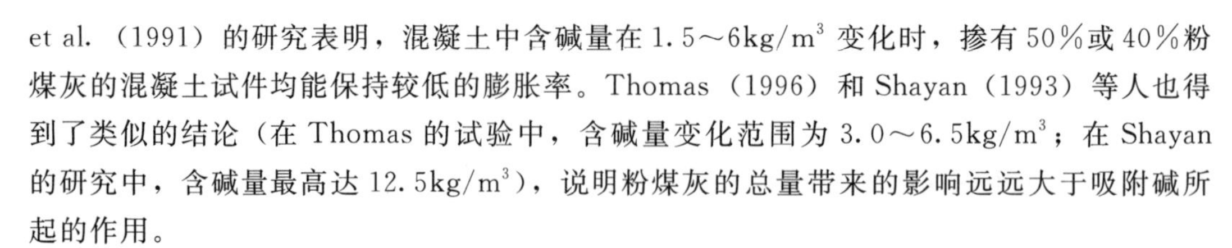

et al.（1991）的研究表明，混凝土中含碱量在 1.5～6kg/m³ 变化时，掺有 50%或 40%粉煤灰的混凝土试件均能保持较低的膨胀率。Thomas（1996）和 Shayan（1993）等人也得到了类似的结论（在 Thomas 的试验中，含碱量变化范围为 3.0～6.5kg/m³；在 Shayan 的研究中，含碱量最高达 12.5kg/m³），说明粉煤灰的总量带来的影响远远大于吸附碱所起的作用。

此外，国际上用于评价粉煤灰抑制效果的加速试验方法，如 ASTM C 1567、ASTM C 441 等，均采用 80℃、1mol/L NaOH 溶液浸泡，试件孔溶液中的碱由环境中的碱源源不断地供给，粉煤灰消耗碱的作用大大削弱，但是仍然能表现出良好的抑制效果，这也说明粉煤灰抑制 ASR 的机理不单单是消耗碱，其他机理起的作用可能更大。

（2）阻止离子扩散。大量的研究结果表明掺入粉煤灰可以提高混凝土的密实性、降低离子和水分的渗透能力（曹文涛 等，2008；陈雷 等，2008；高仁辉 等，2008）。但采用加速试验方法会夸大粉煤灰的作用效果。Uchikawa et al.（1989）测试了掺 25%粉煤灰的净浆、砂浆以及混凝土中 Na^+ 的扩散系数，对于 20℃下养护 90d 的试件，掺入粉煤灰导致 Na^+ 扩散系数增大，但是对于 40℃养护 60d 的试件，掺入粉煤灰导致 Na^+ 扩散系数明显降低。

（3）消耗 $Ca(OH)_2$。很多研究已经认为 $Ca(OH)_2$ 的存在是发生 ASR 必须具备的条件（Diamond，1989；Ming - Shu et al.，1980），混凝土的膨胀率依赖于水泥水化产生的 $Ca(OH)_2$ 的量，在使用活性骨料的混凝土试件中加入 CaO 或者 $Ca(OH)_2$ 都会使膨胀率显著增加（Thomas，1996；Tang et al.，1983）。

一方面，能够与 $Ca(OH)_2$ 反应是掺合料抑制 ASR 的原因之一（Thomas，1996），因此，抑制 ASR 效果与酸性矿物（$SiO_2+Al_2O_3+Fe_2O_3$）的含量以及它们吸收 $Ca(OH)_2$ 的能力有关（Tang et al.，1983）。另一方面，采用显微硬度和 X-射线能谱分析测试发生 ASR 后的试件产物情况，结果表明掺入粉煤灰改善了 Ca^{2+} 的分布，使 Ca^{2+} 进入反应产物形成高钙凝胶（Helmuth，1993），而这种高钙凝胶是不膨胀的。

3.2　大理岩细骨料取代砂岩细骨料

通过前期研究，锦屏一级水电站坝体混凝土已经确定使用砂岩与大理岩组合骨料。在这种情况下，考察砂岩骨料是否存在“最劣比”现象，具有重要的意义。

3.2.1　大理岩骨料的特性

锦屏一级水电站当地砂石骨料为砂岩人工粗骨料和大理岩人工砂。大理岩人工砂物理性能见表 3.1，砂岩人工粗骨料物理性能见表 3.2。大理岩砂物理性能的试验结果表明：除石粉含量超标外，大理岩人工砂其余所检指标均满足《水工混凝土施工规范》（DL/T 5144—2015）标准要求。砂岩粗骨料物理性能的试验结果表明：除 40～80mm 针片状含量超标外，其他所检指标均满足 DL/T 5144—2015 标准要求。

表 3.1 大理岩人工砂物理性能

骨料种类	表观密度/(g/cm³)	细度模数	石粉含量/%	饱干吸水率/%	坚固性/%
大理岩	2.68	2.75	15.0	1.10	7.0
DL/T 5144—2015	≥2.5	2.4～2.8	—	—	≤8

表 3.2 砂岩人工粗骨料物理性能

骨料类别	表观密度/(g/cm³)	饱干吸水率/%	坚固性/%	压碎指标/%
特大石	2.70	0.1	0.36	10.8
大石	2.70	0.2		
中石	2.70	0.4		
小石	2.68	0.5		
DL/T 5144—2015	≥2.55	≤2.5	≤5	—

3.2.2 大理岩骨料与砂岩骨料的组合方案

3.2.2.1 组合骨料 ASR 试验比较

对砂岩人工粗骨料、大理岩人工细骨料这种组合骨料的 ASR 膨胀情况，以及用大理岩砂替代砂岩砂带来的影响进行了研究。试验分别采用混凝土棱柱体法和快速混凝土棱柱体法，使用峨眉水泥和双马水泥（外加 NaOH 调整水泥碱含量为 1.25%）。骨料组合情况见表 3.3。选用工程采用的细度模数为 2.74 的大理岩砂进行试验，同时，为消除人工砂细度的影响，将工程采用的大理岩砂筛分后重新调配出一种细度模数为 2.96 的大理岩砂，与砂岩砂细度模数一致。

表 3.3 骨料组合方案

编号	简称	骨料组合		
		粗骨料	细骨料	细骨料细度模数
1	砂砂	砂岩	砂岩	2.96（实测值）
2	砂大（调）	砂岩	大理岩	2.96（调为与砂岩砂一致）
3	砂大	砂岩	大理岩	2.74（大理岩砂实测值）
4	大大	大理岩	大理岩	2.74（大理岩砂实测值）

4 种骨料组合试验结果见图 3.1～图 3.4。38℃养护条件下，全大理岩骨料组合的试件膨胀量最小，180d 小于 0.010%。使用双马水泥，前 2 个月砂岩-大理岩骨料组合混凝土的膨胀值大于全砂岩组合试件，但全砂岩组合试件后期膨胀值显著增大；后期，全砂岩骨料试件膨胀值最大，6 个月已经达 0.059%。总体上，大理岩砂替代砂岩砂以后，膨胀值降低 10%～30%，3 个月以后测试结果就能反映这一差异。使用峨眉水泥得出的结论与双马水泥类似，4 个月以前出现砂岩-大理岩骨料组合混凝土的膨胀率大于全砂岩组合试件现象，但是后期全砂岩组合混凝土的膨胀率都大于砂岩-大理岩骨料组合混凝土试件。

60℃养护条件下，全砂岩组合混凝土试件的膨胀值大于砂岩-大理岩骨料组合混凝土试件，1 个月以后的数据就能反映这一差异；全砂岩骨料组合混凝土试件 3 个月膨胀值分别为 0.055%和 0.061%，大于其他组合，并且已经超过判据 0.040%；使用大理岩砂取代砂岩砂，3 个月膨胀率为 0.050%～0.051%，稍低于全砂岩试件；大理岩细骨料细度模数从 2.96 减小为 2.74 对试件膨胀率基本没有影响。从 3 个月以后的结果看，上述趋势基本保持不变。使用双马水泥和峨眉水泥得出的结论一致。

综上所述，组合骨料中全砂岩骨料膨胀率最大，用大理岩砂代替砂岩砂会使膨胀率略有下降；砂岩-大理岩组合骨料混凝土试件在 38℃养护下一年膨胀率大于 0.04%，在 60℃养护下 3 个月膨胀率大于 0.04%，均判定为具有潜在危害性反应的活性骨料。

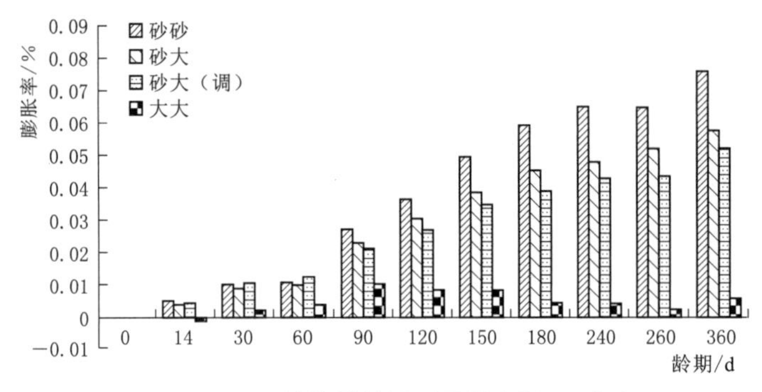

图 3.1　CPT 法膨胀结果（双马水泥，38℃）

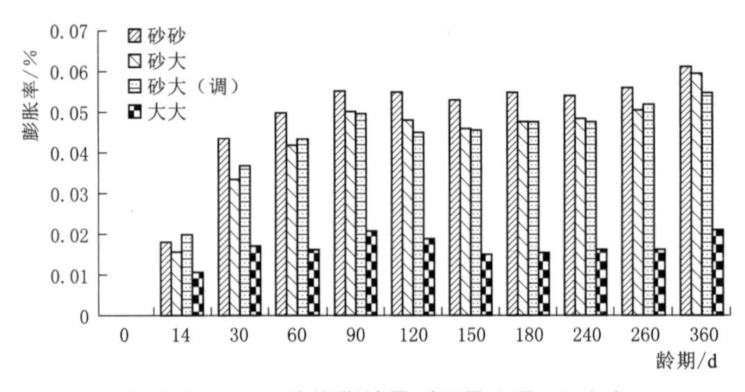

图 3.2　ACPT 法膨胀结果（双马水泥，60℃）

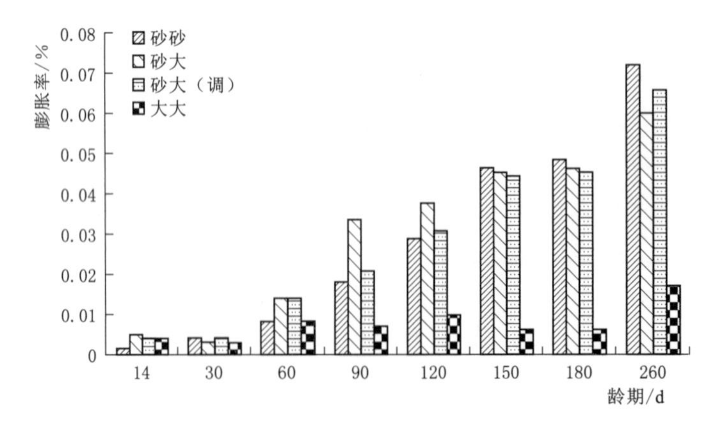

图 3.3　CPT 法膨胀结果（峨眉水泥，养护温度 38℃）

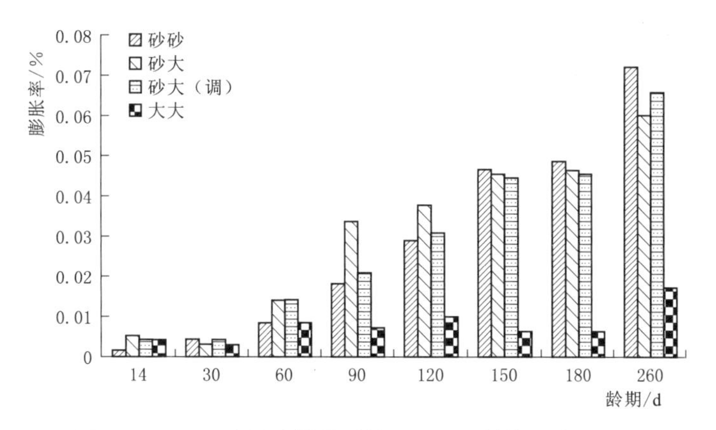

图 3.4 ACPT 法膨胀结果（峨眉水泥，养护温度 60℃）

3.2.2.2 砂岩骨料"最劣比"研究

组合骨料试验中，早龄期（CPT 法 2 个月内，ACPT 法 1 个月内）出现使用大理岩细骨料替代砂岩细骨料反而导致膨胀值略有上升的现象，虽然长龄期试验结果表明仍是全砂岩骨料的膨胀率最大，但是为了彻底弄清砂岩骨料是否具有"最劣比"现象，作者进行了专题研究。

根据 AAR 的机理，最劣比用单位活性骨料表面所得碱来表示更具有实际意义，即 RA/C＝混凝土总碱量/活性骨料总表面积。设计试验方案为：采用 AMBT 法，但试件不泡在碱液里，因为如果碱液供应充足则最终膨胀量将取决于活性骨料的含量；分两批进行试验：第一批通过改变活性骨料占全部骨料的质量分数来改变活性骨料总面积，选择砂岩砂占全部细骨料的比例分别为 0%、25%、50%、75%、100%，其余为大理岩砂；第二批通过改变活性骨料粒径来改变活性骨料总面积，按照砂浆棒法的粒径要求筛分砂岩砂和大理岩砂，成型 5 组试块，每组试块的某一粒级使用砂岩砂，其他粒级使用大理岩砂，各粒级所占质量分数均为 20%。试验结果见图 3.5～图 3.6。

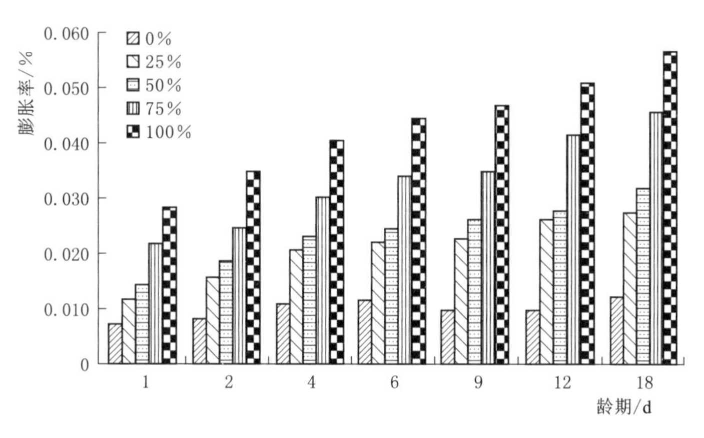

图 3.5 不同活性骨料含量试验结果

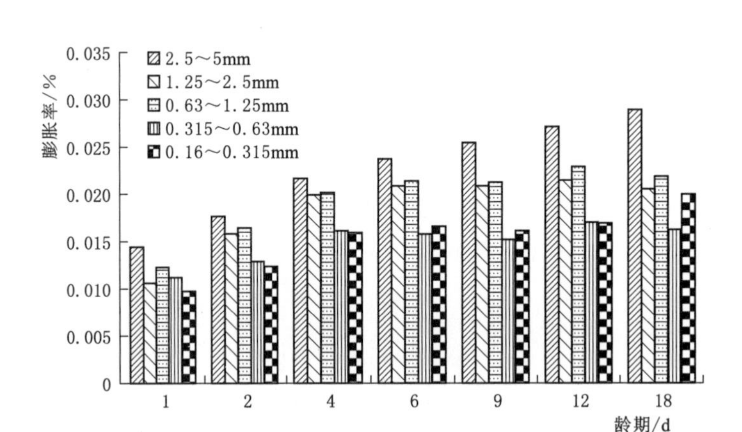

图 3.6　不同粒径活性骨料试验结果

试件膨胀率随着活性骨料的含量增大而增大，没有出现最劣比的现象；在固定活性骨料含量为 20%时，粒径为 2.5～5mm 的活性骨料导致的膨胀率最大，随着粒径的变化没有出现明显的最劣比现象。

综上所述，砂岩骨料不存在最劣比现象。

3.2.2.3　组合骨料混凝土棱柱体法试验

为了探讨大理岩人工砂对砂岩骨料碱活性膨胀的影响，对不同种类骨料的混凝土碱活性膨胀进行试验研究。试验分别采用混凝土棱柱体法、快速混凝土棱柱体法以及全级配混凝土棱柱体法三种方法进行。

1. *混凝土棱柱体法*

南科院按混凝土棱柱体法分别采用峨眉水泥和双马水泥对不同种类的人工骨料混凝土的 ASR 进行试验研究，其中砂岩和大理岩的人工砂细度模数均调整为 2.89。养护温度为 38℃，试件尺寸为 75mm×75mm×275mm。试验结果见图 3.7、图 3.8。与此同时，长科院、南工大也通过混凝土棱柱体法试验对不同种类骨料的混凝土碱活性膨胀结果进行了试验探究，长科院试验时砂岩和大理岩人工砂的细度模数均为 2.70，其试验结果见图 3.9、图 3.10，南工大结果见图 3.11、图 3.12。

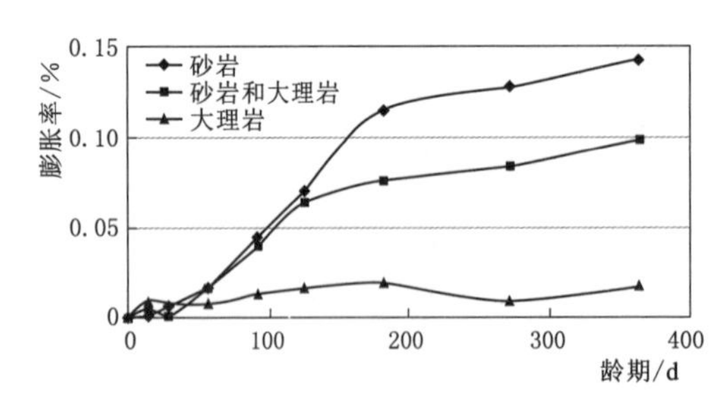

图 3.7　不同骨料混凝土棱柱体膨胀率
（养护温度 38℃，峨眉水泥，南科院试验）

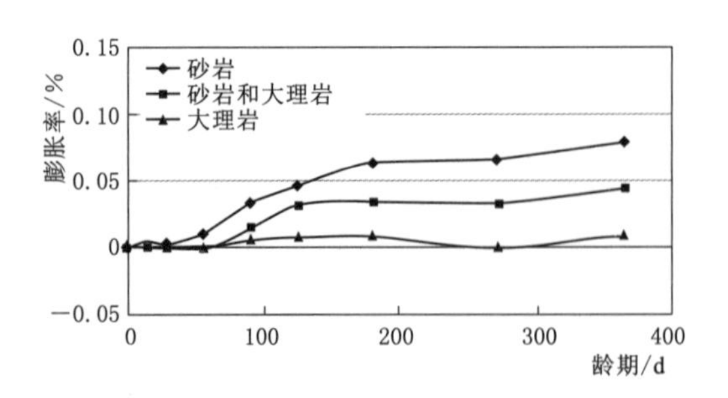

图 3.8　不同骨料混凝土棱柱体膨胀率
（养护温度 38℃，双马水泥，南科院试验）

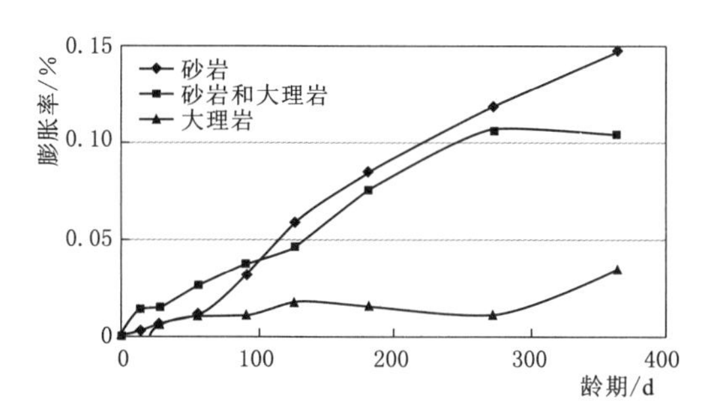

图 3.9　不同骨料混凝土棱柱体膨胀率
（养护温度 38℃，峨眉水泥，长科院试验）

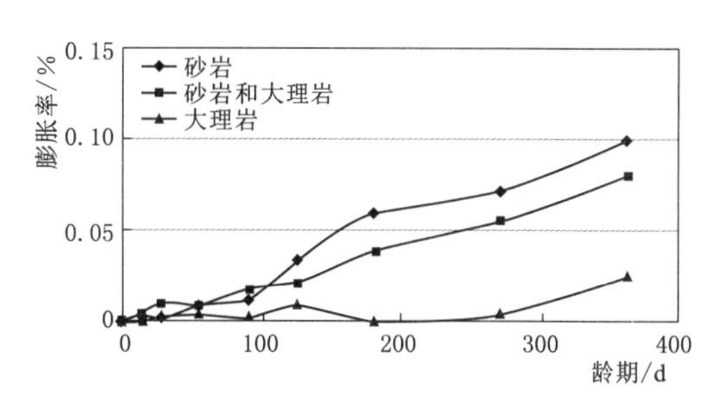

图 3.10　不同骨料混凝土棱柱体膨胀值
（养护温度 38℃，双马水泥，长科院试验）

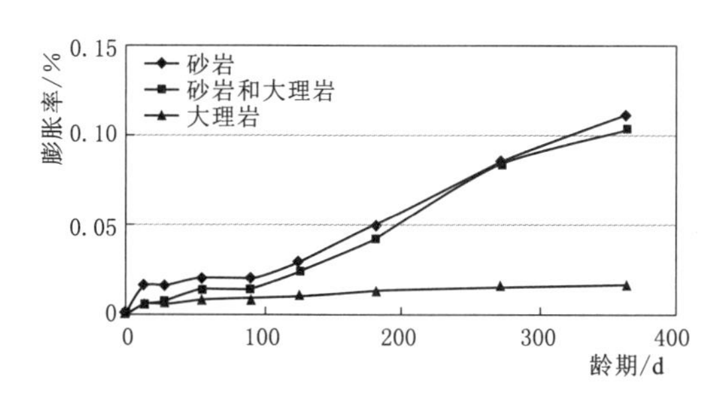

图 3.11　不同骨料混凝土棱柱体膨胀率
（养护温度 38℃，峨眉水泥，南工大试验）

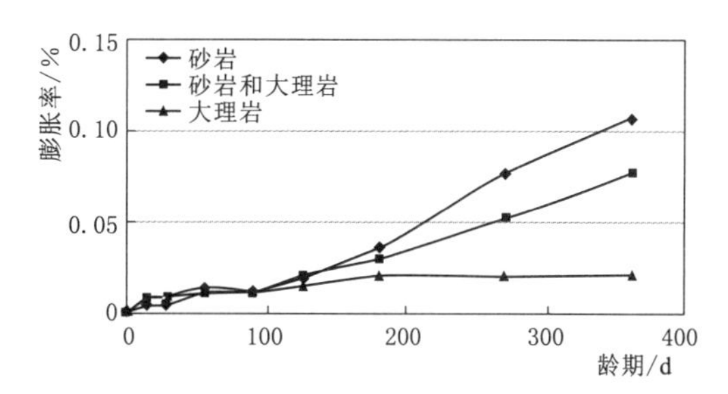

图 3.12　不同骨料混凝土棱柱体膨胀率
（养护温度 38℃，双马水泥，南工大试验）

2. 快速混凝土棱柱体法

快速混凝土棱柱体法与混凝土棱柱体法类似，只是将养护温度由 38℃提高到 60℃。

南科院试验采用峨嵋中热水泥、双马中热水泥两种水泥，按照快速混凝土棱柱体法的有关规定进行成型，其中砂岩和大理岩的人工砂细度模数均调整为 2.89。试验结果见图 3.13、图 3.14。长科院、南工大也通过混凝土棱柱体法试验对不同种类骨料的混凝土碱活性膨胀结果进行了试验探究，长科院试验时使用细度模数均为 2.70 的砂岩和大理岩人工砂，其试验结果见图 3.15、图 3.16，南工大试验结果见图 3.17、图 3.18。在快速混凝土棱柱法中，由各试验单位的试验结果可以看出，在峨眉水泥和双马水泥试验条件下，组合骨料 365d 膨胀值比全砂岩骨料混凝土分别增加 5.1%和减少 9.4%；长科院采用细度模数为 2.70 的砂，两种水泥条件下其 365d 膨胀值比全砂岩骨料混凝土减少 2.0%和增加 24.7%；南工大的试验结果中，两种水泥条件下其 365d 膨胀值比全砂岩骨料混凝土减少 14.2%和 27.6%。综合各试验单位的试验结果，可以发现采用大理岩人工砂替代砂岩人工砂对砂岩混凝土的膨胀有着一定的影响，但影响不大。

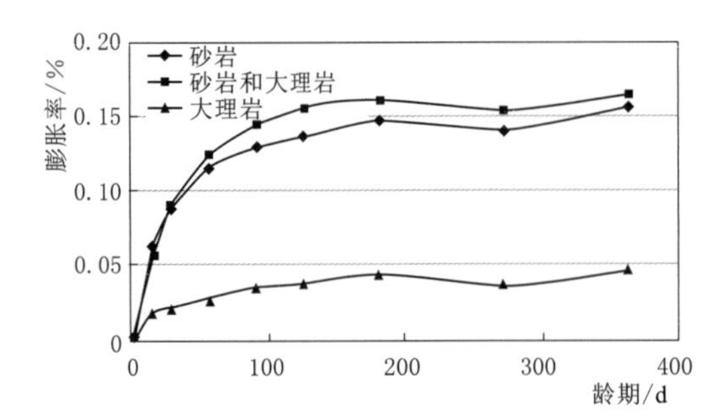

图 3.13　不同骨料混凝土棱柱体膨胀率
（养护温度 60℃，峨眉水泥，南科院试验）

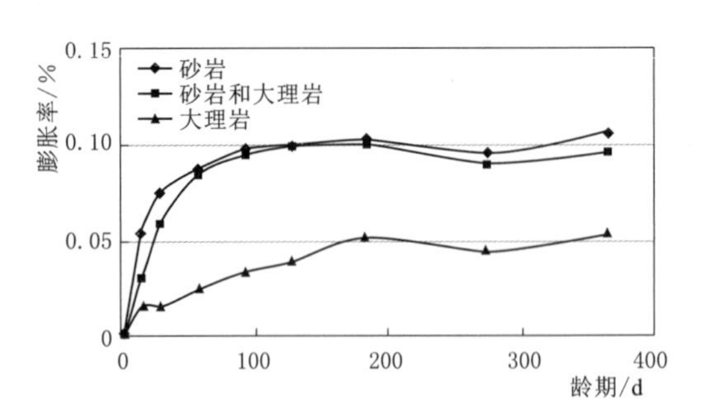

图 3.14　不同骨料混凝土棱柱体膨胀率
（养护温度 60℃，双马水泥，南科院试验）

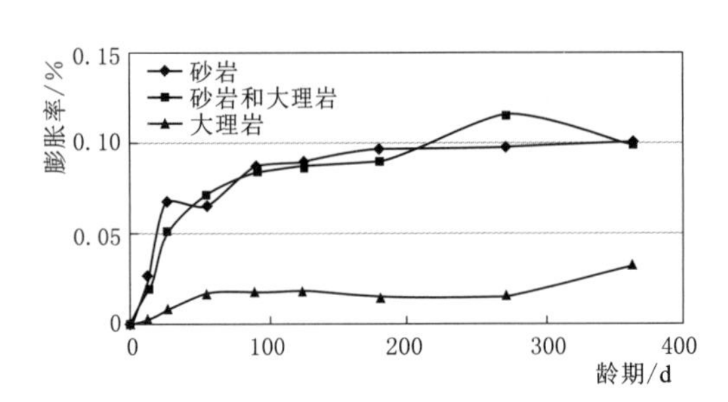

图 3.15　不同骨料混凝土棱柱体膨胀率
（养护温度 60℃，峨眉水泥，长科院试验）

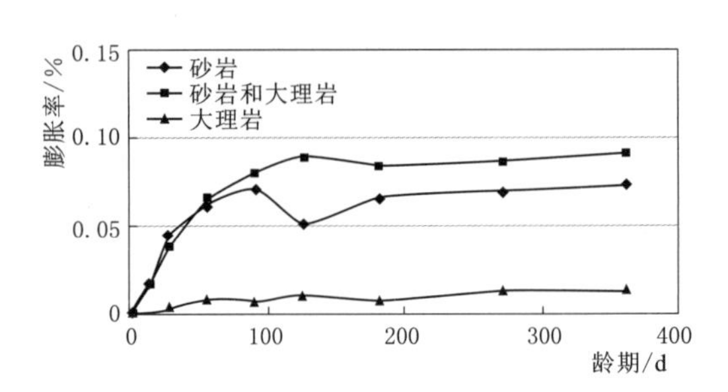

图 3.16　不同骨料混凝土棱柱体膨胀率
（养护温度 60℃，双马水泥，长科院试验）

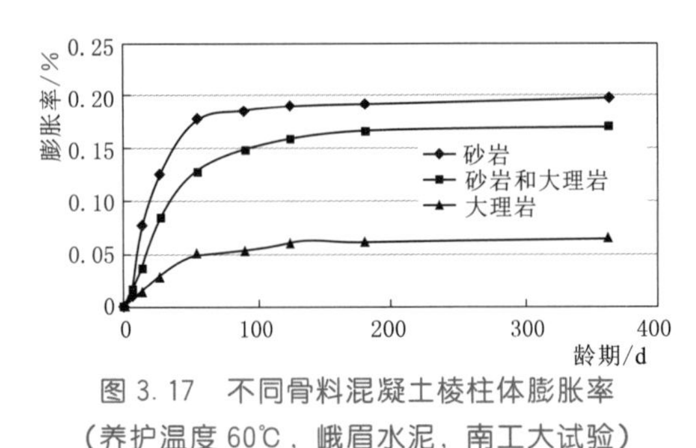

图 3.17　不同骨料混凝土棱柱体膨胀率
（养护温度 60℃，峨眉水泥，南工大试验）

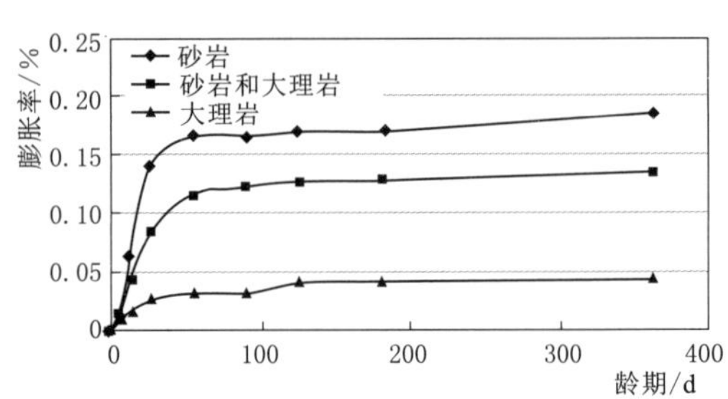

图 3.18　不同骨料混凝土棱柱体膨胀率
（养护温度 60℃，双马水泥，南工大试验）

3. 全级配混凝土棱柱体法

用全级配混凝土棱柱体法，对不同种类骨料混凝土进行 ASR 的试验研究，以探讨在不同的骨料级配条件下，不同骨料种类对混凝土 ASR 膨胀的影响。试验采用峨眉中热水泥与双马中热水泥，宣威Ⅰ级粉煤灰。全级配混凝土棱柱体的试件尺寸分为 100mm×100mm×515mm 和 300mm×300mm×1350mm 两种。

（1）全级配混凝土小棱柱体（100mm×100mm×515mm）试验。混凝土配合比参照混凝土棱柱体法，在保持混凝土中的骨料总量不变的条件下，改变骨料的最大粒径以及骨料的级配。混凝土配合比见表 3.4。通过外加 10%NaOH 使试验用水泥含碱量达到 1.25%。一、二级配采用原级配，三、四级配采用湿筛法，筛除大于 40mm 的粗骨料。养护温度为 38℃。试验分为两种情况进行：一种是不掺粉煤灰（F=0%，F 为粉煤灰掺量），一种是掺 30%的粉煤灰（F=30%）。

表 3.4　全级配混凝土棱柱体法试验混凝土配合比

水胶比	骨料级配	胶材用量/kg	水/kg	砂/kg	粗骨料/kg			
					20～5mm	40～20mm	80～40mm	120～80mm
0.43	一	420	181	720	1080	—	—	—
0.43	二	420	181	720	540	540		
0.43	三	420	181	720	270	270	540	—
0.43	四	420	181	720	216	216	270	378

1）南科院通过试验得到的不掺粉煤灰时各种骨料级配混凝土碱活性膨胀率见图3.19～图3.22。由试验结果可见：

a. 在骨料的最大粒径分别为20mm和40mm，骨料级配为一级配和二级配的条件下，采用大理岩人工砂替代砂岩人工砂，其混凝土的碱活性膨胀值要低于全砂岩骨料混凝土碱活性的膨胀值，365d膨胀率分别减少36.7%和26.5%。

b. 在骨料级配分别为三级配和四级配，湿筛大于40mm的骨料后，采用大理岩人工砂替代砂岩人工砂，也可以减少砂岩混凝土的碱活性膨胀值。其中三级配混凝土365d膨胀率减少39.5%，四级配混凝土365d膨胀率减少46.5%。

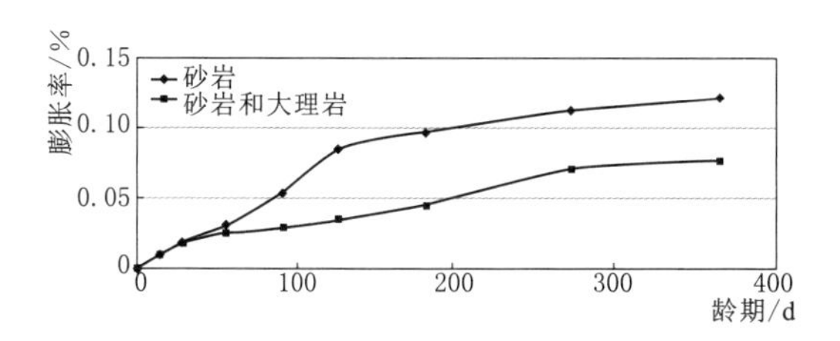

图3.19　大理岩人工砂对砂岩碱活性膨胀的影响（一级配混凝土，$F=0\%$，南科院试验）

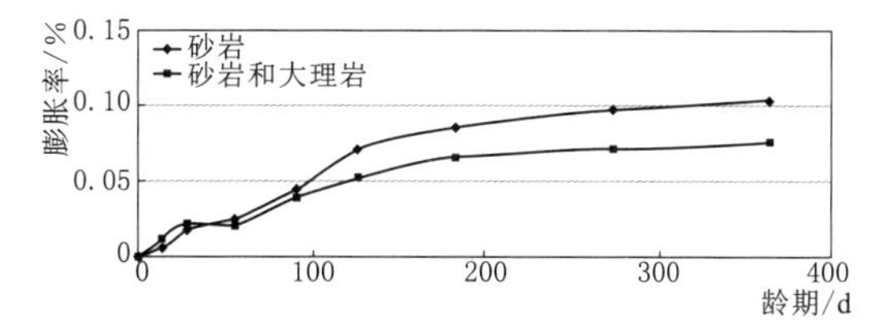

图3.20　大理岩人工砂对砂岩碱活性膨胀的影响（二级配混凝土，$F=0\%$，南科院试验）

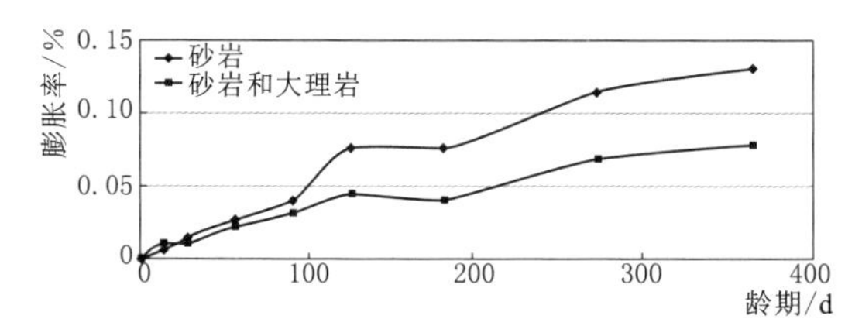

图3.21　大理岩人工砂对砂岩碱活性膨胀的影响（三级配混凝土，$F=0\%$，南科院试验）

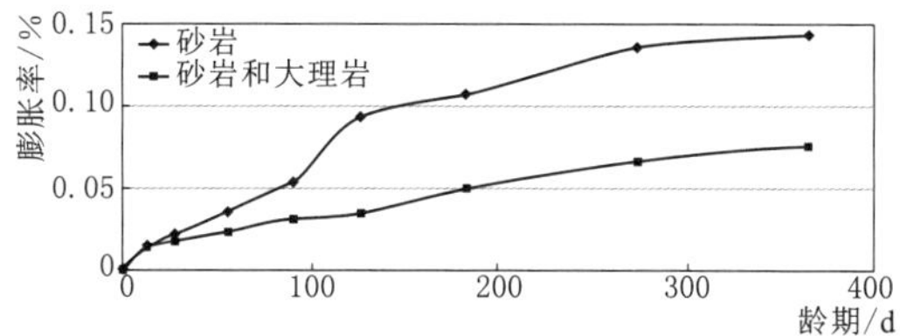

图3.22　大理岩人工砂对砂岩碱活性膨胀的影响（四级配混凝土，$F=0\%$，南科院试验）

2）长科院在不掺粉煤灰条件下采用试件尺寸为100mm×100mm×415mm的混凝土小棱柱体，在各种骨料级配条件下，进行大理岩人工砂替代砂岩人工砂对混凝土碱活性膨胀率影响的试验，试验结果见图3.23～图3.26。由试验结果可见：

a. 在骨料的最大粒径分别为20mm和40mm，骨料级配为一级配和二级配的条件下，采用大理岩人工砂替代砂岩人工砂，其混凝土的碱活性膨胀值要低于全砂岩骨料混凝土碱活性的膨胀值，365d膨胀率分别减少9.7%和16.5%。

b. 在骨料级配分别为三级配和四级配，湿筛大于40mm的骨料后，采用大理岩人工砂替代砂岩人工砂，也可以减少砂岩混凝土的碱活性膨胀值。其中三级配混凝土 365d 膨胀率减少 40.1%，四级配混凝土 365d 膨胀率减少 39.0%。

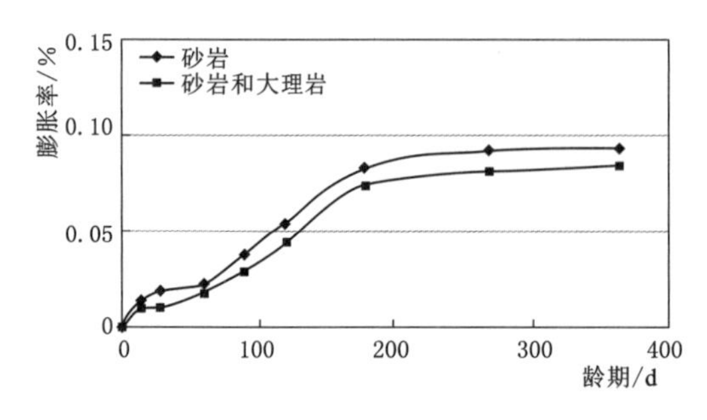

图 3.23　大理岩人工砂对砂岩碱活性膨胀的影响
（一级配混凝土，$F=0\%$，长科院试验）

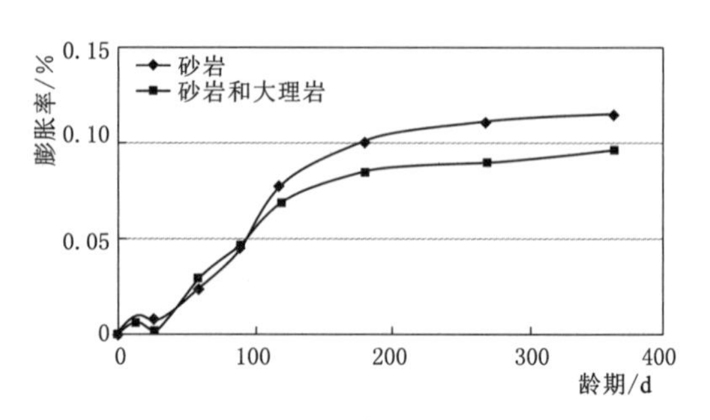

图 3.24　大理岩人工砂对砂岩碱活性膨胀的影响
（二级配混凝土，$F=0\%$，长科院试验）

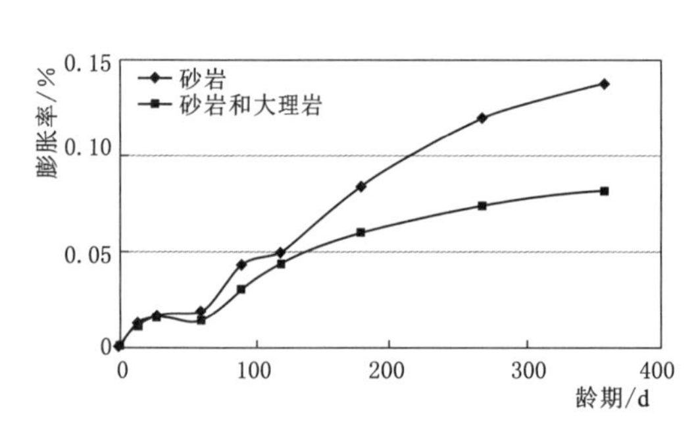

图 3.25　大理岩人工砂对砂岩碱活性膨胀的影响
（三级配混凝土，$F=0\%$，长科院试验）

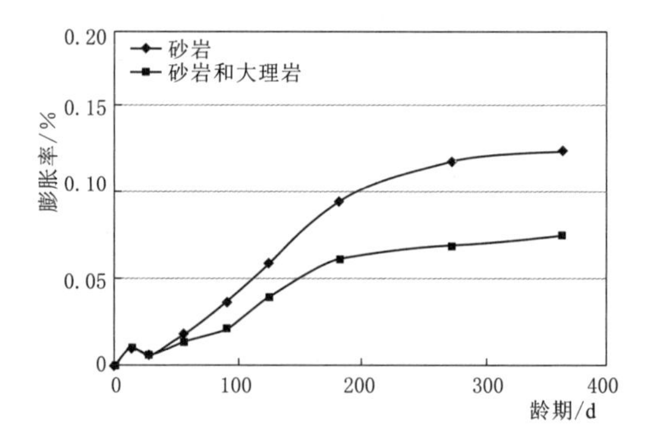

图 3.26　大理岩人工砂对砂岩碱活性膨胀的影响
（四级配混凝土，$F=0\%$，长科院试验）

3）在掺 30%的粉煤灰，不同骨料级配条件下，大理岩人工砂代替砂岩人工砂混凝土碱活性膨胀的试验结果见图 3.27～图 3.30。由试验结果可见：

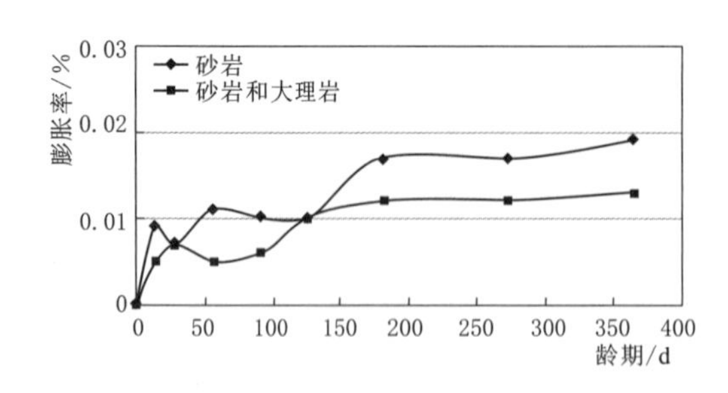

图 3.27　大理岩人工砂对砂岩碱活性膨胀的影响
（一级配混凝土，$F=30\%$，南科院试验）

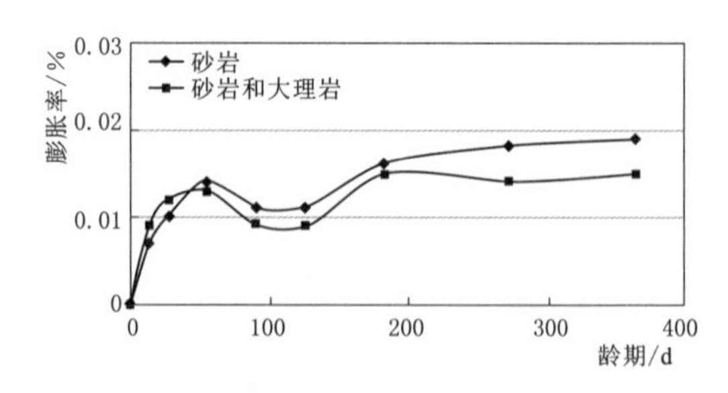

图 3.28　大理岩人工砂对砂岩碱活性膨胀的影响
（二级配混凝土，$F=30\%$，南科院试验）

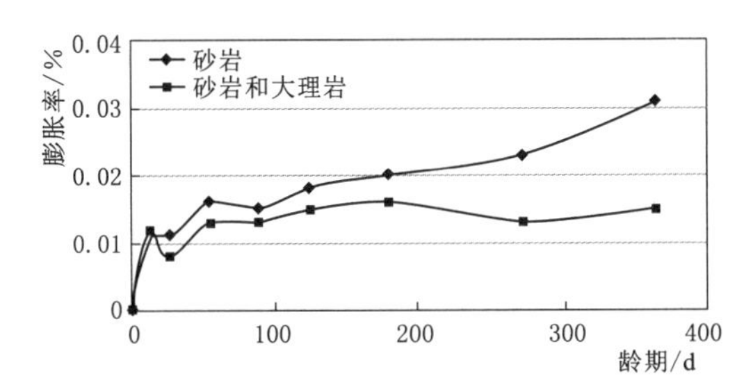

图 3.29 大理岩人工砂对砂岩碱活性膨胀的影响
（三级配混凝土，$F=30\%$，南科院试验）

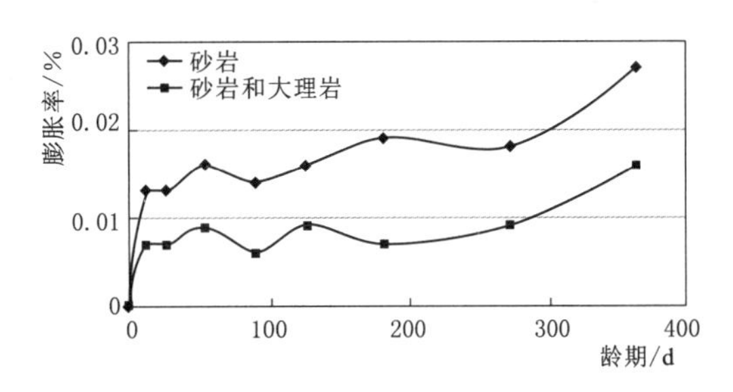

图 3.30 大理岩人工砂对砂岩碱活性膨胀的影响
（四级配混凝土，$F=30\%$，南科院试验）

a. 在骨料的最大粒径分别为 20mm 和 40mm，骨料级配为一级配和二级配，粉煤灰掺量为 30%的条件下，采用大理岩人工砂替代砂岩人工砂，其混凝土的碱活性膨胀值要低于全砂岩骨料混凝土碱活性的膨胀值，其中一级配混凝土 365d 膨胀率减少 31.6%，二级配混凝土 365d 膨胀率减少 21.1%。

b. 在骨料级配分别为三级配和四级配，粉煤灰掺量为 30%的条件下，湿筛大于 40mm 的骨料后，采用大理岩人工砂替代砂岩人工砂，也可以减少砂岩混凝土的碱活性膨胀值。其中三级配混凝土 365d 膨胀率减少 51.6%，四级配混凝土 365d 膨胀率减少 40.7%。

4）在掺 35%的粉煤灰，不同骨料级配条件下，长科院的大理岩人工砂代替砂岩人工砂混凝土碱活性膨胀的试验结果见图 3.31～图 3.34。由试验结果可见：

a. 在骨料的最大粒径分别为 20mm 和 40mm，骨料级配为一级配和二级配，粉煤灰掺量为 35%的条件下，采用大理岩人工砂替代砂岩人工砂，其混凝土的碱活性膨胀值要低于全砂岩骨料混凝土碱活性的膨胀值，其中一级配混凝土 365d 膨胀率减少 82.4%，二级配混凝土 365d 膨胀率减少 28.6%。

b. 在骨料级配分别为三级配和四级配，粉煤灰掺量为 35%的条件下，湿筛大于 40mm 的骨料后，采用大理岩人工砂替代砂岩人工砂，也可以减少砂岩混凝土的碱活性膨胀值。其中三级配混凝土 365d 膨胀率减少 50.0%，四级配混凝土 365d 膨胀率减少 10%。

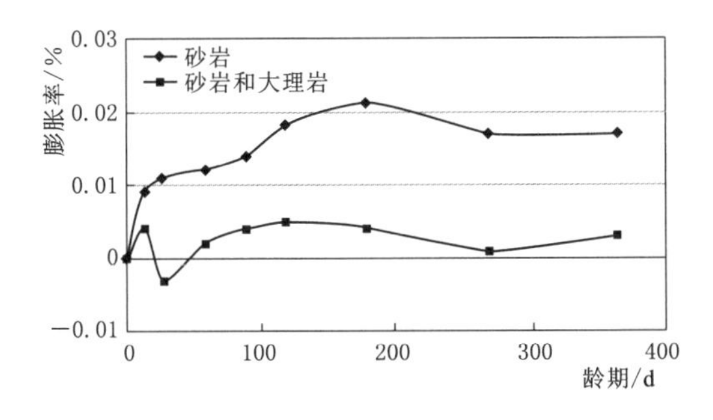

图 3.31 大理岩人工砂对砂岩碱活性膨胀的影响
（一级配混凝土，$F=35\%$，长科院试验）

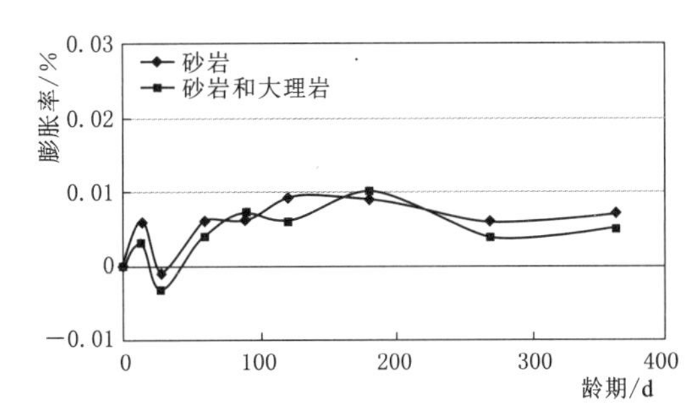

图 3.32 大理岩人工砂对砂岩碱活性膨胀的影响
（二级配混凝土，$F=35\%$，长科院试验）

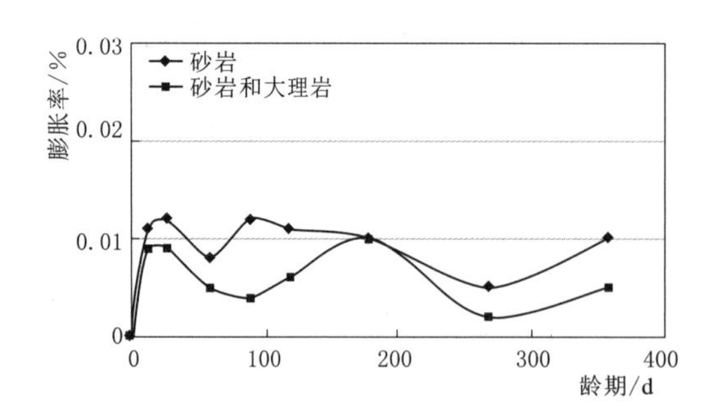

图 3.33　大理岩人工砂对砂岩碱活性膨胀的影响
（三级配混凝土，$F=35\%$，长科院试验）

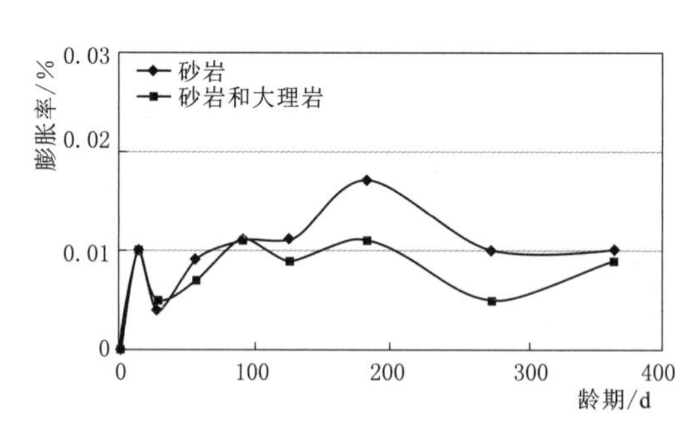

图 3.34　大理岩人工砂对砂岩碱活性膨胀的影响
（四级配混凝土，$F=35\%$，长科院试验）

从南科院和长科院关于大理岩人工砂代替砂岩人工砂混凝土碱活性膨胀的试验结果来看，在各种骨料级配条件下，无论是不掺粉煤灰还是掺 30%或 35%的粉煤灰，采用大理岩人工砂替代砂岩人工砂均可以减少砂岩混凝土的碱活性膨胀值。

（2）全级配混凝土大棱柱体（300mm×300mm×1350mm）试验。采用全级配混凝土大棱柱体试件（室内 38℃养护），在骨料的最大粒径为 120mm 的条件下，探讨采用大理岩人工砂替代砂岩人工砂对混凝土碱活性膨胀的影响，不同种类骨料对大坝混凝土碱活性膨胀变形的影响见图 3.35。

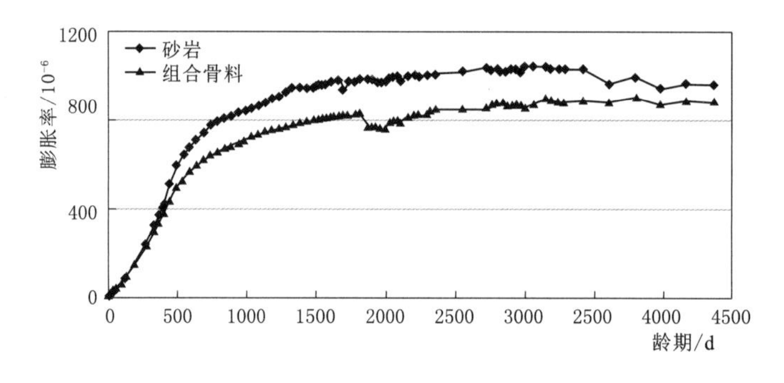

图 3.35　组合骨料对大坝混凝土碱活性膨胀变形的影响

试验结果表明：采用组合骨料可以减少大坝混凝土的碱活性膨胀变形，这与采用常规试验方法所得结论相一致。

3.2.2.4　大理岩人工砂的细度对混凝土碱活性膨胀的影响

由于采用三滩右岸料场的大理岩加工的细骨料，细度模数波动较大，为了探讨大理岩人工砂的细度对砂岩骨料混凝土碱活性膨胀的影响，对不同细度的大理岩人工砂混凝土碱活性膨胀进行试验研究，试验分别采用混凝土棱柱体法和快速混凝土棱柱体法进行。

1. 混凝土棱柱体法

（1）南科院选择细度模数分别为 2.70 和 2.96 的两种大理岩人工砂，峨眉中热水泥和双马中热水泥，采用混凝土棱柱体法进行组合骨料混凝土的 ASR 试验结果见图 3.36、图 3.37。

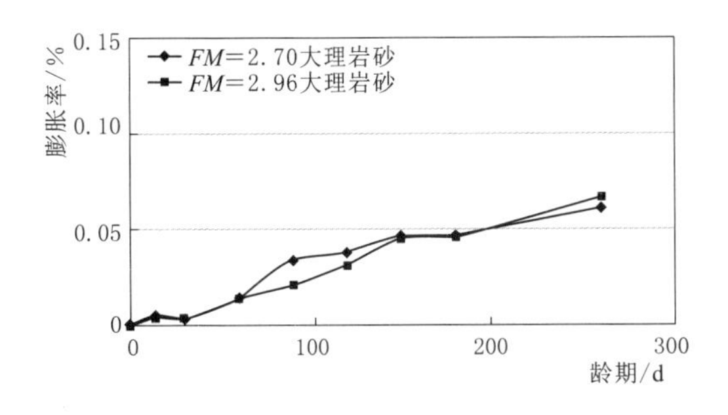

图 3.36 大理岩人工砂的细度对砂岩碱活性膨胀的影响（养护温度 38℃，峨眉水泥，南科院试验）

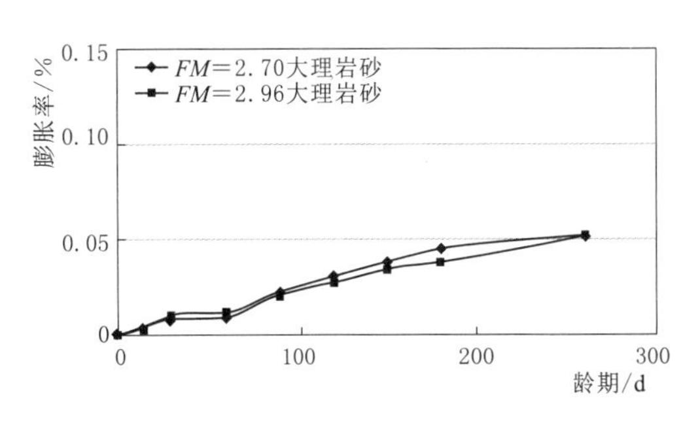

图 3.37 大理岩人工砂的细度对砂岩碱活性膨胀的影响（养护温度 38℃，双马水泥，南科院试验）

由试验结果可以看出：无论是采用峨嵋中热水泥还是采用双马中热水泥，两种细度模数的大理岩人工砂组合骨料混凝土的碱活性膨胀值差异不大。

（2）成都院选择细度模数分别为 2.14 和 2.89 的两种大理岩人工砂，峨眉中热水泥和双马中热水泥，采用混凝土棱柱体法进行组合骨料混凝土的 ASR 试验结果见图 3.38、图 3.39。

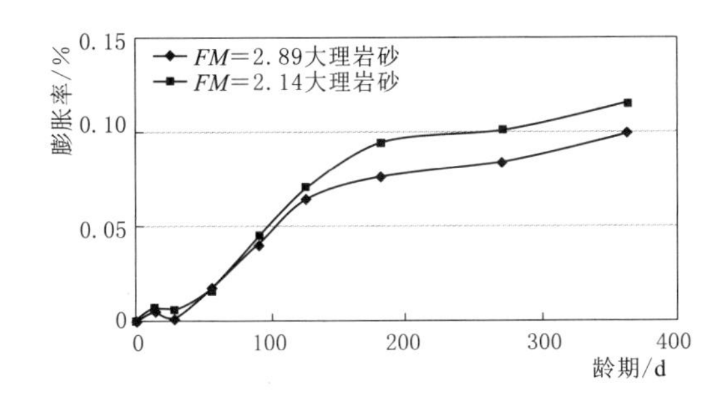

图 3.38 大理岩人工砂细度对砂岩碱活性膨胀的影响（养护温度 38℃，峨眉水泥，成都院试验）

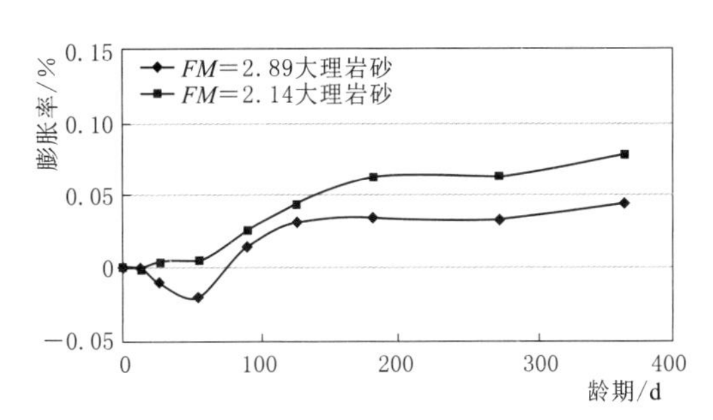

图 3.39 大理岩人工砂细度对砂岩碱活性膨胀的影响（养护温度 38℃，双马水泥，成都院试验）

当采用峨眉中热水泥时，细度模数为 2.14 的大理岩人工砂混凝土 365d 的膨胀值比细度模数为 2.89 的大理岩人工砂混凝土 365d 的膨胀值高 16.2%。

当采用双马中热水泥时，细度模数为 2.14 的大理岩人工砂混凝土 365d 的膨胀值比细度模数为 2.89 的大理岩人工砂混凝土 365d 的膨胀值高 75.0%。

（3）长科院选择细度模数分别为 2.14 和 2.70 的两种大理岩人工砂，峨眉中热水泥和双马中热水泥，采用混凝土棱柱体法进行组合骨料混凝土的 ASR 试验结果见图 3.40、图 3.41。

由试验结果可以看出：无论采用峨眉中热水泥还是采用双马中热水泥，两种细度模数的大理岩人工砂的混凝土碱活性膨胀值差异很小。

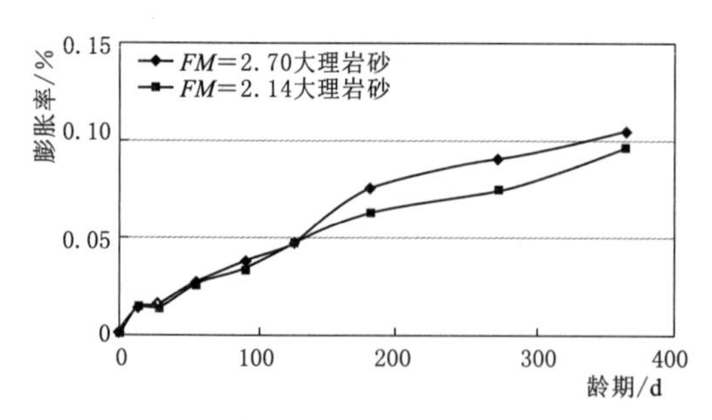

图 3.40　大理岩人工砂细度对砂岩碱活性膨胀的影响（养护温度 38℃，峨眉水泥，长科院试验）

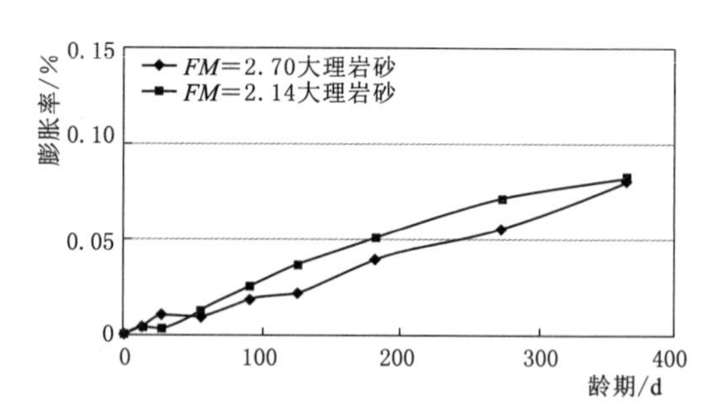

图 3.41　大理岩人工砂细度对砂岩碱活性膨胀的影响（养护温度 38℃，双马水泥，长科院试验）

2. 快速混凝土棱柱体法

南科院选择细度模数分别为 2.70 和 2.96 的两种大理岩人工砂进行 60℃快速混凝土棱柱体法试验，试验结果见图 3.42、图 3.43。成都院选择细度模数分别为 2.14 和 2.89 的两种大理岩人工砂，峨眉中热水泥和双马中热水泥，在 60℃养护温度条件下进行的不同细度大理岩人工砂组合骨料混凝土碱活性膨胀试验结果见图 3.44、图 3.45。长科院选择细度模数分别为 2.14 和 2.70 的两种大理岩人工砂进行试验，试验结果见图 3.46、图 3.47。

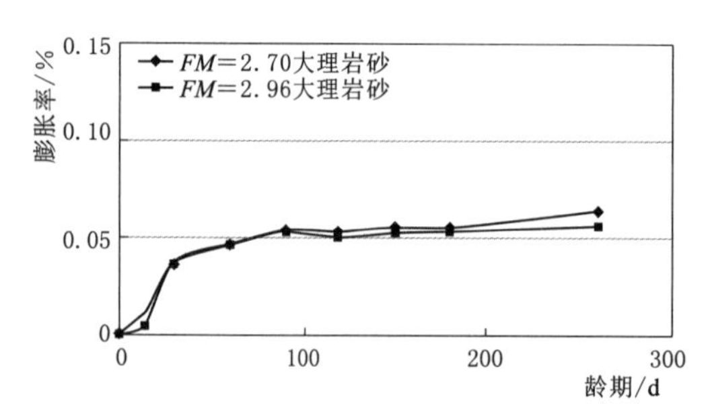

图 3.42　大理岩人工砂细度对砂岩碱活性膨胀的影响（养护温度 60℃，峨眉水泥，南科院试验）

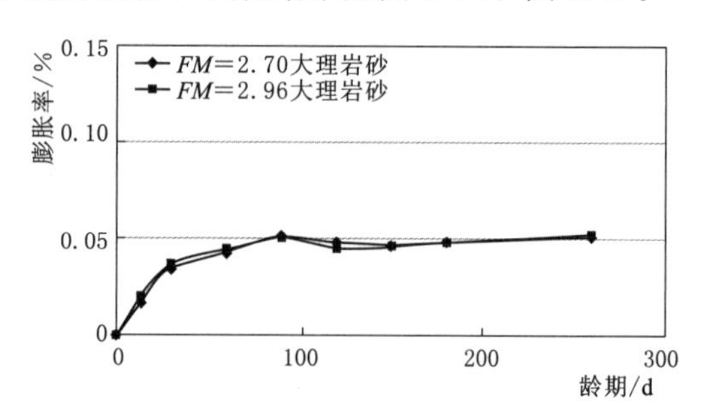

图 3.43　大理岩人工砂细度对砂岩碱活性膨胀的影响（养护温度 60℃，双马水泥，南科院试验）

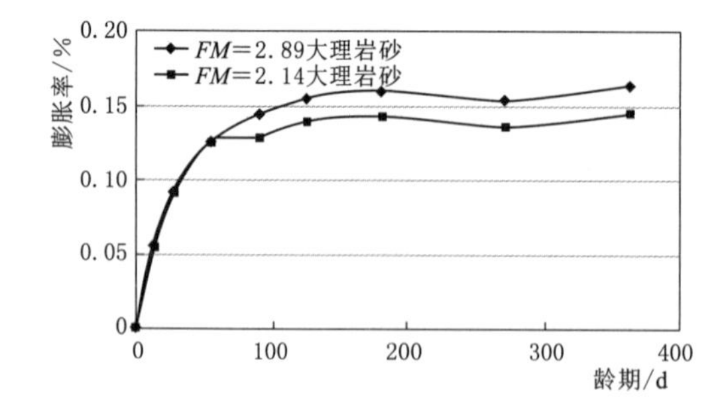

图 3.44　大理岩人工砂细度对砂岩碱活性膨胀的影响（养护温度 60℃，峨眉水泥，成都院试验）

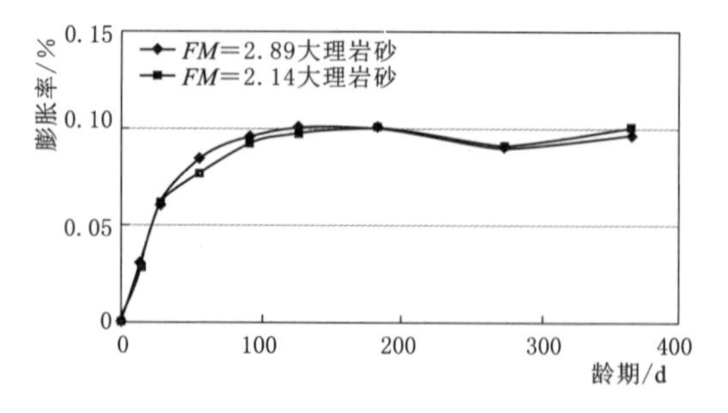

图 3.45　大理岩人工砂细度对砂岩碱活性膨胀的影响（养护温度 60℃，双马水泥，成都院试验）

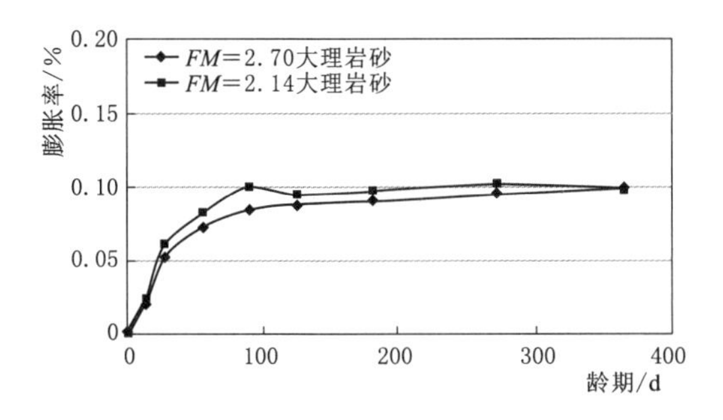

图 3.46 大理岩人工砂细度对砂岩碱活性膨胀的影响（养护温度 60℃，峨眉水泥，长科院试验）

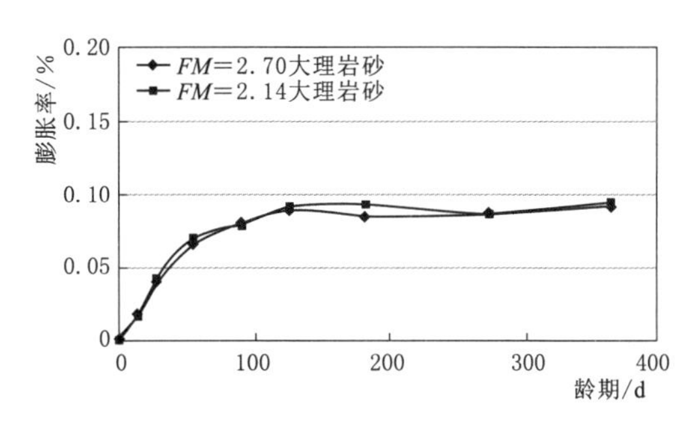

图 3.47 大理岩人工砂细度对砂岩碱活性膨胀的影响（养护温度 60℃，双马水泥，长科院试验）

综合三家试验单位在养护温度为 60℃时进行的不同细度模数大理岩人工砂对砂岩混凝土碱活性膨胀试验结果可以看出：大理岩人工砂的细度模数对组合骨料混凝土碱活性膨胀值影响较小。

3.3 混凝土总碱含量限值及控制措施

3.3.1 总碱含量对 ASR 膨胀率的影响

两河口水电站位于四川省甘孜藏族自治州雅江县境内，为雅砻江中游“龙头”梯级水库电站。该工程所用砂板岩骨料也为 ASR 活性骨料。为考察碱含量对 ASR 的影响，采用两河口砂板岩骨料进行了相关试验。

3.3.1.1 全级配大试件试验

试验采用全级配大体积混凝土试件，在骨料的最大粒径为 120mm 的条件下（组合骨料），探讨控制混凝土总碱含量对混凝土碱活性膨胀的影响。

混凝土总碱含量按水泥、掺合料、外加剂各自的碱含量加和求得，其中水泥碱含量全部计入，粉煤灰碱含量按照 1/5 计入，外加剂中的碱全部计入。

考虑两种混凝土总碱含量，进行不同混凝土总碱量条件下变质石英砂岩活性骨料混凝土 ASR 膨胀的试验研究，一种为实际混凝土的总碱含量 1.76kg/m^3（胶凝材料 0.42%），另一种通过外加碱使混凝土中的总碱含量达到胶凝材料的 1.25%（总碱含量为 5.25kg/m^3）。

不同总碱含量条件下的混凝土碱活性膨胀变形试验研究结果（室内 38℃养护）见图 3.48。

试验结果表明：混凝土的总碱含量对大坝混凝土的碱活性膨胀变形有直接影响，随着混凝土总碱含量的降低，混凝土的碱活性膨胀变形减少，其结论与采用常规试验方法的结论相吻合。

两河口水电站工程中进行骨料碱活性试验时，选择两种混凝土总碱含量，一种为实际工程混凝土的总碱含量 1.19kg/m^3，一种通过外加碱调整混凝土的总碱含量为 4.0kg/m^3，进行不同总碱含量对泥质粉砂岩活性骨料混凝土的 ASR 膨胀影响的试验研究。

采用棱柱体试件，混凝土试件的尺寸为 100mm×100mm×515mm。养护条件分为室

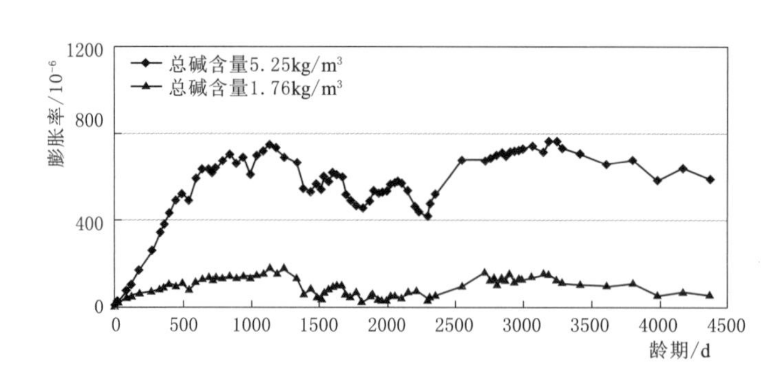

图 3.48　混凝土总碱含量对大坝混凝土碱活性膨胀变形的影响

内标准养护（养护温度为 38℃）和室外自然养护。不同养护条件下的试件见图 3.49。室内标准养护的混凝土试验结果见图 3.50，室外自然养护的混凝土试验结果见图 3.51。

(a) 室外自然养护

(b) 室内标准养护

图 3.49　两河口水电站不同养护条件下的混凝土试件

由试验结果可以看出：将混凝土中的总碱含量从实际的总碱含量调至 4.0kg/m³ 时，对泥质粉砂岩活性骨料混凝土的 ASR 膨胀变形有一定影响。无论是在室内标准养护还是室外自然环境下养护，随着混凝土的总碱含量的增加，泥质粉砂岩活性骨料 ASR 膨胀率有所提高，但总碱量增加到一定程度，ASR 膨胀率增加有限。

3.3.1.2　砂浆棒快速法试验

选取三组砂岩作为骨料，试验用水泥为峨眉 42.5 中热水泥，碱含量为 0.60%（以 Na_2O 当量计），外加 NaOH 使水泥碱含量达到 0.60%、0.90%、1.25%、1.50%、2.00%，进行了不同碱含量砂浆棒快速法试验，试验结果见表 3.5，可以看出：不同水泥含碱量，砂浆棒快速法试验结果相差不大，砂岩 14d 的膨胀率最小为 0.177%，最大为 0.265%，除一个数据略小于 0.2%，其余均大于 0.2%，28d 的膨胀率均大于 0.3%，说明水泥外加碱的量对砂浆棒快速法试验结果影响不大。

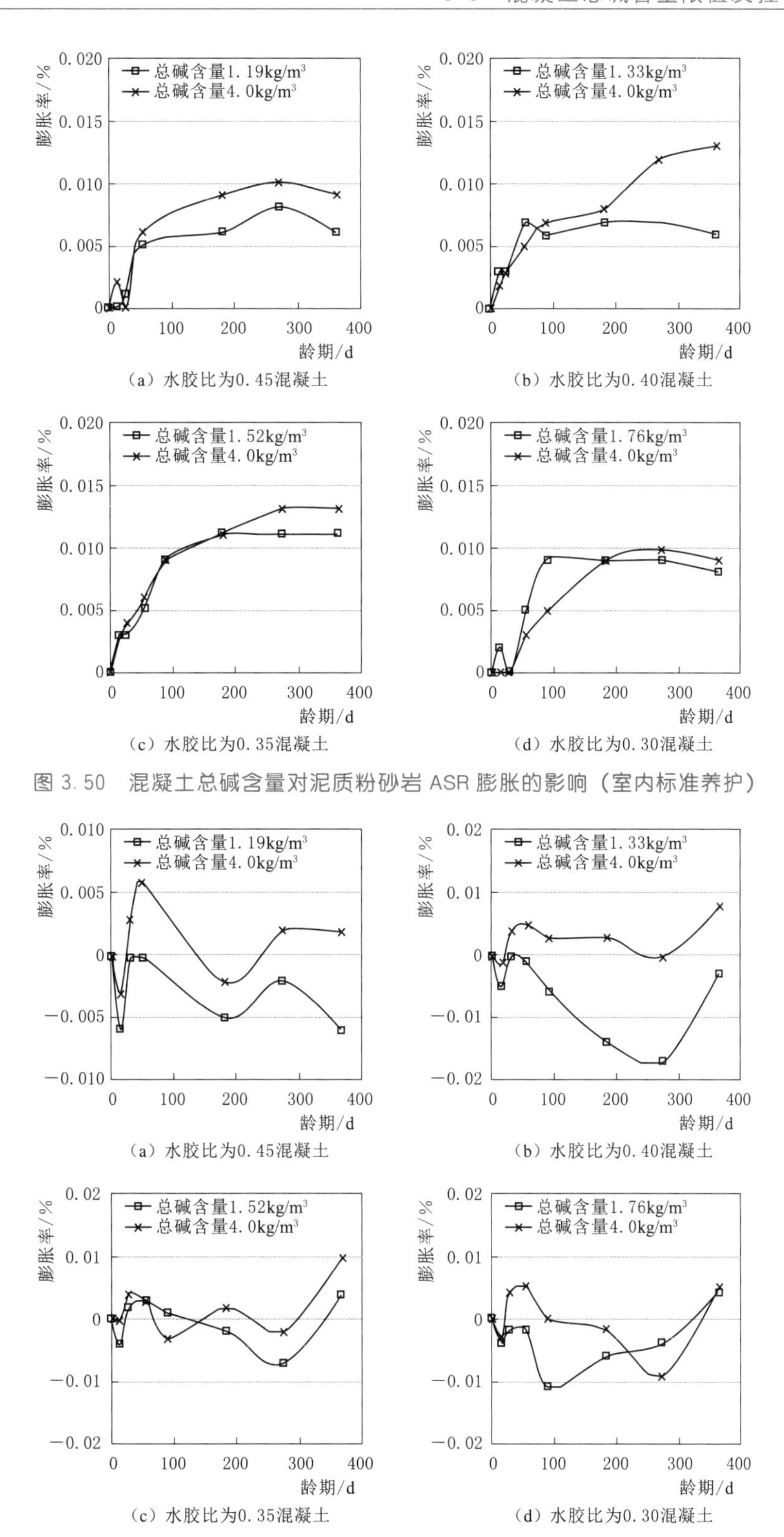

图3.50 混凝土总碱含量对泥质粉砂岩ASR膨胀的影响（室内标准养护）

图3.51 混凝土总碱含量对泥质粉砂岩ASR膨胀的影响（室外自然养护）

表 3.5　砂浆棒快速法试验结果

砂岩编号	水泥碱含量/%	试件膨胀率/%			
		3d	7d	14d	28d
PD8-4	0.60	0.043	0.088	0.211	0.408
	0.90	0.044	0.123	0.255	0.456
	1.25	0.044	0.100	0.234	0.415
	1.50	0.053	0.125	0.244	0.427
	2.00	0.061	0.143	0.249	0.416
PD8-5	0.60	0.027	0.091	0.229	0.356
	0.90	0.048	0.119	0.244	0.376
	1.25	0.060	0.136	0.202	0.352
	1.50	0.043	0.092	0.177	0.328
	2.00	0.068	0.164	0.223	0.361
DJ-1	0.60	0.024	0.115	0.233	0.424
	0.90	0.044	0.120	0.249	0.440
	1.25	0.072	0.145	0.265	0.459
	1.50	0.048	0.115	0.231	0.425
	2.00	0.053	0.124	0.231	0.387

3.3.1.3　混凝土棱柱体法试验

按《水工混凝土砂石骨料试验规程》（DL/T 5151—2001）方法进行试验。试验用水泥为峨眉 42.5 中热硅酸盐水泥，外加 NaOH 使水泥碱含量达到 0.60%、0.90%、1.25%、1.50%、2.00%，混凝土棱柱体法结果见表 3.6。从试验结果看：

（1）在水泥碱含量 1.25%的条件下，大奔流沟砂岩料场的三组砂岩 365d 的膨胀率均大于 0.04%，为具有潜在危害性反应的活性骨料。

（2）同一龄期条件下，混凝土试件膨胀率随水泥碱含量的增加而增加，说明原材料碱含量的控制，可以影响危害性的 ASR 产生。

（3）PD8-4，在水泥碱含量 0.90%的条件下，150d 的膨胀率已大于 0.04%，说明锦屏一级水电站人工砂岩骨料含有一定的活性较高的矿物。

表 3.6　混凝土棱柱体法试验结果

砂岩编号	水泥碱含量/%	试件膨胀率/%							
		28d	56d	84d	120d	150d	180d	270d	365d
PD8-4	0.60	0.009	0.012	0.012	0.007	0.017	0.022	0.028	0.026
PD8-4	0.90	0.015	0.028	0.034	0.038	0.048	0.051	0.050	0.060
PD8-4	1.25	0.018	0.028	0.036	0.046	0.056	0.064	0.084	0.086
PD8-4	1.50	0.017	0.031	0.044	0.046	0.057	0.056	0.064	0.083

续表

砂岩编号	水泥碱含量/%	试件膨胀率/%							
		28d	56d	84d	120d	150d	180d	270d	365d
PD8-4	2.00	0.014	0.027	0.052	0.068	0.084	0.090	0.102	0.102
PD8-5	0.60	−0.014	−0.004	0	0.002	0	−0.006	−0.008	−0.006
PD8-5	0.90	−0.004	0	0.006	0.004	0.010	0.006	0.013	0.018
PD8-5	1.25	−0.008	0	0.007	0.016	0.025	0.023	0.038	0.060
PD8-5	1.50	0.008	0.020	0.038	0.064	0.078	0.084	0.106	0.108
PD8-5	2.00	0.017	0.030	0.052	0.068	0.074	0.084	0.101	0.110
DJ-1	0.60	−0.016	−0.012	−0.008	−0.005	−0.004	−0.008	−0.002	−0.005
DJ-1	0.90	−0.006	−0.006	−0.001	−0.001	−0.003	0.005	0.010	0.015
DJ-1	1.25	−0.011	−0.002	0.004	0.006	0.018	0.015	0.034	0.054
DJ-1	1.50	0.009	0.016	0.027	0.046	0.057	0.063	0.084	0.087
DJ-1	2.00	0.015	0.030	0.045	0.059	0.066	0.076	0.092	0.104

3.3.1.4 砂浆长度法试验

选取 PD8-5 石英砂岩作为骨料，试验用水泥为峨嵋 42.5 中热水泥，碱含量为 0.60%（以 Na_2O 当量计），外加 NaOH 使水泥碱含量达到 0.60%、1.20%、1.50%。进行了砂浆长度法长龄期试验，试验龄期为 365d,，试验结果见表 3.7。随着水泥碱含量的增加，砂浆试件 365d 膨胀率也在增加，水泥碱含量 1.20%时，砂浆试件 365d 膨胀率最大为 0.072%，未超过 0.10%的危害值；砂浆长度法仅仅适用于评判高活性的快速膨胀的骨料，对膨胀慢的骨料则不适用。结果也说明锦屏一级砂岩不属于高活性骨料。但在高碱的条件下（水泥碱含量 1.50%），砂浆试件 365d 膨胀率最大为 0.105%，超过 0.10%的危害值；说明锦屏一级砂岩含有一定的活性较高的矿物。

表 3.7　砂浆长度法试验结果

骨料种类	水泥碱含量/%	试件膨胀率/%					
		30d	60d	90d	180d	270d	365d
PD8-5	0.60	0.006	0.013	0.010	0.021	0.023	0.026
PD8-5	1.20	0.009	0.019	0.019	0.047	0.060	0.072
PD8-5	1.50	0.007	0.020	0.026	0.062	0.080	0.105

3.3.2 水泥碱含量控制措施

水泥厂初次为锦屏大坝生产高镁中热水泥时其碱含量达 0.56%～0.60%左右，为严控混凝土中的碱含量，锦屏一级水电站工程内控指标要求水泥碱含量小于 0.55%，为达到内控要求，针对生产实际水泥厂家采取了以下措施。

（1）控制原材料的碱含量。对各原材料的碱含量控制如下：

1）钙质材料。原生产用石灰石：CaO：49.5%～50.5%，R_2O：0.28%～0.38%；现用精选石灰石：CaO：51.0%～52.5%，R_2O：0.15%～0.25%。

2）硅质材料。原生产用砂岩：SiO_2：78%～82%，R_2O：1.78%～2.50%；现用硅石：SiO_2：92%～95%，R_2O：0.30%～0.40%。

3）铁质材料。选用高铁铜矿渣：Fe_2O_3：50%～55%，R_2O：0.90%～1.25%。

4）铝质材料。原用黑页岩：Al_2O_3：14%～20%，R_2O：1.55%～2.20%；现用铝矿：Al_2O_3：30%～35%，R_2O：0.40%～0.60%。

5）白云石。MgO：19%～21%，R_2O：0.15%～0.3%。

6）二水石膏。结晶水：14%～18%，无杂质，R_2O：0.40%～0.50%。

（2）工艺控制。

1）选用高热值燃煤，降低碱含量较高的煤灰的掺入。

2）采用窑灰外排，窑灰中 R_2O 约 2.55%～2.78 %，窑灰外排量约生料投料量 5%～7%，外排的窑灰在生产普通水泥熟料时搭配入生料中再使用。

通过优选和替换相应的原材料，控制各原材料中碱含量，生产中选用高热值燃煤和采用窑灰外排，最终控制高镁中热水泥熟料碱含量为 0.48%～0.53%。

水泥生产时，高镁中热水泥熟料多区搭配，并与 4%～5%的二水石膏共同粉磨，水泥碱含量最终能稳定控制在 0.48%～0.52%，达到锦屏一级水电站工程内控指标要求。

3.3.3　外加剂碱含量控制措施

萘系高效减水剂是一种以工业萘为原料，经磺化、水解、缩合、中和等工艺过程生产的一种高效减水剂。在萘系高效减水剂的生产过程中，磺化过程通常采用过量浓硫酸，中和通常采用氢氧化钠，因此产物中往往会有大量的硫酸钠。一方面，硫酸钠低温时溶解度极低，在冬季等气温较低环境下会有大量硫酸钠结晶析出，堵塞管道，影响混凝土的生产；另一方面，掺入混凝土中的萘系减水剂因含有硫酸钠，会增加混凝土中的总碱量，影响到混凝土的强度、凝结时间等性能，造成混凝土的质量波动。降低硫酸钠含量是高浓萘系减水剂的主要方向。经过深加工提取的更高性能的混凝土高效减水剂，具备了萘系高效减水剂的全部优点，其不含氯盐、硫酸钠含量低，对钢筋无锈蚀，可避免因骨料活性较大或在潮湿环境中混凝土产生的 ASR。

生产高浓萘系减水剂一般采用生石灰代替氢氧化钠进行中和，利用生石灰中和多余的硫酸，同时采用钙盐作为平衡离子。在萘系减水剂缩合完成后，直接加入等摩尔浓度的生石灰代替氢氧化钠溶液，快速搅拌后得到高浓度萘系减水剂。中和完成后会得到副产物硫酸钙沉淀，通过离心分离将沉淀物分离出来并单独处理，剩下的产品就是萘磺酸钙，具有高减水、易溶于水、碱含量低等优点，用在混凝土施工过程中可大幅降低硫酸钠对混凝土的副作用。

高浓萘系减水剂硫酸钠含量一般控制在 5%以下，比常规低浓产品至少低 15%，折算碱含量从 20%降低到 10%左右，整体减水剂产品碱含量降低一半。具体数据见表 3.8。

表 3.8 外加剂碱含量

产品名称	碱含量	硫酸钠含量
常规萘系减水剂	22.6%	19.16%
高浓萘系减水剂	11.7%	2.59%

GB 8076—2008 碱含量及硫酸钠含量要求不超过厂家控制值；DL/T 5100—2014 对减水剂碱含量没有特别要求，硫酸钠含量要求不超过厂家控制值

3.4 粉煤灰品质与掺量选择

掺加粉煤灰是水工混凝土中最广泛使用的抑制 ASR 的有效措施，但有的工程对粉煤灰的 CaO 含量、碱含量、等级等提出了要求，使得可用的粉煤灰料源受到明显限制，对于原材料需求量非常庞大的水工混凝土而言，可能会显著影响工程经济性。粉煤灰的化学组成的确会比较敏感地影响其抑制 ASR 的效果，如粉煤灰的 CaO 含量以及碱含量较高则对 ASR 的抑制是不利的（Carrasquillo et al.，1987；唐国宝 等，2002；吴定燕 等，2001）；但粉煤灰的主要化学组成是 SiO_2、Al_2O_3、Fe_2O_3，它们的总含量一般超过 70%，而这些成分是有利于抑制 ASR 的（Malvar et al.，2006）。丁建彤等曾提出以综合考虑化学成分的一个因子来代替单一的化学成分，作为筛选粉煤灰的指标（丁建彤 等，2009）。粉煤灰的细度也是影响其抑制 ASR 效果的重要因素：Bérubé et al.（1995）认为用颗粒粒径分布表示的粉煤灰细度对粉煤灰抑制 ASR 的效果有显著影响；Obla et al.（2003）也表明粉煤灰的细度对抑制 ASR 效果有较大影响，粒径约 3μm 的超细粉煤灰在 CaO 含量约 11.8%时仍然可以有效地抑制 ASR。由于粉煤灰的化学成分是以玻璃体、石英、莫来石等不同的矿物成分形式存在的，而这些矿物的溶解度有别，因此，可以自然认为粉煤灰的矿物成分对其抑制 ASR 的效果也会有影响。Kawabata（2007）等曾用 8 种粉煤灰研究了掺量、非晶态 SiO_2 含量、比表面积、碱含量对抑制 ASR 效果的影响，结果表明单独用非晶态 SiO_2、比表面积或者碱含量都不能表达粉煤灰对 ASR 的抑制效果，用掺量×比表面积×非晶态 SiO_2/碱含量则可以较好地反映粉煤灰的品质。总之，在上述研究的基础上，有必要综合考虑粉煤灰的物理、化学、矿物特性对其抑制效果的影响，提出合理评价粉煤灰品质的指标。

3.4.1 粉煤灰品质评价指标

3.4.1.1 粉煤灰化学成分对抑制 ASR 效果的影响

1. 粉煤灰单个化学成分的影响

以表 3.9 中使用峨眉、双马水泥（表中分别简写为“峨眉”“双马”）的 13 种粉煤灰对 ASR 的抑制效果为研究对象，分析不同化学成分的影响。表 3.10 中不同试验单位使用峨眉、双马水泥的多种粉煤灰对 ASR 的抑制效果为研究对象，分析不同化学成分的影响。试验时，粉煤灰掺量 20%。

表3.9　AMBT法测试不同粉煤灰抑制效果

水泥、粉煤灰品种	膨胀率/%			
	3d	7d	14d	28d
峨眉空白[①]	0.023	0.095	0.158	0.271
峨眉+曲靖Ⅰ	−0.006	0.002	0.009	0.026
峨眉+宣威Ⅰ	0.000	0.011	0.018	0.037
峨眉+宣威Ⅱ	−0.003	0.007	0.014	0.030
峨眉+珞璜Ⅰ	−0.002	−0.002	0.005	0.035
峨眉+珞璜Ⅱ	0.000	0.005	0.005	0.032
峨眉+平凉Ⅰ	0.003	0.006	0.015	0.040
峨眉+平凉Ⅱ	0.002	0.007	0.008	0.039
峨眉+利源	0.002	0.009	0.016	0.036
峨眉+白马Ⅰ	0.002	0.004	0.010	0.042
峨眉+阳宗海	0.004	0.015	0.030	0.065
峨眉+高碑店	−0.006	0.004	0.022	0.041
峨眉+岁宝	0.003	0.008	0.019	0.042
峨眉+下关	0.005	0.005	0.019	0.026
双马空白[①]	0.016	0.081	0.150	0.266
双马+曲靖Ⅰ	−0.006	0.004	0.010	0.026
双马+宣威Ⅰ	−0.004	0.007	0.013	0.033
双马+宣威Ⅱ	−0.005	0.003	0.009	0.027
双马+珞璜Ⅰ	−0.004	0.001	0.006	0.036
双马+珞璜Ⅱ	−0.004	−0.003	0.000	0.030
双马+平凉Ⅰ	0.002	0.001	0.013	0.041
双马+平凉Ⅱ	0.000	0.006	0.008	0.039
双马+利源	0.001	0.002	0.013	0.034
双马+白马Ⅰ	−0.004	−0.003	0.008	0.031
双马+阳宗海	0.004	0.016	0.029	0.067
双马+高碑店	−0.007	0.001	0.018	0.035
双马+岁宝	0.001	0.009	0.023	0.050
双马+下关	0.005	0.005	0.019	0.026

① 空白表示不掺粉煤灰，下同。

表3.10　不同试验单位AMBT法测试粉煤灰抑制效果

试验单位	水泥、粉煤灰品种	膨胀率/%			
		3d	7d	14d	28d
成都院	峨眉+曲靖Ⅰ	0.068	0.108	0.221	0.420
	峨眉+曲靖Ⅱ	0.000	0.004	0.014	0.042

续表

试验单位	水泥、粉煤灰品种	膨胀率/%			
		3d	7d	14d	28d
成都院	峨眉＋宣威Ⅰ	0.002	0.009	0.024	0.060
	峨眉＋白马Ⅰ	0.006	0.012	0.020	0.048
	峨眉＋504厂Ⅱ	0.004	0.009	0.022	0.057
	峨眉＋博磊Ⅱ	0.001	0.004	0.016	0.032
	峨眉＋南京	0.003	0.008	0.027	0.053
	峨眉＋下关	0.005	0.009	0.033	0.071
	峨眉＋昆明	0.002	0.007	0.025	0.053
	峨眉＋高碑店	0.010	0.018	0.040	0.071
	峨眉＋阳宗海	0.009	0.016	0.037	0.072
长科院	峨眉空白	0.006	0.014	0.038	0.070
	峨眉＋曲靖	−0.010	−0.002	−0.005	0.008
	峨眉＋珞璜	0.002	0.012	0.007	0.023
	峨眉＋宣威	−0.001	0.014	0.010	0.024
	峨眉＋白马	0.002	0.011	0.010	0.025
	峨眉＋504厂	0.002	0.015	0.010	0.031
	峨眉＋博磊	0.005	0.011	0.018	0.035
	峨眉＋成都	0.001	0.010	0.008	0.028
	峨眉＋下关	0.009	0.012	0.016	0.020
	峨眉＋平凉	−0.005	0.010	0.002	0.021
	峨眉＋高碑店	0.011	0.018	0.012	0.026
	峨眉＋内蒙	−0.007	0.004	−0.001	0.033
	峨眉＋阳宗海	0.004	0.005	0.008	0.015
	双马空白	0.005	0.092	0.215	0.288
	双马＋曲靖	0.008	0.013	0.006	0.022
	双马＋珞璜	−0.012	−0.005	−0.008	0.007
	双马＋宣威	−0.023	0.000	−0.015	0.013
	双马＋白马	−0.001	0.001	−0.002	0.016
	双马＋504厂	0.003	0.016	0.013	0.030
	双马＋博磊	0.001	0.011	0.011	0.027
	双马＋成都	−0.010	0.005	−0.007	0.015
	双马＋下关	0.002	0.001	−0.001	0.015
	双马＋平凉	−0.001	0.003	−0.003	0.025
	双马＋高碑店	0.000	0.008	0.011	0.019
	双马＋内蒙	−0.011	−0.009	0.009	0.018
	双马＋阳宗海	0.004	0.002	0.001	0.018

续表

试验单位	水泥、粉煤灰品种	膨胀率/%			
		3d	7d	14d	28d
南工大	峨眉空白	0.044	0.121	0.214	0.309
	峨眉+曲靖	0.005	0.036	0.026	0.047
	峨眉+珞璜	−0.005	0.039	0.036	0.060
	峨眉+宣威	0.010	0.042	0.030	0.048
	峨眉+博磊	0.003	0.029	0.032	0.047
	峨眉+华能	0.010	0.037	0.031	0.051
	峨眉+长兴	−0.004	0.016	0.018	0.033
	峨眉+白马	−0.068	0.045	0.039	0.061
	峨眉+吴泾	0.007	0.015	0.047	0.052
	峨眉+阳宗海	0.017	0.033	0.059	0.084
	峨眉+下关	0.014	0.021	0.062	0.056
	双马空白	0.036	0.088	0.158	0.285
	双马+曲靖	0.000	0.008	0.019	0.030
	双马+珞璜	0.002	0.008	0.020	0.037
	双马+宣威	0.010	0.011	0.017	0.031
	双马+博磊	0.004	0.009	0.014	0.024
	双马+华能	0.001	0.009	0.018	0.034
	双马+长兴	0.002	0.004	0.009	0.016
	双马+白马	−0.014	0.010	0.021	0.037
	双马+吴泾	0.004	0.007	0.050	0.034
	双马+阳宗海	0.012	0.027	0.077	0.064
	双马+下关	0.010	0.013	0.038	0.040

按照Malvar et al.（2006）的分析，粉煤灰的主要化学成分可以分为两类：一类是促进ASR的，有CaO、K_2O、Na_2O、MgO、SO_3等；另一类是抑制ASR的，主要有SiO_2、Al_2O_3和Fe_2O_3。在其他化学成分未固定的情况下，粉煤灰的CaO含量与其ASR抑制效果没有显著的相关性。岁宝粉煤灰的CaO含量高达18%，但是当掺量为30%时，砂浆棒28天膨胀率仅0.05%，远低于判据0.10%。同样，粉煤灰的碱含量与其ASR抑制效果也没有明显的相关性，碱含量的增加并没有导致试件膨胀率的明显增加。从以上分析可知，粉煤灰的CaO含量和碱含量并不能决定其抑制ASR的效果。

分析了AMBT法中使用峨眉水泥时，粉煤灰各种化学成分对抑制ASR效果的影响，表3.11给出了相关系数R^2，与使用双马水泥得出的结论基本一致。

通过以上分析可知，在所有成分都在变化的情况下，粉煤灰的任何一种成分都不能决定其抑制ASR的效果。

表 3.11　　粉煤灰各种化学成分对抑制 ASR 效果的影响（峨眉水泥）

组分	SiO_2	Al_2O_3	Fe_2O_3	CaO	MgO	SO_3	R_2O	$SiO_2+Al_2O_3+Fe_2O_3$
R^2	0.4796	0.0065	0.0013	0.3237	0.0295	0.2850	0.0050	0.4553

2. 粉煤灰化学成分因子

为了综合考察粉煤灰各化学成分对 ASR 的作用，根据上述粉煤灰单一化学成分对 ASR 的影响规律以及文献中的结论（Malvar et al.，2006），采用比值形式提出粉煤灰化学成分因子 C_{FA}，将能够促进和抑制 ASR 的化学成分分别放在分子和分母的位置。C_{FA} 的基本表达式定为

$$C_{FA}=\frac{CaO+X_1R_2O+X_2MgO+X_3SO_3}{X_4SiO_2+X_5Al_2O_3+X_6Fe_2O_3} \tag{3.1}$$

式中：CaO、R_2O、MgO、SO_3、SiO_2、Al_2O_3、Fe_2O_3 分别为粉煤灰各化学成分的质量百分数；X_1～X_6 为各成分的作用效果权重系数，由于各成分在粉煤灰中的存在形式不同，且不一定按照分子量比起作用，因此这些系数宜通过回归分析得出。

用表 3.9 给出的 AMBT 法 28d 膨胀率与表 3.12 给出的粉煤灰的各化学成分进行回归分析，得到上述系数和相应的 C_{FA} 表达式如下：

$$C_{FA}=\frac{CaO+0.7356R_2O+1.4607MgO-1.8299SO_3}{0.7328SiO_2+0.5673Al_2O_3-2.1705Fe_2O_3} \tag{3.2}$$

表 3.12　　粉煤灰的化学成分（%）

粉煤灰品种	SiO_2	CaO	MgO	Fe_2O_3	Al_2O_3	K_2O	Na_2O	SO_3	碱含量
曲靖Ⅰ级	53.80	3.16	1.52	9.32	24.60	0.82	0.28	0.42	0.82
宣威Ⅰ级	59.33	3.16	1.38	9.07	22.27	0.79	0.16	0.34	0.68
宣威Ⅱ级	58.18	3.08	1.47	9.44	22.32	0.77	0.14	0.26	0.65
珞璜Ⅰ级	45.86	3.96	1.20	14.32	25.63	1.20	0.78	1.25	1.57
珞璜Ⅱ级	44.46	3.98	1.07	12.50	27.14	1.09	0.90	1.27	1.62
平凉Ⅰ级	48.42	8.32	3.71	6.62	25.99	1.05	1.55	1.32	2.24
平凉Ⅱ级	49.10	7.94	3.47	6.10	26.49	1.12	1.62	0.88	2.36
利源	52.96	3.06	2.72	5.75	27.02	2.78	0.28	0.24	2.11
白马Ⅰ级	50.94	4.80	1.24	11.92	22.24	1.07	0.47	1.64	1.17
阳宗海	35.54	11.64	2.13	11.98	24.06	1.10	0.08	1.46	0.80
高碑店	42.02	12.02	0.88	6.59	31.28	1.07	0.84	0.87	1.54
岁宝	48.20	18.24	0.86	2.50	15.88	2.64	4.24	1.54	5.98
下关	48.12	9.70	0.58	3.28	26.1	0.86	0.42	1.55	0.99
锦屏一级水电站要求		≤5.0						≤3.0	≤1.5

按式（3.2）计算各种粉煤灰的 C_{FA}，结果见表 3.13。C_{FA} 与砂浆棒 28d 膨胀率有良好的线性关系，相关系数 R^2 达到 0.94，见图 3.52。

表 3.13　　各种粉煤灰的化学成分因子 C_{FA}

品种	利源	曲靖Ⅰ级	宣威Ⅰ级	珞璜Ⅰ级	岁宝	平凉Ⅰ级	下关
C_{FA}	0.182	0.143	0.126	0.231	0.504	0.335	0.184
品种	平凉Ⅱ	阳宗海	白马	珞璜Ⅱ	宣威Ⅱ	高碑店	
C_{FA}	0.323	0.801	0.165	0.188	0.137	0.350	

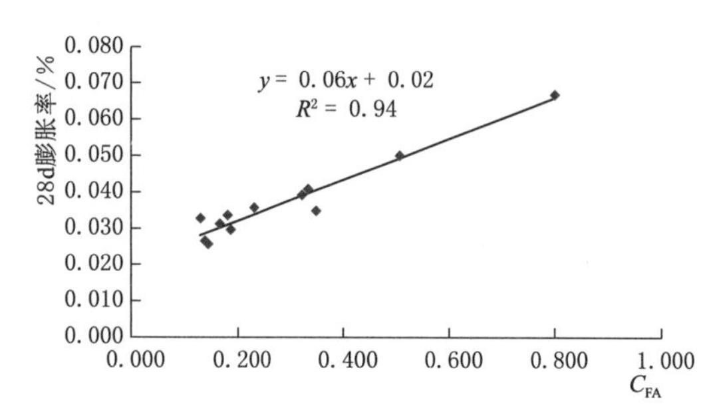

图 3.52　C_{FA} 与 AMBT 法 28d 膨胀率之间的关系

3. 粉煤灰化学成分因子的验证

C_{FA} 与 ACPT 法测试结果之间的关系见图 3.53，尽管 C_{FA} 是通过 AMBT 法的数据回归出来的，但是与 ACPT 法中反映出来的粉煤灰抑制 ASR 效果之间有良好的相关性，相关系数 R^2 分别为 0.96 和 0.89，远大于使用单个化学成分的。

为了考察 C_{FA} 能否反映粉煤灰对 ASR 的长期抑制效果，使用另外 10 种粉煤灰，分别按照 AMBT 法进行试验，掺量为 20%，10 种粉煤灰的化学成分以及 C_{FA} 见表 3.14，C_{FA} 仍是用式（3.2）计算。C_{FA} 与 AMBT 法试验验证的 28d、40d、136d 膨胀率之间的关系分别见图 3.54～图 3.56，相关系数 R^2 分别为 0.97、0.94 和 0.85。砂浆棒试件在 80℃1mol/LNaOH 溶液中浸泡 136d，试件的膨胀情况已经非常恶劣，但是仍与 C_{FA} 有较高相关性。

尽管这 10 种粉煤灰的掺量、化学组成、细度均与分析试验所用的粉煤灰不同，且掺杂了水泥品种的影响，但是粉煤灰的 C_{FA} 与试件膨胀率之间的相关性仍然很好。这进一步说明，用 C_{FA} 来反映粉煤灰对 ASR 的抑制效果比较可靠。

表 3.14　　验证试验用的 10 种粉煤灰化学成分及 C_{FA}

粉煤灰编号	SiO_2	Fe_2O_3	Al_2O_3	CaO	MgO	SO_3	K_2O	Na_2O	R_2O	C_{FA}
Q	51.92	8.72	25.53	2.85	1.16	0.6	0.95	0.29	0.92	0.112
NJ	53.46	4.6	31.96	1.93	0.90	0.28	1.11	0.38	1.11	0.070
HN	54.62	3.44	34.12	2.09	0.82	0.24	0.00	1.19	1.19	0.067
SBY	54.47	3.67	29.42	3.33	0.96	0.61	1.80	0.22	1.40	0.090
LYG	53.52	3.17	31.25	2.92	1.16	0.42	1.00	0.41	1.07	0.087
BLu	49.02	4.71	35.69	3.40	0.62	0.86	0.67	0.85	1.29	0.075
L	43.86	13.59	29.45	2.98	0.91	1.60	1.25	0.91	1.73	0.121
JP	52.07	5.32	24.21	3.14	3.36	0.96	3.71	0.04	2.48	0.187
RN	49.82	3.72	30.95	5.64	1.36	0.57	0.92	0.49	1.10	0.151
Yz	35.50	11.93	24.48	11.64	2.12	1.40	1.31	0.07	0.93	0.797

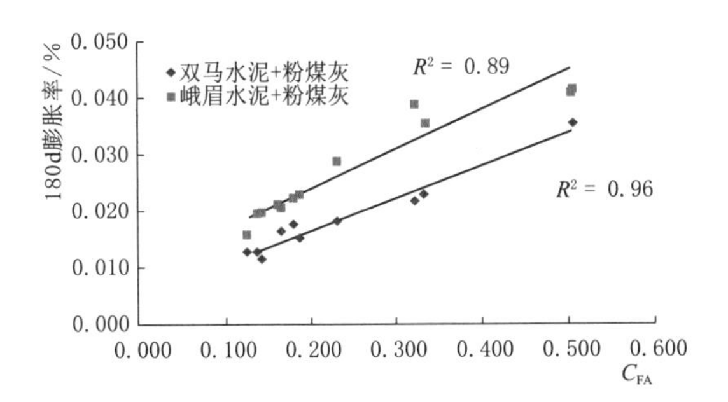

图 3.53　C_{FA} 与 ACPT 法测试的 180d 膨胀率的关系

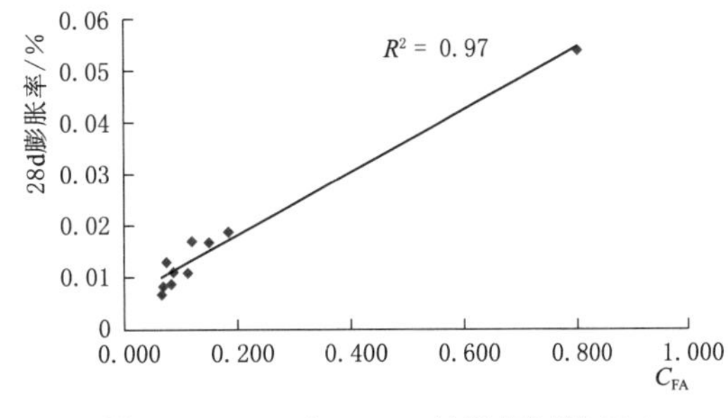

图 3.54　C_{FA} 与 AMBT 法验证试验 28d 膨胀率的关系

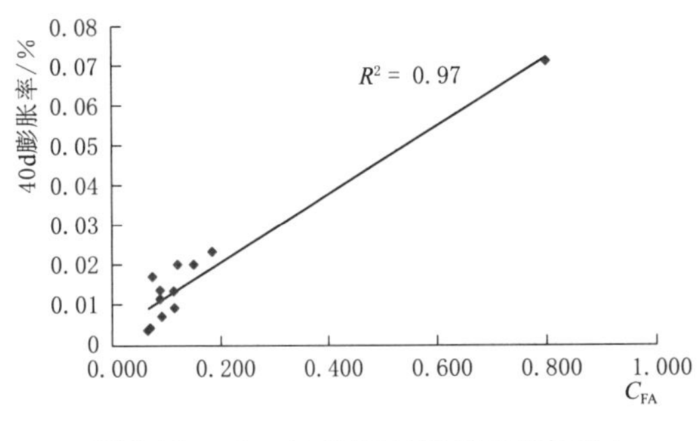

图 3.55　C_{FA} 与 AMBT 法验证试验 40d 膨胀率的关系

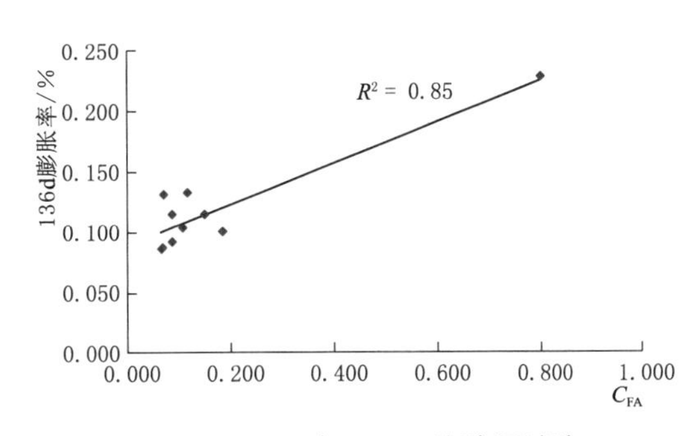

图 3.56　C_{FA} 与 AMBT 法验证试验 136d 膨胀率的关系

用 Rangaraju et al.（2005）的研究对 C_{FA} 的可靠性进行了辅助验证。他们采用 AMBT 法，考察了 2 种粉煤灰在掺量 20%下对 89 种不同活性细骨料的 ASR 的抑制效果（AMBT 法 14d 膨胀率为 0.026%～0.356%），使用了 2 种有效碱含量分别为 0.64%的 C_1 水泥和有效含碱量为 0.24%的 C_2 水泥。所用 2 种粉煤灰的化学成分和用本章提出的式（3.2）计算得的 C_{FA} 见表 3.15，结果见图 3.57。采用粉煤灰 CaO 含量为 8.36%而 C_{FA} 为 0.358 的 F_1 粉煤灰时，所有试件的 14d 膨胀率都小于 0.1%；采用 C_{FA} 为 1.200 的 F_2 粉煤灰时，绝大多数试件的 14d 膨胀率都大于 0.1%。这也说明在粉煤灰的 CaO 含量大于 5%情况下，若 C_{FA} 足够小，粉煤灰对 ASR 仍有较好的抑制效果。

表 3.15　Rangaraju 和 Sompura 所用粉煤灰的化学成分和 C_{FA}

粉煤灰品种	SiO_2	Al_2O_3	Fe_2O_3	CaO	SO_3	MgO	R_2O	C_{FA}
F_1	43.53	20.94	9.68	8.36	1.37	1.79	0.85	0.358
F_2	36.11	17.25	6.53	22.47	1.44	5.62	1.42	1.200

用本书试验、Shehata et al.（2000）、McKeen et al.（1998）关于粉煤灰的品质对其 ASR 抑制效果的影响研究一共 7 批试验结果，对本书和文献所提出的各种评价粉煤灰品质的指标进行显著性检验，结果见表 3.16。Shehata et al.（2000）采用的试验方法是 CPT 法，测试了 2 年的膨胀率，用了 15 种粉煤灰，掺量为 25%；McKeen et al.（1998）则采用 AMBT 法，用了 5 种粉煤灰，掺量为 24%。

按照相关系数检验方法（王永逵等，1990），自由度＝样本数-2；在某一置信度下，

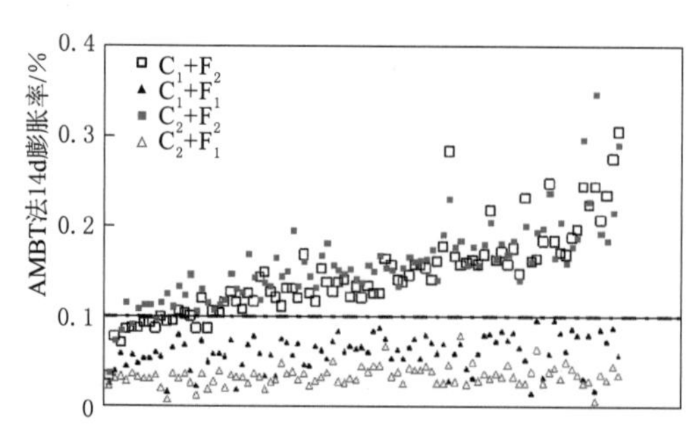

图 3.57　Rangaraju 和 Sompura 采用 89 种骨料测试粉煤灰的抑制效果

相关系数大于临界值表示相关性显著，否则认为相关性不显著。用这 7 批试验数据进行检验时，文献中所提 3 种指标与 ASR 膨胀率之间的相关性在 2～4 批试验中是不显著的；而本书提出的 C_{FA} 与 ASR 膨胀率之间的相关性在全部 7 批试验中都是显著的。可见 C_{FA} 能够更好地反映粉煤灰抑制 ASR 的效果。

从图 3.53～图 3.56 以及 Rangaraju et al.（2005）的研究结果（图 3.57）可以初步总结得出，当 $C_{FA}\leqslant 0.400$ 时，粉煤灰在掺量 30%左右就可以有效抑制锦屏一级水电站所用砂岩的 ASR；当 $C_{FA}>0.400$ 时，需要更大的掺量。按照这个指标选择粉煤灰，平凉Ⅰ级、平凉Ⅱ级、珞璜Ⅰ级、珞璜Ⅱ级以及利源粉煤灰在 30%掺量下都可以有效抑制 ASR，这与 AMBT 法、ACPT 法试验中得出的结果是一致的，而这 5 种粉煤灰的 CaO 含量或碱含量不符合锦屏一级水电站的要求。可见用单一化学成分来优选粉煤灰，会过分保守地限制料源。

表 3.16　　各种粉煤灰品质评价指标的显著性检验

数据来源	粉煤灰掺量/%	本书拟合表达式（3.2）	$\frac{10Na_2O_{eq}+4.45CaO}{SiO_2}$	$\frac{CaO}{SiO_2+Al_2O_3+Fe_2O_3}$	$\frac{CaO_{eq}}{SiO_{eq}}$	自由度	相关系数（置信度 99%）
本书拟合试验	30	0.94	0.61*	0.51*	0.58*	10	0.7079
AMBT 法验证试验 28d	20	0.83	0.91	0.89	0.84	8	0.7646
AMBT 法验证试验 40d	20	0.82	0.91	0.89	0.85	8	0.7646
ACPT 法验证试验（双马）	30	0.96	0.54*	0.63*	0.77	8	0.7646
ACPT 法验证试验（峨眉）	30	0.89	0.44*	0.45*	0.64*	8	0.7646
Shehata et al.（2000）	25	0.68	0.71	0.59*	0.77	13	0.6411
McKeen et al.（1998）	24	0.99	0.99	0.99	0.99	2	0.9900

*　表示按照相关系数检验方法检验为不显著。

3.4.1.2 粉煤灰矿物组成对抑制 ASR 效果的影响

1. 粉煤灰的矿物组成

用于粉煤灰矿物分析的手段很多，光学显微技术或者电子显微技术可以用于研究粉煤灰主要晶体组分的尺寸、形貌以及确定是否含有未燃烧碳粒（Yuichiro et al.，2007；Rangaraju et al.，2005），但是由于粉煤灰中的晶体组分较少，并且常常与玻璃体交叠在一起，所以不能用显微观测的方法估算各组分的含量。光谱分析、热分析、酸溶解等方法也有用于粉煤灰玻璃体的分析（Shehata et al.，2000）：光谱主要用来测试玻璃体的聚合度及结构（McKeen et al.，1998），差热分析主要用于研究粉煤灰中玻璃体的热性质以及熔融特性（王永逵等，1990），而酸溶解可以测定粉煤灰中玻璃体的含量，但是有研究表明粉煤灰在酸中开始溶解得较快，随后变慢，即使在 1%FH 酸中溶解 20h 仍不能完全溶解。X 射线衍射（XRD）最初只用来定性分析粉煤灰中的矿物相（Rangaraju et al.，2005），但是由于玻璃体含量较高，在 XRD 图谱中常出现比较宽大的"馒头峰"，为矿物相定量分析带来了较大困难。随着计算机技术的不断发展，Rietveld 提出的多相 XRD 全谱拟合分析方法（简称 Rietveld 法）被用于粉煤灰矿物组成定量分析，可以比较准确地测试粉煤灰中各种矿物的含量（杨华全 等，2010）。

Rietveld 法的理论基础有两个：不同物质的衍射峰只会相互叠加，不会发生干涉，即 XRD 图谱上每一个点的强度都是所含物质衍射峰相互叠加的结果；衍射峰的强度只与物质的含量有关。测试步骤为：首先对所测 XRD 图谱进行物相检索，找出可能含有的所有矿物，并查找这些矿物的无机晶体结构数据库（inorganic crystal structure database，ICSD）卡片，然后用相应软件对图谱依次进行扣除背底、结构精修、应力精修等处理，使得计算得到的图谱与试验得到的图谱基本吻合，此时即可求出各矿物所占比例。

粉煤灰的典型 XRD 图谱见图 3.58。用粉煤灰的化学成分减去晶体矿物中 SiO_2、Al_2O_3 的量，计算出粉煤灰玻璃体中非晶态 SiO_2、非晶态 Al_2O_3。

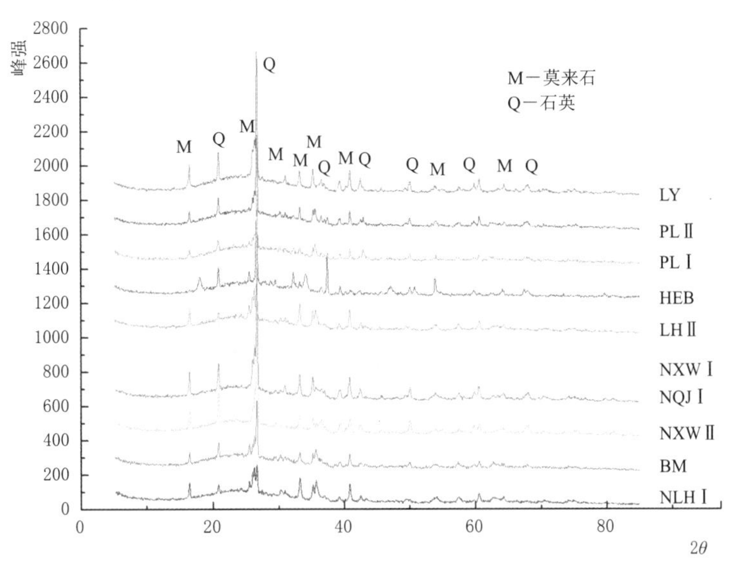

图 3.58 粉煤灰的 XRD 图谱

粉煤灰主要矿物组成及玻璃体化学成分计算结果见表 3.17。这 24 种粉煤灰中所含的主要矿物为玻璃体、莫来石和石英，还有少量的无水石膏、石灰、赤铁矿等。从测试结果可以得出，粉煤灰中玻璃体含量的范围为 47%～90%、莫来石含量为 0%～35%、石英含量为 0%～18%；玻璃态 SiO_2 的量约是晶体中 SiO_2 的 2.6 倍（平均值），即 SiO_2 主要以玻璃体形式存在；玻璃态 Al_2O_3 的量约是晶体中 Al_2O_3 的 1/3（平均值），即 Al_2O_3 主要以晶体形式存在于莫来石中，玻璃态所占比例较小。

表 3.17　粉煤灰的主要矿物组成及玻璃体化学成分计算结果（%）

掺量	粉煤灰种类	主要矿物组成			玻璃体化学成分	
		石英	莫来石	玻璃体总量	非晶态 SiO_2	非晶态 Al_2O_3
30%	利源	11.58	26.48	61.94	33.92	8.00
	平凉Ⅰ	5.76	14.31	79.93	38.63	15.71
	阳宗海	8.48	17.46	62.85	22.10	11.52
	下关	7.83	34.01	47.19	30.71	1.67
	高碑店	5.44	18.18	58.92	31.46	3.31
	曲靖Ⅰ	12.91	33.50	53.53	31.45	0.54
	白马	7.98	23.29	68.73	36.40	5.51
	岁宝	11.60	0.00	68.82	36.60	15.88
	宣威Ⅰ	17.47	29.70	52.83	33.49	0.94
	珞璜Ⅰ	3.90	22.76	63.63	35.55	0.00
	珞璜Ⅱ	3.11	19.95	76.94	35.73	12.81
	平凉Ⅱ	8.30	20.11	71.60	35.14	12.04
	宣威Ⅱ	15.54	27.06	57.40	35.02	2.88
20%	LYG	0.00	10.74	89.26	44.63	29.76
	BLu	2.75	31.51	65.73	37.39	13.06
	HN	3.75	34.22	62.03	41.23	9.54
	RN	3.46	30.65	65.89	37.73	8.93
	Q	12.97	33.50	53.53	31.39	0.54
	NJ	5.60	31.63	62.77	38.95	9.24
	L	17.47	29.70	52.83	33.49	0.94
	Yz	3.17	21.64	60.15	34.59	2.98
	JP	12.76	29.78	57.47	30.77	4.14
	SBY	7.83	27.97	64.21	38.76	9.33
	XⅡ	15.54	27.06	57.40	35.02	2.88

2. 粉煤灰矿物组成对抑制 ASR 效果的影响

探索粉煤灰矿物组成对抑制 ASR 效果的影响的研究思路如下：一般认为，粉煤灰中以石英、莫来石、赤铁矿为主的晶体矿物在常温下化学活性很低，很难发生火山灰反应，因此这些晶体矿物对抑制 ASR 的贡献小；玻璃体或者玻璃体内以非晶体形态存在的 SiO_2

和 Al_2O_3 化学活性较高，有可能对抑制 ASR 有较大的贡献（Abdelrahman et al.，2015）。将粉煤灰不同矿物组分与 ASR 抑制率的关系假定为线性关系，然后进行回归，相关系数越高，说明这些因素的影响越大。基于以上思路，分别采用 AMBT 法和 ACPT 法进行试验研究。

（1）AMBT 法。掺粉煤灰抑制 ASR 的效果以 ASR 抑制率表示，ASR 抑制率为掺粉煤灰试样膨胀率与不掺粉煤灰试样膨胀率之比。采用 AMBT 法时，掺量为 30％的粉煤灰各矿物组分与 ASR 抑制率之间的关系见图 3.59～图 3.63；掺量为 20％的粉煤灰各矿物组分与 ASR 抑制率之间的关系见图 3.64～图 3.68。

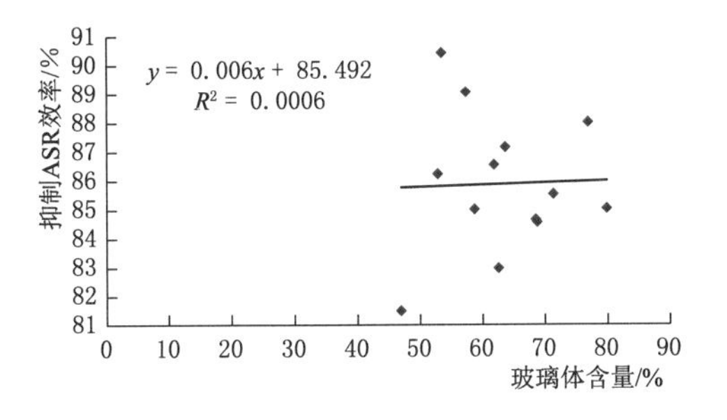

图 3.59　30％掺量下玻璃体的影响

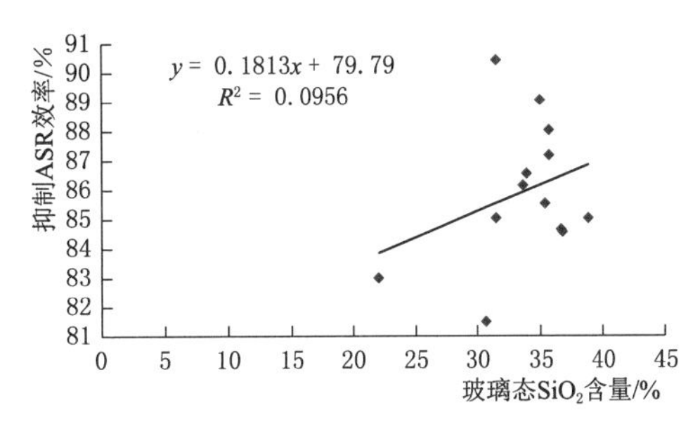

图 3.60　30％掺量下玻璃态 SiO_2 的影响

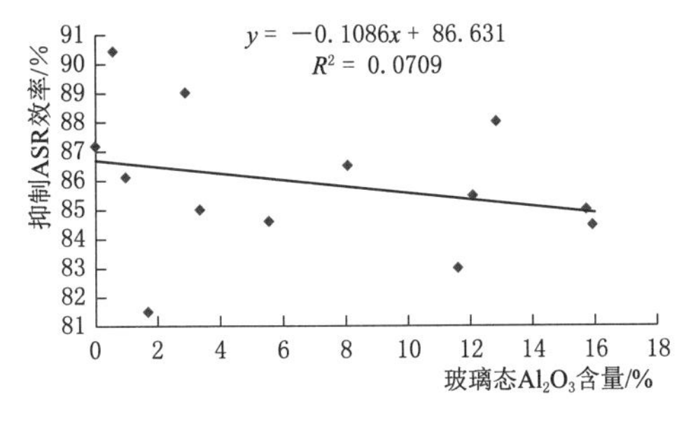

图 3.61　30％掺量下玻璃态 Al_2O_3 的影响

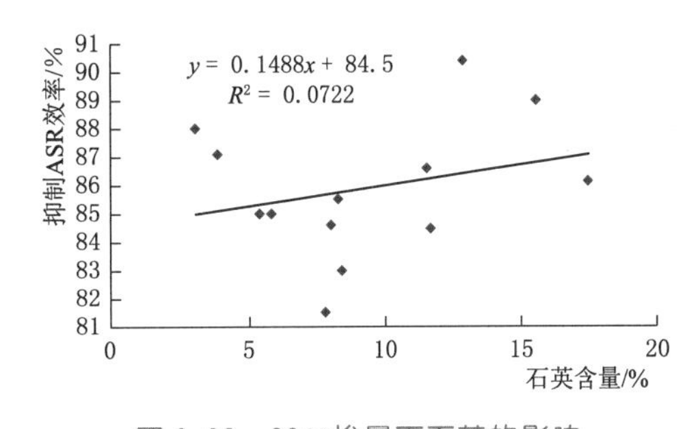

图 3.62　30％掺量下石英的影响

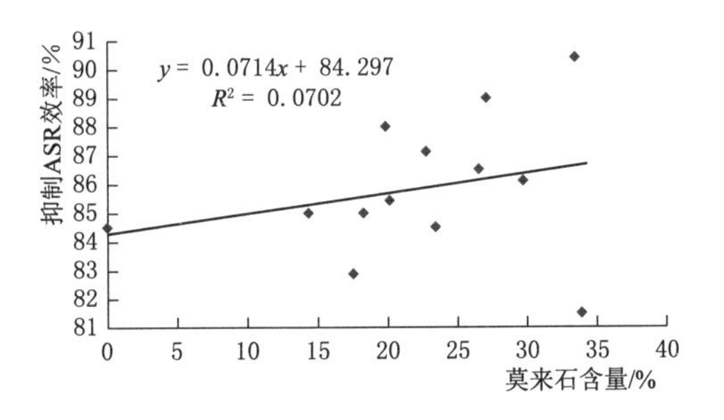

图 3.63　30％掺量下莫来石的影响

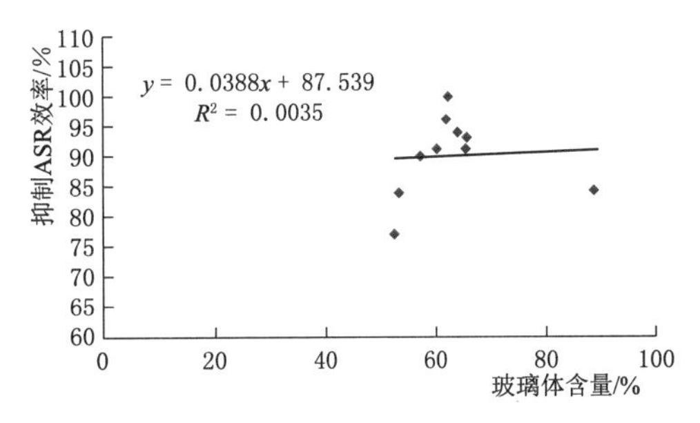

图 3.64　20％掺量下玻璃体的影响

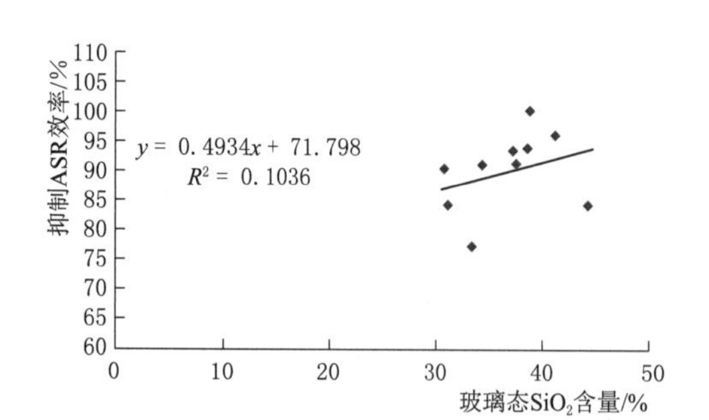

图 3.65　20%掺量下玻璃态 SiO_2 的影响

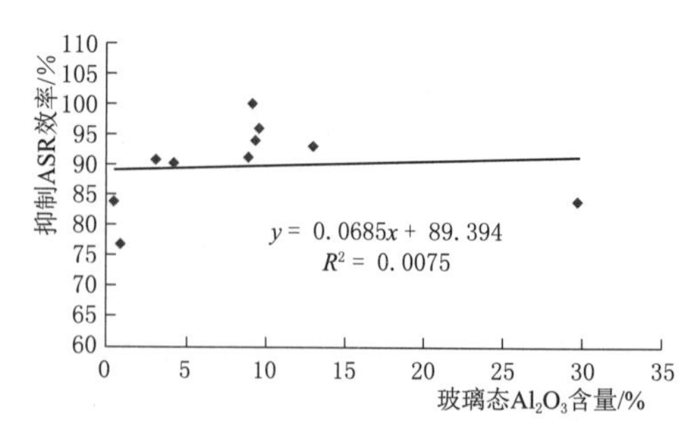

图 3.66　20%掺量下玻璃态 Al_2O_3 的影响

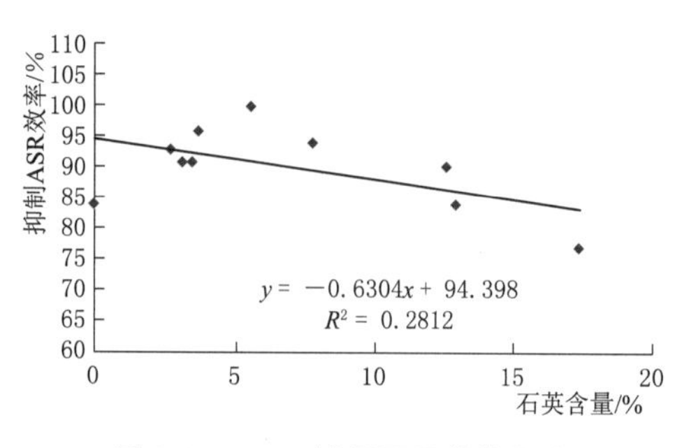

图 3.67　20%掺量下石英的影响

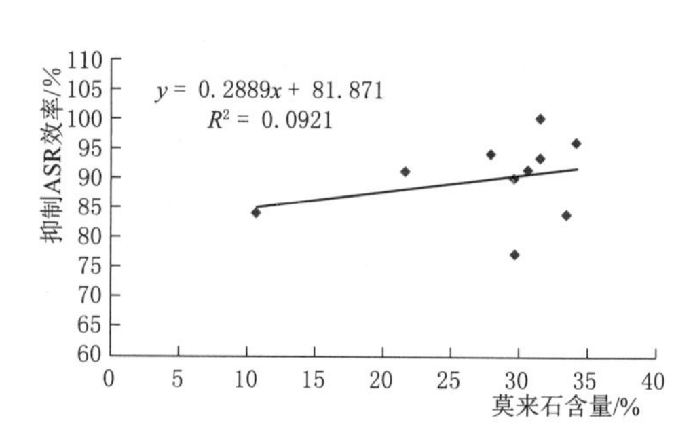

图 3.68　20%掺量下莫来石的影响

粉煤灰掺量为30%时，不同品质的粉煤灰抑制效果都在80%以上，受掺量的影响，相互之间的差异变窄。在所有成分都在变化的情况下，粉煤灰的抑制效果随着玻璃态 SiO_2 含量的增大而增大，玻璃体总量和玻璃态 Al_2O_3 的含量对抑制效果并没有明显的影响，晶体相也没有明显影响规律。从整体看，相关系数 R^2 都在0.1以下，抑制效果与各矿物含量没有明显的依赖性。

粉煤灰掺量为20%时，不同品质的粉煤灰抑制效果有了较明显差异。在所有成分都在变化的情况下，粉煤灰的玻璃体总量、玻璃态 Al_2O_3 含量与抑制效果之间的相关系数 R^2 均在0.1以下，玻璃态 SiO_2 含量与抑制效果之间的相关系数 R^2 为0.1。但是，从图3.59～图3.68中已经可以看出随着玻璃体总量、玻璃态 Al_2O_3 含量以及玻璃态 SiO_2 含量的增大，抑制效果增大的趋势比掺量为30%时明显；石英含量和莫来石含量对抑制效果仍没有明显影响。

大量的试验证明粉煤灰在水热条件下（如80℃1mol/L的NaOH溶液中）会发生溶解，甚至以晶体形式存在的石英和莫来石也会溶解（Brantley et al.，2008；Iler，1979；Swamy，1992），因此在AMBT法的试验条件下，大部分粉煤灰颗粒都是溶解到孔溶液中参与火山灰反应的，因此反应的形式与效果只与各化学成分的含量有关，而与各成分原来是否为玻璃态无关，所以用化学成分更能反映粉煤灰在AMBT法中抑制ASR的效果。

（2）ACPT法。考察ACPT法测得的粉煤灰抑制ASR效果与各矿物组成之间的相关系数，见表3.18。粉煤灰的玻璃体含量、玻璃态 Al_2O_3 含量以及莫来石含量对抑制ASR

效果的影响明显变大，这与ACPT法测出的不同品质粉煤灰抑制ASR效果差异较大有关。但是与粉煤灰化学成分的作用相比（见图3.53，相关系数R^2为0.89～0.96），矿物组成的影响很小。

表3.18　粉煤灰各种矿物组成与ACPT法测得抑制ASR效果之间的相关系数

矿物组成	玻璃体	石英	莫来石	玻璃态SiO_2	玻璃态Al_2O_3
相关系数R^2	0.27	0.07	0.53	0.02	0.25

3.4.1.3 粉煤灰细度对抑制ASR效果的影响

本节主要以45μm筛余、平均粒径以及比表面积作为粉煤灰的细度指标，见表3.19，考察粉煤灰细度对抑制ASR效果的影响，结果见图3.69～图3.74。

表3.19　粉煤灰的密度和细度指标

粉煤灰	45μm筛余/%	平均粒径/μm	比表面积/(m^2/kg)	粉煤灰	45μm筛余/%	平均粒径/μm	比表面积/(m^2/kg)
曲靖Ⅰ	9.7	38.94	135	利源	17.7	55.27	95
宣威Ⅰ	13.9	37.39	133	白马Ⅰ	11.4	45.95	113
宣威Ⅱ	14.1	52.32	117	阳宗海	13.5	52.23	109
珞璜Ⅰ	9.8	45.30	111	高碑店	16.8	43.52	122
珞璜Ⅱ	4.4	36.79	136	岁宝	8.5	44.52	117
平凉Ⅰ	7.8	39.62	125	下关	38.2	82.36	69
平凉Ⅱ	22.1	58.31	114				

粉煤灰的细度在AMBT法试验中的影响比较明显，相关系数R^2分别为0.30、0.32、0.41；而在ACPT法试验中，相关系数R^2在0.1左右，细度的影响减弱。总体趋势是，粉煤灰的细度越大，抑制ASR的能力也越强。考虑到各种粉煤灰的化学成分、矿物组成都在变化，并且都是未经特殊磨细处理的普通粉煤灰，根据上述结果可以得出，粉煤灰细度对抑制ASR效果有影响，但是影响不如化学成分明显，不宜单独作为评价粉煤灰品质的指标。

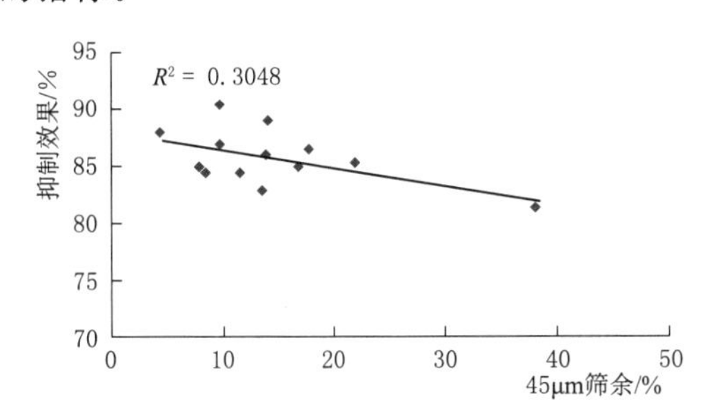

图3.69　粉煤灰45μm筛余对抑制ASR效果的影响（AMBT法，28d）

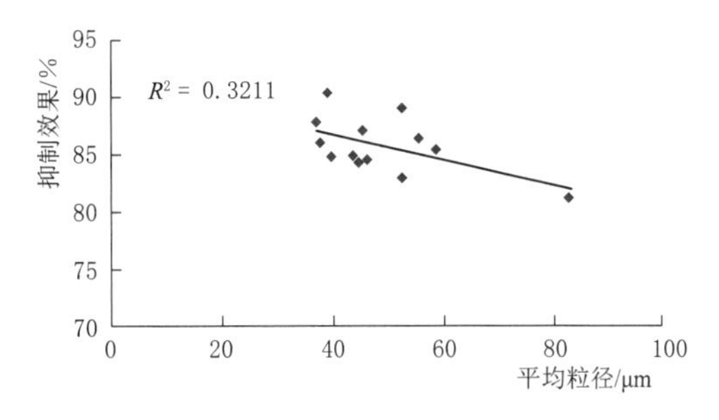

图3.70　粉煤灰平均粒径对抑制ASR效果的影响（AMBT法，28d）

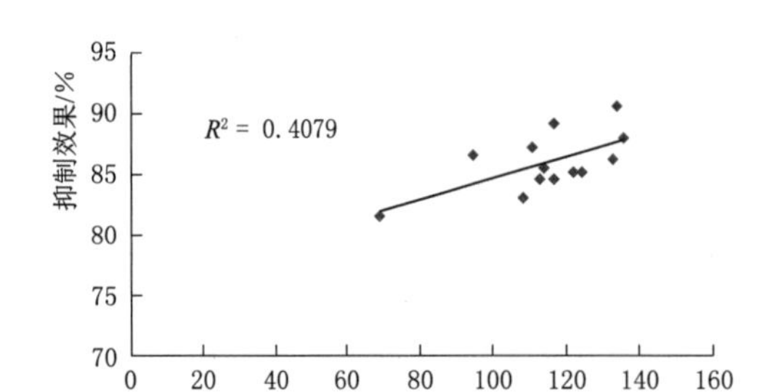

图 3.71　粉煤灰比表面积对抑制 ASR 效果的影响（AMBT 法，28d）

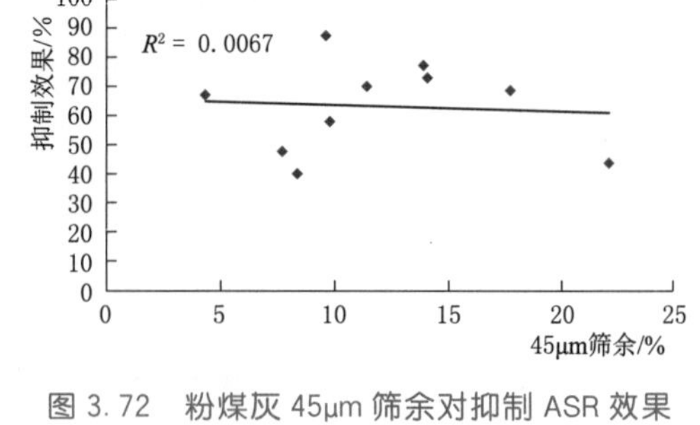

图 3.72　粉煤灰 45μm 筛余对抑制 ASR 效果的影响（ACPT 法，180d）

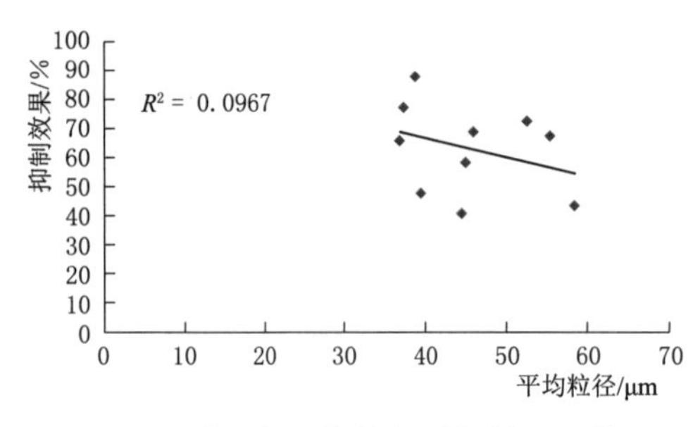

图 3.73　粉煤灰平均粒径对抑制 ASR 效果的影响（ACPT 法，180d）

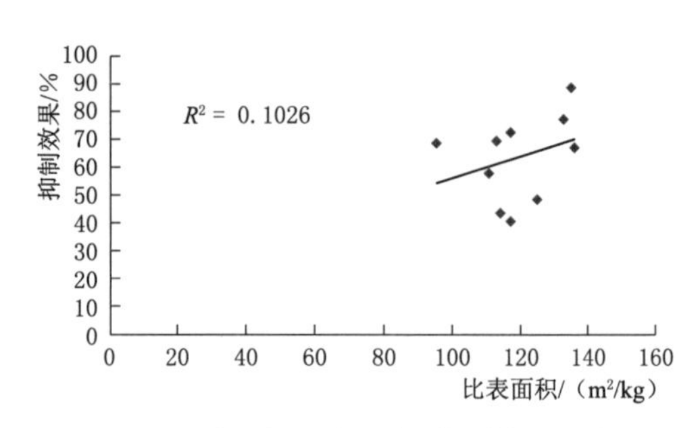

图 3.74　粉煤灰比表面积对抑制 ASR 效果的影响（ACPT 法，180d）

不同的细度指标相比，用根据颗粒分布计算出来的比表面积表示粉煤灰的细度与抑制 ASR 效果之间的相关性明显大于另外两个指标，因此，当考察粉煤灰抑制 ASR 的品质时，应优先选择比表面积作为细度指标。

3.4.1.4　粉煤灰品质的综合评价

通过上述分析可知，粉煤灰的化学成分对抑制 ASR 的效果影响最大，矿物组成和细度的影响并不显著，因此，作为优选用于抑制 ASR 的粉煤灰的品质指标，应以化学成分为主，矿物组成和细度不宜单独作为优选粉煤灰的依据。本节将进一步讨论是否可以用矿物组成或细度与化学成分相结合，找出能够全面反映粉煤灰物理、化学、矿物特性的品质评价指标。

此外，前面的研究结果也表明，粉煤灰在 AMBT 法试验中的表现与在 ACPT 法方法中的表现有较大区别，考虑到 ACPT 法与实际混凝土更为接近，因此本节中主要以 ACPT 法试验结果来讨论粉煤灰的品质评价指标。

1. *矿物组成与化学成分组合*

尽管矿物组成不宜单独作为粉煤灰的品质评价指标，但是粉煤灰中以石英、莫来石为主的晶体矿物在常温下化学活性很低，很难发生火山灰反应（唐明述和韩苏芬，1981），在考虑粉煤灰的化学成分时，是否要扣除以晶体形态存在的 SiO_2 和 Al_2O_3？

为了验证这种想法，用粉煤灰中的非晶态 SiO_2 和非晶态 Al_2O_3 分别取代化学成分因子中的 SiO_2 总量和 Al_2O_3 总量，重新进行拟合，给出相关系数 R^2 见表 3.20。

由于原来的化学成分因子公式是通过 AMBT 法试验结果拟合出来的，在分析 ACPT 法测试结果时，一经重新拟合，相关系数就会发生变化，为了便于比较，表 3.20 同时给

出了重新用 ACPT 法试验结果拟合出的化学成分因子 C_{FA} 与自身数据的相关系数。

与使用全化学成分得出的 C_{FA} 相比，用粉煤灰中的非晶态 SiO_2 和非晶态 Al_2O_3 分别取代化学成分因子中的 SiO_2 总量和 Al_2O_3 总量并没有使相关系数有所提高，还会略有降低。

考虑到粉煤灰矿物组成分析不方便，并且精度不如化学分析准确，因此 C_{FA} 中各化学成分还是以总量表示为宜，无需扣除晶态物质中 SiO_2 和 Al_2O_3 的含量。

表 3.20　用粉煤灰矿物组成修正的 C'_{FA} 与 ASR 抑制率之间的相关系数

试验方案	用 ACPT 法试验结果拟合 C_{FA}	用非晶态 SiO_2 取代 SiO_2 总量	用非晶态 Al_2O_3 取代 Al_2O_3 总量	同时用非晶态 SiO_2、非晶态 Al_2O_3 取代 SiO_2 总量、Al_2O_3 总量
相关系数 R^2	0.91	0.71	0.70	0.88

2. 细度与化学成分组合

前面关于细度影响的分析表明，粉煤灰细度的影响小于化学成分的影响，但是粉煤灰的细度越大，越有利于抑制 ASR 引起的膨胀，并且不一定是线性关系。因此采用细度与化学成分因子组合的形式表达粉煤灰的物理、化学指标，C'_{FA} 的表达式为

$$C'_{FA}=\frac{CaO+X_1R_2O+X_2MgO+X_3SO_3}{X_4SiO_2+X_5Al_2O_3+X_6Fe_2O_3}\cdot fineness^{-X_7} \tag{3.3}$$

式中：CaO、R_2O、MgO、SO_3、SiO_2、Al_2O_3、Fe_2O_3 分别为粉煤灰各化学成分的质量百分数；$fineness$ 为粉煤灰的细度，可以是 45μm 筛余、平均粒径或比表面积；$X_1 \sim X_7$ 为各成分的回归系数，通过回归分析得出，但是这些系数的绝对值大小并不代表该项因素所起作用的大小。

将粉煤灰的 45μm 筛余细度、平均粒径或比表面积分别代入式（3.3）中进行拟合，所得结果见图 3.75～图 3.77。显然，用细度与 C_{FA} 组合可以更好地反映粉煤灰对 ASR 的抑制效果，尤其是用比表面积表示粉煤灰的细度，相关系数 R^2 达 0.99。

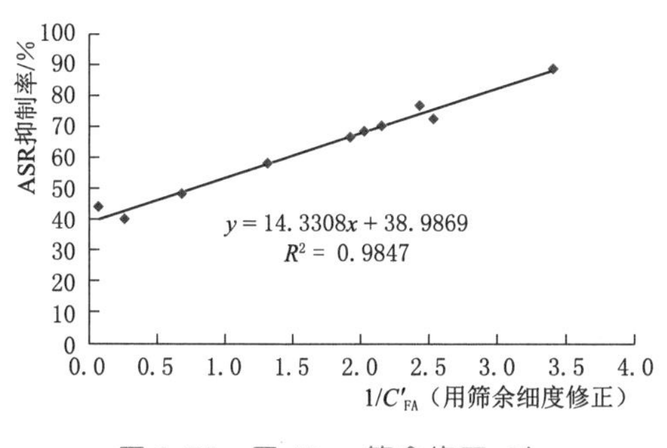

图 3.75　用 45μm 筛余修正 C'_{FA} 后与 ASR 抑制率之间的关系

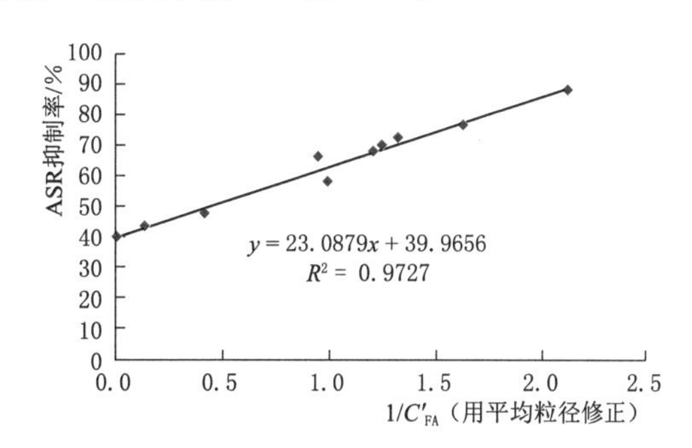

图 3.76　用平均粒径修正 C'_{FA} 后与 ASR 抑制率之间的关系

组合后的因子由于既包含粉煤灰的化学特性，又包含粉煤灰的物理特性，因此应该叫作物化因子，以 C 表示。根据上述拟合结果，C 的表达式为

$$C=\frac{CaO+1.0997R_2O-1.7050MgO-1.8916SO_3}{0.0467SiO_2-0.0751Al_2O_3+0.4064Fe_2O_3}\cdot SSA^{-2.7112} \tag{3.4}$$

式中：SSA 为粉煤灰的比表面积；其余参数含义与式（3.3）相同。

3. 验证

Kawabata et al.（2007）采用砂浆棒法测试了 6 种粉煤灰对安山岩骨料 ASR 的抑制效果。用公式（3.4）计算该研究中所用粉煤灰的物化因子，并与掺量为 30%时粉煤灰对 ASR 的抑制效果相对照，以验证评价粉煤灰品质物化因子是否客观。验证的结果见图 3.78，相关系数 R^2 为 0.88，并且较好地预测了 G 粉煤灰对 ASR 没有抑制效果。

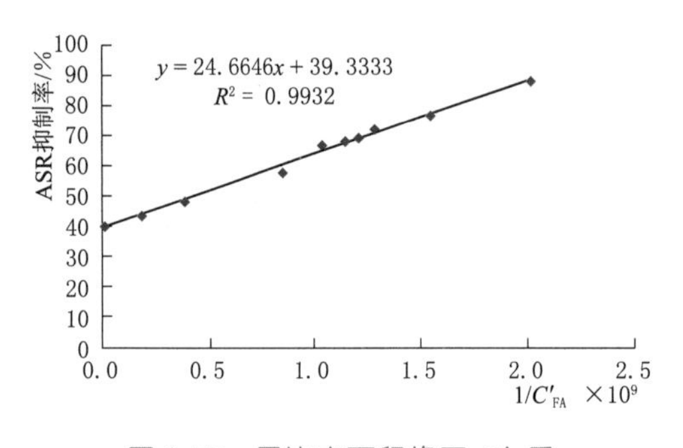

图 3.77　用比表面积修正 C'_{FA} 后与 ASR 抑制率之间的关系

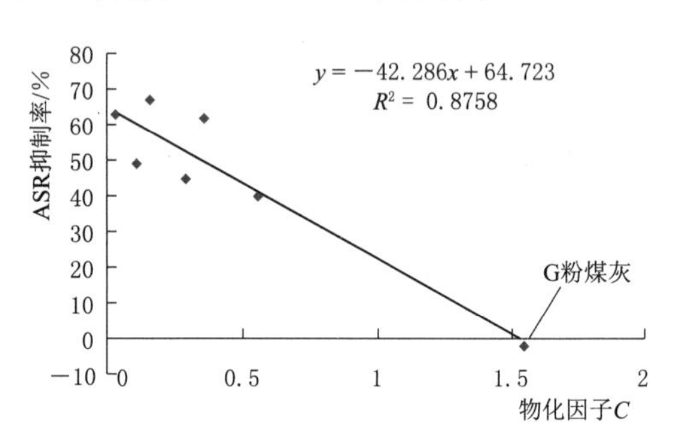

图 3.78　用 Kawabata 试验数据(Kawabata et al.,2007)验证粉煤灰物化因子

3.4.1.5　粉煤灰品质指标小结

（1）粉煤灰的某单一化学成分，如 CaO 含量或碱含量，不足以全面反映粉煤灰对 ASR 的抑制效果。

（2）以粉煤灰化学成分中对 ASR 有促进作用的成分含量与对 ASR 有抑制作用的成分含量之比定义粉煤灰的化学成分因子 C_{FA}，C_{FA} 与粉煤灰抑制 ASR 的效果之间有良好的相关性，可以用 C_{FA} 优选粉煤灰。根据 12 种粉煤灰抑制 ASR 的 AMBT 法试验回归得到的 C_{FA} 的计算式见式（3.2）。

$$C_{FA}=\frac{CaO+0.7356R_2O+1.4607MgO-1.8299SO_3}{0.7328SiO_2+0.5673Al_2O_3-2.1705Fe_2O_3} \tag{3.2}$$

当 $C_{FA}\leqslant 0.400$ 时，粉煤灰掺量 30%左右可以有效抑制锦屏一级砂岩骨料的 ASR；当 $C_{FA}>0.400$ 时，则需要更大的掺量。

（3）粉煤灰的矿物组成对其抑制 ASR 的效果没有明显影响；用粉煤灰中的非晶态 SiO_2 和非晶态 Al_2O_3 分别取代化学成分因子中的 SiO_2 总量和 Al_2O_3 总量并没有使相关系数有所提高。

（4）粉煤灰的细度对抑制 ASR 效果有影响，但不及化学成分影响明显；用比表面积表示细度比用 45μm 筛余或者平均粒径更能反映粉煤灰抑制 ASR 的品质。

（5）用比表面积与 C_{FA} 组合而成的物化因子 C 可以更好地反映粉煤灰对 ASR 的抑制效果，C 的表达式见式（3.4）。

$$C=\frac{CaO+1.0997R_2O-1.7050MgO-1.8916SO_3}{0.0467SiO_2-0.0751Al_2O_3+0.4064Fe_2O_3}\cdot SSA^{-2.7112} \tag{3.4}$$

3.4.2 粉煤灰最小掺量及品种的确定

3.4.2.1 粉煤灰掺量对抑制 ASR 效果的影响

采用工程拟用的双马中热水泥、峨眉中热水泥以及曲靖Ⅰ级、宣威Ⅰ级、宣威Ⅱ级 3 种粉煤灰，在 4 种粉煤灰掺量 10%、20%、30%和 35%下，进行砂岩碱活性抑制试验研究，以确定抑制砂岩 ASR 所需要的粉煤灰最小掺量。

1. AMBT 法

南科院 AMBT 法测试的各龄期数据见表 3.21，试验结果的分析见图 3.79。不管哪种粉煤灰，只要掺量不小于 20%，都可以有效地抑制砂岩 ASR，28d 抑制率达到 75%以上，并且膨胀率低于 0.1%。

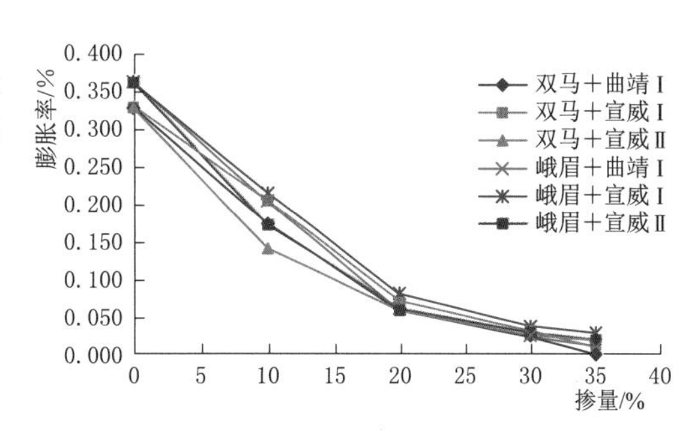

图 3.79 粉煤灰最小掺量试验 AMBT 法测试结果

成都院 AMBT 法测试的各龄期数据见表 3.22；长科院 AMBT 法测试的各龄期数据见表 3.23；南工大 AMBT 法测试的各龄期数据见表 3.24，试验结果的分析见图 3.80。3 家单位的试验结论均与上述结论相同，28d 抑制率达到 75%，膨胀率低于 0.1%。

表 3.21 南科院粉煤灰最小掺量试验 AMBT 法各龄期膨胀率

水泥、粉煤灰品种	粉煤灰掺量/%	膨胀率/%			
		3d	7d	14d	28d
峨眉空白	0	0.012	0.099	0.233	0.362
峨眉+曲靖Ⅰ	10	0.006	0.053	0.114	0.207
	20	−0.003	0.013	0.027	0.059
	30	−0.006	0.002	0.009	0.026
	35	−0.013	−0.006	−0.002	0.011
峨眉+宣威Ⅱ	10	0.014	0.068	0.130	0.216
	20	0.006	0.026	0.044	0.082
	30	0	0.011	0.018	0.037
	35	−0.004	0.006	0.011	0.028
峨眉+宣威Ⅰ	10	0.011	0.050	0.097	0.171
	20	0.002	0.017	0.030	0.060
	30	−0.003	0.007	0.014	0.030
	35	−0.003	0.006	0.010	0.021
双马空白	0	0.022	0.090	0.187	0.331
双马+曲靖Ⅰ	10	0.009	0.047	0.09	0.174
	20	−0.002	0.011	0.029	0.063

续表

水泥、粉煤灰品种	粉煤灰掺量/%	膨胀率/%			
		3d	7d	14d	28d
双马+曲靖Ⅰ	30	−0.006	0.004	0.010	0.026
	35	−0.009	−0.003	−0.003	0.002
双马+宣威Ⅱ	10	0.013	0.059	0.114	0.206
	20	0.003	0.020	0.035	0.072
	30	−0.004	0.007	0.013	0.033
	35	−0.014	−0.006	−0.002	0.012
双马+宣威Ⅰ	10	0.008	0.041	0.077	0.144
	20	0.001	0.015	0.028	0.061
	30	−0.005	0.003	0.009	0.027
	35	−0.005	0.001	0.006	0.019

表 3.22　　成都院粉煤灰最小掺量试验 AMBT 法各龄期膨胀率

水泥、粉煤灰品种	粉煤灰掺量/%	膨胀率/%			
		3d	7d	14d	28d
峨眉空白	0	0.012	0.099	0.233	0.362
峨眉+曲靖Ⅰ	20	−0.003	0.013	0.027	0.059
	30	−0.006	0.002	0.009	0.026
	35	−0.013	−0.006	−0.002	0.011
峨眉+宣威Ⅱ	20	0.006	0.026	0.044	0.082
	30	0	0.011	0.018	0.037
	35	−0.004	0.006	0.011	0.028
峨眉+宣威Ⅰ	20	0.002	0.017	0.030	0.060
	30	−0.003	0.007	0.014	0.030
	35	−0.003	0.006	0.010	0.021
	0	0.022	0.090	0.187	0.331
双马+曲靖Ⅰ	20	−0.002	0.011	0.029	0.063
	30	−0.006	0.004	0.010	0.026
	35	−0.009	−0.003	−0.003	0.002
双马+宣威Ⅰ	20	0.003	0.020	0.035	0.072
	30	−0.004	0.007	0.013	0.033
	35	−0.014	−0.006	−0.002	0.012
双马+宣威Ⅱ	20	0.001	0.015	0.028	0.061
	30	−0.005	0.003	0.009	0.027
	35	−0.005	0.001	0.006	0.019

表 3.23　　长科院粉煤灰最小掺量试验 AMBT 法各龄期膨胀率

水泥、粉煤灰品种	粉煤灰掺量/%	膨胀率/%			
		3d	7d	14d	28d
峨眉空白	0	0	0.099	0.233	0.362
峨眉+宣威Ⅰ	10	0.006	0.053	0.114	0.207
	20	−0.003	0.013	0.027	0.059
	30	−0.006	0.002	0.009	0.026
	35	−0.013	−0.006	−0.002	0.011
峨眉+曲靖Ⅰ	10	0.014	0.068	0.130	0.216
	20	0.006	0.026	0.044	0.082
	30	0	0.011	0.018	0.037
	35	−0.004	0.006	0.011	0.028
双马空白	0	0.022	0.090	0.187	0.331
双马+宣威Ⅰ	10	0.009	0.047	0.09	0.174
	20	−0.002	0.011	0.029	0.063
	30	−0.006	0.004	0.010	0.026
	35	−0.009	−0.003	−0.003	0.002
双马+曲靖Ⅰ	10	0.013	0.059	0.114	0.206
	20	0.003	0.020	0.035	0.072
	30	−0.004	0.007	0.013	0.033
	35	−0.014	−0.006	−0.002	0.012

表 3.24　　南工大粉煤灰最小掺量试验 AMBT 法各龄期膨胀率

水泥、粉煤灰品种	粉煤灰掺量/%	膨胀率/%			
		3d	7d	14d	28d
峨眉空白	0	0.044	0.121	0.214	0.309
峨眉+曲靖Ⅰ	20	0.013	0.048	0.048	0.073
	30	0.012	0.043	0.033	0.048
	35	−0.085	0.039	0.027	0.038
峨眉+宣威Ⅱ	20	0.012	0.047	0.044	0.070
	30	0.010	0.042	0.030	0.048
	35	−0.073	0.039	0.032	0.044
峨眉+珞璜Ⅰ	20	0.012	0.050	0.053	0.089
	30	−0.005	0.039	0.036	0.060
	35	−0.077	0.040	0.031	0.057

续表

水泥、粉煤灰品种	粉煤灰掺量/%	膨胀率/%			
		3d	7d	14d	28d
峨眉+珞璜Ⅱ	20	−0.065	0.045	0.047	0.078
	30	0.004	0.031	0.021	0.043
	35	0.000	0.029	0.020	0.043
双马空白	0	0.023	0.088	0.158	0.285
双马+宣威Ⅰ	20	0.002	0.019	0.026	0.043
	30	0.003	0.014	0.023	0.038
	35	0.002	0.010	0.022	0.031
双马+宣威Ⅱ	20	0.000	0.009	0.025	0.045
	30	0.001	0.011	0.017	0.031
	35	0.000	0.009	0.020	0.030
双马+珞璜Ⅰ	20	0.004	0.024	0.032	0.059
	30	0.002	0.008	0.020	0.037
	35	0.000	0.006	0.018	0.047
双马+珞璜Ⅱ	20	−0.001	0.009	0.027	0.050
	30	0.001	0.009	0.015	0.035
	35	0.002	0.009	0.012	0.021

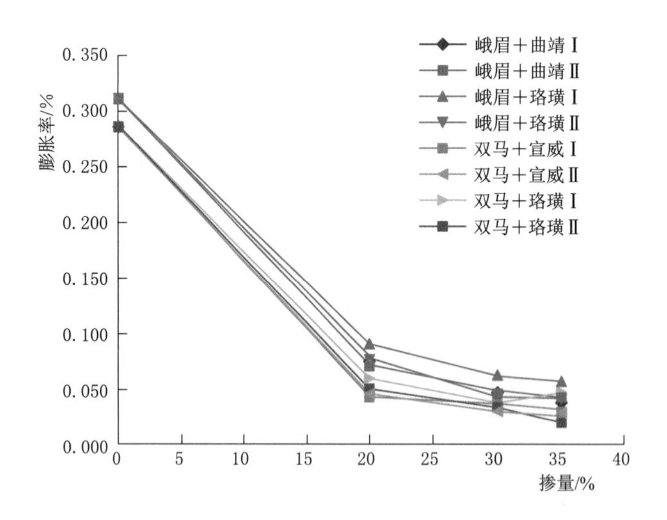

图 3.80　粉煤灰最小掺量试验 AMBT 法测试结果（南工大）

2. ACPT 法

ACPT 法试验各龄期结果见表 3.25。试验结果与 AMBT 法结果一致，三种粉煤灰在掺量不小于 20%时，都可有效抑制 AAR，180d 膨胀率仅为 0.010%～0.024%。这三种粉煤灰在相同掺量下的抑制效果相当。膨胀值在 3 个月以后增长变缓，可见粉煤灰的长期

抑制效果可以满足要求。有部分试件在5个月后出现倒缩，这可能与该测试方法容易使碱液外渗有关（Ramyar et al.，2005）。

表3.25　粉煤灰最小掺量试验ACPT法各龄期膨胀率

水泥、粉煤灰品种	粉煤灰掺量/%	膨胀率/%							
		14d	30d	60d	90d	120d	150d	180d	210d
双马空白	0	0.008	0.02	0.034	0.036	0.033	0.036	0.038	0.036
双马+宣威Ⅰ	10	0.005	0.009	0.023	0.026	0.024	0.023	0.013	0.025
	20	0.003	0.003	0.013	0.017	0.015	0.019	0.017	0.016
	30	0.005	0.005	0.010	0.015	0.014	0.016	0.013	0.012
	35	−0.002	−0.001	0.004	0.006	0.005	0.006	0.010	0.008
双马+宣威Ⅱ	10	0.004	0.009	0.022	0.022	0.024	0.023	0.024	0.017
	20	0.003	0.000	0.010	0.013	0.011	0.014	0.013	0.012
	30	0.007	0.007	0.012	0.013	0.012	0.014	0.013	0.010
	35	0.002	0.000	0.007	0.009	0.008	0.014	0.012	0.009
双马+曲靖Ⅰ	10	0.002	0.009	0.024	0.025	0.023	0.027	0.027	0.026
	20	0.003	0.002	0.011	0.015	0.009	0.015	0.014	0.014
	30	0.007	0.007	0.011	0.014	0.014	0.014	0.012	0.013
	35	0.002	−0.001	0.009	0.009	0.008	0.007	0.008	0.004
峨眉空白	0	0.018	0.038	0.058	0.063	0.064	0.067	0.069	0.057
峨眉+宣威Ⅰ	10	0.011	0.017	0.037	0.042	0.040	0.046	0.045	0.043
	20	0.005	0.006	0.020	0.020	0.020	0.021	0.023	0.024
	30	0.007	0.008	0.018	0.019	0.015	0.020	0.016	0.018
	35	0.003	0.003	0.011	0.014	0.014	0.012	0.013	0.013
峨眉+宣威Ⅱ	10	0.006	0.010	0.034	0.039	0.036	0.043	0.042	0.038
	20	0.005	0.005	0.02	0.023	0.024	0.027	0.023	0.025
	30	0.008	0.011	0.024	0.022	0.024	0.024	0.019	0.021
	35	0.001	0.003	0.011	0.014	0.012	0.015	0.014	0.014
峨眉+曲靖Ⅰ	10	0.008	0.014	0.033	0.034	0.037	0.042	0.037	0.042
	20	0.001	0.003	0.018	0.022	0.018	0.021	0.024	0.022
	30	0.006	0.007	0.012	0.019	0.013	0.019	0.020	0.012
	35	0.003	0.003	0.012	0.016	0.013	0.018	0.016	0.015

综合AMBT法和ACPT法的试验结果，使用宣威Ⅰ级、宣威Ⅱ级和曲靖Ⅰ级粉煤灰在掺量不小于20%时，可以有效抑制砂岩ASR。

但与此同时，还必须注意以下几点：①AMBT法和ACPT法都是基于普通混凝土的情况制定的标准试验方法，因而其结论只适用于普通混凝土；②大坝混凝土由于自身强度低、骨料粒径大、胶凝材料用量少、水源供应充足，发生AAR的风险可能大于普通混凝土；③砂岩碱活性程度波动大，从工程现场砂岩骨料用AMBT法检测28d膨胀率从

0.266%～0.362%不等，前期针对不同料场采样研究的结果也表明砂岩骨料 14d 膨胀率波动较大，本批粉煤灰安全掺量试验所用的砂岩骨料活性程度相对较低，因此安全掺量必须考虑一定的富余系数；④宣威Ⅰ级、宣威Ⅱ级和曲靖Ⅰ级粉煤灰为三种抑制效果较好的粉煤灰，如果选择其他品种的粉煤灰则其抑制效果低于此三种。综上分析，针对锦屏一级水电站使用的砂岩骨料，粉煤灰的安全掺量宜不小于 35%。

3.4.2.2　不同品质粉煤灰对 ASR 的抑制效果

用双马和峨眉两种中热水泥，分别外掺 13 种粉煤灰进行 AMBT 法试验和 ACPT 法试验，粉煤灰掺量为 30%。由于掺有掺合料的试件膨胀量会显著减小，为了更好地对比各种粉煤灰的抑制效果，AMBT 法试验龄期延长为 28d，ACPT 法试验龄期为 6 个月。

1. AMBT 法

各龄期膨胀结果见表 3.26。无论是采用峨眉水泥还是双马水泥，28d 时，曲靖Ⅰ级灰对 AAR 的抑制率都是最高的，达到 90%；宣威Ⅰ级粉煤灰和Ⅱ级粉煤灰的抑制率达到 86%～90%；CaO 含量 8%左右的平凉Ⅰ级粉煤灰和Ⅱ级粉煤灰的抑制率达到 85%；抑制效果最差的是阳宗海粉煤灰，但是在 28d 时其抑制率也能达到 75%。

从宣威、珞璜、平凉三家的Ⅰ、Ⅱ级粉煤灰的对比看，虽然同一个厂家的Ⅰ、Ⅱ级粉煤灰的化学成分非常接近，而Ⅱ级粉煤灰比Ⅰ级粉煤灰明显粗，但 28d 时 ASR 抑制率基本一致。

表 3.26　AMBT 法测试不同粉煤灰抑制效果

水泥	粉煤灰	膨胀率/%			
		3d	7d	14d	28d
峨眉	空白	0.023	0.095	0.158	0.271
	曲靖Ⅰ	−0.006	0.002	0.009	0.026
	宣威Ⅰ	0.000	0.011	0.018	0.037
	宣威Ⅱ	−0.003	0.007	0.014	0.030
	珞璜Ⅰ	−0.002	−0.002	0.005	0.035
	珞璜Ⅱ	0.000	0.005	0.005	0.032
	平凉Ⅰ	0.003	0.006	0.015	0.040
	平凉Ⅱ	0.002	0.007	0.008	0.039
	利源	0.002	0.009	0.016	0.036
	白马Ⅰ	0.002	0.004	0.010	0.042
	阳宗海	0.004	0.015	0.030	0.065
	高碑店	−0.006	0.004	0.022	0.041
	岁宝	0.003	0.008	0.019	0.042
	下关	0.005	0.005	0.019	0.026
双马	空白	0.016	0.081	0.150	0.266
	曲靖Ⅰ	−0.006	0.004	0.010	0.026
	宣威Ⅰ	−0.004	0.007	0.013	0.033
	宣威Ⅱ	−0.005	0.003	0.009	0.027

续表

水泥	粉煤灰	膨胀率/%			
		3d	7d	14d	28d
双马	珞璜Ⅰ	−0.004	0.001	0.006	0.036
	珞璜Ⅱ	−0.004	−0.003	0.000	0.030
	平凉Ⅰ	0.002	0.001	0.013	0.041
	平凉Ⅱ	0.000	0.006	0.008	0.039
	利源	0.001	0.002	0.013	0.034
	白马Ⅰ	−0.004	−0.003	0.008	0.031
	阳宗海	0.004	0.016	0.029	0.067
	高碑店	−0.007	0.001	0.018	0.035
	岁宝	0.001	0.009	0.023	0.050
	下关	0.005	0.005	0.019	0.026

2. ACPT 法

ACPT 法试验的各龄期测试结果见表 3.27。按照 RILEM AAR-4 推荐标准，根据 180d 结果可以判断矿物掺合料抑制 AAR 的有效性。结果表明，工程备选的 9 种粉煤灰都可以取得良好的抑制效果，180d 试件膨胀率都低于 0.04%，其中以曲靖Ⅰ级粉煤灰、宣威Ⅰ级粉煤灰、白马Ⅰ级粉煤灰、珞璜Ⅱ级粉煤灰为最好。180d 时，曲靖Ⅰ级粉煤灰的抑制率为 68%～71%；宣威Ⅰ级粉煤灰和Ⅱ级粉煤灰的抑制率为 66%～77%；CaO 含量 8%左右的平凉Ⅰ级粉煤灰和Ⅱ级粉煤灰的抑制率达到 40%～48%，但膨胀率低于 0.04%。

表 3.27　ACPT 法测试不同粉煤灰抑制效果

水泥	粉煤灰	膨胀率/%							
		14d	30d	60d	90d	120d	150d	180d	210d
双马	空白	0.008	0.020	0.034	0.036	0.033	0.036	0.038	0.036
	曲靖Ⅰ级	0.007	0.007	0.011	0.014	0.014	0.014	0.012	0.013
	宣威Ⅰ级	0.005	0.005	0.01	0.015	0.014	0.016	0.013	0.012
	宣威Ⅱ级	0.007	0.007	0.012	0.013	0.012	0.014	0.013	0.010
	珞璜Ⅰ级	0.004	0.007	0.015	0.021	0.020	0.023	0.018	0.018
	珞璜Ⅱ级	0.003	0.004	0.01	0.017	0.017	0.019	0.015	0.015
	平凉Ⅰ级	0.000	0.005	0.016	0.024	0.022	0.028	0.023	0.027
	平凉Ⅱ级	0.001	0.002	0.013	0.019	0.018	0.024	0.022	0.020
	利源	0.003	0.005	0.013	0.017	0.016	0.018	0.017	0.017
	白马Ⅰ级	0.005	0.008	0.013	0.016	0.019	0.021	0.016	0.017
	阳宗海	0.001	0.001	0.01	0.016	0.013	0.018	0.012	0.014
	高碑店	0.006	0.003	0.004	0.011	0.008	0.011	0.012	0.016

续表

水泥	粉煤灰	膨胀率/%							
		14d	30d	60d	90d	120d	150d	180d	210d
双马	岁宝	0.007	0.013	0.028	0.034	0.033	0.040	0.035	0.036
	下关	0.004	0.001	0.001	0.003	0.002	0.004	0.003	0.008
峨眉	空白	0.018	0.038	0.058	0.063	0.064	0.067	0.069	0.057
	曲靖Ⅰ级	0.006	0.007	0.012	0.019	0.013	0.019	0.020	0.012
	宣威Ⅰ级	0.007	0.008	0.018	0.019	0.015	0.020	0.016	0.018
	宣威Ⅱ级	0.008	0.011	0.024	0.022	0.024	0.024	0.019	0.021
	珞璜Ⅰ级	0.007	0.009	0.019	0.025	0.023	0.029	0.029	0.026
	珞璜Ⅱ级	0.005	0.005	0.016	0.023	0.023	0.027	0.023	0.024
	平凉Ⅰ级	0.006	0.005	0.02	0.028	0.026	0.034	0.036	0.033
	平凉Ⅱ级	0.003	0.007	0.022	0.031	0.031	0.037	0.039	0.039
	利源	0.006	0.010	0.016	0.022	0.019	0.024	0.022	0.020
	白马Ⅰ级	0.008	0.008	0.017	0.023	0.023	0.025	0.021	0.017
	阳宗海	0.006	0.009	0.019	0.025	0.025	0.026	0.023	0.027
	高碑店	0.009	0.009	0.009	0.013	0.017	0.020	0.021	0.026
	岁宝	0.011	0.018	0.033	0.040	0.045	0.047	0.041	0.045
	下关	0.003	0.005	0.004	0.011	0.005	0.007	0.006	0.009

从宣威、珞璜、平凉三家的Ⅰ、Ⅱ级粉煤灰的对比看，虽然同一个厂家的Ⅰ、Ⅱ级粉煤灰的化学成分非常接近，而根据颗粒分析的结果Ⅱ级粉煤灰比Ⅰ级粉煤灰明显粗，但180d 抑制率Ⅱ级粉煤灰与Ⅰ级粉煤灰基本一致。

ACPT 法进行到 4 个月以后，除了掺个别粉煤灰（如高碑店粉煤灰）的试件外，膨胀率基本不增加，甚至略有下降，发展趋势见图 3.81。

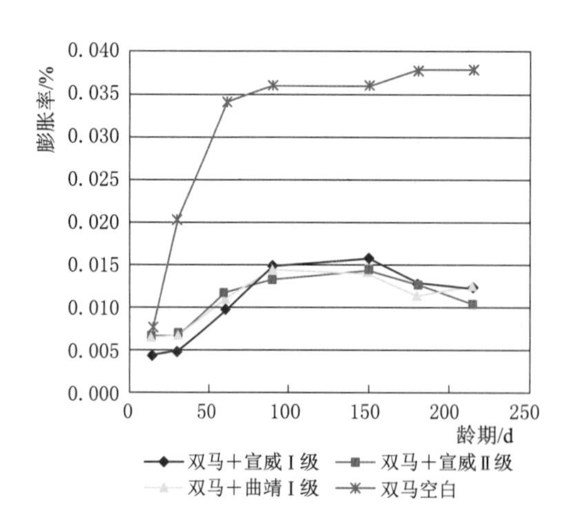

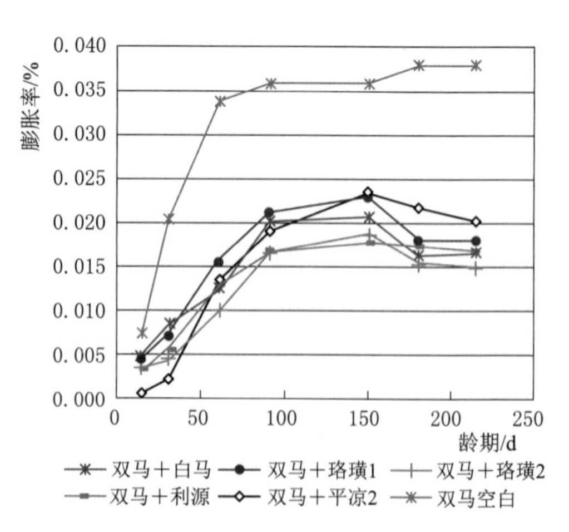

图 3.81（一） 掺 30%粉煤灰的 ACPT 法试件随龄期膨胀规律

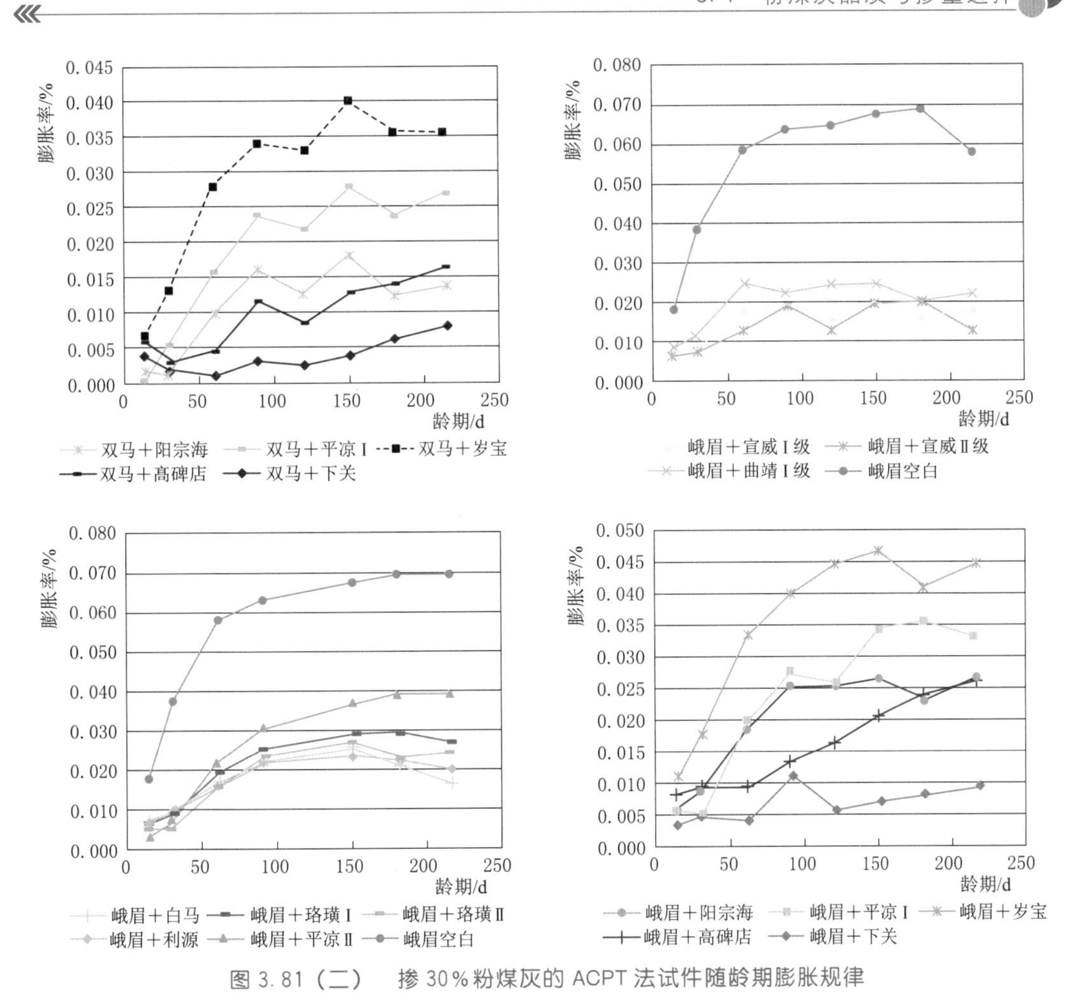

图 3.81（二） 掺 30%粉煤灰的 ACPT 法试件随龄期膨胀规律

成都院 ACPT 法试验的各龄期测试结果见表 3.28，膨胀率基本不增加；长科院 ACPT 法试验的各龄期测试结果见表 3.29；南工大 ACPT 法试验的各龄期测试结果见表 3.30。

结合各单位测试结果，AMBT 法测试的各种粉煤灰对砂岩 ASR 的抑制效果为 75%～90%，ACPT 法测试的各种粉煤灰对砂岩 ASR 的抑制效果为 40%～77%，说明在混凝土试验中各种粉煤灰的抑制效果都有所下降，并且不同粉煤灰之间的差异也较大。

表 3.28 成都院 ACPT 法测试不同粉煤灰抑制效果

水泥	粉煤灰	膨胀率/%					
		14d	56d	91d	182d	273d	365d
峨眉	空白	0.004	0.010	0.027	0.063	0.074	0.089
	曲靖Ⅰ级	0.009	0.004	0.004	0.006	0.008	0.007
	曲靖Ⅱ级	0.003	0.000	0.001	0.004	0.004	0.009
	宣威Ⅰ级	0.008	0.003	0.003	0.004	0.009	0.007
	宣威Ⅱ级	0.007	0.005	0.006	0.006	0.010	0.008
双马	空白	0.007	0.003	0.006	0.006	0.009	0.008

续表

水泥	粉煤灰	膨胀率/%					
		14d	56d	91d	182d	273d	365d
双马	曲靖Ⅰ级	0.005	0.001	0.001	0.005	0.009	0.011
	曲靖Ⅱ级	0.007	0.003	0.004	0.008	0.009	0.009
	宣威Ⅰ级	0.007	−0.001	0.003	0.007	0.011	0.015
	宣威Ⅱ级	0.004	0.010	0.027	0.063	0.074	0.089

表 3.29　长科院 ACPT 法测试不同粉煤灰抑制效果

水泥	粉煤灰	膨胀率/%					
		14d	28d	90d	180d	270d	360d
峨眉	空白	0.008	0.010	0.027	0.063	0.074	0.089
	宣威Ⅰ级	−0.008	0.003	0.003	0.004	0.009	0.007

表 3.30　南工大 ACPT 法测试不同粉煤灰抑制效果

水泥	粉煤灰	膨胀率/%				
		7d	14d	91d	182d	364d
双马	空白	0.001	0.003	0.012	0.036	0.108
	宣威Ⅰ级	0.004	0.005	0.007	0.007	0.009
	宣威Ⅱ级	0.001	0.003	0.005	0.008	0.010
	珞璜Ⅰ级	−0.003	−0.002	0.006	0.008	0.010
	珞璜Ⅱ级	0.000	0.001	0.004	0.007	0.009
峨眉	空白	0.004	0.016	0.020	0.050	0.111
	宣威Ⅰ级	0.001	0.007	0.009	0.013	0.014
	宣威Ⅱ级	0.001	0.006	0.012	0.013	0.012
	珞璜Ⅰ级	−0.001	0.009	0.010	0.011	0.011
	珞璜Ⅱ级	−0.001	0.005	0.009	0.009	0.010

3.4.2.3　小结

针对锦屏一级水电站砂岩骨料研究了抑制 ASR 所需要的最小粉煤灰掺量及可优选的粉煤灰品种。主要结论如下：

（1）工程备选的 9 种粉煤灰在 30%掺量下都可以使 AMBT 法试件 14d 膨胀率低于 0.1%、ACPT 法试件 6 个月膨胀率低于 0.04%。

（2）宣威、珞璜、平凉三家的Ⅰ级灰与Ⅱ级灰相比，对砂岩 ASR 的抑制效果没有明显差异；CaO 含量 8%左右的平凉Ⅰ级灰和Ⅱ级灰在 30%掺量下也可以使膨胀率低于临界值。

（3）采用 AMBT 法和 ACPT 法测试表明，使用曲靖Ⅰ级、宣威Ⅰ级、宣威Ⅱ级粉煤灰时，掺量在 20%以上可以有效抑制 ASR 膨胀；考虑到砂岩碱活性的波动，以及其他粉煤灰在 30%掺量下抑制 ASR 的效果，粉煤灰的最小掺量宜不低于 35%。

(4) AMBT法测试的各种粉煤灰对砂岩ASR的抑制效果为75%～90%，ACPT法测试的各种粉煤灰对砂岩ASR的抑制效果为40%～77%，说明在混凝土试验中各种粉煤灰的抑制效果都有所下降，并且不同粉煤灰之间的差异也较大。

3.5 大试件长龄期ASR试验

3.5.1 大试件长龄期ASR影响因素研究

试验采用混凝土棱柱体法。采用峨嵋中热水泥和宣威Ⅰ级粉煤灰，在不同骨料级配、不同粉煤灰掺量的条件下，进行不同骨料组合（全砂岩、砂岩粗骨料+大理岩砂）全级配混凝土碱活性试验。

3.5.1.1 高掺粉煤灰对大坝混凝土碱活性膨胀变形的影响

全级配大体积混凝土试件的尺寸为300mm×300mm×1350mm，试件成型在20℃±2℃的拌和间进行，成型时在混凝土试件内预埋两只应变计。试件成型后连试模一起送入20℃±3℃、相对湿度95%以上的养护室中养护7d后拆模。

拆模后混凝土试件分别采用两种养护方法进行养护：一种为自然环境下的养护，一种为室内养护。其中室内养护时将混凝土试件用湿毛巾包裹，外层用塑料膜密封，养护温度为38℃±2℃。自然环境下养护时，混凝土试件裸露在大气中，养护至8年龄期时泡入水中，不同养护条件下的全级配大体积混凝土试件见图3.82。在规定龄期测量试件应变计的电阻及电阻比，按《水工混凝土试验规程》(DL/T 5150—2001)“混凝土自生体积变形试验”方法计算试件的长度变化值。

(a) 38℃室内养护　　(b) 自然环境下养护

图3.82 不同养护条件下的全级配大体积混凝土试件

国内外大量研究和工程实践证实，使用粉煤灰置换部分水泥，不仅能够延缓或抑制ASR，而且对混凝土的其他性能也有一定的改善作用。本次试验采用全级配大体积混凝土试件，在骨料的最大粒径为120mm的条件下，探讨高掺35%粉煤灰对混凝土碱活性膨胀的影响。试验采用组合骨料，室内38℃养护，试验配合比见表3.31，高掺35%粉煤灰对大坝混凝土碱活性膨胀变形的影响见图3.83。

试验结果表明：高掺35%的Ⅰ级粉煤灰可以有效地减少大坝混凝土的碱活性膨胀变

形，与采用常规试验方法所得结论一致。

表 3.31　　全级配大体积混凝土棱柱体法试验混凝土配合比

编号	水胶比	骨料级配	胶材/kg		水/kg	砂/kg	砂岩粗骨料/kg			
			水泥	粉煤灰			20～5mm	40～20mm	80～40mm	120～80mm
A3	0.43	四	420	—	181	720（大理岩）	216	216	270	378
A4	0.43	四	315	147	181	720（大理岩）	216	216	270	378

3.5.1.2　控制混凝土总碱含量对大坝混凝土碱活性膨胀变形的影响

碱是混凝土 ASR 的内在因素之一，随着混凝土中碱含量的增加，混凝土的 ASR 膨胀值将增大，控制混凝土中的碱含量是防止 ASR 的有效措施之一，当混凝土碱含量低于一定值时，混凝土孔溶液中 K^+、Na^+ 和 OH^- 浓度便低于某临界值，ASR 便难于发生或反应程度较轻，不足以使混凝土开裂破坏。

试验采用全级配大体积混凝土试件，在骨料的最大粒径为 120mm 的条件下（组合骨料），探讨控制混凝土总碱含量对混凝土碱活性膨胀的影响。试验配合比见表 3.32，试件尺寸与养护方式与 3.5.1.1 相同。混凝土总碱含量对大坝混凝土碱活性膨胀变形的影响（室内 38℃养护）见图 3.84。

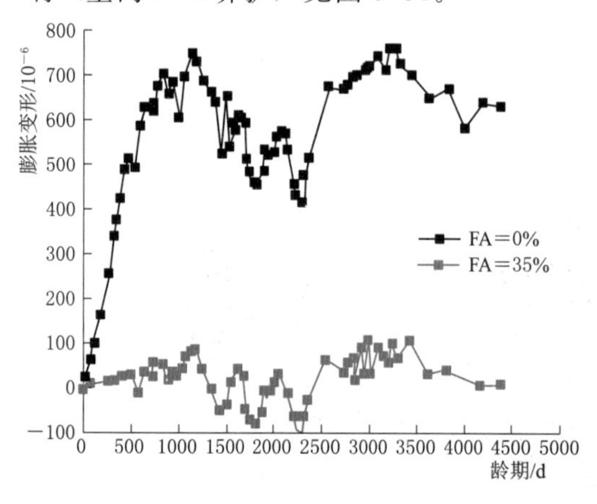

图 3.83　高掺粉煤灰（FA＝35%）对大坝混凝土碱活性膨胀变形的影响

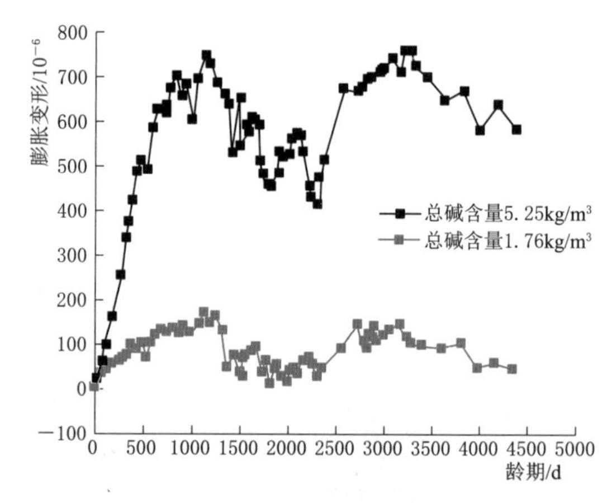

图 3.84　混凝土总碱含量对大坝混凝土碱活性膨胀变形的影响

表 3.32　　全级配大体积混凝土棱柱体法试验混凝土配合比

编号	碱含量	水胶比	骨料级配	胶材/kg		水/kg	砂/kg	砂岩粗骨料/kg			
				水泥	粉煤灰			20～5mm	40～20mm	80～40mm	120～80mm
A5	5.25	0.43	四	420	—	181	720（大理岩）	216	216	270	378
A6	1.76	0.43	四	420	—	181	720（大理岩）	216	216	270	378

试验结果表明：混凝土的总碱含量对大坝混凝土的碱活性膨胀变形有着直接的影响，随着混凝土总碱含量的降低，混凝土的碱活性膨胀变形减少，与采用常规试验方法所得结

论相吻合。

3.5.1.3 不同骨料组合对大坝混凝土碱活性膨胀变形的影响

1. 100mm×100mm×400mm 棱柱体试件试验条件

粉煤灰掺量为 0%和 35%，两种骨料组合（全砂岩、砂岩粗骨料＋大理岩砂），四种骨料级配。配合比参照混凝土棱柱体法标准试验方法，碱含量为 1.25%，其中一、二级配采用原级配，三、四级配采用湿筛法，筛除大于 40mm 的骨料，混凝土配合比分别见表 3.33、表 3.34。试件一组为 3 个试件。试件成型在 20℃±2℃的拌和间进行，试件成型后连试模一起送入 20℃±3℃、相对湿度 95%以上的养护室中养护 24h±4h 后拆模，在 20℃±2℃的恒温室中测量试件的基准长度，然后将试件用湿毛巾包裹，放入密封的塑料袋中，并放入 38℃±2℃的养护室中养护。在 1 周、2 周、4 周、8 周、13 周、18 周、26 周、39 周和 52 周龄期测量试件的长度变化，试件养护测量采用千分表。

表 3.33 混凝土配合比（一级配）

水胶比	水泥/(kg/m³)	水/(kg/m³)	砂/(kg/m³)	骨料级配	粗骨料/(kg/m³)		
					20～15mm	15～10mm	10～5mm
0.43	420	181	720	—	360	360	360

表 3.34 混凝土配合比（二、三、四级配）

水胶比	水泥/(kg/m³)	水/(kg/m³)	砂/(kg/m³)	骨料级配	粗骨料/(kg/m³)			
					小石	中石	大石	特大石
0.43	420	181	720	二	540	540	—	—
				三	270	270	540	—
				四	216	216	270	378

2. 450mm×450mm×1350mm 棱柱体试件试验条件

两种骨料组合（全砂岩、砂岩粗骨料＋大理岩砂），两种骨料级配（二级配和四级配），粉煤灰掺量 35%。配合比参照混凝土棱柱体法标准试验方法，加碱含量为 1.25%。试件内预埋应变计，试件成型在 20℃±2℃的拌和间进行，试件成型后连试模一起送入 20℃±3℃、相对湿度 95%以上的养护室中养护 7d 后拆模，然后将试件用湿毛巾包裹，外层用塑料膜密封，放入 38℃±2℃的养护室中养护。在规定龄期测量试件应变计的电阻及电阻比，按《水工混凝土试验规程》（DL/T 5150—2001）“混凝土自生体积变形试验”方法计算试件长度变化值。全级配棱柱体试件长度变化测量采用两种测量方法，一种是将试件横卧在测量架上，试件除了内埋应变计外，两端对应安装千分表同时测量试件长度的变化（图 3.85），另一种是将试件竖立在测量架，通过千分表测量试件长度的变化（图 3.86）。

3. 试验结果

（1）100mm×100mm×400mm 混凝土棱柱体。试验结果见图 3.87～图 3.90。各级配下两种骨料掺 35%粉煤灰膨胀率降低值见图 3.91～图 3.92。

两种骨料组合的各级配混凝土在不掺粉煤灰时，膨胀率随龄期增加而增加，全砂岩骨料的膨胀率均高于砂岩与大理岩组合骨料的膨胀率；掺 35%粉煤灰后各级配混凝土 5 年龄期的膨胀率大部分小于 0.02%，且 5 年龄期膨胀率降低值基本上均在 80%以上，尤其是砂岩与大理岩组合骨料的膨胀率与 1 年龄期膨胀率变化不大，均小于 0.01%。说明掺 35%粉煤灰能显著抑制砂岩骨料的碱活性。随浆骨比（砂浆/骨料之比）增大，混凝土棱柱体试件膨胀率也随之增加。

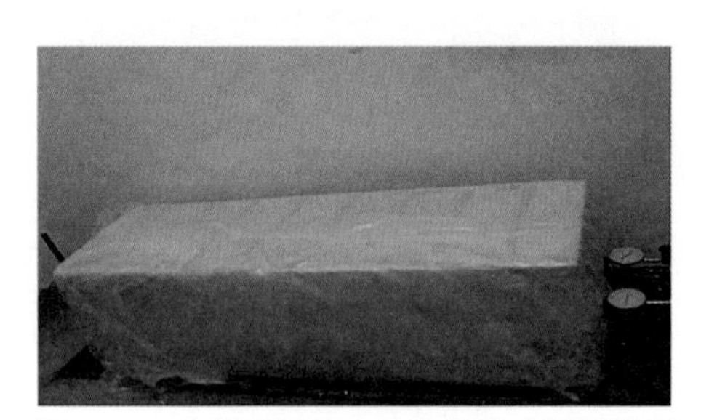

图 3.85　全级配混凝土棱柱体卧式测量装置

图 3.86　全级配混凝土棱柱体垂直测量装置

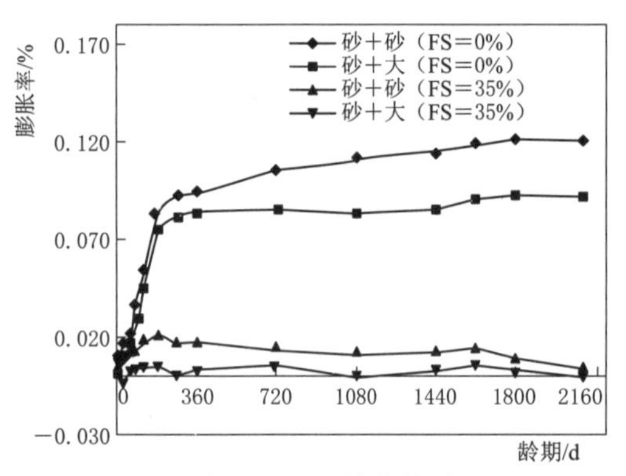

图 3.87　一级配混凝土棱柱体（100mm×100mm×400mm）试验结果

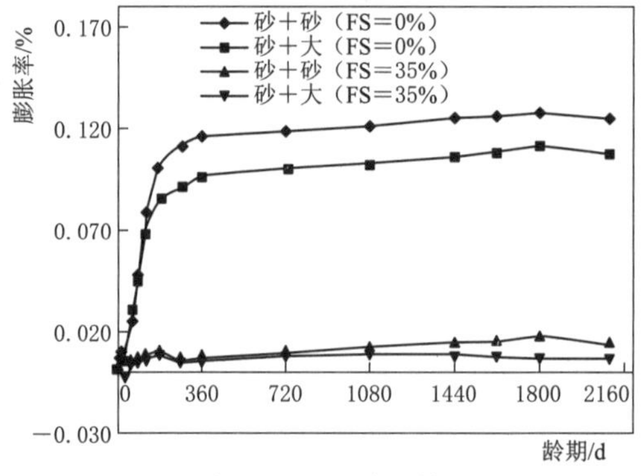

图 3.88　二级配混凝土棱柱体（100mm×100mm×400mm）试验结果

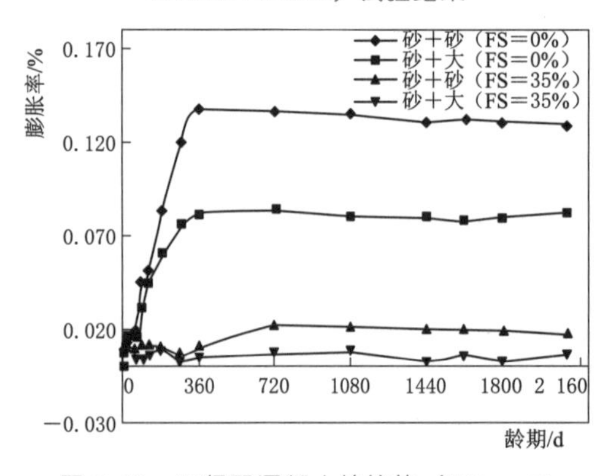

图 3.89　三级配混凝土棱柱体（100mm×100mm×400mm）试验结果

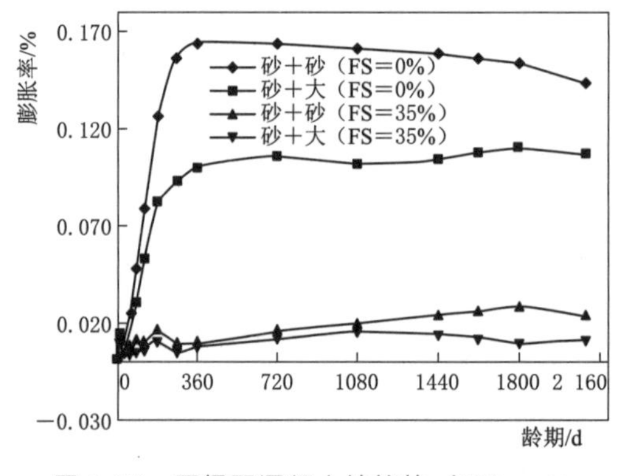

图 3.90　四级配混凝土棱柱体（100mm×100mm×400mm）试验结果

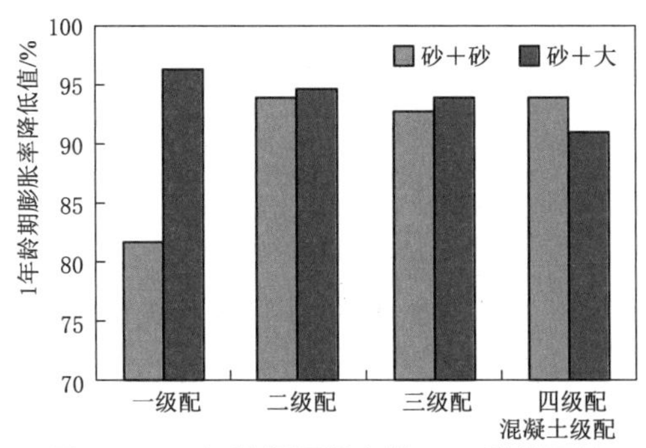

图 3.91　1年龄期混凝土掺35%粉煤灰时ASR抑制效果图

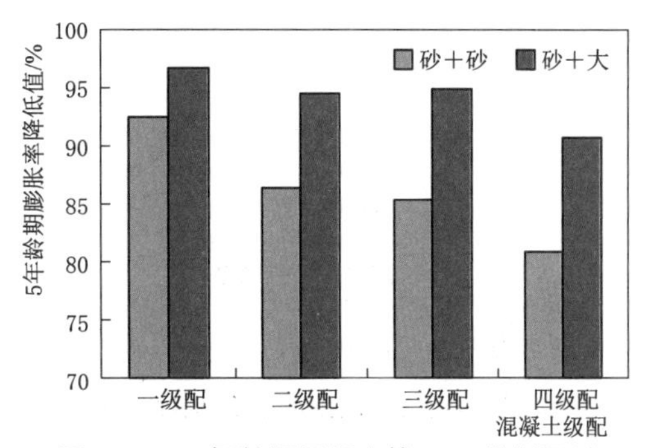

图 3.92　5年龄期混凝土掺35%粉煤灰时ASR抑制效果图

(2) 450mm×450mm×1350mm 棱柱体试验。全级配混凝土棱柱体试件虽采用了卧式和垂直两种测量装置，由于固定在试件两端的千分表受混凝土拌和成型时震动的干扰，使得千分表读数不稳定，因此本次试验结果都是试件内埋应变计的测量结果。全级配混凝土棱柱体试件试验结果分别见图 3.93、图 3.94。试件尺寸为 450mm×450mm×1350mm 的混凝土棱柱体膨胀率变化规律没有明显的规律性，在1080d后膨胀率基本相当。

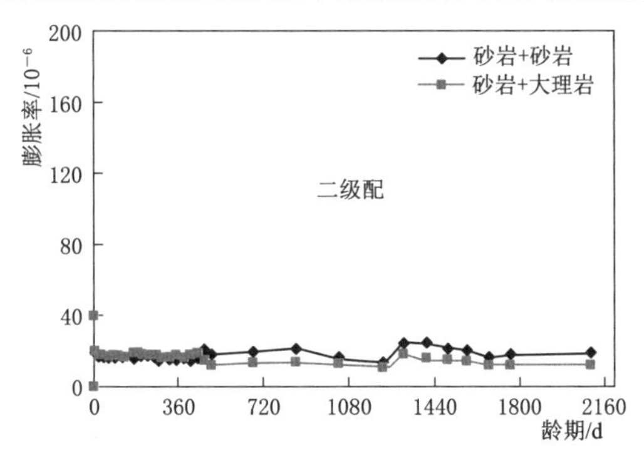

图 3.93　二级配混凝土棱柱体试验结果

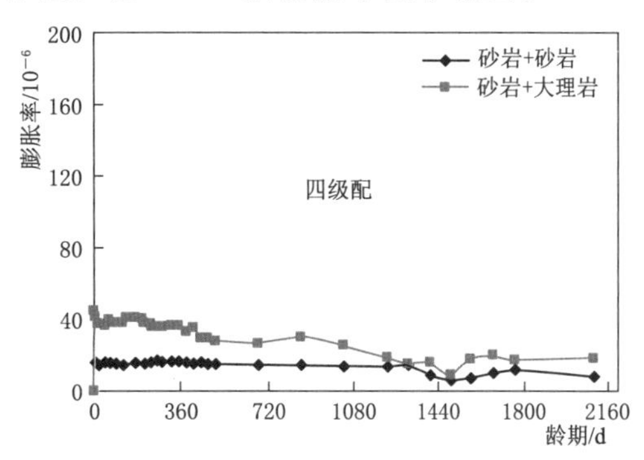

图 3.94　四级配混凝土棱柱体试验结果

3.5.2　大试件长龄期 ASR 室外试验

3.5.2.1　不同骨料组合长龄期模拟研究

采用峨眉中热水泥和宣威Ⅰ级粉煤灰，粉煤灰掺量为35%，试件尺寸选用450mm×450mm×1350mm，两种骨料组合（全砂岩、砂岩粗骨料＋大理岩砂），养护条件分为20℃标准养护与室外自然潮湿养护，配合比选用实际工程配合比，长龄期试验混凝土配合比见表3.35，混凝土总碱量为实际工程混凝土的总碱量。试件照片见图3.95、图3.96。

表 3.35　长龄期试验全级配混凝土配合比

水胶比	细骨料种类	材料用量/(kg/m³)							
		水	水泥	粉煤灰	砂	小石	中石	大石	特大石
0.43	大理岩	82	124	66.7	432.7	352.8	352.8	441.0	612.3
0.43	砂岩	93	140.6	75.7	469.7	335.6	335.6	419.5	582.2

注　ZB-1高效减水剂掺量0.7%，AEA202引气剂掺量0.017%。

图 3.95　20℃标准养护全级配混凝土棱柱体试件

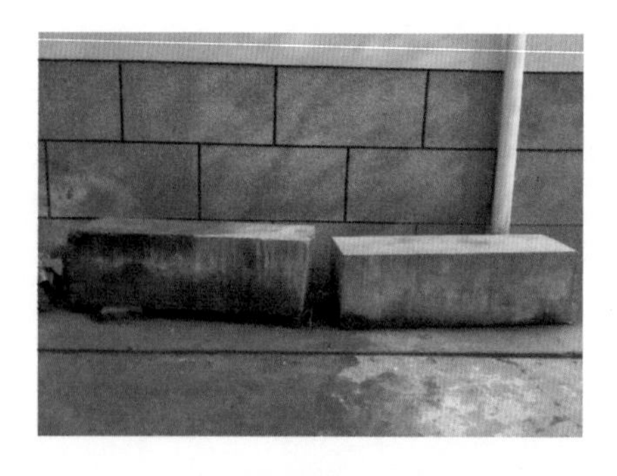

图 3.96　室外自然养护全级配混凝土棱柱体试件

按全级配长龄期试验配合比成型了 4 组试件，分为 20℃标准养护与室外自然养护，试件从成型观测至今近有 10 年龄期。试验结果见图 3.97。

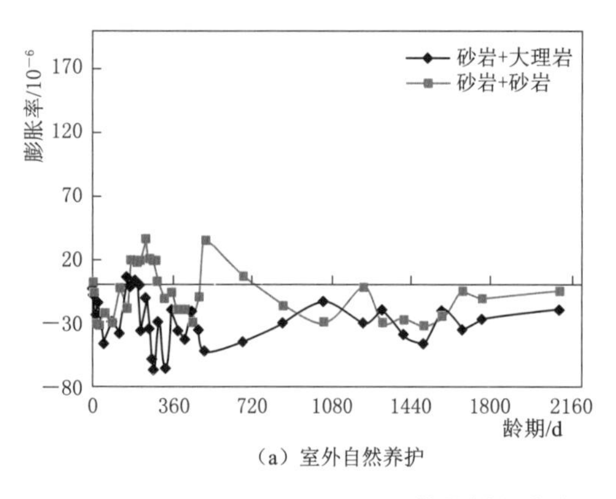

(a) 室外自然养护

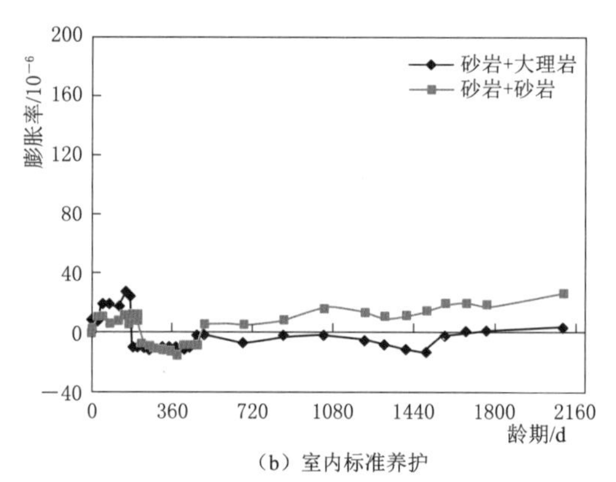

(b) 室内标准养护

图 3.97　两种骨料组合在不同养护条件下膨胀率变化曲线

试验结果表明：

(1) 相同骨料组合在 20℃标准养护下的混凝土试件膨胀率高于室外自然条件养护下的膨胀率；20℃标准养护下混凝土试件膨胀率具有随龄期增长而增长的变化趋势，但室外自然养护下的混凝土试件膨胀率与龄期变化关系不太明显，但与室外温湿度变化具有一定相关性。

(2) 相同养护条件下，砂岩的混凝土试件膨胀率略高于砂岩＋大理岩组合的试件。对于室外自然条件下养护的试件膨胀率变化虽规律不太明显，但砂岩与大理岩骨料组合的混凝土试件的膨胀率基本在 0 以下，而全砂岩骨料组合的试件膨胀率在正值和负值之间波动。

3.5.2.2　工程实际配合比长龄期模拟研究

为了对粉煤灰抑制砂岩 ASR 的有效性进行全面的评价，采用锦屏一级水电站大坝混凝土的实际配合比，进行全级配大体积混凝土粉煤灰抑制砂岩 ASR 的长龄期的模拟试验研究。试验研究采用骨料组合为砂岩粗骨料和大理岩人工砂，粉煤灰掺量为 35%，混凝土的强度等级为 $C_{180}40$，混凝土具体配合比见表 3.36。试验养护条件为室内 38℃养护和室外自然养护。

在骨料的最大粒径为 120mm 的条件下，采用全级配大体积混凝土试件进行的不同养护条件下粉煤灰抑制碱活性膨胀长龄期模拟试验结果见图 3.98。由试验结果可以看出：养护条件的改变对混凝土碱活性的膨胀变形存在着一定的影响。38℃室内养护的混凝土碱活性膨胀变形值要高于室外自然环境条件下养护的混凝土碱活性膨胀变形值。

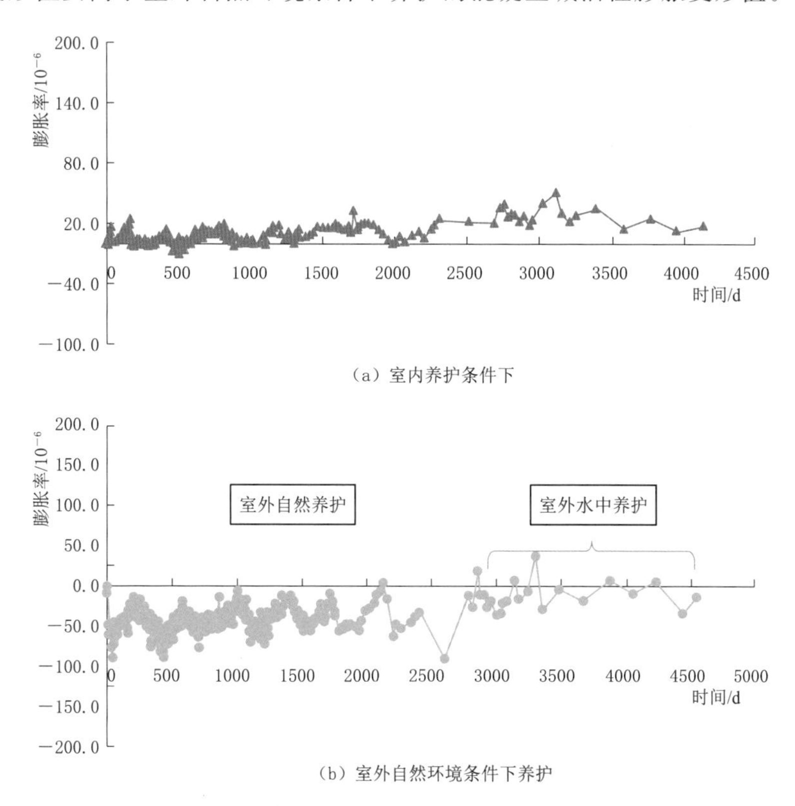

(a) 室内养护条件下

(b) 室外自然环境条件下养护

图 3.98 不同养护条件下粉煤灰抑制碱活性膨胀长龄期模拟试验结果

表 3.36 锦屏一级水电站大坝混凝土配合比

强度等级	水胶比	材料用量/(kg/m^3)							
		水	水泥	粉煤灰	砂	小石	中石	大石	特大石
$C_{180}40$	0.43	82	124	67	438	617	441	353	353

3.6 工程实施过程控制

在工程实施过程中，建设各方按照设计要求对大坝混凝土原材料、配合比进行了严格的质量控制，具体有如下措施。

(1) 制定了严格的原材料、半成品质量控制标准，对碱含量控制指标远高于国家标准。

(2) 建立了完整的试验检测控制体系：驻厂监督水泥、粉煤灰的质量控制；进场试验检验，主要对锦屏一级水电站所使用的水泥、粉煤灰进行进场前的检验；工程试验检测中心，代表业主负责锦屏一级水电站工程试验检测工作的监督、检查以及按照一定频次对主要检验项目进行抽检工作，并承担监理抽检取样的检测工作，负责工程混凝土配合比复核抽检工作；施工单位按照合同要求，均在工地设立试验室，负责按照合同要求开展相应试验检测工作。

（3）对配合比进行了系统优化，进一步降低了单方混凝土用水量及胶凝材料用量，为严格控制碱总量创造条件。

（4）制定质量分析和试验检测例会制度，定期分析原材料混凝土试验检测结果，确保碱骨料质量控制措施的落实。

工程现场水泥、粉煤灰、减水剂检测结果见表3.37～表3.39。

表3.37　　锦屏一级水电站大坝水泥碱含量检测结果

水　泥	检测次数	最大值	最小值	平均值	合格率/%	设计要求/%	《中热硅酸盐水泥、低热硅酸盐水泥》(GB/T 200—2017)
峨胜P·MH42.5	87	0.46	0.27	0.35	100	≤0.5	≤0.6
嘉华P·MH42.5	22	0.55	0.33	0.43	90.9	≤0.5	≤0.6

表3.38　　锦屏一级水电站大坝粉煤灰碱含量检测结果

粉煤灰	检测次数	最大值	最小值	平均值	合格率/%	设计要求/%
云南宣威Ⅰ级粉煤灰	59	2.22	0.60	0.90	100	≤2.5
三门峡荣欣Ⅰ级粉煤灰	14	1.64	1.08	1.30	100	≤2.5
曲靖方圆Ⅰ级粉煤灰	26	1.29	0.97	1.18	100	≤2.5
泸州地博Ⅰ级粉煤灰	5	1.46	1.16	1.31	100	≤2.5

表3.39　　锦屏一级水电站大坝减水剂碱含量检测结果

减水剂	检测次数	最大值	最小值	平均值	合格率/%	设计要求/%
HLC-NAF缓凝高效减水剂	21	3.1	0.2	0.90	100	≤4.0
JG-3缓凝高效减水剂	41	3.7	0.3	1.8	100	≤4.0
JM-ⅡC缓凝高效减水剂	37	3.8	0.3	2.3	100	≤4.0
JG-2H缓凝高效减水剂	13	4.0	0.4	2.4	100	≤4.0

由实测的统计表查到，水泥碱含量最大值为0.55%，平均最大值为0.43%，粉煤灰碱含量最大值为2.22%，平均最大值为1.31%，外加剂碱含量最大值为4.0%，平均最大值为2.4%。

按照工程实际施工配合比表，根据总碱含量计算公式，计算出大坝混凝土最大胶材用量的二、三、四级配的最大可能总碱含量和平均总碱含量见表3.40。

表 3.40 锦屏一级水电站大坝各级配胶材用量最高的混凝土施工配合比

设计要求	级配	水胶比	粉煤灰掺量/%	材料用量/(kg/m³)									设计总碱含量限值	最大总碱量	平均总碱含量最大值
				水	水泥	粉煤灰	砂	小石	中石	大石	特大石	减水剂			
$C_{180}40$ W15F300	二	0.37	35	123	216	116	685	645	645	—	—	1.99	2.1	1.78	1.28
	三	0.37	35	100	176	95	498	400	400	800	—	1.63	1.8	1.46	1.05
	四	0.37	35	90	158	85	468	337	337	506	506	1.46	1.5	1.30	0.94

由表 3.40 中大坝 A 区四级配混凝土最大总碱含量不超过 1.3kg/m³，平均总碱含量最大不超过 0.94kg/m³。大坝 B 区 $C_{180}35F250W14$ 四级配的水胶比为 0.41，水泥用量为 143kg/m³，粉煤灰用量为 77kg/m³，计算相应的最大总碱含量不超过 1.18kg/m³，平均总碱含量最大值不超过 0.85kg/m³。大坝 C 区 $C_{180}30F250W13$ 四级配的水胶比为 0.41，水泥用量为 118kg/m³，粉煤灰用量为 63kg/m³，计算相应的最大总碱含量不超过 0.97kg/m³，平均总碱含量最大不超过 0.70kg/m³。大坝混凝土以四级配为主，初步推算大坝混凝土的实际碱含量在 0.8～0.9kg/m³ 之间。

在工程建设各方的高度重视下，通过严格控制原材料的碱含量，采取一切可能的措施，稳定原材料品质，优化配合比，多项措施并举，使锦屏一级大坝混凝土总碱量远低于设计技术要求，为大坝混凝土 ASR 长期安全性提供了有力保障。

3.7 本章小结

针对锦屏一级水电站砂岩碱活性问题，本章进行了 ASR 抑制措施研究。主要结论如下：

（1）采用砂浆棒快速法、混凝土棱柱体法、快速混凝土棱柱体法以及大体积混凝土全级配试件法测试砂岩、大理岩骨料组合的碱活性情况，采用砂岩粗骨料＋大理岩细骨料的组合骨料方案，可有效减小大坝混凝土 ASR 膨胀。

（2）采用砂浆棒快速法、砂浆长度法、混凝土棱柱体法和全级配混凝土大棱柱体试验，研究碱含量对砂岩骨料 ASR 的影响。随着混凝土总碱含量增加，砂岩 ASR 膨胀增大，限制混凝土总碱含量是抑制 ASR 的有效措施。

（3）以锦屏工地备选粉煤灰为研究对象，分析了粉煤灰化学成分、矿物组成、细度等对 ASR 抑制效果的影响。粉煤灰中单项化学成分对整体抑制效果影响规律不显著，提出采用粉煤灰物理化学因子作为综合抑制 ASR 品质综合评价指标。

（4）通过全级配、长龄期室内和室外实验，持续研究了掺粉煤灰对大坝混凝土 ASR 长期抑制效果，论证了粉煤灰掺量 35%的安全性。

除上述试验成果外，雅砻江流域水电开发有限公司分别于 2005 年 12 月和 2007 年 9 月就“雅砻江锦屏一级水电站混凝土人工骨料料源选择专题研究”进行两次专题咨询；2008 年 8 月分别就“锦屏一级水电站大坝混凝土 ASR 及大坝混凝土性能特殊专题试验研究”和“四川省雅砻江锦屏一级水电站拱坝组合骨料混凝土温度控制深化设计”进行专题咨询。2011 年 8 月，中水建设咨询公司就《锦屏一级水电站大坝工程砂岩粗骨料质量对大坝混凝土性能影响试验大纲》进行咨询。通过试验研究与反复咨询，确定锦屏一级大坝混凝土采用砂岩粗骨料加大理岩细骨料的组合骨料、Ⅰ级粉煤灰掺量 35%、控制水泥中碱含量不超过 0.5%、四级配混凝土总碱含量不大于 1.5kg/m^3，作为工程综合 ASR 抑制措施。

从大坝混凝土试验检测成果看，混凝土质量强度保证率达到 95%以上，采用组合骨料是成功的，从长龄期试验的观测数据来看，所采用的碱活性抑制措施是行之有效的。

参　考　文　献

ABDELRAHMAN M, ELBATANOUNY M K, ZIEHL P, et al. Classification of alkali - silica reaction damage using acoustic emission: a proof—of—concept study [J]. Construction and Building Materials, 2015, 95: 406 - 413.

ALASALI M M, MALHOTRA V M. Role of concrete incorporating high volumes of fly ash in controlling expansion due to alkali - aggregate reaction [J]. Materials Journal, 1991, 88 (2): 159 - 163.

BERUBE M A, CARLESGIBERGUES A, DUCHESNE J, et al. Influence of particle size distribution on the effectiveness of type - f fly ash in suppressing expansion due to alkali silica reactivity [J]. Special Pablicatim, 1995, 153: 177 - 192.

BRANTLEY S L, KNBICKI J D, WHITE A F. Kinetics of water - rock interaction [J]. 2008.

CARRASQUILLO R L, SNOW P G. Effect of fly ash on alkali - aggregate reaction in concrete [J]. Materials Journal, 1987, 84 (4): 299 - 305.

CYR M, RIVARD P, LABRECQUE F. Reduction of asr - expansion using powders ground from various sources of reactive aggregates [J]. Cement and concrete composites, 2009, 31 (7): 438 - 446.

DIAMOND S. ASR - another look at mechanisms [C] //Proc. 8ˆ＜th＞ intl. Conf. On alkali - aggregate reaction, 1989: 115 - 119.

FREITAG S A, GOGUEL R, MILESTONE N B. Alkali silica reaction: Minimising the risk of damage to concrete guidance notes and recommended practice [R]. Technical report. ISSN: 1171 - 4204. Cement & Concrete Association of New Zealand (CCANZ). 2003.

HELMUTH R. Alkali - silica reactivity: an overview of research [J]. Contract, 1993, 100: 202.

KAWABATA Y. MATSUSHITA H. Evaluation of character of fly ash related to suppressing effect on alkali - silica reaction [J] JSCE, Journal of Materials, Concrete Structures and Pavements E. 2007, 63 (3): 379 - 395.

KURODA T, INOUE S, YOSHINO A, et al. Effects of particle size grading and content of reactive aggregate on asr expansion of mortars subjected to autoclave method [C] //Proc. 12th Int. Conf. Alkali - Aggregate React. Concr. beijing, China. 2004.

LLER K R. The chemistry of silica [J]. Solubility, polymerization, colloid and surface properties and biochemistry of silica, 1979.

LUMLEY J S. Asr suppression by lithium compounds [J]. Cement and concrete research, 1997, 27 (2): 235 - 244.

MALVAR L J, LENKE L R. Efficiency of fly ash in mitigating alkali - silica reaction based on chemical composition [J]. Aci materials journal, 2006, 103 (5): 319 - 326.

MCKEEN R G, LENKE L R, PALLACHULLA K K. Mitigation of alkali - silica reactivity in new mexico [J]. Transportation research record journal of the transportation research board, 1998, 1698 (1): 9 - 16.

MING - SHU T, SU - FEN, H. Effect of Ca $(OH)_2$ on alkali - silica reaction [J]. Journal of the chinese

ceramic society, 1980.
OBLA K H HILL R L, THOMAS M D A, et al. Properties of concrete containing ultra fine fly ash [J]. Materials journal, 2003, 100 (5).
QINGHAN B, NISHIBAYASHI S, KURODA T, et al. Various chemicals in suppressing expansion due to alkali - silica reaction [C] //Proc. Ioth Int. Conf. Alkali - Aggregate Reaction, Melbourne, Australia. 1996: 868 - 875.
RAMACHANDRAN V S. Alkali - aggregate expansion inhibiting admixtures [J]. Cement and concrete composites, 1998, 20 (2 - 3): 149 - 161.
RAMYAR K, TOPAL A, ANDI. Effects of aggregate size and angularity on alkali - silica reaction [J]. Cement & concrete research, 2005, 35 (11): 2165 - 2169.
RANGARAJU P R, SOMPURA K R. Influence of cement composition on expansions observed in standard and modified astm c1260 test procedures [J]. Transportation research record journal of the transportation research board, 2005, 1914 (1914): 53 - 60.
SHAYAN, A. Prediction of alkali reactivity potential of some australian aggregates and correlation with service performance [J]. Aci materials journal, 1993, 89 (1): 13 - 23.
SHEHATA M H, THOMAS M. The effect of fly ash composition on the expansion of concrete due to alkali - silica reaction [J]. Cement and concrete research, 2000, 30 (7): 1063 - 1072.
SWAMY R N. The alkali - silica reaction in concrete: blackie [J] Glasgow London, 1992.
TANG M S, YE Y F, YUAN M Q, et al. The preventive effect of mineral admixtures on alkali - silica reaction and its mechanism [J]. Cement and concrete research, 1983, 13 (2): 171 - 176.
THOMAS M D. Review of the effect of fly ash and slag on alkali - aggregate reaction in concrete [J]. 1996.
THOMAS M D, FOURNIER B, FOLLIARD K J, et al. Performance limits for evaluating supplementary cementing materials using accelerated mortar bar test [J]. Materials journal, 2007, 104 (2): 115 - 122.
UCHIKAWA H, UCHHIDA S, HANEHARA S. Relationship between structure and penetrability of na ion in hardened blended cement paste, mortar and concrete [J]. Journal of research of the onoda cement company, 1989.
WIGUM B J. State - of - the art report: key parameters influencing the alkali aggregate reaction [M] SINTEF Building and Infrastructure, 2006.
曹文涛，余红发，胡蝶，等. 粉煤灰和矿渣对表观氯离子扩散系数的影响 [J]. 武汉理工大学学报，2008 (1): 48 - 51.
陈雷，肖佳，赵金辉. 粉煤灰高强混凝土氯离子扩散性能的试验研究 [J]. 粉煤灰，2008 (3): 6 - 8.
丁建彤，白银，蔡跃波. 基于 ASR 抑制效果的粉煤灰品质评价指标 [J]. 建筑材料学报，2009, 12 (2): 6.
高仁辉，秦鸿根，魏程寒. 粉煤灰对硬化浆体表面氯离子浓度的影响 [J]. 建筑材料学报，2008 (4): 420 - 424.
黎能进，兰祥辉. 煤矸石抑制水泥石 ASR 研究 [J]. 水泥工程，2008 (1): 24 - 27.
史迅. 三峡主体工程混凝土预防碱集料反应的综合技术措施 [J]. 水电站设计，2003 (1): 56 - 58.
唐国宝，丁琍，张恬，等. 低钙粉煤灰与高钙粉煤灰对碱集料反应抑制作用的试验比较 [J]. 粉煤灰，2002 (3): 3 - 6.
唐明述，韩苏芬. $Ca(OH)_2$ 对 ASR 的影响 [J]. 硅酸盐学报，1981 (2): 160 - 166.
王永逵，陆吉祥. 材料试验和质量分析的数学方法 [M]. 北京：中国铁道出版社，1990.
吴定燕，方坤河，曾力，等. 粉煤灰抑制 ASR 研究 [J]. 云南水力发电，2001 (3): 34 - 37.
杨华全，李鹏翔，李珍. 混凝土碱骨料反应 [M]. 北京：中国水利水电出版社，2010.
周麒雯，李光伟. 磷渣抑制集料 ASR 的试验研究 [J]. 水利水电科技进展，2008 (2): 39 - 41.

第 4 章　ASR 长期膨胀变形动力学预测模型

因 ASR 导致的混凝土长期变形如何发展，会对混凝土结构造成怎样的影响，是工程人员密切关注的问题。从典型案例观察发现，ASR 的发生需要较长时间，从发现 ASR 迹象到工程结构破坏往往需要十几年甚至几十年，预测 ASR 变形的长期发展趋势可以为判断结构整体安全性、判断抑制措施长期有效性、预测结构服役寿命、采取预防措施等提供科学依据，因此逐渐成为研究热点。由于需要根据几年内的试验结果来预测几十年后的变形规律，要求 ASR 预测模型必须考虑 ASR 反应的机理和物理化学过程及其影响因素。本章主要研究 ASR 预测模型的发展现状，并实测锦屏一级水电站所用变质砂岩的 ASR 动力学参数，考虑碱金属离子在砂岩骨料中的扩散、砂岩骨料中活性 SiO_2 的溶解、凝胶肿胀等关键物理化学过程，研究其影响因素，建立锦屏砂岩骨料 ASR 膨胀变形的动力学预测模型。

4.1　研究现状

4.1.1　ASR 的基本原理

一般将 ASR 简单描述为活性 SiO_2 与水泥中的碱发生反应，生成碱-硅凝胶，凝胶会吸水肿胀导致混凝土结构破坏（ElBatanouny et al.，2015；杨华全 等，2010）。经过多年的反复研究，国内外学者普遍认为 ASR 破坏是大量连续反应的结果，主要包括：亚稳态硅的溶解、硅溶胶的形成、溶胶凝胶化以及凝胶肿胀或渗透压形成。在这些反应中，亚稳态硅的溶解、硅溶胶的形成、凝胶的形成和种类已经研究得比较透彻，即对 ASR 化学反应的过程已经有了清晰的解释，而凝胶导致混凝土膨胀开裂的机制还存在分歧。

（1）亚稳态硅的溶解。硅酸盐岩石主要由硅氧四面体形成的三维网络组成，硅氧四面体通过顶点的氧（即桥氧）相互连接，形成硅氧烷键（≡Si—O—Si≡）。单个硅氧四面体内部的（O—Si—O）键角固定为109°，但是四面体之间的（Si—O—Si）键却从100°到170°变化，结果导致不同的硅结构存在，如石英、微晶石英或者无定形 SiO_2 等（Iler et al.，1979）。在碱环境下，OH^- 逐步侵蚀（≡Si—O—）键，导致硅的网络结构解体（Iler et al.，1979；Swamy，1992）。

亚稳态硅的溶解过程已经比较清楚，高 pH 下 OH^- 对 SiO_2 的腐蚀导致骨料表面的部分硅溶解入液相。硅的溶解常常是最慢的（Brantley et al.，2008），在正常的混凝土孔溶液 pH 下，硅的溶出需要几年甚至几十年，因此是控制 ASR 反应速率的主要因素。硅的

溶解度受 pH 值影响（Iler et al.，1979；唐明述等，1981），在高 pH 下，硅的溶解度会增加（Maraghechi，2014）。

（2）硅溶胶形成和凝胶化。只要温度和 pH 值能够保持液相硅不过饱和，并且无 Ca^{2+} 存在，溶解的硅就会一直存在于液相中（Gaboriaud et al.，2002），因为在高 pH 下，液态硅带负电，在“同电相斥”的作用下不会聚沉。在此情况下，骨料的溶解速度逐渐变慢，直至达到溶解极限时终止溶解（Glasser et al.，1981）。

但在真实的混凝土内部，不会出现这种情况，因为 Ca^{2+} 或其他高价阳离子（封孝信等，2009；徐惠忠，2000）可以把各种硅相连接在一起形成聚硅酸盐（Gaboriaud et al.，1998；Iler et al.，1979）。一旦聚合而成的颗粒达到纳米级，就会形成硅溶胶，溶胶颗粒的尺寸一般为 10～30 nm（Iler et al.，1979）。在混凝土孔溶液各种化合物，尤其是 $Ca(OH)_2$ 的作用下（文梓芸，1991），胶体颗粒在三维尺度上不断聚沉，逐步形成更大的凝胶结构（Hou et al.，2004）。

因此，硅溶胶的形成及其凝胶化需要有阳离子的存在，阳离子的品种不同，凝胶的性质不同（Powers et al.，1955），含 Na^+、K^+ 的凝胶具有高膨胀性；含 Ca^{2+} 的凝胶具有低膨胀性。实际 ASR 产物中存在含不同阳离子的凝胶（Katayama，2012），也可以通过外加阳离子的方法改变凝胶的膨胀性（Kim et al.，2016）。

（3）凝胶肿胀或渗透压。对于凝胶形成以后的发展进程，主要有吸水肿胀假说和渗透压假说两种。吸水肿胀假说认为，ASR 膨胀是由于骨料周边形成的高膨胀性凝胶吸水肿胀，导致固相体积增加而引起的（Glasser et al.，1981）。渗透压假说认为，骨料周围的水泥浆体或钙－硅－碱络合物（刘崇熙和文梓芸，1995）有半渗膜的作用，能够阻止液态硅的溶出，但不会影响水分和 Na^+、K^+ 进入骨料，因此在骨料周边形成渗透压，导致膨胀甚至开裂。也有认为渗透压和肿胀压都可能存在（Powers et al.，1955），是否膨胀取决于 Ca^{2+} 通过初始反应形成的膜层扩散到活性矿物内部的速率（Balbo et al.，2015），或者认为膨胀是在 Ca^{2+} 的参与下，进入活性矿物的物质数量大于扩散出来的数量而引起的（Kawamura et al.，1994）。

可以看出，ASR 是一个非常复杂的过程，既有化学反应，也有物理过程，但核心的过程包含 OH^-、R^+、Ca^{2+} 等离子向骨料内部的扩散、骨料中 SiO_2 的溶解、溶胶凝胶化、凝胶肿胀或渗透压形成等多种过程。要想较准确地预测 ASR 长期变形发展规律，应充分考虑上述过程。

4.1.2 试件宏观膨胀的数学拟合模型

简单的长期变形预测方法是采用数学公式对已经完成的混凝土或者砂浆变形曲线进行拟合，通过外推，预测 AAR 反应的趋势。如王军等（2006）以 250d（80℃）和 120d（120℃）混凝土棱柱体法测长结果为基础，通过幂函数表达膨胀率与反应时间之间的关系，见式（4.1）：

$$\varepsilon = k_t t^n \tag{4.1}$$

式中：ε 为龄期 t 时的膨胀率；k_t 为幂函数的系数；t 为龄期；n 为特征常数。

假设 k_t 是受温度影响的反应速率常数，根据 Arrhenius 方程将 k_t 表达为温度的函数，得到根据高温加速试验结果预测常温下膨胀变形发展曲线的方程。刘晨霞等（2012）则采用双曲函数表达砂浆膨胀率（80 ℃、60 ℃、38 ℃分别养护 110 d）与反应时间之间的关系，见式（4.2）：

$$\varepsilon=\varepsilon_u \frac{k_t' t}{1+k_t' t} \tag{4.2}$$

式中：ε_u 为最终膨胀率；k_t'为幂函数的系数。

同样假设 k_t'是受温度影响的反应速率常数，按照 Arrhenius 方程将 k_t'表达为温度的函数，从而得到某一温度下膨胀率随时间发展的函数关系。Larive（1998）通过对大量 38℃下混凝土棱柱体试件膨胀变形（400d）规律的总结，认为混凝土 AAR 膨胀变形符合 S 型曲线特征，如图 4.1 所示，并采用式（4.3）作为膨胀曲线的拟合函数。

$$\varepsilon(t,T)=\frac{1-\exp[-t/\tau_c(T)]}{1+\exp[-t/\tau_C(T)+\tau_L(T)/\tau_c(T)]} \tag{4.3}$$

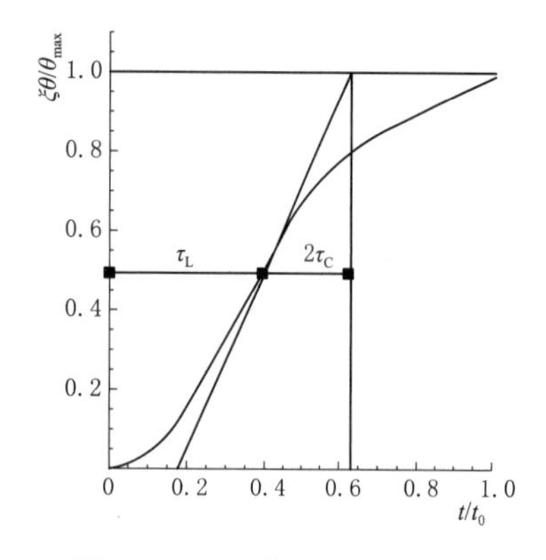

图 4.1 AAR 的 S 型膨胀曲线（Larive，1998）

式中：$\tau_L(T)$ 和 $\tau_C(T)$ 为表征 S 型曲线的两个特征参数；T 为养护温度。

可见，采用数学表达式对实测混凝土试件的膨胀变形曲线进行拟合，对于描述膨胀过程、提取特征参数，或者对比不同配合比、不同骨料之间的差异，是很有帮助的。但也可以看出，所用数学函数中的参数缺少明确的物理意义，也难以与 AAR 的物理化学反应过程建立明确的对应关系，仅采用 Arrhenius 方程对函数中的某一参数进行物理阐述，还不足以描述 AAR 的复杂过程。同时，无论是混凝土棱柱体还是砂浆棒试件试验，所进行的试验龄期都很有限，加之物理意义不明确，用基于几百天试验结果得到的数学公式预测十几年甚至几十年的 AAR 膨胀过程，尚有难度。

4.1.3 结构宏观变形的唯象学模型

预测 ASR 膨胀变形发展规律的一个重要目的是分析 ASR 对结构承载能力的影响。因此，一些研究人员将 ASR 膨胀变形等效为热变形（Malla et al.，1999），通过改变温度历程，使混凝土发生与 ASR 膨胀变形曲线类似的膨胀历程，将之施加到混凝土有限元模型上，以分析结构变形和性能劣化规律，并与试验或现场变形测量结果进行比较。通过这种分析，混凝土 ASR 膨胀与环境（Swamy，1992）、受力状态（Charlwood et al.，1994）、活性（Léger et al.，1996）等条件之间的关联逐渐被揭示。

Léger et al.（1996）建立了一种模拟 ASR 影响的计算模型，考虑了湿度、温度、活性、压应力等 4 种因素，根据试验或观测结果分别建立了各因素对 ASR 的影响规律（图 4.2），输入至计算模型中，用实际观测的结构变形拟合模型中的未知参数，得到仿真计算模型，计算了某重力坝受 ASR 影响后的应力应变发展趋势。该模型输入参数较多，本质上是一种唯象学模型，即宏观膨胀规律总结模型。

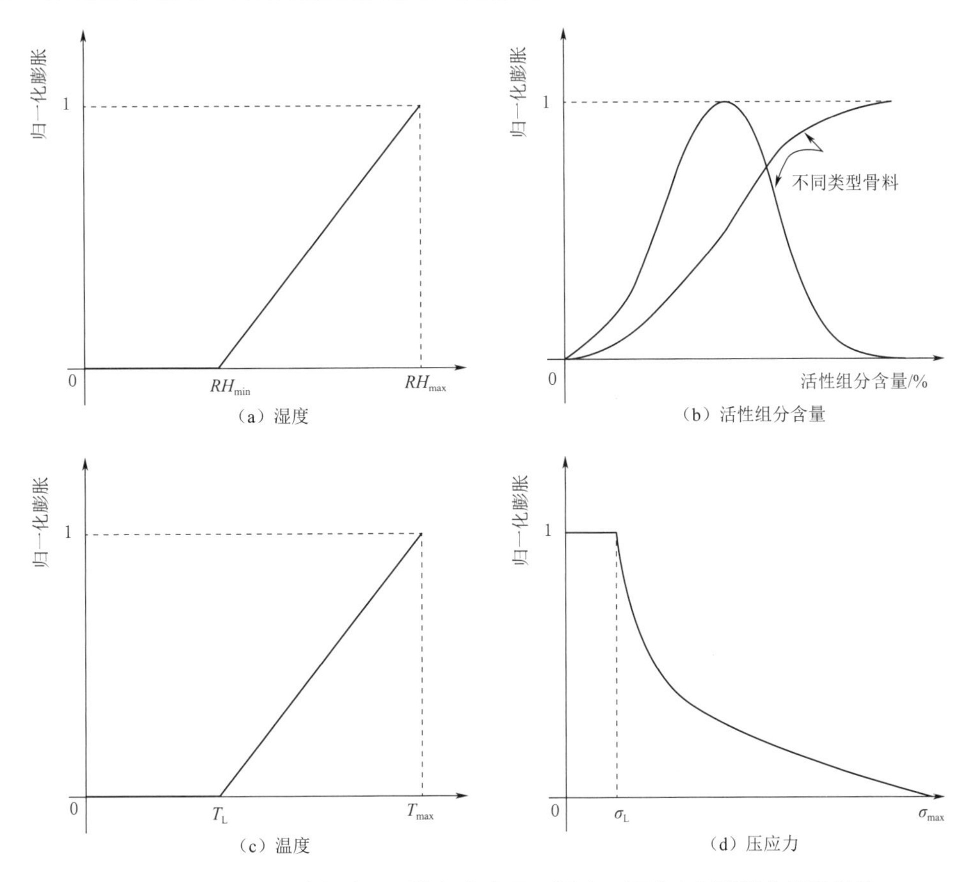

图 4.2　Leger 模型中湿度、活性组分含量、温度、压应力对膨胀的影响规律

Capra et al.（1998）也认为 ASR 的变形受到化学反应、温度、湿度、应力等因素的影响，将总应变表达为式（4.4），然后利用线性断裂力学理论对 ASR 损伤进行评价。该模型中考虑的因素较多，在一定程度上可以解释环境湿度、温度以及应力对不同龄期下混凝土变形的影响，但也未涉及 ASR 的化学机理，尚属于唯象学解释。

$$\varepsilon^{aar}(H,T,\sigma,t)=(H)^m\cdot\frac{\varepsilon_0}{A_0}\cdot\left(1-A_0-\mathrm{e}^{-k_0\cdot\mathrm{e}^{-\frac{E_a}{RT}t}}\right)\cdot f(\sigma) \tag{4.4}$$

式中：ε^{aar} 为膨胀率；T 为温度；σ 为应力；t 为时间；E_a 为活化能；R 为气体常数；H 为湿度；A_0 和 m 为待定参数。

随后，Capra et al.（2003）又在该模型中考虑了概率方法，来描述受影响结构的主要损伤机制。反应进程与碱耗量有关，且与温度和相对湿度有关。确定了 3 个损伤变量来描述由于 ASR 引起的混凝土膨胀、拉应力和压应力导致的开裂概率。该模型能够模拟在受约束的试验室试件中观察到的各向异性膨胀行为，但对 ASR 发生过程中的物理化学反应过程未有涉及。

为了考虑 ASR 对混凝土结构整体性能的影响，研究人员采用前述 Larive 提出的数学模型进行了进一步的结构分析。

Ulm et al.（2000）提出了一种热-化学-力学模型，讨论了温度、AAR 反应、受力等综合作用下某重力坝的应力应变发展规律。该模型中用到的 AAR 膨胀变形曲线仍然采用的是前述 Larive 提出的模型（Larive，1998），需要输入两个特征时间参数、活化能、参考温度、热膨胀系数、热扩散系数等多个参数，其中，两个特征参数表达为温度的函数，见式（4.5）和式（4.6）。

$$\tau_c(T)=\tau_c(T_0)\exp\left[U_c\left(\frac{1}{T}-\frac{1}{T_0}\right)\right] \tag{4.5}$$

$$\tau_L(T)=\tau_L(T_0)\exp\left[U_L\left(\frac{1}{T}-\frac{1}{T_0}\right)\right] \tag{4.6}$$

式中：T 为温度；T_0 为参考温度；U_c、U_L 为待定参数。

还需要采用一定参考温度下的膨胀曲线对这些参数进行标定。这种热-化学-力学模型本质上还是数学模型，未考虑碱的扩散、硅的溶解等物理化学过程。Farage et al.（2004）采用 Ulm et al.（2000）提出的热-化学-力学模型，通过理想的塑性应力-应变关系来描述受拉混凝土的行为，通过试验室试样的三维有限元分析进行验证，并由 Fairbairn（2004）在一个混凝土坝中应用，模型中仍未深入考虑 ASR 的物理化学反应过程。

李克非（2000）在 Larive 模型的基础上考虑了化学、力学联合作用对混凝土结构性能的影响，包括含水量对混凝土 ASR 变形的影响，主要用于结构评估。Comi et al.（2009）在 Larive 模型的基础上提出基于断裂能的双容性损伤模型，能够描述混凝土膨胀和开裂之间的相互作用，应用于 Fantana 坝混凝土损伤特性研究中。

Saouma et al.（2006，2013）主要研究了材料内部膨胀与应力状态耦合产生的膨胀再分布效应，施加的体积应变是温度和含水量的函数，根据应力状态、材料的强度、不允许膨胀的应力阈值，评价材料劣化过程。Saouma 模型中各个因素的影响主要通过调整模型参数来表达，ASR 变形曲线仍是前述 Larive 模型，这种方法主要适用于分析膨胀导致的结构应力，在工程中有一定的实用价值。Esposito et al.（2012）根据 Saouma et al.（2006）提出的方法开发了热-化学-开裂模型，用流变模型来解释混凝土的膨胀、力学性能衰减之间的联系，通过骨料膨胀来模拟 ASR 对混凝土性能的劣化作用，而不是通过混凝土宏观膨胀现象来模拟。

Winnicki et al.（2008，2014）在钢筋混凝土的温度-湿度-化学-塑性模型框架内描述了化学-力学相互作用，ASR 引起的劣化被整合到一个连续介质模型中，该模型假设膨胀相的形成导致材料的力学性能退化，施加的混凝土应变取决于抗压应力、温度、相对湿度。该模型用来表示 ASR 膨胀变形的计算式为

$$\zeta=\frac{\varepsilon}{\varepsilon_{max}},\ \frac{d\zeta}{d\tau}=\gamma_0(\zeta_{max}-\zeta) \tag{4.7}$$

式中：ζ 为引入的参数，是某一时刻的变形 ε 与最终变形 ε_{max} 的比值；ζ_{max} 为 ζ 的最大值，介于 0～1 之间，与化学平衡有关；γ_0 为表征反应速率的系数。

可以看出该模型也是唯象学模型，是宏观膨胀的归纳总结，与 ASR 反应的机理没有直接关联。因此，该模型可以用于描述内部膨胀与外部荷载之间的耦合以及导致的材料力

学性能劣化，但不适合预测 ASR 膨胀长龄期发展。

Bangert et al. (2004) 和 Pesavento et al. (2012) 采用混合物理论，将混凝土视为由固体骨架和毛细孔隙组成的多孔介质，如图 4.3 所示，反应产物的膨胀被认为是施加在混凝土固体骨架上的应变，与温度和水的饱和程度有关，将 ASR 膨胀与毛细孔隙中的水压力耦合，形成了温度-湿度-化学耦合，并在有限元分析中进一步模拟计算。Bangert et al. (2004) 的模型中，应变随龄期的发展趋势符合式 (4.8)：

$$\varepsilon = 1 - e^{kt} \tag{4.8}$$

式中：t 为时间；k 为待定参数。

Bangert et al. (2004) 采用基于损伤变量的正则化连续各向同性损伤模型，认为在自由膨胀条件下养护的发生 ASR 的混凝土试件不会出现任何损坏，开裂只会发生在受影响的约束试件中。该模型属于结构整体的宏观膨胀模型，只是借用了 ASR 的基本概念，并且大量试验中观察到自由试件也会开裂。Pesavento et al. (2012) 的模型中对 ASR 膨胀变形随龄期的发展采用了前述 Ulm (2000) 的模型，基于外部荷载和内部化学荷载相关的两个变量的非局部各向同性损伤，根据膨胀-弹模曲线对试验结果进行拟合，得到了与化学反应相关的损伤变量。

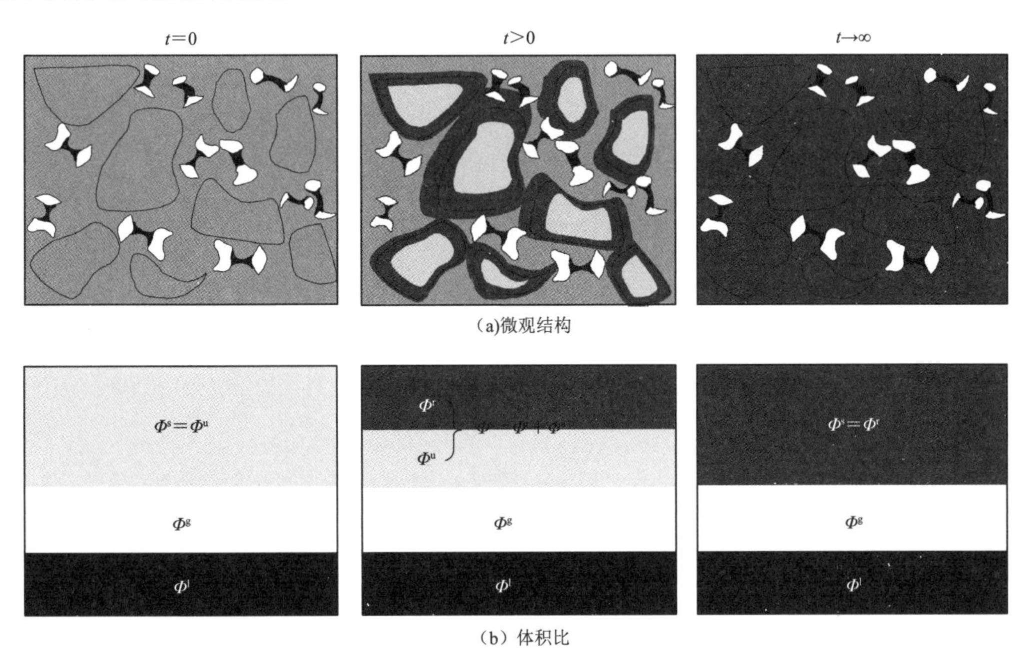

图 4.3 混凝土骨架与毛细孔隙混合模型

Φ^s—骨架体积；Φ^g—孔隙体积；Φ^l—液体体积；Φ^r—反应相体积；Φ^u—未反应相体积

考虑结构应力的模型，首要目标是评估 ASR 对结构的影响，因此更关注于膨胀导致结构应力状态变化，部分考虑了环境条件（温度、湿度）对应力的影响，但对 ASR 膨胀如何发生发展未进行模拟，因此适用于分析已有膨胀量对结构性能的影响，不适用于预测 ASR 长龄期变形。

4.1.4 基于骨料膨胀（反应环）的模型

随着微观研究技术的进步，越来越多的研究更多地关注骨料层面上的 ASR 机制，通过对骨料施加一定的变形，考察混凝土性能的劣化规律。Bažant et al. (2000) 用废玻璃颗粒制成的混凝土试件进行研究。这些颗粒不同于天然骨料，由具有有序晶体结构的纯二氧化硅组成，因此 ASR 发展迅速，反应产物均匀分布在颗粒边缘。以理想化的立方体单元（REV）作为研究对象，膨胀反应产物引起的压力被视为一种内荷载，在有效应力概念的背景下，考虑了内外荷载对开裂的影响。

Lemarchand et al. (2005) 在微观-孔隙-力学理论框架内研究 ASR 对混凝土的影响。他们认为，混凝土是一种由孔隙嵌入代表混凝土骨架的基质中组成的多孔材料，孔隙空间由膨胀的凝胶产物填充（如图 4.4 所示），混凝土的自由膨胀是孔隙填满后骨料层面的裂纹扩展造成的，混凝土膨胀曲线初始阶段的不膨胀与孔隙填充有关。

Esposito et al. (2015) 提出了一个微孔隙断裂力学模型，混凝土被模拟为非均质材料，其微观结构由微裂缝嵌在固体基质中，固体基质由骨料和水泥浆组成，见图 4.5，整体材料的宏观性质采用 REV 进行分析确定。该方法产生了一个三维弥散模型，描述混凝土在任何内外荷载组合下的宏观劣化，但据报道高估了强度的衰减，这也说明考虑 ASR 和徐变现象之间耦合的重要性（Alnaggar et al.，2017；Bažant et al.，2016；Giorla et al.，2015）。这种考虑孔隙的微观模型，在一定程度上改善了混凝土内部应力分析的结果，但是本质上仍未考虑 ASR 的物理化学过程，仍属于力学模型。

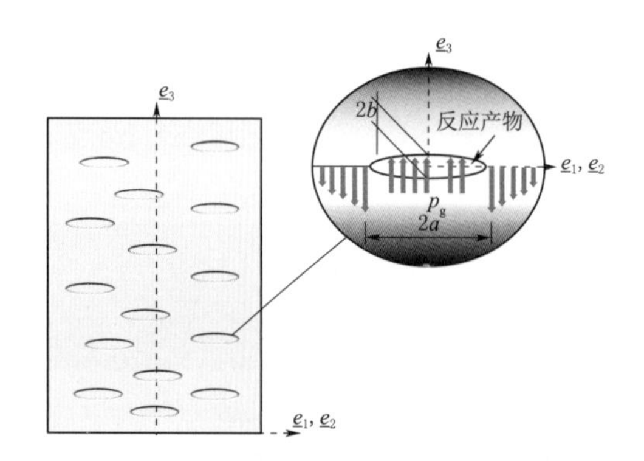

图 4.4 多孔基质模型（Lamarchand，2005）

e_1、e_2、e_3—方向轴；p_g—凝胶膨胀压力；

$2a$—水平方向的膨胀量；$2b$—竖直方向的膨胀量

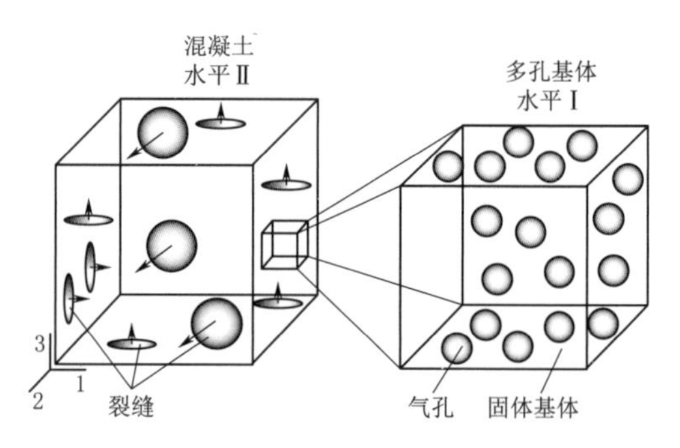

图 4.5 非均质模型（Esposito，2015）

1、2、3—方向轴

考虑骨料膨胀影响的模型还有采用有限元或离散元技术建模的细观模型。如 Comby - Peyrot et al. (2009) 采用全三维 FE 模型建立的模型中，ASR 通过骨料边缘膨胀来模拟。Wu et al. (2013) 提出了多尺度材料模型，混凝土表达为球形颗粒代表的骨料嵌入到水泥浆中，而水泥浆是由孔隙和水泥水化产物组成。ASR 凝胶膨胀被认为是水泥石孔隙中的一种外加应变，而不是一种相。

所有考虑骨料膨胀的模型都基于如下假设：由于骨料周边 ASR 反应产物的形成，在

混凝土内部产生压力，混凝土性能的衰减可通过骨料周边微观结构开裂过程来解释，因此这些模型需要有关混凝土微观结构和混凝土配合比设计的信息，损伤过程的评估主要基于断裂力学理论。模型中未考虑 ASR 产物形成原因及其影响因素，因此不适合做长龄期变形预测。在用于分析 ASR 长期变形发展趋势及其导致的结构损伤发展趋势时，应进一步增加 ASR 产物形成机制的相关内容。

4.1.5 考虑 ASR 凝胶的模型

在孔隙-力学理论的框架下，Ulm（2002）和 Lemarchand（2005）研究了骨料中反应产物的肿胀与混凝土膨胀之间的关系，ASR 与混凝土膨胀之间的初始延迟是由反应产物填充现有孔隙导致的，反应产物填充孔隙的速度与二氧化硅溶解相关，可以表达成反应动力学函数。该模型的形式还是数学模型，通过膨胀曲线的两个特征参数来控制膨胀的走向，在宏观膨胀曲线已知的前提下，可以用该模型来分析内部压力形成的原因、凝胶生成的量等，但是并不能作为长龄期膨胀预测的手段。

Charpin et al.（2014）利用化学—孔隙—断裂模型研究了约束混凝土试件中的各向异性膨胀行为，混凝土由骨料、界面区（ITZ）和水泥浆体组成，具有弹性，膨胀性碱一硅凝胶在骨料边缘形成，并在 ITZ 孔隙内流动，对混凝土的整体性能进行了分析评价。

Dunant et al.（2010）采用扩展有限元法对因反应产物形成引起的结构演变进行模拟，反应产物在骨料中以随机分布的胶袋来表示，通过拟合混凝土早期的自由膨胀曲线来标定胶袋刚度，肿胀过程是通过胶袋的膨胀来模拟的。采用凝胶袋模型考虑 ASR 和徐变现象之间的耦合，可以解释水泥相限制骨料相得到的不同损伤过程。在该模型基础上，

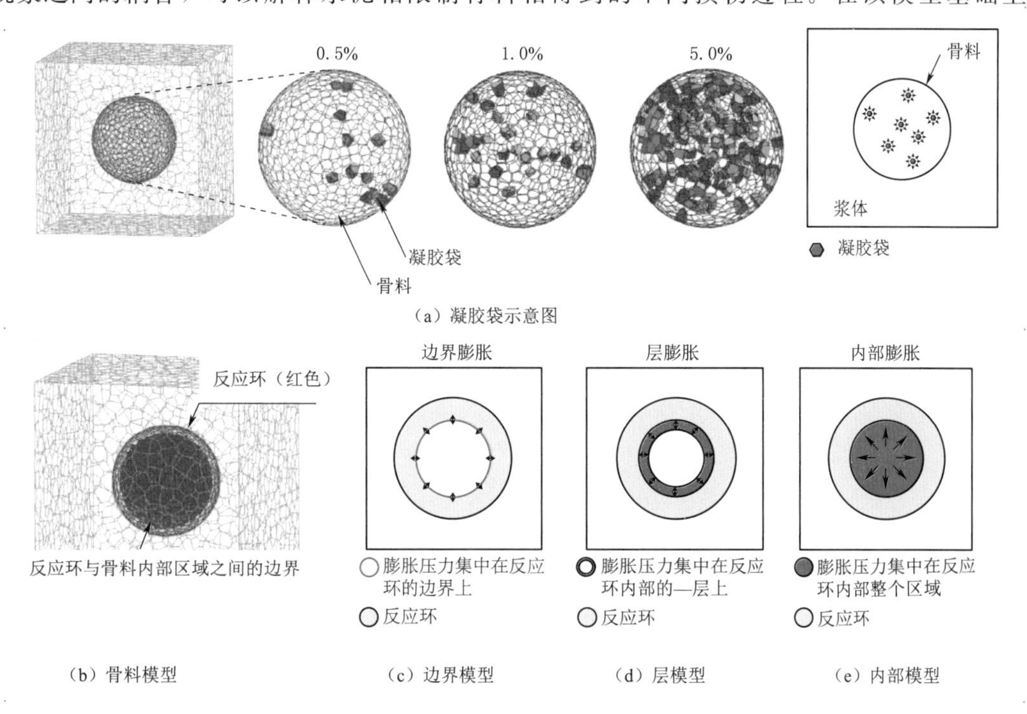

图 4.6 Miura 等的细观离散模型示意图

Miura et al.（2021）采用细观离散模型（图 4.6）详细讨论了胶袋分布对宏观开裂的影响，计算分析了单骨料模型、多骨料模型，并且对比了“反应环”模式和“胶袋”模式两种模型对开裂的影响；结果表明，对于均质骨料（高活性骨料，如玻璃状安山岩），“反应环”模式形成的开裂形式更接近真实观察的情况，ASR 会导致“洋葱皮状”周向开裂和一些尖锐的裂纹；对于非均质性骨料（中等和缓慢反应的骨料，如片岩），“胶袋”模式开裂形式更接近真实观察的情况，这种情况下应力在骨料中形成，整个骨料的应力分布不均匀，导致了贯穿骨料的尖锐裂纹占主导地位。

Grimal et al.（2008）扩展了 Capra（2003）提出的模型，所考虑的反应动力学规律取决于混凝土孔隙填充程度和凝胶质量的变化，考虑了 ASR 引起的膨胀、拉伸和压应力造成的损伤，通过对未反应和反应混凝土在不同约束程度下的试验对模型进行了标定和验证。Pignatelli et al.（2013）进一步发展了 Comi et al.（2009）提出的模型，将反应产物与骨料联系起来，认为混凝土由两相组成，即凝胶和混凝土骨架。肿胀压来源于凝胶质量变化，凝胶质量变化取决于温度和饱和程度（反应动力学），ASR 导致的混凝土损伤采用一个简化的微观-力学模型评估，其中未受影响的混凝土骨架和凝胶相互串联，并与受损的骨架并行工作，由于未深入考虑 ASR 凝胶形成的过程，该模型不能够预测混凝土试件长龄期膨胀行为。

与基于骨料膨胀的模型类似，基于凝胶膨胀的模型解释了 ASR 现象对混凝土材料的影响，通过施加凝胶质量或体积的变化，解释了混凝土膨胀和损伤之间的关系。但是，凝胶生成的量是作为一种人为荷载加到模型上的，并不能根据混凝土内部环境得到一个凝胶的生成量；温度、湿度、离子种类和浓度等因素对凝胶生成的影响也不能得到体现。

4.1.6　考虑物质迁移的模型

根据 ASR 的破坏机理，生成的凝胶还需要吸收足够的水分才能形成危害性膨胀，水分是 ASR 破坏的必备条件之一。因此，部分研究认为水分迁移的速度对 ASR 凝胶肿胀有重要影响。Bažant et al.（2000）在反应环模型的基础上，认为颗粒边缘的膨胀与水在反应产物中的扩散和二氧化硅的溶解有关，因此在模型中引入了水的扩散方程。Bažant et al.（2000）进一步发展了基于扩散和徐变的化学力学模型。ASR 动力学由碱离子的扩散和水在碱-硅胶中的渗透控制，考虑碱-硅胶在孔隙和裂缝中的扩散以及与钙接触时形成的固化碱一硅胶。为了解释凝胶形成应力的释放，将 ASR 与徐变耦合。通过验证模型预测应力状态、碱含量、温度、湿度和干燥对 ASR 膨胀的影响的能力。

也有研究认为 ASR 生成的凝胶是一种黏性流体，可以在混凝土的孔隙中流动，宏观膨胀取决于孔隙是否被填满。Suwito et al.（2002）采用这种模型研究了快速砂浆棒试验中的集料尺寸效应，其模型中，骨料在中间，周围是水泥浆体相，骨料边缘是反应产物，被假定为骨料的一部分。反应动力学表现为两个扩散过程：一是碱离子在集料内扩散并与硅离子反应；二是在集料边缘形成的膨胀性碱-硅胶流入水泥浆体孔隙。该研究中通过表达碱离子在骨料中的扩散深度，描述了骨料粒径与膨胀量之间的最劣比关系。该模型认为凝胶生成的量与碱离子在骨料中的扩散以及硅的溶解有关，在 ASR 反应动力学描述方面较其他模型有更深刻的物理解释。

Poyet（2007）提出一种考虑骨料中阳离子扩散过程的模型，该模型假设球形骨料嵌入水泥浆体，而 ASR 反应产物位于骨料边缘，模型中考虑了 Na 和 Ca 在骨料中的传输，并假设化学反应生成 C—S—H 凝胶和膨胀性 ASR 凝胶这两种成分固定的产物。反应产物体积膨胀导致骨料周边损伤，进而导致混凝土宏观膨胀。由于该模型考虑了阳离子在骨料中传输以及离子在骨料颗粒外部的浓度平衡，尽可能多地考虑了 ASR 的物理化学过程，在预测长期变形方面具有参考意义。

Liauudat（2014）提出了一种扩散-反应模型，其中化学反应在集料边缘生成两种密度不同的反应产物，而反应的进程受到钙离子、碱离子、硅酸根离子扩散的影响。采用该方法研究了集料与水泥浆体之间单一界面体系的作用机理。该模型能较好地解释溶胀力与反应产物组成的关系以及 $Ca(OH)_2$ 对二氧化硅溶解的影响，但未考虑后续生成的凝胶按照怎样的规律继续膨胀。

Nguyen et al.（2014）的模型将混凝土膨胀与碱离子扩散相关联，认为碱离子扩散进入骨料中导致二氧化硅溶解，形成膨胀反应产物。该模型是在待定参数中增加了多种离子扩散影响参数，并没有建立基于动力学或热力学的离子扩散模型，也没有通过试验验证离子扩散的进程。

从上述文献回顾可以看出，考虑物质迁移的模型主要分为三种：一是考虑碱离子、钙离子以及硅酸根离子在骨料界面处的迁移，其中碱离子和钙离子向骨料内部迁移，而硅酸根离子则由骨料内部向骨料外部迁移；二是水分向凝胶内的迁移，决定了凝胶吸水肿胀的历程；三是凝胶作为流动液体向孔隙迁移，用来解释 ASR 的潜伏期等宏观现象。基于扩散-反应机理的模型旨在解释化学反应为什么以及如何导致反应产物的形成，通过假设碱离子在孔隙溶液中的扩散和随后的化学反应，可以解释诸如“最劣尺寸”效应等现象。此类模型还需完善的一个重要方向是解释凝胶如何形成应力并建立对应的数学表达式。

4.1.7 本节小结

本节回顾了 ASR 长期膨胀变形模型的发展。ASR 是一种非常复杂的反应，既包含化学过程，也包含物理过程。由 ASR 导致的混凝土宏观破坏包含了 OH^-、R^+、Ca^{2+} 等离子向骨料内部的扩散、骨料中 SiO_2 的溶解、溶胶凝胶化、凝胶肿胀或渗透压形成等多种过程。预测 ASR 导致的混凝土结构长期变形规律，建立能够考虑 ASR 各反应环节的动力学预测模型具有重要意义。从当前的模型研究综述可见，在 ASR 预测模型方面，需进一步考虑以下几方面内容。

（1）ASR 发生的众多过程中，影响反应速度的关键环节是骨料中 SiO_2 的溶解，该反应非常慢，决定了整个 ASR 反应的进程。因此，在 ASR 预测模型中，首先要考虑 SiO_2 溶解的影响因素，包括 pH 值（或 OH^- 浓度）、碱金属离子浓度、Ca^{2+} 等高价阳离子浓度、骨料中 SiO_2 的分布、SiO_2 的活性、温度、骨料本身的致密程度等等，对于某一个具体的工程，应尽可能采用工程实际骨料对上述参数和过程进行标定，这些工作对于准确预测 ASR 发生发展的过程非常重要。

（2）并不是全部骨料中的活性 SiO_2 都会溶解，能够参加溶解过程的 SiO_2 的量受骨料致密性、OH^- 在骨料中的扩散速度和扩散深度影响，因此在建立 SiO_2 溶解模型之前，需要先测试 OH^- 在骨料中的扩散过程，并且用扩散方程予以表达，作为 SiO_2 溶解过程的前提条件。

(3) 凝胶生成的量取决于 SiO_2 溶解的量，但凝胶肿胀的能力受到凝胶的组成、凝胶的结构、水分的迁移等多种因素影响。由于 ASR 凝胶的组成与性能研究还不够深入，很难用简单的数学表达式得到凝胶生成量与肿胀能力之间的关系，应在 ASR 凝胶组成与结构方面进一步深入研究。

(4) 破坏模式是“反应环”模式还是“凝胶袋”模式，取决于骨料中活性 SiO_2 的分布模式，这又与骨料的岩相特征有关。因此，应加强骨料岩相鉴别与定量或半定量表征，尤其是对某一具体的工程，应根据工程所用骨料的岩相特征，首先明确 ASR 破坏的模式，然后再进行进一步的建模分析。

4.2 考虑骨料孔隙时变规律的碱金属离子扩散动力学

国内外均有关于碱金属离子在骨料中扩散规律的研究，本研究认为，大坝混凝土的骨料粒径显著大于普通混凝土，碱金属离子在骨料中扩散的深度将影响可参加 ASR 的活性 SiO_2 数量，这对于大粒径骨料长期 ASR 预测而言非常重要。因此本节重点研究碱金属离子在砂岩骨料中的扩散过程和影响因素。

4.2.1 试验方法

将锦屏一级水电站大奔流沟料场的砂岩骨料用盘式粉碎机破碎成 2.36～4.75mm 的砂粒，将砂粒浸泡于浓度分别为 1mol/L、0.1mol/L、0.01mol/L 和 0.001mol/L 的 NaOH 溶液中，然后将浸泡好的试样分别在 80℃、60℃、40℃、20℃养护。养护至 14d、1 年后，取出砂粒烘干，将砂粒用环氧树脂胶结成块。采用砂纸逐层打磨胶结块，直至砂粒被磨掉接近一半厚度。整个打磨过程中不得用水清洗，避免水对砂粒中的碱含量和分布造成影响。

采用 X 射线能谱仪（EDS）沿垂直于骨料与环氧树脂界面方向测试 Na 元素的分布，以表征 NaOH 侵入骨料的深度。试验使用 XL30 环境扫描电子显微镜（SEM），首先观察骨料微观形貌，以通过骨料界面的一条直线作为测试路径，以这条线与骨料表面相交的点作为 0 点，由此 0 点出发以 20 μm 为间隔对骨料内部 Na 元素进行探测，每一个点都扫描 20 μm×20 μm 的一个面微区，见图 4.7 和图 4.8。每一个骨料周围都扫 6 条线，距界面同一距离处取 6 个微区扫描结果的平均值作为这个位置的 Na 元素含量，例如距骨料表面 20 μm 处 Na 元素的含量，是由 6 个距骨料表面 20 μm 处的 20 μm×20 μm 小正方形区域面扫描得到的平均结果。

4.2.2 碱金属离子在砂岩骨料中的扩散

源自水泥浆体的碱溶解进入孔隙溶液，然后向活性骨料内扩散。水泥中碱的溶出相对较快，并且由于始终有未水化水泥颗粒存在，Na^+、K^+、Ca^{2+}、OH^- 的补充及时，经过长龄期平衡后，孔溶液中的离子浓度可以认为是相对稳定的，因此，本书中按照孔溶液离子浓度恒定来考虑其扩散过程。

图 4.9～图 4.11 为 14d 龄期时能谱扫描得到的碱浓度（以当量 Na_2O 表示）随深度的变化情况。在 NaOH 浓度为 0.001mol/L 时，采用能谱扫描无法测到碱金属离子在骨料中的扩散深度，因此未给出结果。

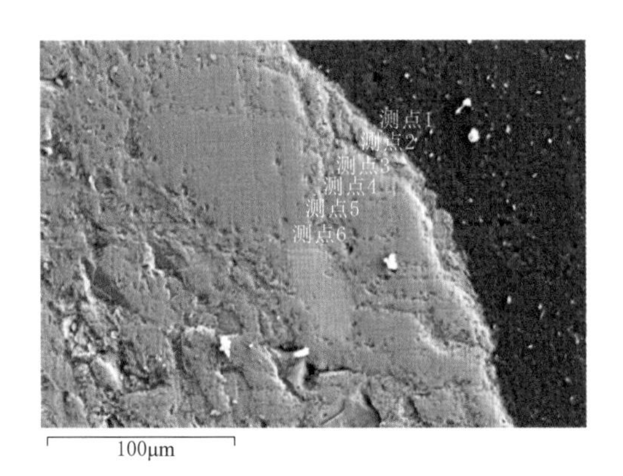

图 4.7 SEM 确定扫描位置

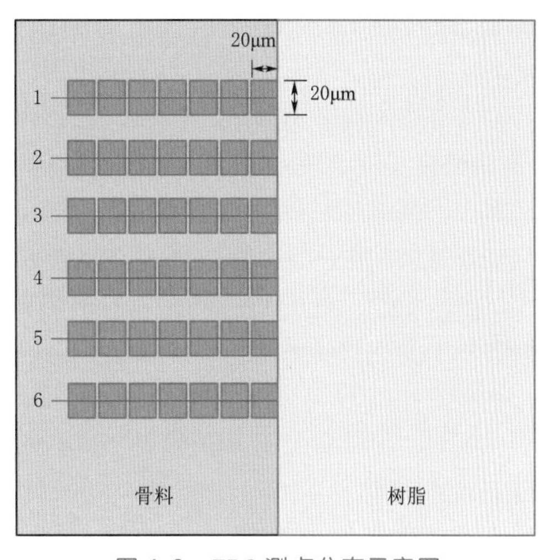

图 4.8 EDS 测点分布示意图

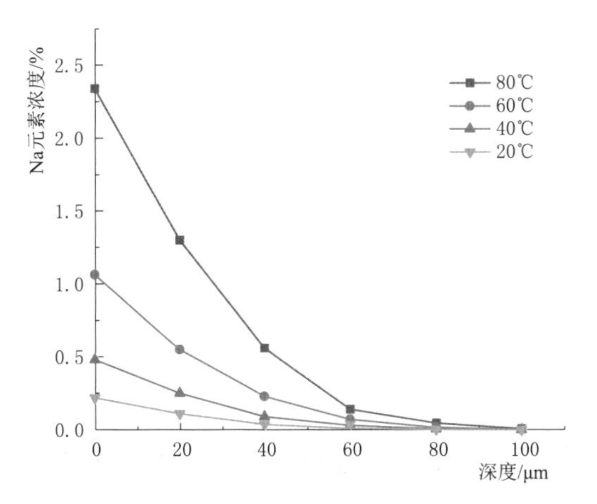

图 4.9 1mol/L 的 NaOH 溶液中活性骨料内 Na 元素浓度随深度的变化情况

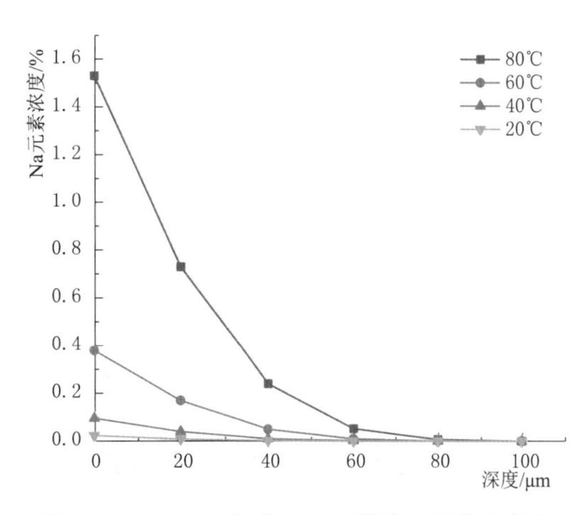

图 4.10 0.1mol/L 的 NaOH 溶液中活性骨料内 Na 元素含量随深度的变化情况

如图 4.9 所示，1mol/L 的 NaOH 溶液折算成 Na 元素的百分含量为 2.34%，在 80℃时骨料界面处的浓度为 2.4%，略高于液相中的含量，在 60℃、40℃、20℃时分别为 1.1%、0.5%、0.2%，低于溶液中的 Na 元素含量。

0.1mol/L 的 NaOH 溶液折算成 Na 元素百分含量为 0.23%，在 80℃、60℃时骨料表面处 Na 元素浓度为 1.5%、0.4%，均高于溶液中的浓度；在 40℃、20℃时对应的骨料表面处 Na 元素浓度分别为 0.1%、0，低于溶液中 Na 元素浓度。因此

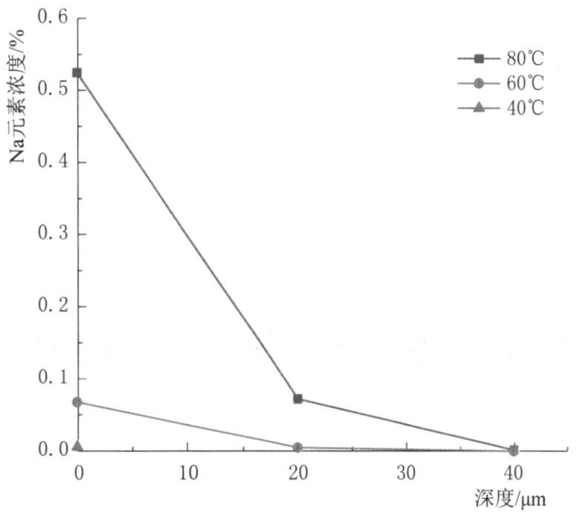

图 4.11 0.01mol/L 的 NaOH 溶液中活性骨料内 Na 元素浓度随深度的变化情况

推断碱金属离子可能会在骨料表面形成富集，使表面 Na 元素浓度大于液相中的离子 Na 元素浓度。

0.01mol/L 的 NaOH 溶液折算成 Na 元素百分含量为 0.023%，在 80℃时骨料表面处 Na 元素浓度为 0.52%，60℃时骨料表面处 Na 元素浓度为 0.08%，其他 2 个温度下测不出。同样，NaOH 溶液配制浓度为 0.001mol/L，折算 Na 元素百分含量为 0.0023%，在 80℃时骨料表面处 Na 元素浓度为 0.2%，其他三个温度下测不出。

根据水中和（2002）的研究，骨料界面处会存在离子富集现象，即界面处离子浓度高于周围环境中的离子浓度。这种现象主要是由于骨料的孔隙中存在一定的毛细孔吸附效应，导致液相中的离子在骨料表面吸附较多。

在测试 Na 元素分布时拍摄的 SEM 照片（图 4.12）中可以清晰看出，高温浸泡下，骨料中的孔隙增多，结构变疏松，可能是由于骨料中的部分 SiO_2 在碱液中溶出，孔隙增多，容纳吸附的碱金属离子也会增加，导致高温下混凝土表面富集的碱离子浓度增加。

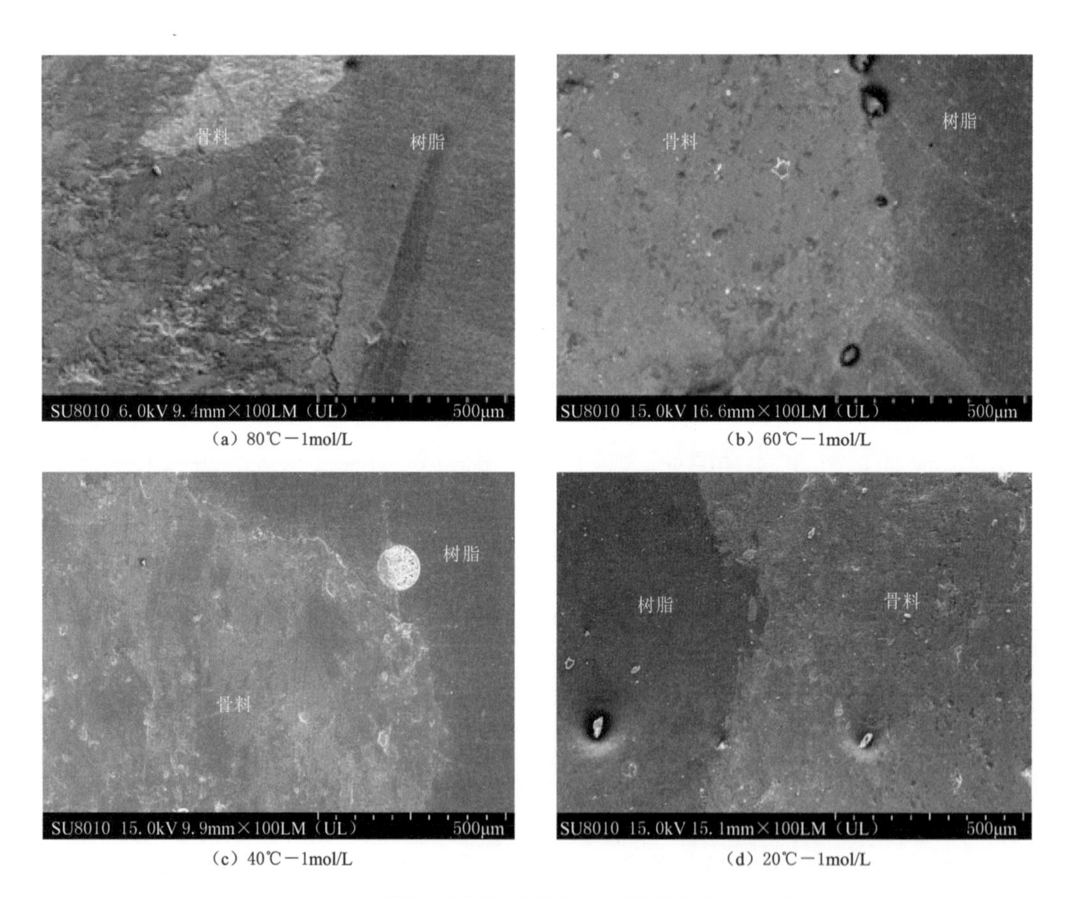

(a) 80℃－1mol/L　(b) 60℃－1mol/L

(c) 40℃－1mol/L　(d) 20℃－1mol/L

图 4.12　不同温度浸泡后骨料表面形貌变化（SEM）

为探明碱金属离子在骨料中扩散所遵循的物理规律，基于菲克定律研究了碱金属离子浓度随深度的变化规律。在当扩散物质浓度随着时间、空间、扩散系数等不断变化时，扩

散过程称为非稳态扩散，此时应该使用菲克第二定律来描述。由于骨料相对于碱金属离子而言比较大，碱金属离子深入深度相对于骨料半径而言很小，在球形骨料表面可以近似认为碱的扩散是一维扩散。若扩散系数不随深度 x 变化时，菲克第二定律可以表达为

$$\frac{\partial c}{\partial t}=D\frac{\partial^2 c}{\partial x^2} \tag{4.9}$$

式中：D 为碱离子在骨料中的扩散系数；c 为碱金属离子的浓度；x 为距骨料表面的深度；t 为时间。

在 D 不随时间变化时，该微分方程的典型特解为误差函数解，假设骨料内部不含碱金属离子，则有 $t=0$，$x=0$ 时，骨料表面碱金属离子的浓度为 $c=C_s$；$t=0$，$x=\infty$，骨料内部的碱金属离子浓度为 $c=0$，推导得到扩散方程为

$$c(t,x)=C_s\left[1-\mathrm{erf}\left(\frac{x}{2\sqrt{Dt}}\right)\right] \tag{4.10}$$

式中：C_s 为表面离子浓度，即溶液与骨料接触界面处的碱浓度，%；x 为距骨料表面的距离，m；erf 为高斯误差函数（error function distribution），可表达为

$$\mathrm{erf}\xi=\frac{2}{\sqrt{\pi}}\int_0^{\xi}\mathrm{e}^{-\eta^2}\,\mathrm{d}\eta \tag{4.11}$$

这样即可得不同时间 t 时、任意深度 x 处碱金属离子浓度 c 的分布。另外，取骨料中碱金属离子浓度超过 0.001%即为孔溶液中扩散所致，即确定临界浓度 $C_r=0.001$，令 $c(t,x)=C_r$ 则有

$$x(t)=2\sqrt{Dt}\cdot\mathrm{erfinv}\left(1-\frac{C_r}{C_s}\right) \tag{4.12}$$

当碱金属离子在骨料内部的扩散系数不随时间变化时，扩散过程可用图 4.13 表示（钱春香 等，2011）。由于溶液中的碱金属离子浓度近似保持不变，骨料界面处保持恒定的碱金属离子浓度 C_s。在时间为零时，骨料内初始浓度均匀为 0，浓度呈阶梯分布。随时间延长，骨料内浓度逐渐增加，分布曲线逐渐上移。时间为无穷时，在有限区间内分布趋近水平，浓度趋近 C_s。

从式（4.10）和图 4.13 还可以看出，碱金属离子在骨料中的扩散，除与时间相关外，对其影响最大的是表面离子浓度 C_s 和扩散系数 D。采用实测的 Na^+ 在砂岩骨料中的分布，根据上述扩散方程拟合，即可求得碱金属离子在骨料中的扩散系数 D 和表面离子浓度 C_s，扩散方程拟合结果见图 4.14～图 4.16。各温度下，经过 14d 龄期的浸泡，碱金属离子在骨料中的扩散均基本符合菲克扩散定律，参数拟合结果见表 4.1，碱金属离子在骨料中的扩散系数在 $0.75\times10^{-16}\sim4.66\times10^{-16}$ m^2/s 之间。相比于氯离子等常见腐蚀性离子在混凝土中的扩散，碱金属离子在骨料中扩散系数较小，这与骨料本身结构远较混凝土致密有关。

值得注意的是，随着温度升高，碱金属离子扩散系数增大，即扩散系数 D 与温度有关，这一方面与温度升高后离子的布朗运动加快、更容易向骨料深处扩散有关；另一方面，也可能与高温下骨料中部分活性矿物溶解导致孔隙增多并相互连通有关。从表面碱金属离子浓度的拟合结果或实测结果也可以看出，随着温度的升高表面碱金属离子浓度 C_s 也增大，

这与图 4.13 所表达的表面离子浓度恒定不同，表面碱金属离子浓度 C_s 也与温度有关。

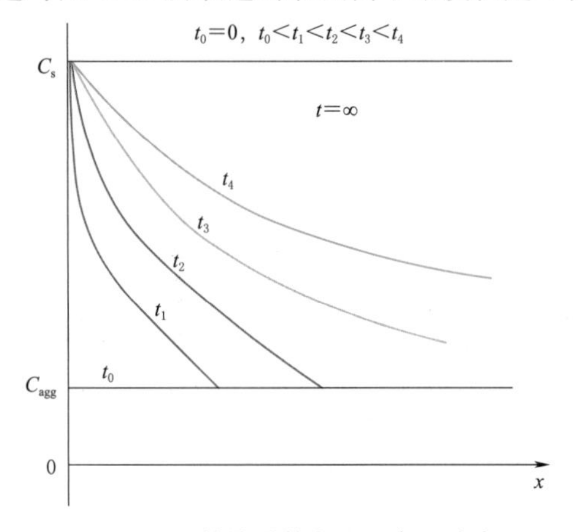

图 4.13　扩散系数和表面离子浓度不变时 Na^+ 在骨料中的扩散

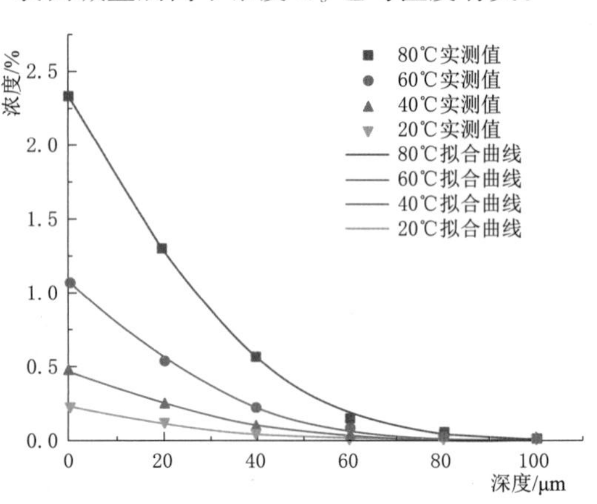

图 4.14　扩散方程拟合结果（1mol/L 的 NaOH 溶液）

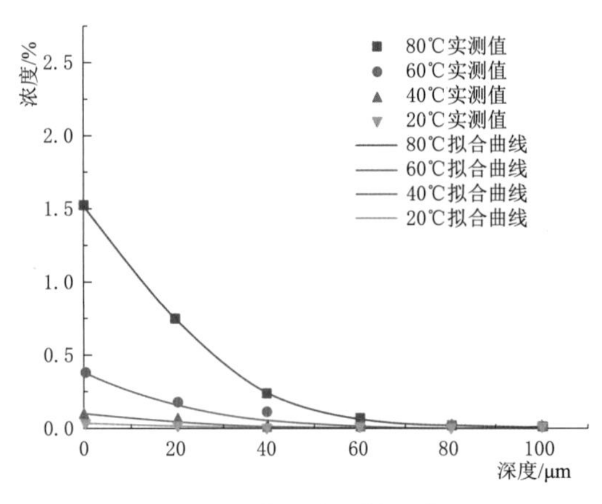

图 4.15　扩散方程拟合结果（0.1mol/L 的 NaOH 溶液）

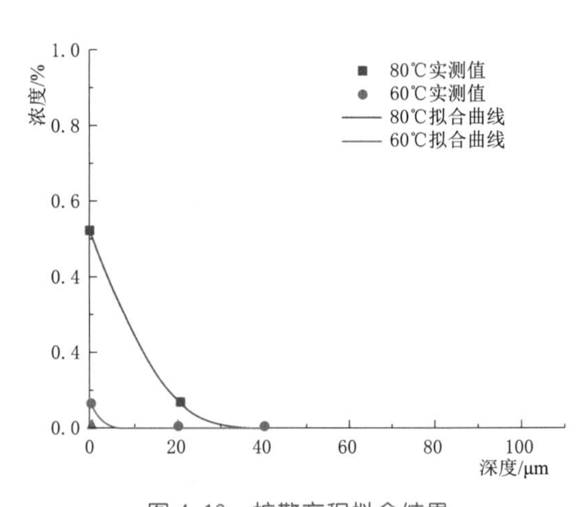

图 4.16　扩散方程拟合结果（0.01mol/L 的 NaOH 溶液）

表 4.1　Na^+ 在骨料中扩散方程的拟合参数

NaOH 溶液浓度	1mol/L				0.1mol/L				0.01mol/L			
温度 T/℃	80	60	40	20	80	60	40	20	80	60	40	20
扩散系数 D/（$\times10^{-16}m^2/s$）	4.66	4.21	3.95	3.58	3.29	2.89	2.52	2.12	0.75	—	—	—
表面浓度 C_s/%	2.34	1.06	0.48	0.22	1.53	0.58	0.10	0.02	0.52	—	—	—

进一步将养护龄期延长至 1 年，采用 SEM 观察骨料表面，碱液分别浸泡 14d 和 1 年时骨料表面形貌见图 4.17 和图 4.18，骨料受碱液腐蚀后，结构变疏松，出现大量的孔隙。这种形貌的变化会导致碱金属离子的扩散、富集更容易，即扩散系数增大、表面离子浓度增大，此时菲克扩散方程的误差函数解已不再适用。

在 1mol/L 的 NaOH 溶液中浸泡 1 年后，仍按前述方法进行测试，每 100μm 取一个点，Na^+ 浓度测试结果见图 4.19，骨料表面离子浓度较浸泡 14d 显著增加。溶液中

Na^+ 浓度均为 2.34%，而 80℃浸泡时骨料表面离子浓度已达到 6.50%，远高于溶液中的浓度。在其他温度下浸泡时表面 Na^+ 浓度也呈增大趋势，初步判断与碱液浸泡导致 SiO_2 的溶出、孔隙增加有关。

图 4.17 碱液浸泡 14d 时骨料表面形貌

图 4.18 碱液浸泡 1 年时骨料表面形貌

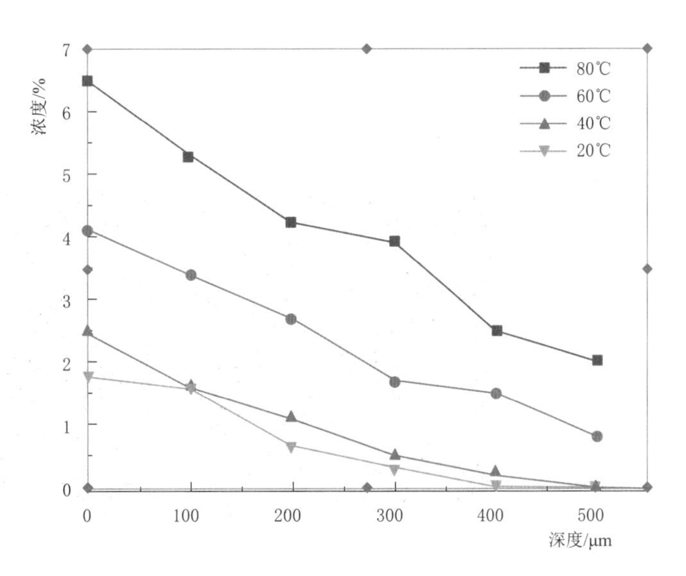

图 4.19 1mol/L 的 NaOH 溶液浸泡 1 年后 Na^+ 在骨料中的分布

4.2.3 考虑孔隙时变规律的碱金属离子扩散动力学方程

从上一节试验结果中已经发现，碱液浸泡会导致骨料孔隙增加，从而增大扩散系数和表面离子浓度，Na^+ 在活性骨料内的非恒稳态扩散见图 4.20。考虑到菲克第二定律误差函数解的前提假设是表面离子浓度恒定、扩散系数恒定，该形式已不再适用于 Na^+ 向骨料中扩散的情况，需要根据实际情况进行修正。

为了探明锦屏砂岩骨料在碱液浸泡下孔隙变化的规律，将砂岩骨料切割成 2cm×2cm×2cm 的立方体，其中 5 个面用石蜡密封，然后浸泡在 80℃、1mol/L 的 NaOH 溶液中，分别浸泡至 14d、28d、56d、90d 龄期，取出晾干待测。

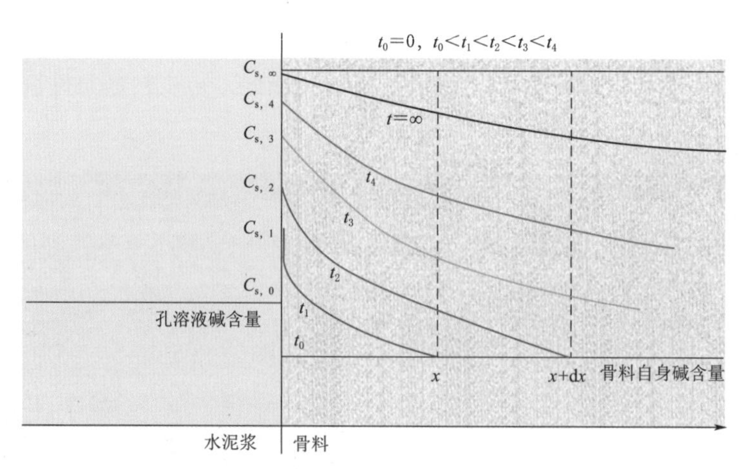

图 4.20　Na^+ 在活性骨料内的非恒稳态扩散

采用纳米 CT 扫描内部孔隙的变化。CT 层析扫描的间隔为 30μm，扫描的二维切片图像为灰度图像，孔隙与骨料本身有明显的灰度区别，孔隙的典型灰度值小于 2000，而骨料的典型灰度值大于 3000，通过阈值分隔，并对图像进行二值化处理，将孔隙与骨料本身区分，见图 4.21。

采用 Avizo 软件对二维图像进行三维孔隙重构，结果见图 4.22。根据三维重构结果可以分析孔隙含量、孔径分布等统计参数。

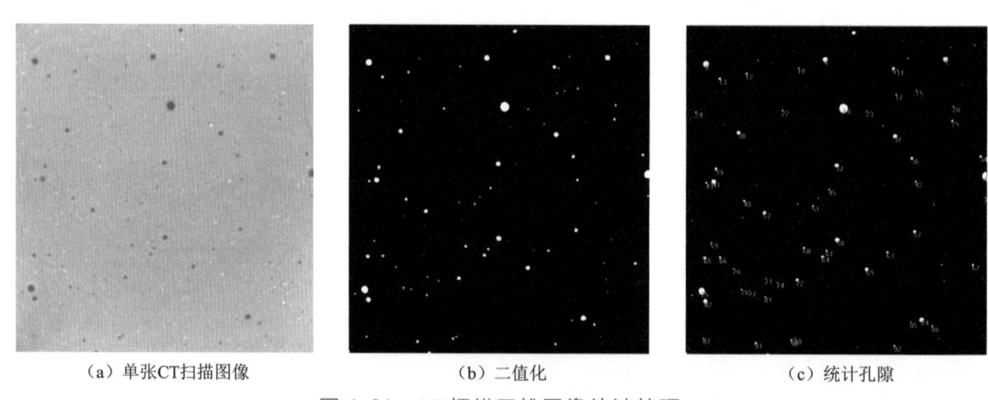

（a）单张CT扫描图像　（b）二值化　（c）统计孔隙

图 4.21　CT 扫描二维图像统计处理

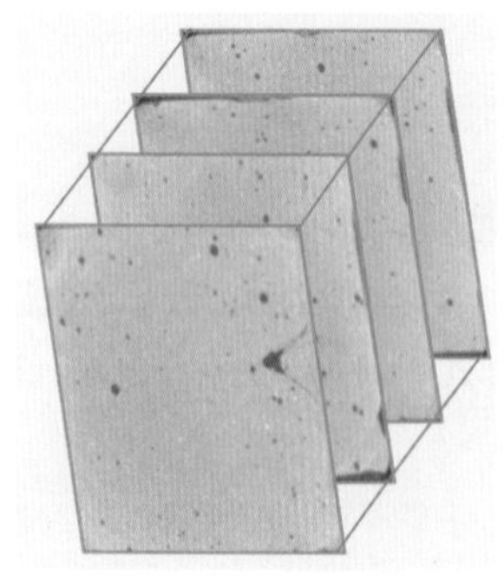

（a）CT层析图像

（b）试样三维重构

（c）孔隙三维重构

图 4.22　CT 试样三维重构

骨料孔隙率随浸泡时间的变化情况见图4.23。随着浸泡时间的延长，骨料中孔隙率逐渐增大，增大的趋势基本符合以龄期为底的幂函数形式，本试验所得结果中的幂指数为0.1092。由于骨料中能被溶出的活性 SiO_2 数量有限，在不发生骨料开裂破坏的前提下，因 SiO_2 溶出而导致的孔隙增加速度会逐渐变缓。由于纳米CT的层间扫描间隔为30μm，层内分辨率为6μm，存在一部分已经腐蚀形成的微细孔隙无法测出，因此采用本方法得到的腐蚀孔隙率会比真实值偏低。在进行本试验的同时，采用10mol/L的NaOH溶液同步浸泡的砂岩试件已碎裂，由于砂岩中活性 SiO_2 主要存在于胶结物当中，当胶结物溶解时，会造成砂岩颗粒的崩解，当混凝土中出现此种情况时，ASR已经发展到非常可观的程度，已经超出安全范围，因此对这种特别严重的情况本书未予讨论。

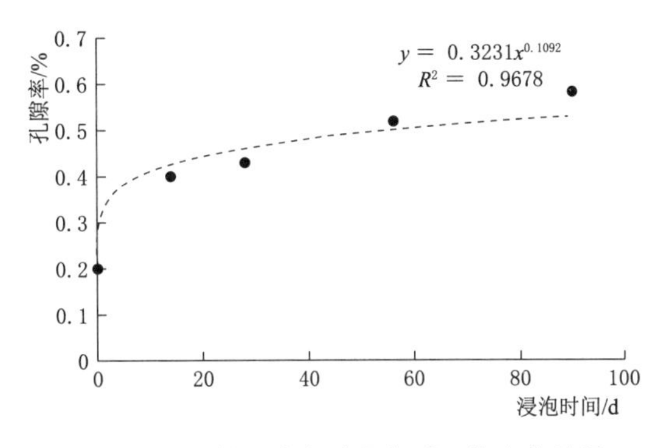

图4.23 骨料孔隙率随浸泡时间的变化情况

在同一温度下，假设骨料中活性 SiO_2 的溶解速率是稳定的，不随时间变化，溶解的速率为 k，骨料中任一处的初始孔隙率为 φ_0，则经过时间 t 后，骨料中的孔隙率为 φ_t，根据观察到的骨料孔隙随时间的变化规律可得

$$\frac{\varphi_t}{\varphi_0}=kt^m \tag{4.13}$$

$$\varphi_t=kt^m\varphi_0 \tag{4.14}$$

根据多孔介质传质研究的相关结果（Norman，1989），扩散系数 D 与孔隙率的2次方成正比，可以表达为

$$D\propto(kt^m\varphi_0)^2 \tag{4.15}$$

在骨料初始孔隙率固定时，式（4.15）可以简化表达为

$$D=k_1(kt^m\varphi_0)^2=D_e t^{2m} \tag{4.16}$$

式中：D_e 为等效的表观扩散系数，是与初始孔隙率 φ_0、反应速率 k、比例系数 k_1 相关的不随时间而改变的参数。

将式（4.16）代入菲克第二定律式（4.9）中可得

$$\frac{\partial c}{\partial t}=D_e t^{2m}\frac{\partial^2 c}{\partial x^2} \tag{4.17}$$

当 $t>0$ 时，方程两侧同时除以 t^{2m}，可得

$$t^{-2m}\frac{\partial c}{\partial t}=D_e\frac{\partial^2 c}{\partial x^2} \tag{4.18}$$

令 $t^*=\frac{t^{2m+1}}{2m+1}$，则有 $\frac{\partial t^*}{\partial t}=t^{2m}$，此时 $\frac{\partial c}{\partial t}=\frac{\partial c}{\partial t^*}\cdot\frac{\partial t^*}{\partial t}=t^{2m}\frac{\partial c}{\partial t^*}$，代入式（4.18）得

$$t^{-2m}\frac{\partial c}{\partial t}=t^{-2m}\cdot t^{2m}\frac{\partial c}{\partial t^*}=\frac{\partial c}{\partial t^*}=D_e\frac{\partial^2 c}{\partial x^2} \tag{4.19}$$

此时，式（4.19）中的表观扩散系数 D_e 不随时间 t、不随深度 x 变化，因此可以采用误差函数解的形式：

$$c(t,x)=C_s\left[1-\mathrm{erf}\left(\frac{x}{2\sqrt{D_e t^*}}\right)\right] \tag{4.20}$$

将 $t^*=\frac{t^{2m+1}}{2m+1}$代回式（4.20），可得

$$c(t,x)=C_s\left[1-\mathrm{erf}\left(\frac{x}{2\sqrt{D_e\frac{t^{2m+1}}{2m+1}}}\right)\right] \tag{4.21}$$

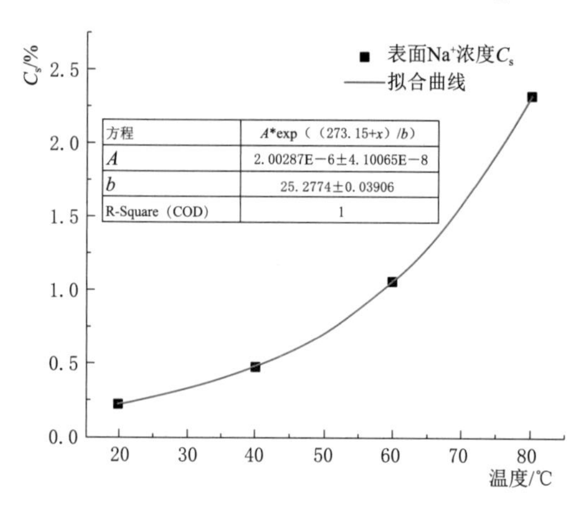

图 4.24　表面 Na^+ 浓度 C_s 随温度的变化

C_s 随温度的变化规律见图 4.24，符合如下关系：$C_s=C_{s,0}\exp(T/b)$，$C_{s,0}$ 可以理解为骨料未被腐蚀时的初始状态下表面富集碱离子的量，当骨料未受侵蚀时，结构致密，孔隙尺寸较小，但单位面积微观孔隙中吸附的碱离子数量较多；受碱液腐蚀后，孔隙尺寸变大，孔隙数量增加，但单位面积微观孔隙中吸附的碱离子数量可能减少。由于 C_s 是求解菲克扩散方程时的边界条件，并不出现在积分过程中，因此可以将 C_s 随温度以及时间的变化规律直接代入式（4.21）中。

将 C_s 代入式（4.21）得

$$c(t,x)=C_{s,0}\exp\left(\frac{T}{b}\right)\left[1-\mathrm{erf}\left(\frac{x}{2\sqrt{D_e\frac{t^{2m+1}}{2m+1}}}\right)\right] \tag{4.22}$$

在浓度梯度一定的条件下，碱金属离子在骨料中的扩散速度主要受温度影响，扩散系数与温度之间的关系符合 Arrhenius 方程，即有

$$D(T)=A_{\mathrm{diff}}\exp\left(-\frac{E_{\mathrm{a,diff}}}{RT}\right) \tag{4.23}$$

式中：A_{diff} 为基于碱金属离子在骨料中扩散的指前因子，m^2/s；$E_{\mathrm{a,diff}}$ 为碱金属离子在骨料中扩散的活化能，J；R 为摩尔气体常数，8.314J/K；T 为热力学温度，K。

将式（4.23）代入式（4.22）可得

$$c(t,x)=C_{s,0}\exp\left(\frac{T}{b}\right)\left\{1-\mathrm{erf}\left[\frac{x}{2\sqrt{A_{\mathrm{diff}}\exp\left(-\frac{E_{\mathrm{a,diff}}}{RT}\right)\frac{t^{(2m+1)}}{2m+1}}}\right]\right\} \tag{4.24}$$

骨料界面处由于吸附作用会发生离子富集，因此 C_s 并不等同于浸泡液中的 Na^+ 浓

度，这里通过拟合 $x=0$ 处的 Na^+ 浓度来标定 $C_{s,0}$。式（4.24）中待定参数有表面浓度 $C_{s,0}$、指前因子 A_{diff}、活化能 $E_{a,diff}$、指数 m，其中 $C_{s,0}$ 主要受溶液 NaOH 浓度的影响，A_{diff}、$E_{a,diff}$、m 主要受离子类型和骨料性质的影响。

将浸泡 1 年后的数据按照式（4.24）重新拟合，结果见图 4.25～图 4.28。根据实测不同温度、不同深度处 Na 浓度分布，拟合得到上述三个参数，结果见表 4.2。碱金属离子的扩散系数在 $0.65\times10^{-14}\sim9.02\times10^{-14}\,m^2/s$，对比碱液浸泡 14d 时扩散系数 $0.75\times10^{-16}\sim4.66\times10^{-16}\,m^2/s$ 之间，扩散的速度显著增大。

经拟合得到的指数 m 基本在 -0.1 附近，与 1mol/L 的 NaOH 溶液中浸泡所得骨料中孔隙率发展幂函数的指数基本相同，进一步说明考虑孔隙对扩散系数的影响符合实际观察到的规律。

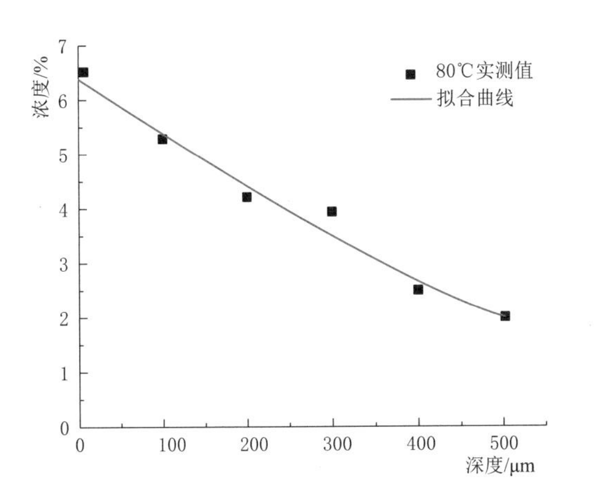

图 4.25　改进扩散模型拟合 80℃ 1mol/L 的 NaOH 浸泡 1 年后 Na^+ 浓度分布

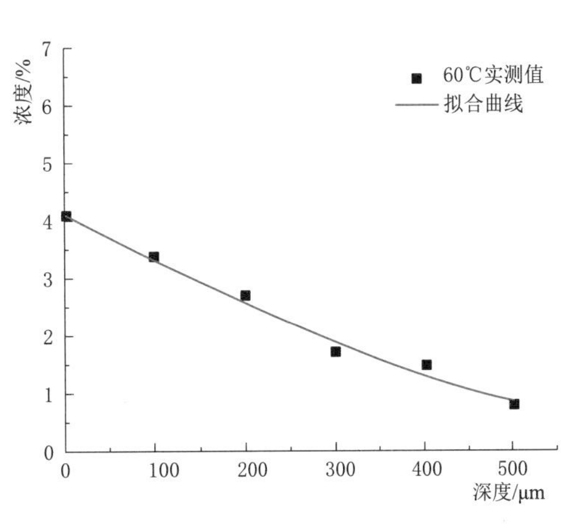

图 4.26　改进扩散模型拟合 60℃ 1mol/L 的 NaOH 浸泡 1 年后 Na^+ 浓度分布

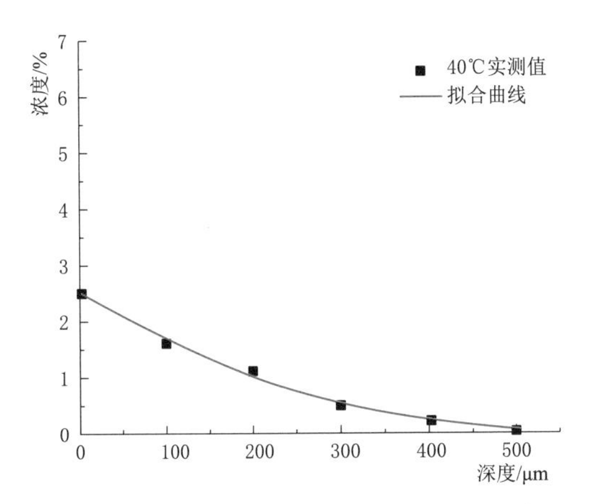

图 4.27　改进扩散模型拟合 40℃ 1mol/L 的 NaOH 浸泡 1 年后 Na^+ 浓度分布

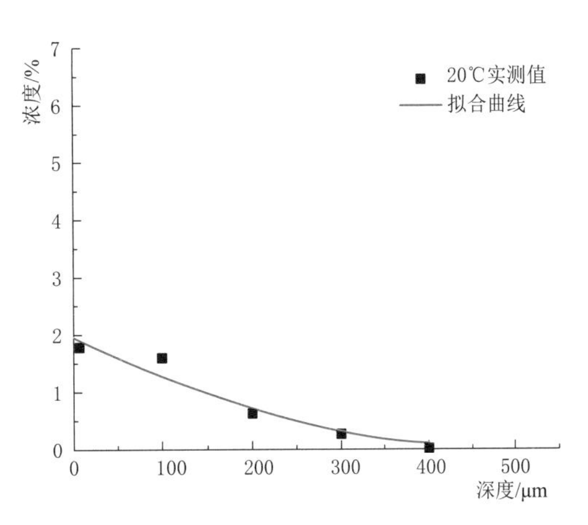

图 4.28　改进扩散模型拟合 20℃ 1mol/L 的 NaOH 浸泡 1 年后 Na^+ 浓度分布

表 4.2　　　　　　　Na^+ 在砂岩骨料中的扩散参数（浸泡 1 年）

参　数	数值或拟合结果			
NaOH/(mol/L)	1.0			
T/℃ (K)	80 (353.15)	60 (333.15)	40 (313.15)	20 (293.15)
$C_{s,0}\exp(T/b)$ /%	6.39	4.08	2.48	1.96
$D_e/(m^2/s)$	9.02×10^{-14}	6.26×10^{-14}	4.25×10^{-14}	0.65×10^{-14}
$C_{s,0}$/%	0.003			
b/K	46.23			
m	−0.1	−0.1	−0.12	−0.06
$A_{diff}/(m^2/s)$	2.14×10^{-10}			
$E_{a,diff}$/(J/mol)	22728			

在近似计算时，可直接采用 20℃下的扩散系数代入式（4.22）进行计算。采用表 4.2 参数计算得到碱金属离子在不同时间扩散至骨料内部不同深度处的浓度分布，结果见图 4.29～图 4.32。可以看出，80℃时，一方面碱液对骨料中活性 SiO_2 溶解速度较快，骨料中碱离子向骨料内部扩散也较快，以典型的 14d 砂浆棒快速法为例，若砂浆中碱金属离子浓度与浸泡液（1mol/L）接近，则 14d 碱金属离子扩散进入骨料中的深度约 200 μm，对于直径 5 mm 的颗粒而言，相当于有 15%的颗粒可以参加 ASR。而到 28d 时，碱金属离

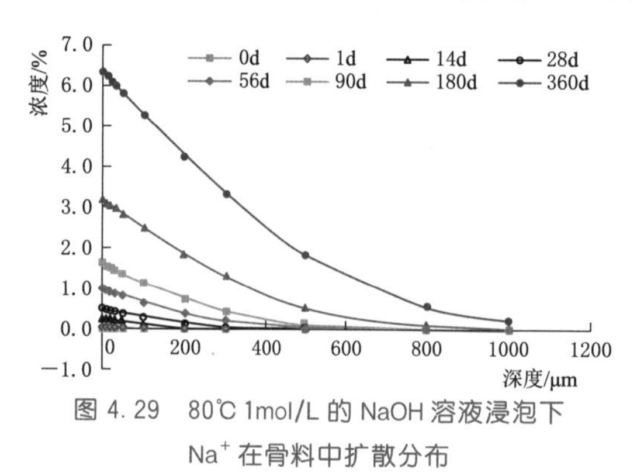

图 4.29　80℃ 1mol/L 的 NaOH 溶液浸泡下 Na^+ 在骨料中扩散分布

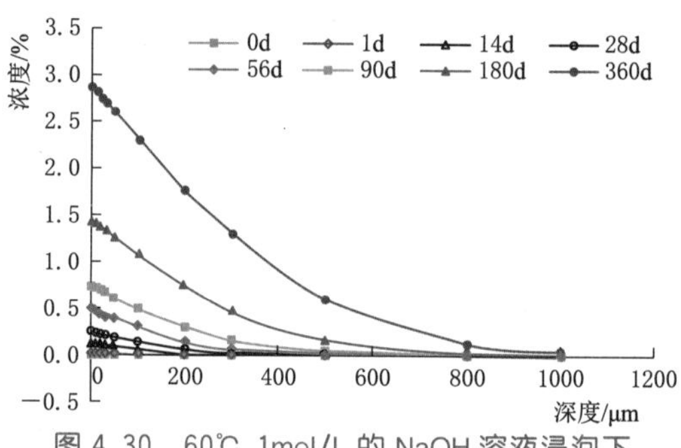

图 4.30　60℃ 1mol/L 的 NaOH 溶液浸泡下 Na^+ 在骨料中扩散分布

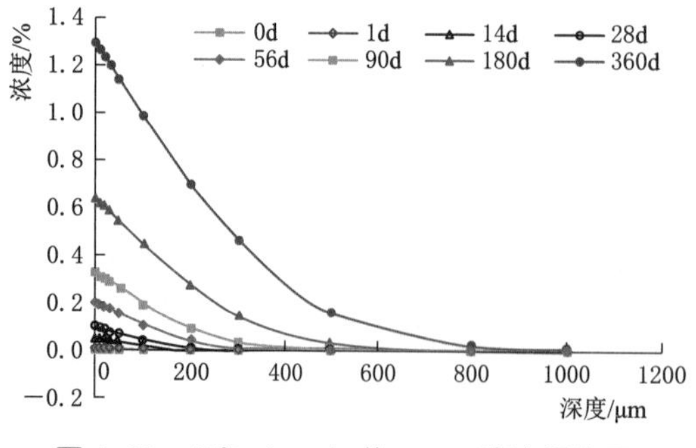

图 4.31　40℃ 1mol/L 的 NaOH 溶液浸泡下 Na^+ 在骨料中扩散分布

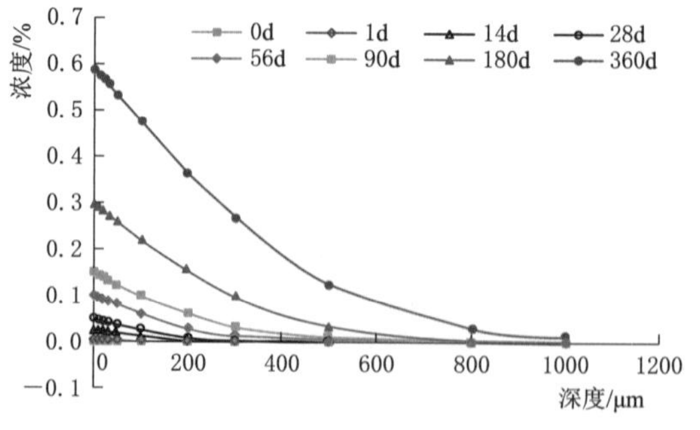

图 4.32　20℃ 1mol/L 的 NaOH 溶液浸泡下 Na^+ 在骨料中扩散分布

子扩散进入骨料的深度约 300 μm，相当于有 23%的颗粒可以参加 ASR。以此方式估算，若扩散深度与膨胀量线性相关，则 28d 膨胀率约相当于 14d 膨胀率的 1.5 倍，这与实际观察到的砂浆棒快速法试验结果相似。

将浸泡温度降低至 60℃、40℃和 20℃，可以明显看出碱离子在骨料中的扩散变慢，且骨料表面富集的碱浓度也下降。以浸泡 1 年为例，80℃时骨料表面碱离子浓度约 6.3%，而 60℃、40℃和 20℃时骨料表面碱离子浓度分别为 2.8%、1.3%和 0.6%。这一方面与高温下骨料表面 SiO_2 容易溶出导致孔隙增多、离子吸附增多有关；另一方面也与高温下离子扩散系数增大，进入骨料内部更容易有关。

20℃时，即使采用 1mol/L 的 NaOH 溶液浸泡，Na^+ 在骨料中的扩散仍比较慢，经过 1 年龄期的浸泡，骨料表面富集的碱含量未达到溶液中碱含量水平。可见，对于碱离子浓度比较低的混凝土真实孔溶液，碱离子向骨料内部扩散将非常缓慢，因此对于整体均匀的骨料，ASR 只发生在骨料表面一定深度内，对于骨料粒径达到 80～150mm 的大坝混凝土而言，扩散速率对于 ASR 范围的影响比较大。

4.2.4 碱金属离子扩散对 ASR 反应进程的影响

不同岩性的骨料，活性组分的含量不同，微结构也不同，微结构会影响 Na^+、K^+、OH^- 等离子和水的渗透性，从而影响 ASR 的进程。根据前文关于碱离子在骨料中的扩散规律以及 ASR 的基本原理，提出如下假设：①骨料中的活性 SiO_2 均匀分散在整个骨料体积内；②碱金属离子和 OH－能够扩散到骨料内部一定深度，在此范围内的活性 SiO_2 才能参加 ASR。

根据上述假设，对于直径为 d 的球形骨料颗粒，若任意时刻 t 对应的碱金属离子在骨料中的扩散深度为 $x(t)$，如图 4.33 所示。

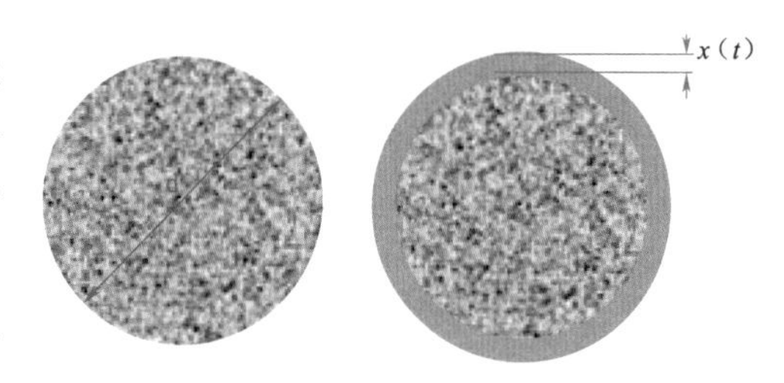

图 4.33 骨料中离子扩散深度示意图

骨料中活性 SiO_2 含量为 w_{SiO_2}，骨料的体积为$\frac{1}{6}\pi d^3$，单位体积内活性 SiO_2 的含量表达为

$$[SiO_2]_{unit}=\frac{w_{SiO_2}}{\frac{1}{6}\pi d^3} \tag{4.25}$$

任意时刻 t 下，能够参加 ASR 的骨料体积为一个球壳的体积，截面呈环状，其体积 v 为

$$v=\left\{\frac{1}{6}\pi d^3-\frac{1}{6}\pi[d-2x(t)]^3\right\} \tag{4.26}$$

则任意时刻骨料中能够参加 ASR 的活性 SiO_2 可以表达为

$$[SiO_2]=\frac{w_{SiO_2}}{\frac{1}{6}\pi d^3}\left\{\frac{1}{6}\pi d^3-\frac{1}{6}\pi[d-2x(t)]^3\right\}=\left\{1-\left[1-\frac{2x(t)}{d}\right]^3\right\}w_{SiO_2}\quad(4.27)$$

据此，如果测得任意时刻碱金属离子在砂岩骨料中的扩散深度，即可知该时刻可以参与 ASR 反应的 SiO_2 的量。

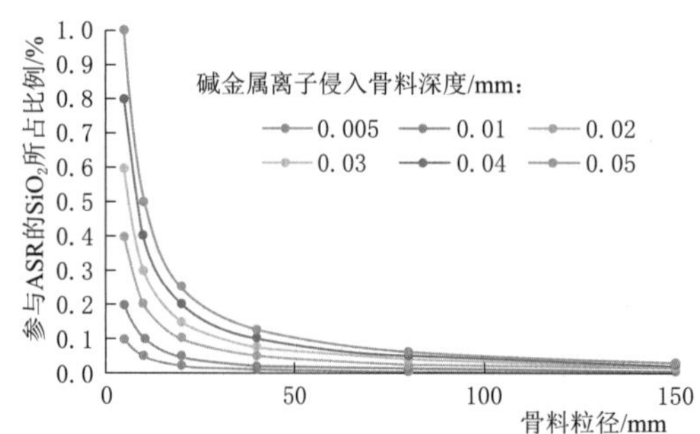

图 4.34　骨料粒径、碱金属离子侵入深度与参加 ASR 的 SiO_2 的量之间关系

从式（4.27）中还可以看出，在碱金属离子侵入骨料深度相同时，骨料粒径不同，参与 ASR 的 SiO_2 比例也有显著差别。图 4.34 给出了骨料粒径、碱金属离子侵入深度和参加 ASR 的 SiO_2 量之间的关系。可以看出，在碱金属离子侵入骨料的深度一定时，骨料粒径越大，则参加 ASR 的 SiO_2 所占比例越小，这会导致混凝土宏观膨胀变形减小。以侵入深度为 50μm 为例，对于粒径 20mm 的骨料，所含活性 SiO_2 有 0.75％能够参加 ASR，而对于粒径 150mm 的骨料，所含活性 SiO_2 只有 0.10％能够参加 ASR，各自形成的宏观膨胀量会有明显区别。当然，宏观膨胀除了受单颗骨料中 SiO_2 参加 ASR 的比例影响以外，还受到骨料数量（混凝土中骨料所占体积）、水泥石约束等的影响。

从上述分析还可以看出，在骨料品质一定、用量一定时，碱金属离子的侵入深度还决定了可参加 ASR 反应的 $[SiO_2]$ 的量。

式（4.24）可得

$$x(t)=2\sqrt{A_{diff}\exp(-\frac{E_{a,diff}}{RT})\frac{t^{2m+1}}{2m+1}}\operatorname{erfinv}\left[1-\frac{C_r}{C_{s,0}\exp\left(\frac{T}{b}\right)}\right]\quad(4.28)$$

因此将考虑动力学影响的扩散方程中得到的 $x(t)$ 计算公式（4.28）代入到式（4.27）中，可以得到能够参加反应的 $[SiO_2]$ 的量为

$$[SiO_2]=\left(1-\left\{1-\frac{4\sqrt{A_{diff}\exp\left(-\frac{E_{a,diff}}{RT}\right)\frac{t^{(2m+1)}}{2m+1}}\operatorname{erfinv}\left[1-\frac{C_r}{C_{s,0}\exp\left(\frac{T}{b}\right)}\right]}{d}\right\}^3\right)w_{SiO_2}\quad(4.29)$$

式（4.29）体现了温度、孔隙、骨料粒径、活性 SiO_2 含量对可参加 ASR 反应的 SiO_2 数量的影响。在后面的研究中，$[SiO_2]$ 将作为参加 ASR 的重要组成影响反应产物形成的量，从而影响膨胀量。

按照前述拟合结果，在缺少实测数据时，A_{diff} 可取值 $2.14\times10^{-10}\ m^2/s$，活化能 $E_{a,diff}$ 可取值 22728J/mol。

4.3　扩散控制的骨料 SiO_2 溶解动力学

如前所述，骨料中无定形 SiO_2 会在 OH^- 的作用下逐渐溶解，形成硅酸根进入液相，

然后在 Ca^{2+} 等阳离子的作用下发生聚沉，生成 ASR 凝胶。上一节讨论了碱离子在骨料中的扩散，并且指出扩散进程会影响能够参与 ASR 反应的活性 SiO_2 的量，从而影响反应物和最终膨胀量。前文所述“能够参与 ASR 反应”指的是该部分 SiO_2 具备发生 ASR 的可能性，但是否发生 ASR，还需看其溶解情况，因此 SiO_2 的溶解过程也是对 ASR 反应进程比较重要的环节。

本节主要研究锦屏砂岩骨料中的 SiO_2 在不同的 pH 值、不同的温度下，溶解进入液相中的过程，考察溶解过程所遵循的动力学机制。

4.3.1 砂岩骨料 SiO_2 溶出量测试

4.3.1.1 砂岩骨料中 SiO_2 总量测定方法

采用 X 射线衍射法（XRD）测试砂岩骨料中 SiO_2 总量：将锦屏砂岩骨料破碎、洗净、烘干，然后磨至全部通过 75μm 筛，收集粉体，采用 X 射线衍射分析仪进行分析。所用靶材为铜靶，扫描速度为 6°/min，扫描范围 5°～80°。通过 Rietveld 全谱拟合定量分析样品中 SiO_2 含量，近似为骨料中总 SiO_2 含量。结果见表 4.3。采集了 4 个样本，石英（SiO_2）含量 71%～80%，分布相对比较集中，方解石的含量 7.6%～21.6%，含量波动较大，云母和绿泥石含量较小。

结晶完好的石英，一般不易参加 AAR，只有微晶石英、隐晶质石英才会发生 AAR。但是，在碱液浸泡时，尤其是高温、高 pH 值的碱液浸泡时，石英也可以部分溶解，会对 SiO_2 的溶出过程产生影响。在后续研究中，考虑砂岩骨料中 SiO_2 含量时，按照上限取 80%。

表 4.3　砂岩骨料矿物组成 XRD 分析结果

样本编号	石英	方解石	云母	绿泥石
1号	80.1	7.6	6.5	5.0
2号	73.0	17.0	6.7	3.5
3号	71.0	21.6	2.9	4.2
4号	81.4	9.3	6.0	3.4
平均值	76.4	13.9	5.5	4.0

4.3.1.2 不同温度和 pH 值下 SiO_2 溶出量

采用锦屏砂岩骨料破碎制成 2.36～4.75mm、1.18～2.36mm、0.63～1.18mm、0.315～0.63mm、0.16～0.315mm 等 5 个粒级的砂粒，各取 10g 分别浸泡于 20mL pH 值分别为 13.02、12.56、11.76、10.74 的 NaOH 溶液中，然后养护于 80℃、60℃、40℃、20℃下，7d、17d、365d 后，摇匀过滤，并用去离子水冲洗砂粒，在滤液中加入稀盐酸，将沉淀全部溶解，然后按照《水泥化学分析方法》（GB 176—2017）中的钼蓝分光光度法检测溶液中硅的含量。

浸泡 7d、17d、365d 后，活性 SiO_2 都有不同程度的溶出，详见表 4.4～表 4.7，高温下活性 SiO_2 的溶出尤为明显。整体表现出随着温度升高，活性 SiO_2 溶出量增加；随着

pH 值升高，活性 SiO_2 溶出量增加；活性 SiO_2 溶出量未见随骨料粒径变化表现出明显规律。

表 4.4　80℃浸泡砂岩骨料时 SiO_2 溶出量

砂岩粒级	平均粒径/mm	pH 值	SiO_2 溶出量/mg		
			7d	17d	365d
2.36～4.75mm	3.35	13.02	78.4	315.6	911
	3.35	12.56	18.8	60.2	123.8
	3.35	11.76	2.4	3.3	13.7
	3.35	10.74	0.2	0.7	73.2
1.18～2.36mm	1.67	13.02	81.3	289.1	639.4
	1.67	12.56	22.3	64.3	113.3
	1.67	11.76	1.7	2.9	65
	1.67	10.74	0.1	0.4	21.7
0.63～1.18mm	0.86	13.02	77.5	272.6	472.8
	0.86	12.56	17.8	61.6	167.4
	0.86	11.76	1.9	2.4	19.2
	0.86	10.74	1.7	2.1	6
0.315～0.63mm	0.45	13.02	72.3	283.1	446.1
	0.45	12.56	19.6	62.8	134.6
	0.45	11.76	1.6	3.6	4.4
	0.45	10.74	0.4	0.7	0.9
0.15～0.315mm	0.22	13.02	44.5	232.5	406.9
	0.22	12.56	31	85.2	113.3
	0.22	11.76	0.6	3	3.7
	0.22	10.74	0.7	0.8	1.1

表 4.5　60℃浸泡砂岩骨料时 SiO_2 溶出量

砂岩粒级	平均粒径/mm	pH 值	SiO_2 溶出量/mg		
			7d	17d	365d
2.36～4.75mm	3.35	13.02	8.5	46.9	801.7
	3.35	12.56	6.1	20.7	64.2
	3.35	11.76	2.0	3.1	16.7
	3.35	10.74	0.2	0.4	10.6
1.18～2.36mm	1.67	13.02	8.9	48.6	745.9
	1.67	12.56	12.8	32.1	94.7
	1.67	11.76	1.8	3.0	14.1
	1.67	10.74	0.4	0.5	0.7

续表

砂岩粒级	平均粒径/mm	pH 值	SiO_2 溶出量/mg		
			7d	17d	365d
0.63～1.18mm	0.86	13.02	16.9	55.8	381.8
	0.86	12.56	10.9	27.6	101.8
	0.86	11.76	1.2	3.0	6.3
	0.86	10.74	0.1	0.3	8.7
0.315～0.63mm	0.45	13.02	14.2	46.9	673.1
	0.45	12.56	11.7	31.9	69.7
	0.45	11.76	1.1	2.6	3.2
	0.45	10.74	0.1	0.3	0.6
0.15～0.315mm	0.22	13.02	10.2	32.8	613.4
	0.22	12.56	6.8	34.5	52.4
	0.22	11.76	0.5	1.2	1.7
	0.22	10.74	0.1	0.1	0.3

表 4.6　　40℃浸泡砂岩骨料时 SiO_2 溶出量

砂岩粒级	平均粒径/mm	pH 值	SiO_2 溶出量/mg		
			7d	17d	365d
2.36～4.75mm	3.35	13.02	4.1	7.3	57.2
	3.35	12.56	2	5.6	21.9
	3.35	11.76	0.7	1.6	2.1
	3.35	10.74	0	0	0.2
1.18～2.36mm	1.67	13.02	1.6	5.6	60.7
	1.67	12.56	2.7	7.4	25.7
	1.67	11.76	0.9	2.0	2.6
	1.67	10.74	0.1	0.2	0.3
0.63～1.18mm	0.86	13.02	2.8	7.3	57.5
	0.86	12.56	2.9	7.6	25
	0.86	11.76	0.8	1.8	2.3
	0.86	10.74	0.1	0.2	0.3
0.315～0.63mm	0.45	13.02	2.2	6.7	70.2
	0.45	12.56	2.8	7.8	25.9
	0.45	11.76	0.6	1.4	1.9
	0.45	10.74	0	0	0.1

续表

砂岩粒级	平均粒径/mm	pH 值	SiO_2 溶出量/mg		
			7d	17d	365d
0.15～0.315mm	0.22	13.02	2.7	7.6	88.7
	0.22	12.56	2.6	6.7	9.1
	0.22	11.76	0.5	0.9	1.1
	0.22	10.74	0.1	0.1	0.2

表 4.7　　20℃浸泡砂岩骨料时 SiO_2 溶出量

砂岩粒级	平均粒径/mm	pH 值	SiO_2 溶出量/mg		
			7d	17d	365d
2.36～4.75mm	3.35	13.02	0.9	2.8	6.8
	3.35	12.56	0.6	1.4	4.9
	3.35	11.76	0.4	0.9	1.3
	3.35	10.74	0.1	0.1	0.2
1.18～2.36mm	1.67	13.02	1.2	2.9	7
	1.67	12.56	0.7	1.7	6.2
	1.67	11.76	0.4	1.0	1.6
	1.67	10.74	0	0.1	0.1
0.63～1.18mm	0.86	13.02	1.0	2.2	6.6
	0.86	12.56	0.7	1.8	6.4
	0.86	11.76	0.4	0.9	1.3
	0.86	10.74	0.1	0.1	0.1
0.315～0.63mm	0.45	13.02	1.2	2.5	7.5
	0.45	12.56	0.9	2.1	7.2
	0.45	11.76	0.4	0.8	1.0
	0.45	10.74	0	0	0
0.15～0.315mm	0.22	13.02	1.6	3.4	10.3
	0.22	12.56	1.0	2.3	3.3
	0.22	11.76	0.6	1.0	1.2
	0.22	10.74	0	0	0.1

4.3.2　扩散控制的 SiO_2 溶解动力学模型

在碱环境下，OH^- 逐步侵蚀（≡Si—O—）键，导致硅的网络结构解体：

$$SiO_2 + 2OH^- \rightarrow H_2SiO_4^{2-} \tag{4.30}$$

式（4.30）中，SiO_2 代表存在于硅-水界面的硅烷醇，溶解产物除了 $H_2SiO_4^{2-}$，还可以是 $Si_nO_a(OH)_b$ 形式的低聚物。根据化学反应的动力学原理，$H_2SiO_4^{2-}$ 生成量符合如下公式：

$$\frac{d[H_2SiO_4^{2-}]}{dt} = k[SiO_2][OH^-]^2 \tag{4.31}$$

由于硅氧四面体表面硅氧键不一定每次只断一个，有可能出现多个硅氧键同时断裂或者几个四面体中只有一个断裂的情况，因此式（4.31）可以写成：

$$\frac{d[H_2SiO_4^{2-}]}{dt} = k[SiO_2][OH^-]^n \tag{4.32}$$

式中：k 为化学反应速率，遵循 Arrhenius 定则，可表达为 $k = A\exp(-\frac{E_a}{RT})$；$[SiO_2]$ 为骨料中能够参加 ASR 反应的 SiO_2 的比例，相当于 SiO_2 的浓度；$[OH^-]$ 为孔溶液中 OH^- 浓度，由 pH 值的定义可知，$[OH^-] = 10^{pH-kw}$，kw 为水的溶度积，20℃ 时 $kw = 14$。

根据 4.2 节的研究结果，并非全部骨料中的 SiO_2 都能参与 ASR 反应，能够发生 ASR 的量受到碱金属离子在骨料中扩散深度的影响。因此，$[SiO_2]$ 与骨料中活性 SiO_2 含量、骨料粒径、碱金属离子侵入深度有关，是时间和温度的函数，可以用式（4.29）表示。因此，受碱金属离子扩散控制，骨料中 SiO_2 溶解的化学动力学方程可以在式（4.32）基础上进一步细化表达为

$$\frac{d[H_2SiO_4^{2-}]}{dt} = A\exp\left(-\frac{E_a}{RT}\right)\left\{1-\left[1-\frac{2x(t)}{d}\right]^3\right\}w_{SiO_2} \cdot 10^{n(pH-kw)} \tag{4.33}$$

温度变化时，将式（4.28）代入式（4.33）可得

$$\begin{cases} \dfrac{d[H_2SiO_4^{2-}]}{dt} = A\exp\left(-\dfrac{E_a}{RT}\right)\left[1-\left(1-\dfrac{2x(t)}{d}\right)^3\right]w_{SiO_2} \cdot 10^{n(pH-kw)} \\ x(t) = 2\sqrt{A_{diff}\dfrac{t^{(2m+1)}}{2m+1}\exp\left(-\dfrac{E_{a,diff}}{RT}\right)}\operatorname{erfinv}\left(1-\dfrac{C_r}{C_s}\right) \end{cases} \tag{4.34}$$

温度不变时，将扩散深度计算公式（4.28）代入式（4.33）可得

$$\begin{cases} \dfrac{d[H_2SiO_4^{2-}]}{dt} = A\exp\left(-\dfrac{E_a}{RT}\right)\left\{1-\left[1-\dfrac{2x(t)}{d}\right]^3\right\}w_{SiO_2} \cdot 10^{n(pH-kw)} \\ x(t) = 2\sqrt{D\dfrac{t^{(2m+1)}}{2m+1}}\operatorname{erfinv}\left(1-\dfrac{C_r}{C_s}\right) \end{cases} \tag{4.35}$$

根据式（4.34）或式（4.35），在知道骨料粒径、活性 SiO_2 含量、养护温度、孔溶液 pH 值等参数时，可以计算 $H_2SiO_4^{2-}$ 的生成量，由于 ASR 凝胶的生成量与 $H_2SiO_4^{2-}$ 的生成量密切相关，可通过 $H_2SiO_4^{2-}$ 的生成量估算凝胶数量。

式（4.34）和式（4.35）中的各个参数需要实测锦屏砂岩骨料的各项指标来标定。本模型在 SiO_2 溶解过程中考虑了碱金属离子扩散带来的影响，这是以往研究中未曾考虑的。

4.3.3　pH 值对砂岩骨料 SiO_2 溶出量的影响

80℃下，SiO_2 溶出量随 pH 值的变化规律见图 4.35～图 4.39，从图中可以看出，当 pH 值大于 12.5 时，SiO_2 的溶出量会显著增加。以 2.36～4.75mm 的颗粒为例，浸泡时间为 7d，pH 值为 13.02 时，SiO_2 溶出量为 78.4mg，而 pH 值为 12.56 时，溶出量为 15.6mg，显著下降，pH 值为 11.76 时，降至 5.5mg。如前所述，在高 pH 值下 SiO_2 的溶解度会增加几个数量级，这与溶出的硅酸离子化有关，也与高碱度条件下更多的 Si—O 键会断裂有关。

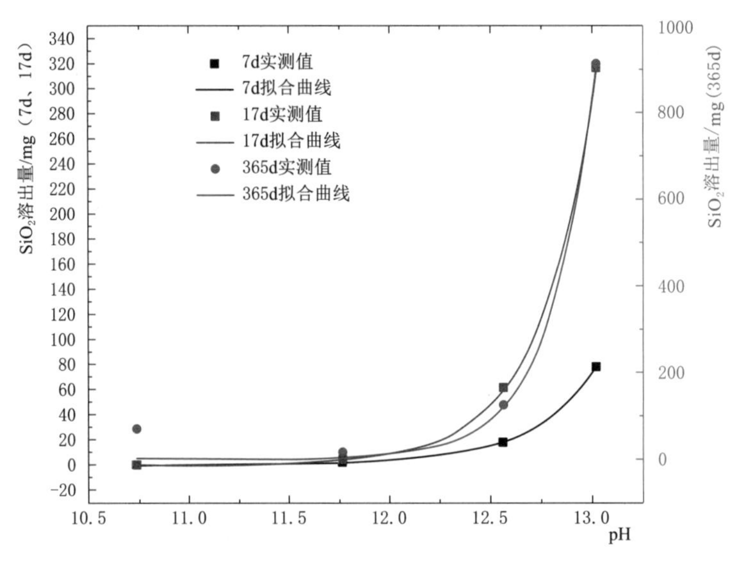

图 4.35　pH 值对 SiO_2 溶出量的影响（80℃，2.36～4.75mm）

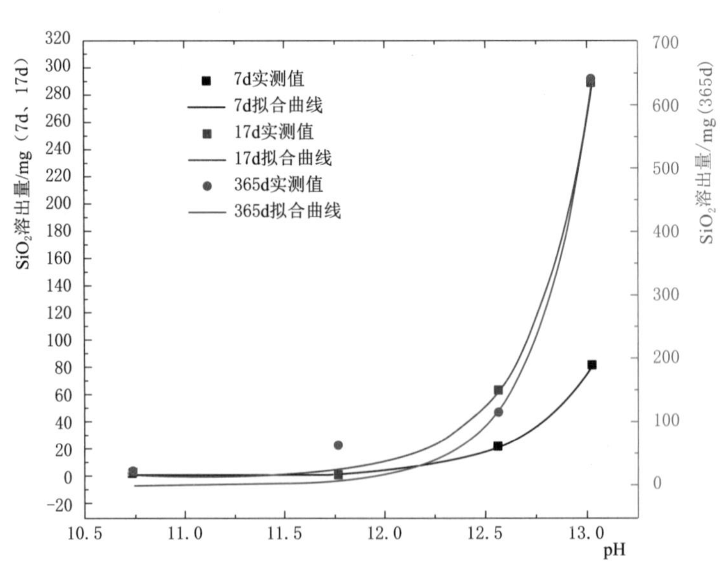

图 4.36　pH 值对 SiO_2 溶出量的影响（80℃，1.18～2.36mm）

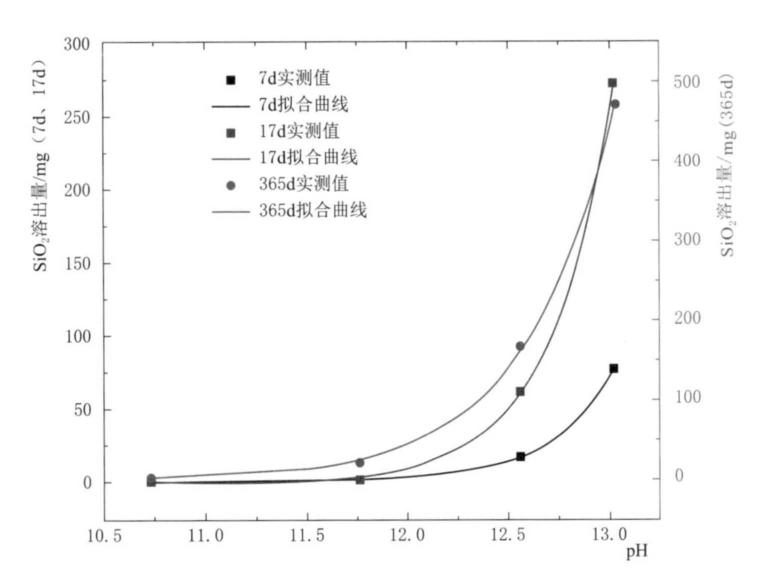

图 4.37 pH 值对 SiO_2 溶出量的影响（80℃，0.63～1.18mm）

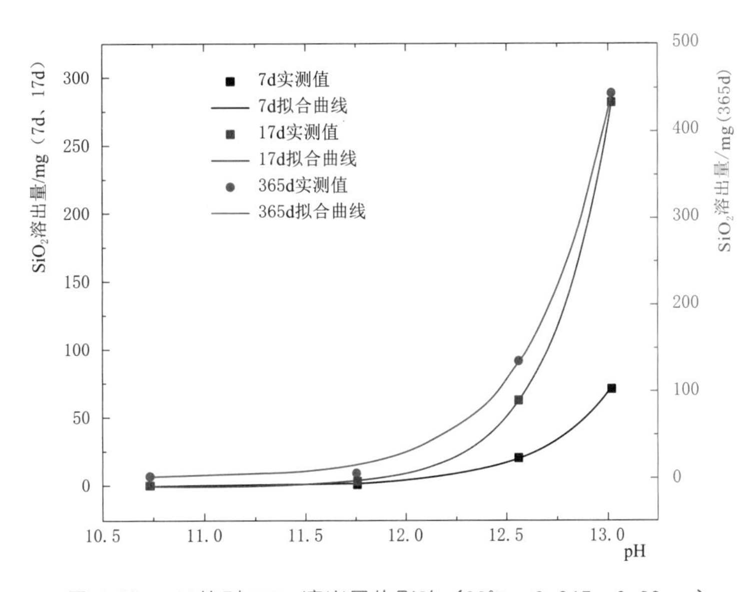

图 4.38 pH 值对 SiO_2 溶出量的影响（80℃，0.315～0.63mm）

60℃、40℃、20℃时试验结果与 80℃基本一致：随温度降低，SiO_2 溶出量显著下降；SiO_2 溶出量与 pH 值之间符合以 10 为底的指数函数规律。与式（4.33）对照可以发现，在某一特定温度、特定龄期、特定粒径下，SiO_2 溶出量与 pH 值之间的关系可以简化：

令 $A'=A\exp\left(-\dfrac{E_a}{RT}\right)\left\{1-\left[1-\dfrac{2x(t)}{d}\right]^3\right\}w_{SiO_2}$，则有

$$\frac{d[H_2SiO_4^{2-}]}{dt}=A'\cdot 10^{n(pH-kw)} \tag{4.36}$$

假设 pH 值不随时间变化，在某一给定的时间 t 下：

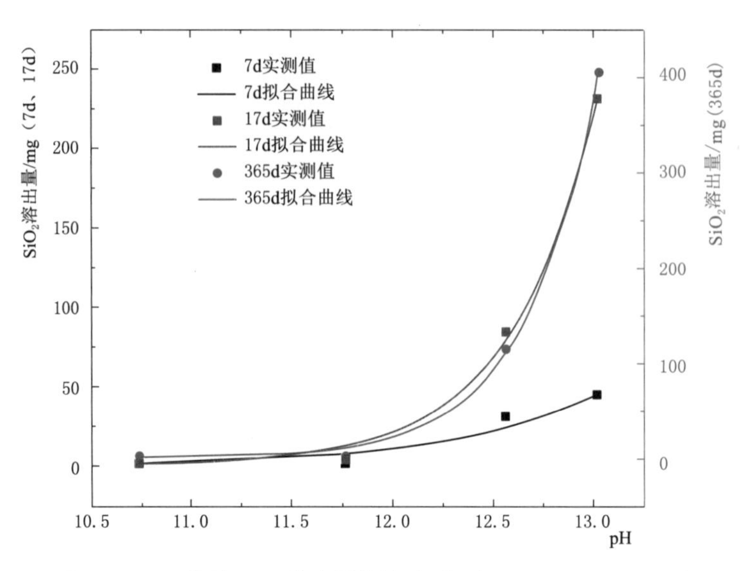

图 4.39 pH 值对 SiO_2 溶出量的影响（80℃，0.15～0.315mm）

$$[H_2SiO_4^{2-}] \propto A' \cdot 10^{n(pH-kw)} \tag{4.37}$$

采用式（4.37）对实测数据进行拟合，相关系数的平方（R^2）的统计结果见表 4.8。按照回归方程的相关系数检验法，在自由度为 4－2＝2 时，检验水平 0.1 对应的相关系数临界值为 0.90，对应 R^2 为 0.81，60 组试验结果中，有 55 组 $R^2>0.81$，在 0.1 检验水平下均显著，说明 pH 值对 SiO_2 溶出量的影响基本符合式（4.37）。

pH 值对 SiO_2 溶出的影响原因，主要归结为四个方面：一是高 pH 值增加 OH^- 与 Si－OH 键的接触概率，使更多的 Si－OH 键断裂进入液相；二是高 pH 值下不易溶解的 Si－O－Si 键也会发生断裂，使反应物显著增加；三是 OH^- 浓度提高会增加骨料中 OH^- 的扩散深度，使更深位置的 Si 参加反应；四是液相中溶出的硅酸离子化。

表 4.8　　采用式（4.37）对实测数据进行拟合的参数汇总

温度/℃	龄期/d	2.36～4.75mm			1.18～2.36mm			0.63～1.18mm			0.315～0.63mm			0.15～0.315mm		
		A'	n	R^2	A'	n	R^2	A'	n	R^2	A'	n	R^2	A'	n	R^2
80	7	1606	1.34	1.00	1302	1.23	1.00	1751	1.38	1.00	1180	1.24	1.00	188	0.62	0.93
	17	10769	1.56	1.00	7195	1.42	1.00	6579	1.41	1.00	7046	1.42	1.00	2230	1.00	1.00
	365	62922	1.88	0.99	21534	1.56	0.98	4493	1.00	1.00	6097	1.16	1.00	6488	1.23	1.00
60	7	25	0.47	0.98	25	0.35	***0.63***	70	0.61	0.96	50	0.52	0.90	43	0.61	0.95
	17	297	0.38	1.00	200	0.61	0.96	313	0.76	0.99	191	0.60	1.00	109	0.47	0.78
	365	170661	0.82	1.00	59382	1.94	1.00	6494	1.26	1.00	84124	2.14	0.95	115685	2.32	1.00
40	7	18	0.66	1.00	4	0.26	***0.55***	7	0.37	0.85	6	0.39	***0.71***	8	0.42	0.87
	17	22	0.47	0.95	14	0.32	***0.70***	20	0.39	0.84	19	0.39	***0.77***	24	0.48	0.89
	365	483	0.94	1.00	432	0.87	1.00	396	0.85	1.00	645	0.98	1.00	11213	2.14	1.00

续表

温度/℃	龄期/d	2.36～4.75mm			1.18～2.36mm			0.63～1.18mm			0.315～0.63mm			0.15～0.315mm		
		A'	n	R^2	A'	n	R^2	A'	n	R^2	A'	n	R^2	A'	n	R^2
20	7	2	0.34	0.98	3	0.46	0.98	2	0.36	0.99	3	0.41	0.96	4	0.43	0.96
	17	8	0.50	0.97	8	0.44	0.98	5	0.35	0.95	7	0.40	0.93	10	0.45	0.98
	365	21	0.49	0.97	20	0.43	0.91	19	0.42	0.86	23	0.45	0.85	96	0.99	0.99

注　表中黑斜体表示该数据拟合关系不显著。

4.3.4　温度对砂岩骨料 SiO_2 溶出量的影响

从前文的 SiO_2 溶出量数据还可看出，随着温度的下降，SiO_2 溶出量降低。在给定骨料、给定 pH 值、给定龄期条件下，SiO_2 溶出量主要取决于温度。

观察式（4.33）可以发现，在某一特定 pH 值、特定龄期、特定粒径下，SiO_2 溶出量与温度之间的关系可以简化：

$$\frac{d[H_2SiO_4^{2-}]}{dt}=A\exp\left(-\frac{E_a}{RT}\right)\left[1-\left(1-\frac{2x(t)}{d}\right)^3\right]w_{SiO_2}\cdot 10^{n(pH-kw)}$$

令 $B=\left\{1-\left[1-\frac{2x(t)}{d}\right]^3\right\}w_{SiO_2}\cdot 10^{n(pH-kw)}$，则有

$$\frac{d[H_2SiO_4^{2-}]}{dt}=A\exp\left(-\frac{E_a}{RT}\right)B \tag{4.38}$$

A 与 B 都是常数，则式（4.38）符合 Arrhenius 定则，SiO_2 溶出的速率可表达为 $k=A''\exp\left(-\frac{E_a}{RT}\right)$，两侧取自然对数可得

$$\ln(k)=\ln A''-\frac{E_a}{RT} \tag{4.39}$$

以 SiO_2 溶出量除以龄期得到溶出速率 k，用 $\ln k$ 与温度（绝对温度，单位 K）的倒数 $1/T$ 作图，截距即为 $\ln A''$、斜率为 $-E_a/R$。典型结果见图 4.40～图 4.41，按照相关系数检验法检验，拟合公式的相关性显著。说明 SiO_2 溶出量与温度之间的关系符合 Arrhenius 定则。

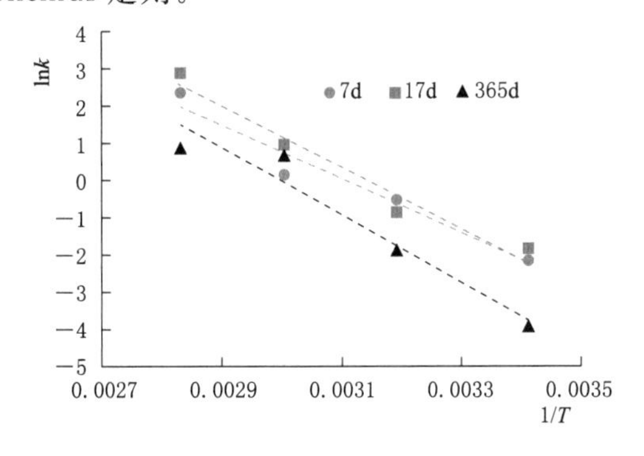

图 4.40　pH＝13.02 时温度对反应速率的影响（2.36～4.75mm）

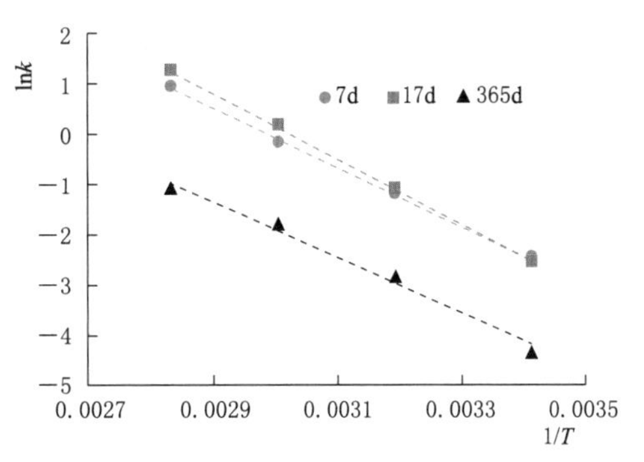

图 4.41　pH＝12.56 时温度对反应速率的影响（2.36～4.75mm）

计算出的各 pH 值下 Arrhenius 公式的指前因子 A'' 和活化能 E_a 见表 4.9。在 pH 值为 10.74 时，由于 1 年龄期内 SiO_2 溶出非常少，尤其是在温度较低时，甚至测不出有 SiO_2 溶出，无法计算其动力学参数，因此在表 4.9 中未给出。

表 4.9　　不同 pH 值下 SiO_2 溶出的动力学参数

参　数	粒径 mm	pH 值		
		13.02	12.57	11.76
$\ln A''$	2.36～4.75	27.19	14.97	10.51
	1.18～2.36	25.11	14.02	16.51
	0.63～1.18	22.61	15.95	10.05
	0.315～0.63	22.65	13.51	2.96
	0.15～0.315	20.23	17.01	0.58
	平均值	23.56	15.09	8.12
	标准差	2.38	1.27	5.71
	相对误差/%	10.1	8.4	***70.4***
E_a/R	2.36～4.75	9076	5612	4758
	1.18～2.36	8434	5253	6544
	0.63～1.18	7719	5836	4657
	0.315～0.63	7664	5088	2585
	0.15～0.315	6856	6396	1914
	平均值	7950	5637	4092
	标准差	753	462	1661
	相对误差/%	9.5	8.2	***40.6***

在高 pH 值时 $\ln A''$ 和 E_a/R 随粒径变化较小，整体偏差在 10%内，在模拟计算时可以参照取平均值。但在低 pH 值时，则波动比较大，可能是因为 pH 值对溶解反应呈指数影响，尤其是在 40℃、20℃等较低温度下，SiO_2 溶出量很低，可认为只有颗粒表面能够与碱液反应，粒径的影响与单位表面积上可得碱有关。本研究所用 pH 范围为 11.76～13.02，基本覆盖了混凝土中的典型 pH 范围（Yousuf et al.，2020），在建立长龄期膨胀变形预测模型时，可根据实测的孔溶液 pH 值按照表 4.9 中所给公式内插计算对应的 A 和 E_a，用于计算对应 pH 下 SiO_2 溶出的速率。表 4.10 根据参数平均值计算得到指前因子 A'' 和活化能 E_a，并给出了估算不同 pH 下两个参数的公式。

表 4.10　　不同 pH 值下 SiO_2 溶出的动力学参数估算公式

	pH 值		
	13.02	12.57	11.76
$\ln A''$ 平均值	23.56	15.09	8.12
A''	17059959414	3576875	3361
估算公式	$A''=\exp(11.82\text{pH}-131.56)$		

续表

	pH 值		
	13.02	12.57	11.76
E_a/R 平均值	7950	5637	4092
E_a	66100	46869	34023
估算公式	$E_a=24313pH-253711$		

综上分析，砂岩骨料 SiO_2 溶出量受温度影响明显，并且遵循 Arrhenius 定则，pH 值对 Arrhenius 公式中的指前因子 A''和活化能 E_a 都有影响，呈指数关系。

4.3.5 粒径对 SiO_2 溶出量的影响

粒径对 SiO_2 溶出量的影响见图 4.42。在 pH 值为 10.74、11.76 时，80℃浸泡 365d 后，粒径在 1.18～2.36mm 的颗粒溶出率要明显大于其他粒径的颗粒，在 pH 值为 12.57 时，365d 溶出率最大的是粒径 0.63～1.18mm 的颗粒，而 pH 值为 13.02 时，则表现为粒径越大溶出越多。

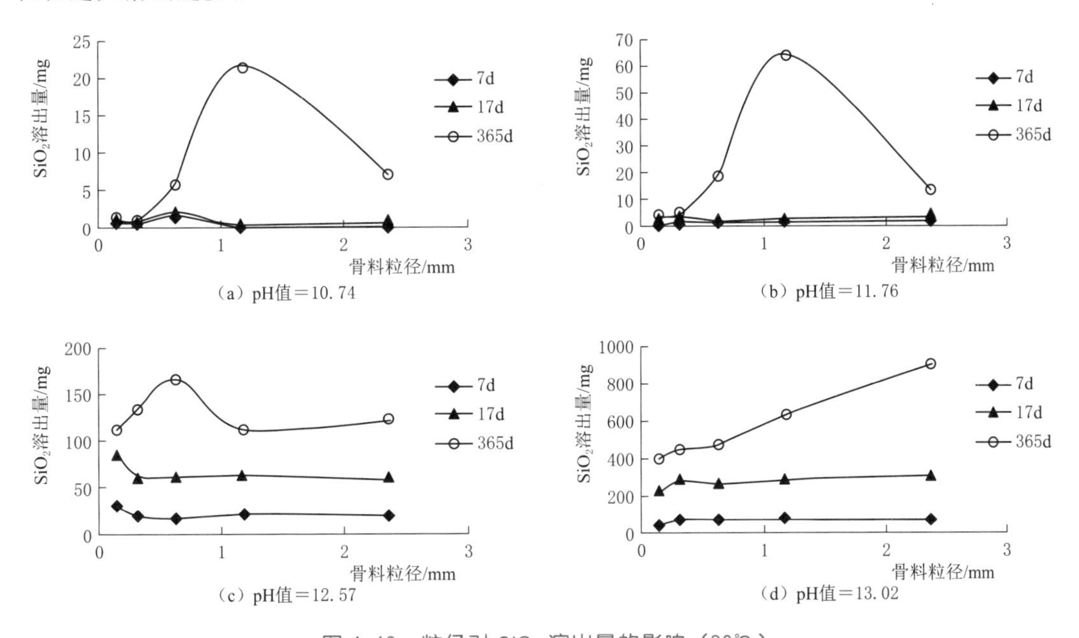

图 4.42 粒径对 SiO_2 溶出量的影响（80℃）

上述现象在 Suwito（2002）的文献中被称为“最劣效应”（Pessimum effect）。为了探明其原因，采用扫描电子显微镜观察骨料内部受碱液侵蚀后的微观形貌，见图 4.43。明显观察到骨料表面受碱液腐蚀后形成网络状 ASR 凝胶产物，且凝胶产物并不是密集分布，而是呈点状分布。这种产物的分布形式可能与砂岩骨料中活性 SiO_2 呈分散分布有关，但可以说明砂岩骨料与 Suwito（2002）中所用的玻璃骨料不同，由于自身活性 SiO_2 分布的不均匀，会导致单个位置处 SiO_2 发生 ASR 反应的程度，与该位置处 OH^- 的数量有关，即与单位面积骨料表面上分配到的 OH^- 的数量有关。如图 4.44 展示了单位面积可得碱的二维示意，当溶液中有 25 个 OH^- 时，若只有一颗半径为 R 的骨料，则所有 OH^- 离子均匀分布在骨料表面，当骨料粒径减小为 $R/5$ 时，在面积相等时，骨料的数量变为 25 个，此时每个骨料表面只能分到 1 个 OH^-，单颗骨料受腐蚀的程度会降低。若按照三维的球形颗粒等体积来考虑，骨料半径由 R 变为 $R/5$，颗粒数量将变为 125 倍，单颗骨料能分到的碱的数量变为1/125，单位表面积所分到的碱的数量变为 1/5。

图 4.43　骨料侵蚀后的表面生成网络状 ASR 凝胶产物

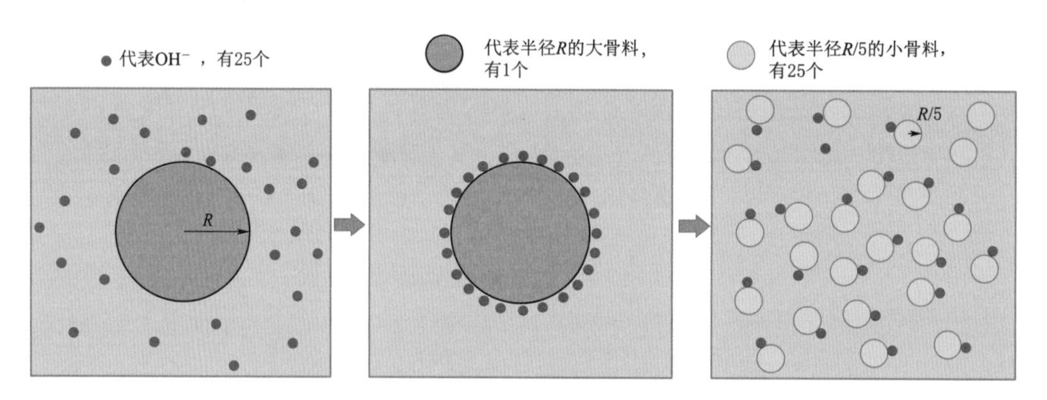

图 4.44　不同粒径骨料单位面积上可得碱示意图

用公式表示上述原理，假设单位体积内碱的数量为 Q_{al}，骨料的总体积为 V_{agg}，骨料粒径为 d，骨料单位表面积上可得碱为 Q_{unit}，则有

$$Q_{unit}=\frac{Q_{al}}{\frac{V_{agg}}{\pi d^3/6}}=\frac{Q_{al}\pi d^3}{6V_{agg}} \tag{4.40}$$

可以看出，Q_{unit} 与骨料粒径的三次方成正比。而由式（4.27）可知，骨料中可以参加 ASR 反应的活性 SiO_2 的量与碱在骨料中的扩散深度、骨料粒径有关，而碱在骨料中的扩散深度不会超过骨料的半径，故有

$$\begin{cases}[SiO_2]=\left\{1-\left[1-\frac{2x(t)}{d}\right]^3\right\}w_{SiO_2},0\leqslant x(t)<\frac{d}{2}\\ [SiO_2]=w_{SiO_2},x(t)\geqslant\frac{d}{2}\end{cases} \tag{4.41}$$

从式（4.41）可以看出，当碱在骨料中扩散的深度达到骨料粒径的一半时，骨料颗粒中的活性 SiO_2 就全部可能发生 ASR，即使龄期延长也不会有更多的 SiO_2 参与反应（但试件仍可能继续膨胀，因为反应产生的 ASR 凝胶可持续吸水肿胀）。但在碱扩散深度未达到骨料半径时，可参加反应的 SiO_2 的量仍受骨料粒径的影响。将式（4.40）和式（4.41）所反映的趋势绘制在同一张图上，见图 4.45，单位面积可得碱与可参加反应的 SiO_2 的量受骨料粒径的影响截然相反，在此正反两方面作用下，骨料中 SiO_2 的溶出量即会出现极值，即所谓“最劣粒径”。

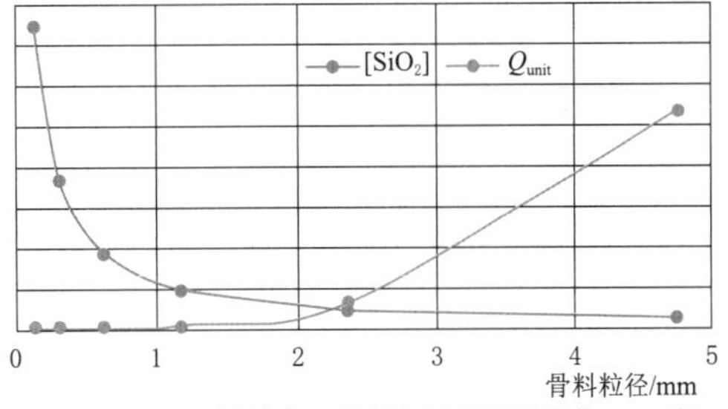

图 4.45　骨料粒径对单位面积可得碱 Q_{unit} 和可参与反应［SiO_2］量的影响

值得注意的是，这种“最劣粒径”效应只会出现在骨料粒径较小的细骨料中（小于 5mm），当骨料粒径较大时，单位面积可得碱充分，此时 SiO_2 溶出的量将主要受碱在骨料中扩散深度的影响，因此本书在后续研究中考虑骨料粒径对全级配大坝混凝土（粗骨料为活性骨料）ASR 的影响时，不再考虑骨料“最劣粒径”效应，只考虑碱扩散的影响。

4.4　ASR 长期膨胀变形动力学预测模型的建立

4.2 节讨论了碱金属离子在砂岩骨料中的扩散规律，提出考虑孔隙时变规律的碱金属离子扩散方程；4.3 节讨论了砂岩骨料中活性 SiO_2 的溶出规律，分析了 pH 值、温度、粒径对溶出的影响，提出了扩散控制的 SiO_2 溶解方程。扩散与溶解是 ASR 发生发展的控制环节，当活性 SiO_2 溶解成硅酸根离子或 SiO_2 溶胶时，在阳离子的聚沉作用下会相互交联形成 ASR 凝胶，凝胶生成量取决于 SiO_2 溶出量，而凝胶的组成、结构决定其肿胀能力。本节将进一步讨论凝胶肿胀机制，并判断砂岩骨料导致混凝土开裂的基本模式，建立碱一硅酸反应长期膨胀动力学预测模型。

4.4.1　凝胶肿胀机制分析

4.4.1.1　溶胶聚沉与 pH 值的关系

活性 SiO_2 溶解后，溶液中硅酸阴离子的浓度增加。当浓度足够高时，会通过两个 Si—O—H 基团之间的冷凝形成更高阶的粒子，如$[(SiO_2)_2(OH)_3]^{3-}$：

$$SiO_2(OH)_2{}^{2-} - + SiO(OH)_3{}^{-} \rightleftharpoons [(SiO_2)(OH)_3]^{3-} + H_2O \qquad (4.42)$$

如图 4.46 所示，左边的分子颗粒为单体，右边是二聚体，类似于聚合物中的命名。这种缩合不会在形成二聚体后停止，会进一步形成更高阶的状态（图 4.47）。

Iler（1979）对二氧化硅的聚合过程进行了全面的描述，并发现硅酸单体间的静电斥力。在 pH 值为 6～7 时，硅酸几乎没有离解，最常见的单体是无电荷的 $Si(OH)_4$，因此，静电斥力很小。当足够多的单体连接起来时，大量的缩合发生就会形成凝胶。

如果 pH 值在 7～10 时，尽管一些不带电的中性产物之间也会发生聚合，但是实际存在许多带单价电荷的硅酸根离子，它们会互相排斥而不发生聚合。随着 pH 值的增加，越

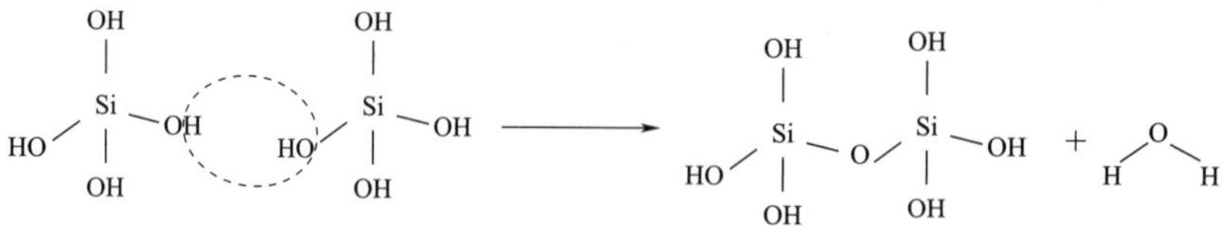

图 4.46　2 个硅酸单体缩聚成二聚体

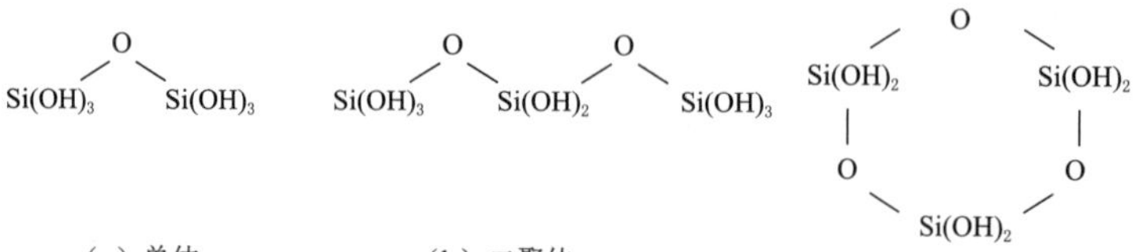

（a）单体　（b）二聚体　（c）三聚体

图 4.47　二聚体和三聚体结构示意图

来越多的带负电荷硅酸分离，可以形成一定尺寸的不相互聚合的粒子。随着 pH 值进一步增加，这些低聚物粒子的生长受到越来越多的阴离子的限制。因此，一定尺寸的硅酸颗粒将形成稳定的胶体悬浮液，称为溶胶，即随着粒子形成溶解单体，溶液会变为溶胶。

根据 Iler 的解释，缩合是使 Si—O—Si 键的数量最大化，并使端羟基的数量最小化。这种趋势导致 pH 值在 7～10 时形成的是粒子，而不是链。

4.4.1.2　阳离子对凝胶的影响

混凝土孔溶液中的 Na^+、K^+、Ca^{2+} 等阳离子对 ASR 凝胶的形成有重要影响。一般在疏水性溶胶中，阳离子的价态非常重要：所有单价阳离子对凝胶形成的影响是相同的，所有二价阳离子也是如此。根据在固定时间内生成凝胶所需的电解质浓度研究结果（Kruyt et al.，1961），所有单价阳离子（Li^+，Na^+，K^+）需要相同的浓度（58mmol/L）。而高价阳离子只需要较低浓度就能形成凝胶：二价离子（Mg^{2+}、Ca^{2+}、Ba^{2+}）约为 0.6mmol/L，三价离子（Al^{3+}、Ce^{3+}）约为 0.09mmol/L。因此，溶胶凝胶化所需的阳离子浓度在单价和二价阳离子之间降低不小于 100 倍。这也是 Ca^{2+} 对于 ASR 的发生非常重要的原因之一。

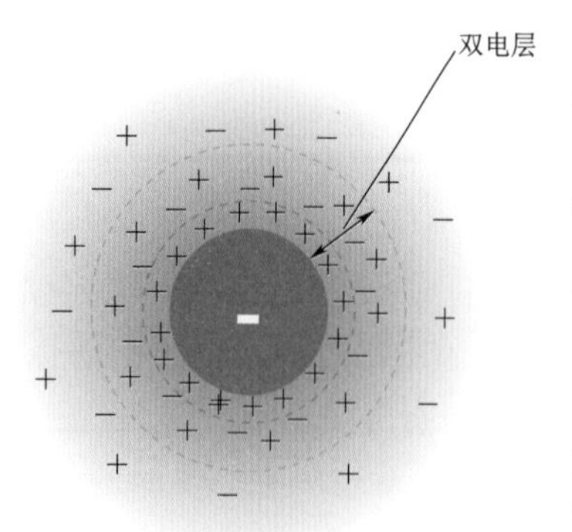

图 4.48　双电层模型

凝胶浓度的差异可用双电层理论解释（Polte，2015；Sposito，2004）。图 4.48 给出了一个简单的双电层模型，在电解溶液中的任何带电表面周围，由于溶液中相反的带电粒子被吸引，因此形成了一个双电层，在溶液中形成一层离子吸收层。

双电层表面上的带电粒子浓度比整体电解溶液中的要高得多。双电层的内层有各种各样的名称，如亥姆霍兹层或斯特恩层，带电粒子非常紧密地附着在表面上。在第二层，即扩散层中，带电粒子对电解溶液中离子的作用力逐渐减小，直到它们与大部分电解溶液的作用力相似为止。

双电层的性质对凝胶的形成有很大影响。当两个

带电的硅酸粒子在纯水中彼此靠近时，电荷斥力使它们分开。这个力可以看作是一个势能，由吸引（范德华）势能和斥力（静电）势能组成。为了使两个粒子靠近，必须施加相当多的能量，使它们在势能大于零的距离内运动。总势能越高，需要的能量就越多。只有速度足够快的粒子才有足够的能量穿过这个势垒而凝结。

降低两个类似带电粒子势垒的方法是向溶液中添加电解液（例如溶解盐）。相反的带电粒子现在形成了一个屏蔽双层，在更高浓度或更高电压下更有效地屏蔽。浓度增加时，势能减小。

水中溶解盐的电荷屏蔽效应在大多数溶液或溶胶中不如前述有效，因为它们是以水合形式存在的。由于水分子的极性，硅酸阴离子和阳离子都会发生水合作用。水的极性源于电荷分布的不均匀性，在氧原子上为负，在氢原子上为正。因此，极性水分子被吸引到带电粒子上，并根据粒子的电荷确定自己的方向。水分子的第一层被称为吸附水层，它可以被很强地束缚。在某种程度上，它们的行为更像是固体而不是流体，因此，通常被当作固体，例如化学式$[SiO_2(OH)_2 \cdot nH_2O]^{2-}$，其中$n$表示可变数量的水分子（二氧化硅颗粒通常为4）。

阳离子也在水中水合，但水合水分子的数量及其键合强度可能不同。根据Collins（2015）的说法，一个钙离子紧紧地结合6个水分子，而一个较小的镁离子只能容纳4个。一般来说，离子半径较大（质子数较多）的类似价态阳离子，其结合水的强度较小。例如：一个钾离子有16个电子，分布在3个壳层中，而钠离子只有10个电子被分成2个壳层。因此，钾离子半径较大。水分子的结合力较弱，扩散到更大的区域，使得它们的屏蔽效果不如较小的钠离子。水合钾离子的有效电荷比水合钠离子的有效电荷高。因此，钾离子比钠离子更有效地屏蔽硅酸阴离子的电荷，导致凝胶化的钾离子浓度也会更低。相反，可以说，小离子使水分子更接近自身，尽管它们的尺寸较小，但相对于凝胶作用，形成的电荷屏蔽效果要小得多。水合作用由三个“水合规则”组成：

(a) 一个未水化的阳离子有一个与其价成比例的电荷：ve，其中e为基本电荷，v为其阳离子化合价；

(b) 水合阳离子的电荷因水合层的存在而减少，可描述为具有δ^-的电荷。因此水合阳离子的净电荷为$ve-\delta$；

(c) 较小的阳离子（较小的离子半径）与水的结合更为强烈，并且比具有相同价态的较大阳离子具有更小的有效电荷。

根据“水合”规则，可以预期，在电解溶液中，水合阳离子的净电荷随着顺序和组别增加：

第1组：Li＜Na＜K＜Cs＜Rb

第2组：Be＜Mg＜Ca＜Sr＜Ba

通过对许多不同材料（Chaplin，2016）的实验发现，在许多胶体中，实现凝胶化所需的浓度确实遵循有效电荷顺序，有效电荷最低的阳离子（Li）水合作用需要最高浓度来实现凝胶化，这个序列被称为Hoffmeister序列。

根据Hoffmeister序列，在Van Der Linden et al.（2015）的试验结果中发现了盐对硅凝胶形成的影响。他们测量了五种不同单盐的凝胶时间，发现只要增加浓度，凝胶时间就会减少四个数量级。如果盐浓度足够高，凝胶时间几乎是瞬间的。当任何一种单盐的浓度为零时，凝胶时间变为大约 2 年的恒定值，并且盐类型的影响消失。Iler（1979）得出在 pH 值高于 7 的情况下，不含盐是不可能形成凝胶的。根据他的观察，在盐浓度接近零的情况下，凝胶时间增加到无穷大。

Hamouda（2014）对 4.5%至 5%水玻璃溶液凝胶时间的实验结果表明，硅胶中凝胶化的效率顺序相似。他们的实验结果表明，凝胶时间几乎随 Ca^{2+}、Mg^{2+} 浓度线性下降。Ca^{2+} 和 Mg^{2+} 的作用几乎相似。将结果外推到即时胶凝（0.1min 时），所需的二价氯盐浓度约为 0.018～0.030mol/L，具体取决于水玻璃溶液的浓度和 pH 值。这比 Van Der Linden et al.（2015）发现的瞬间凝胶化所需的氯化钠浓度低两个数量级。

溶解盐对凝胶化行为的影响涉及盐和 pH 值的联合作用。Hamouda（2014）进行了一些试验，通过添加 HCl 来改变硅酸钠溶液的 pH 值，研究了氯离子和氢氧化物离子的同时变化。

硅酸盐浓度（Na/Si 比值＝常数）、凝胶时间随着 pH 值的增加线性增加，这与 Iler（1979）进行的类似试验一致。凝胶时间的增加是由于带电荷的硅酸阴离子的数量随着 pH 值的增加而增加，当 pH 值为 8.8 时，带电荷的硅酸阴离子的量从约 15%的 $SiO(OH)_3$（剩余的硅酸阴离子为中性）转变为 pH 值为 10.8 时几乎 100%的硅酸。从这些试验中可以得出结论，决定屏蔽容量和凝胶时间的不是钠与硅酸之比，而是阳离子总电荷与硅酸阴离子总电荷之比，后者是 pH 值的函数。

从这个意义上讲，阳离子总电荷的影响也可以归结为 pH 值的影响，根据前文分析，混凝土孔溶液中 Ca^{2+} 浓度接近饱和，阳离子的总浓度较高，会使溶胶凝胶化迅速完成，因此并不是影响 ASR 凝胶膨胀速率的核心因素。综合考虑，本书建立 ASR 动力学预测模型时，考虑了 pH 值对反应进程的影响，不再考虑阳离子浓度的影响。

阳离子除了影响凝胶形成的速度以外，还会影响 ASR 凝胶的组成和性质、膨胀压力大小以及 ASR 过程中混凝土内部产生的损伤（Haha et al.，2007）。有证据（Kawamura et al.，2004）表明，仅仅形成 ASR 凝胶未必构成对混凝土的损伤，不同成分的凝胶可能表现出截然不同的行为（即有害或无害）。例如，有人认为，钙的存在是形成凝胶的先决条件（Diamond，1989；Glasser，1992），低钙和高碱（Na、K）含量的凝胶可以作为流动液体，渗透到周围水泥浆体的孔隙结构中而不会造成损害。另一方面，高钙含量（即 Ca/Si＞0.5）凝胶将接近火山灰 C—S—H 的组成和性质，具有高刚度和低膨胀（Monteiro，1997；Krogh，1975）。具有中等钙含量的凝胶可能既膨胀又能产生和维持高应力水平，从而对混凝土造成损害。尽管有这些假设和定量的关系，其组成和性能尚未得到系统的研究。

Hou et al.（2005）现场采集 ASR 凝胶中碱金属和碱土金属的浓度通常在(Na＋K)/Si＝0.1～1.2 和(Ca＋Mg)/Si＝0.0～0.2（摩尔比）的范围内。Šachlová et al.（2010）对大量的现场和实验室凝胶进行了对比研究，认为凝胶的年龄和水泥浆体的组成可以显著影响凝胶的形态和组成。Struble et al.（2010）研究了一些钠硅和钠钙硅凝胶的溶胀特性，他们的结论是，凝胶的成分大大改变了它们的溶胀行为，并且发现某些凝胶在溶胀方面是无害的。然而，即使是成分相近的凝胶，其自由膨胀率也有较大的变化（如 0.5%～

81%)。由于缺乏重复性，关于钙、钠和凝胶初始含水量对溶胀性能的影响还不能得出确切的结论。

本书模型在建立时，初步考虑了Ca/Si对凝胶性能的影响，按照Asghar（2016）的研究结果，认为Ca/Si>0.5时，生成的凝胶不具有肿胀性，本书模型中采用该结论，生成硅酸的量与孔溶液中Ca^{2+}的浓度进行比较，认为Si>2Ca（摩尔比）时，才会形成肿胀性凝胶。

4.4.1.3 凝胶的溶胀机理

按照凝胶化学（顾雪蓉等，2005）的基本原理，通常干燥凝胶吸收溶剂进行溶胀的过程是3种现象的串联过程，即：第一步溶剂分子向高分子网络中扩散；第二步由溶剂化引起高分子链从玻璃态向橡胶态松弛；第三步高分子网络向溶剂中扩散。并且，其中某一过程决定反应速率，故凝胶的溶胀行为能分成各种类型。当第一步过程决定反应速率时，凝胶吸收的溶剂量较少，高分子链几乎不松弛，或者高分子链非常快松弛，凝胶的溶胀由溶剂分子向网络中扩散所控制（Fick扩散）。若第二步过程决定反应速率，即高分子链松弛产生影响时，溶胀行为偏离Fick扩散（不规则扩散）。第三步过程决定反应速率时，凝胶的溶胀由高分子网络链向溶剂中扩散所支配，此时凝胶的溶胀行为可用网络的协同扩散来解释。

凝胶的溶胀和收缩与气体和液体的扩散在本质上是不同的。由于凝胶中的分子链相互连接，不允许任意的扩散，要求总体的形变能不断地变为最小。对于球形凝胶，由于在半径以外的方向形变被抵消，形变能最小的要求在半径以外不存在，但是凝胶具有显著的各向异性的形状时，溶胀不仅是协同扩散，还必须考虑形变松弛过程。先假设ASR凝胶为球对称凝胶，下面讨论其溶胀速率。考虑凝胶网络中的某一个交联点r，如图4.49所示，由于吸水溶胀，移至r'的位置。此时，

$$\boldsymbol{u}=\boldsymbol{r}'-\boldsymbol{r} \tag{4.43}$$

式中：$\boldsymbol{u}$为位移矢量。

凝胶的微小体积因子在流体中运动时的运动方程式为

$$F=\nabla\tilde{\sigma}-f\,\frac{\partial \boldsymbol{u}}{\partial t} \tag{4.44}$$

式中：$\tilde{\sigma}$为应力张量；f为摩擦系数；F为微小体积因子的质量与加速度之积，可写成：

$$F=\rho\,\frac{\partial^2 \boldsymbol{u}}{\partial t^2} \tag{4.45}$$

把式（4.45）代入式（4.44）中，对于各向同性的物体的应力矢量与位移矢量的关系表达为

$$\sigma_{ik}=2\boldsymbol{u}\left(\boldsymbol{u}_{\mathrm{ik}}-\frac{1}{3}\nabla\boldsymbol{u}\delta_{ik}\right)+K\ \nabla\boldsymbol{u}\delta_{ik} \tag{4.46}$$

$$\boldsymbol{u}_{ik}\equiv\frac{1}{2}\left(\frac{\partial \boldsymbol{u}_i}{\partial x_k}+\frac{\partial \boldsymbol{u}_k}{\partial x_i}\right)$$

由此，得到凝胶的运动方程式：

$$\rho\,\frac{\partial^2 \boldsymbol{u}}{\partial \mathrm{t}^2}=\mu\nabla^2\boldsymbol{u}+\left(K+\frac{1}{3}\boldsymbol{u}\right)\nabla(\nabla\boldsymbol{u})-f\,\frac{\partial \boldsymbol{u}}{\partial t} \tag{4.47}$$

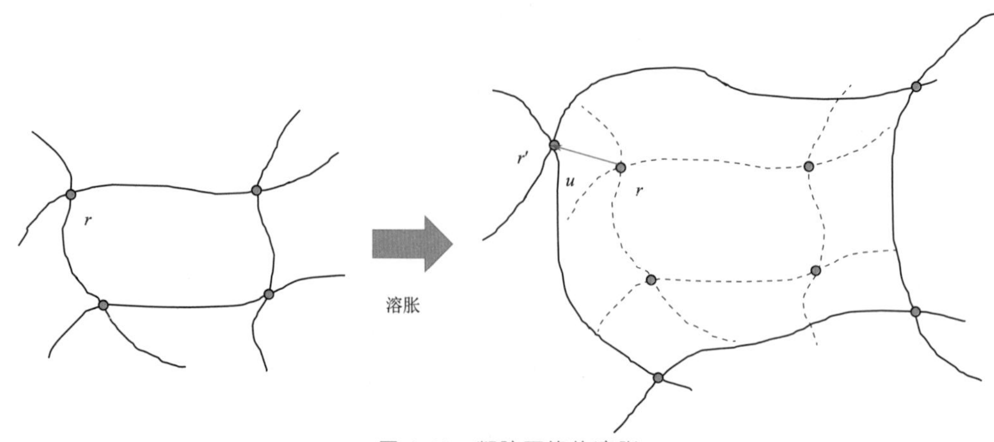

图 4.49　凝胶网络的溶胀

图中实线是凝胶网络，圆点表示交联点

构成网络的组分，也就是高分子的部分链是不能独立运动的，与其他部分链相互影响地一同运动。考虑网络的运动时，与式（4.47）右边各项比较，式（4.47）的左边小到可以忽略，因此，可得式（4.48）：

$$f\frac{\partial \boldsymbol{u}}{\partial t}=\mu\nabla^2\boldsymbol{u}+\left(K+\frac{1}{3}\mu\right)\nabla(\nabla\boldsymbol{u}) \tag{4.48}$$

溶胀行为是高分子网络协同扩散产生的，这与过去认为凝胶溶胀取决于溶剂分子扩散的想法相反，田中豊一（1995）等以高分子网络向溶剂中扩散，来分析凝胶的溶胀行为，得到球形凝胶半径变化函数：

$$\Delta R_{\text{gel}}(t)=\frac{6\Delta R_{\text{gel},\infty}}{\pi^2}\sum_{1}^{\infty}\frac{1}{n^2}\exp\left(-\frac{n^2\pi^2D_{\text{c}}t}{R_{\text{gel}}^2}\right)\approx\frac{6\Delta R_{\text{gel},\infty}}{\pi^2}\exp\left(-\frac{\pi^2D_{\text{c}}t}{R_{\text{gel}}^2}\right) \tag{4.49}$$

式中：$\Delta R_{\text{gel},\infty}$ 为凝胶吸水肿胀后的最终半径；R_{gel} 为初始半径；D_{c} 为溶剂扩散系数；t 为时间。

4.4.1.4　凝胶体积膨胀模型

如前所述，凝胶颗粒半径变化符合式（4.49），此时，凝胶粒子体积的变化为

$$\begin{aligned}\Delta V_{\text{single}}&=\frac{4}{3}\pi(R_{\text{gel}}+\Delta R_{\text{gel}})^3-\frac{4}{3}\pi R_{\text{gel}}{}^3\\&=\frac{4}{3}\pi(3R_{\text{gel}}{}^2\Delta R_{\text{gel}}+3R_{\text{gel}}\Delta R_{\text{gel}}{}^2+\Delta R_{\text{gel}}{}^3)\end{aligned} \tag{4.50}$$

由于半径变化量 ΔR_{gel} 相对于 R_{gel} 是一个微小变化，其高次项可以近似舍去，可得

$$\Delta V_{\text{single}}\approx4\pi R_{\text{gel}}{}^2\Delta R_{\text{gel}} \tag{4.51}$$

将半径变化公式（4.49）代入可得

$$\Delta V_{\text{single}}=4\pi R^2\frac{6\Delta R_{\text{gel},\infty}}{\pi^2}\exp\left(-\frac{\pi^2D_{\text{c}}t}{R_{\text{gel}}^2}\right) \tag{4.52}$$

由于 ΔR、R、D_{c} 均是未知量，可以假设 $\lambda=4\pi R_{\text{gel}}^2\frac{6\Delta R_{\text{gel},\infty}}{\pi^2}$，为表观最大膨胀量；令

$D_{c,a}=\frac{\pi^2 D_c t}{R_{gel}^2}$，为凝胶表观扩散系数。则可简化为

$$\Delta V_{single}=\lambda\exp(-D_{c,a}t) \tag{4.53}$$

λ 和 $D_{c,a}$ 与凝胶的种类有关，可以根据不同岩石生成的凝胶导致的膨胀率进行标定。

需要注意的是，凝胶的膨胀并不等价于砂浆或混凝土试件的膨胀，还与混凝土的弹性模量、骨料含量等因素有关。如图4.50，可以按照复合材料受力分析计算。

假设单方混凝土中骨料所占体积为 V_G，把混凝土和骨料都等效成立方体，则立方体的边长为1，骨料的边长为$\sqrt[3]{V_G}$，在竖直方向上，凝胶肿胀力被周围的浆体约束，骨料被周围的凝胶和砂浆包围，达到受力平衡，有

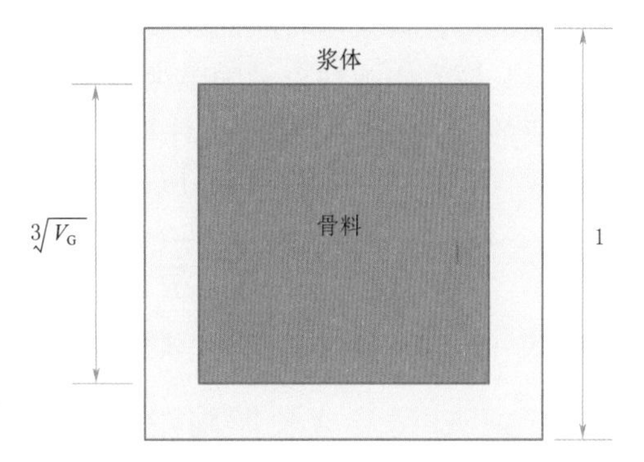

图4.50 凝胶膨胀受力示意图

$$F_{gel}=\varepsilon_{gel}E_{gel}(\sqrt[3]{V_G})^2 \tag{4.54}$$

$$F_{paste}=\varepsilon_{paste}E_{paste}[1-(\sqrt[3]{V_G})^2] \tag{4.55}$$

$$F_{agg}=\varepsilon_{agg}E_{agg}(\sqrt[3]{V_G})^2 \tag{4.56}$$

$$F_{gel}=F_{paste}=F_{agg} \tag{4.57}$$

故有：

$$\varepsilon_{paste}=\varepsilon_{gel}\frac{E_{gel}}{E_{paste}}\frac{V_G^{2/3}}{1-V_G^{2/3}} \tag{4.58}$$

$$\varepsilon_{agg}=-\varepsilon_{gel}\frac{E_{gel}}{E_{agg}} \tag{4.59}$$

$$\begin{aligned}\varepsilon_{total}&=\varepsilon_{gel}\frac{E_{gel}}{E_{paste}}\frac{V_G^{\frac{2}{3}}}{1-V_G^{\frac{2}{3}}}-\varepsilon_{gel}\frac{E_{gel}}{E_{agg}}\\&=\varepsilon_{gel}E_{gel}\left(\frac{1}{E_{paste}}\frac{V_G^{\frac{2}{3}}}{1-V_G^{\frac{2}{3}}}-\frac{1}{E_{agg}}\right)\end{aligned} \tag{4.60}$$

即试件整体的膨胀率不仅与凝胶膨胀率有关，还与砂浆（或混凝土）的弹性模量模、骨料体积分数、骨料的弹性模量等有关，整体上表现为砂浆弹性模量越大，宏观膨胀越小；骨料体积分数越大，膨胀越大；骨料弹性模量越大，膨胀率越大。

又因为砂浆或混凝土的弹性模量是随时间变化的，可以用式（4.61）表示：

$$E_{paste}=E_{(28,T)}\exp\left[s\left(1-\sqrt{\frac{28}{t}}\right)\right] \tag{4.61}$$

同时，考虑到砂浆或混凝土的弹性模量也是温度 T 的函数，表达为

$$E_{(28,T)}=E_{28}\exp\left[\frac{-E_a}{R}\left(\frac{1}{293.15}-\frac{1}{T+273.15}\right)\right] \tag{4.62}$$

式中：E_a 为弹性模量随温度变化的活化能；R 为气体常数；s 为弹性模量发展系数，可以通过实测弹性模量随时间的发展得到。

式（4.62）中弹性模量随温度的变化，可以通过试验得到，通过拟合可以得到某一混凝土对应的 E_a 和 E_{28}，从而可计算不同养护温度时，28d 对应的弹性模量。

将式（4.62）代入式（4.61），可得

$$E_{paste,T,t}=E_{28}\exp\left[\frac{-E_a}{R}\left(\frac{1}{293.15}-\frac{1}{T+273.15}\right)\right]\exp\left[s\left(1-\sqrt{\frac{28}{t}}\right)\right] \tag{4.63}$$

将式（4.63）与式（4.60）联立，即可得到试件膨胀率的表达式。

4.4.2　碱-硅酸反应长期膨胀变形动力学预测模型及敏感性分析

4.4.2.1　碱-硅酸反应长期膨胀变形动力学预测模型

1. 预测模型

如前所述，本书按照 ASR 反应机理，将 ASR 过程分为 4 个步骤：

第一步：混凝土孔溶液中的 OH^-、Na^+、K^+ 等向骨料内部扩散。假设骨料内部活性矿物分布均匀，碱金属离子和 OH^- 能够扩散到骨料内一定深度，在此范围内活性 SiO_2 具备发生 ASR 的条件。该过程主要受温度、孔溶液离子浓度、时间、骨料孔隙率等因素影响。因骨料孔隙率随时间变化对扩散过程影响明显，因此，本书所建碱金属离子扩散动力学方程考虑了孔隙时变影响。以扩散深度 $x(t)$ 作为碱金属离子扩散动力学方程表达式。

需注意，扩散使 OH^-、碱金属离子与活性 SiO_2 矿物接触，仅是 ASR 发生的必要条件，该位置处是否发生 ASR，还需考虑活性 SiO_2 是否具备溶解条件以及溶解速率。

第二步：扩散控制范围内活性 SiO_2 溶解。在第一步碱金属离子扩散动力学方程计算的深度范围内，活性 SiO_2 具备溶解条件，其溶解速率受温度、pH 值影响。同时，由于骨料粒径影响全部骨料中活性 SiO_2 溶解总量，因此溶解方程亦需考虑粒径影响。本书所建模型中，以溶解速率 $\frac{d[H_2SiO_4^{2-}]}{dt}$ 作为活性 SiO_2 溶解动力学方程表达式。

第三步：生成 ASR 凝胶并发生肿胀。凝胶肿胀量与凝胶数量成正比，假设凝胶数量与 SiO_2 溶解量成正比。凝胶肿胀量与凝胶类型、吸水速率等有关。因 ASR 凝胶组成、结构复杂，本模型中采用 λ、$D_{c,a}$ 作为凝胶肿胀的基本物理参数，可采用混凝土棱柱体法试验结果标定。

第四步：凝胶肿胀导致混凝土试件宏观膨胀变形。采用凝胶、骨料、浆体三相复合材料模型计算凝胶肿胀导致的混凝土宏观膨胀变形，凝胶肿胀量受第三步控制，而混凝土宏观膨胀变形还与骨料弹性模量、浆体弹性模量、凝胶弹性模量等因素有关。

按照上述四个步骤，将考虑孔隙时变影响的碱金属离子扩散动力学方程、扩散控制的 SiO_2 溶解动力学方程、凝胶肿胀模型、三相复合材料变形方程联立即可建立混凝土试件宏观膨胀变形预测模型：

$$
\begin{cases}
\varepsilon_{\text{total}}=\varepsilon_{\text{gel}}E_{\text{gel}}\left(\dfrac{1}{E_{\text{paste}}}\dfrac{V_{\text{G}}^{\frac{2}{3}}}{1-V_{\text{G}}^{\frac{2}{3}}}-\dfrac{1}{E_{\text{agg}}}\right)\\
E_{\text{paste},T,t}=E_{\text{paste},20℃,28\text{d}}\exp\left[\dfrac{-E_{\text{a,m}}}{R}\left(\dfrac{1}{293.15}-\dfrac{1}{T+273.15}\right)\right]\exp\left[s\left(1-\sqrt{\dfrac{28}{t}}\right)\right]\\
\varepsilon_{\text{gel}}=[\text{H}_2\text{SiO}_4^{2-}]\lambda\exp(-D_{\text{c,a}}t)\\
\dfrac{\text{d}[\text{H}_2\text{SiO}_4^{2-}]}{\text{d}t}=A_{\text{diss}}\exp\left(-\dfrac{E_{\text{a,diss}}}{RT}\right)\left\{1-\left[1-\dfrac{x(t)}{d}\right]^3\right\}w_{\text{SiO}_2}10^{n(\text{pH}-kw)}\\
x(t)=2\sqrt{A_{\text{diff}}\exp\left(-\dfrac{E_{\text{a,diff}}}{RT}\right)\dfrac{t^{2m+1}}{2m+1}}\text{erfinv}\left[1-\dfrac{C_{\text{r}}}{C_{\text{s,0}}\exp\left(\dfrac{T}{b}\right)}\right]
\end{cases}
\tag{4.64}
$$

式中：$\varepsilon_{\text{total}}$ 为混凝土试件宏观变形；ε_{gel} 为 ASR 凝胶肿胀量；E_{gel} 为 ASR 凝胶弹性模量；E_{paste} 为浆体弹性模量，$E_{\text{paste},T,t}$ 为养护温度为 T、龄期为 t 时浆体的弹性模量；$E_{\text{paste},20℃,28\text{d}}$ 为养护温度为 20℃时 28d 浆体的弹性模量；V_{G} 为活性骨料在试件中所占体积分数；E_{agg} 为骨料弹性模量；$E_{\text{a,m}}$ 为浆体弹性模量相关的表观活化能；R 为理想气体常数；s 为浆体弹性模量发展系数；$[\text{H}_2\text{SiO}_4^{2-}]$ 为硅酸根生成量；λ 为凝胶肿胀系数，与凝胶种类有关；$D_{\text{c,a}}$ 为水分向凝胶网络扩散的表观扩散系数，与凝胶种类有关；A_{diss} 为活性 SiO_2 溶解动力学方程的指前因子；$E_{\text{a,diss}}$ 为活性 SiO_2 溶解动力学方程的表观活化能；$x(t)$为 t 时刻碱金属离子和 OH^- 扩散进入骨料内部的深度；d 为骨料粒径；w_{SiO_2} 为骨料中活性 SiO_2 含量；n 为指数系数，无具体数值时可取 0.1；pH 为试件孔溶液 pH 值；kw 为水的电离常数，20℃时取 14；A_{diff} 为碱金属离子向骨料内部扩散动力学方程的指前因子；$E_{\text{a,diff}}$ 为碱金属离子向骨料内部扩散动力学方程的表观活化能；m 为碱液侵蚀作用下骨料孔隙时变系数；C_{r} 为发生 ASR 所需临界碱金属离子浓度；$C_{\text{s,0}}$ 为骨料表面碱金属离子浓度；b 为骨料表面碱金属离子富集系数。

2. 程序实现

因模型中溶解动力学方程为微分方程，方程形式比较复杂，不易求得解析解，因此可通过计算机程序按照迭代方式求取数值解，可选择 C、C++、VB、python、matlab 等多种计算机语言编程实现。以 matlab 语言为例，编写程序，程序代码见图 4.51，输入骨料粒径、养护温度、pH 值、骨料体积含量、弹性模量等参数，即可通过程序计算 ASR 膨胀发展历程。模型中 λ、$D_{\text{c,a}}$ 由于凝胶复杂无法实测，需要通过已测标准试件（混凝土棱柱体试件或砂浆棒试件）的膨胀变形进行标定，其他数值都通过碱金属离子扩散试验、SiO_2 溶解试验实测得到。

λ、$D_{\text{c,a}}$ 是与 ASR 凝胶的组成、特性相关的参数，由于不同活性骨料在不同环境下生成的 ASR 凝胶非常复杂，其特性差别较大，目前仍未建立公认的测试方法，因此也难以通过试验直接测得。本书采用一组粗骨料使用砂岩骨料、细骨料为非活性骨料的混凝土棱柱体试件 2100d 的膨胀变形（见表 4.11）对 λ、$D_{\text{c,a}}$ 进行标定，作为大奔流沟人工骨料砂岩的特定参数，用于后续膨胀变形预测模型计算。拟合结果见图 4.52，可以看出，本模型拟合曲线与实测膨胀历程吻合程度较高，拟合标定的参数为：$\lambda=1.9184$，$D_{\text{c,a}}=$

$1.8136\times10^{-7}\,m^2/s$。后续模型预测中，将此作为 λ、$D_{c,a}$ 的固定取值。

图 4.51　计算过程的程序实现

表 4.11　　砂岩粗骨料＋非活性细骨料混凝土棱柱体试件长龄期变形

龄期/d	7	14	28	60	90	120	180	270
膨胀率/%	0.007	0.010	0.011	0.018	0.029	0.044	0.074	0.081
龄期/d	360	720	1080	1440	1620	1800	2100	
膨胀率/%	0.084	0.085	0.083	0.085	0.090	0.092	0.091	

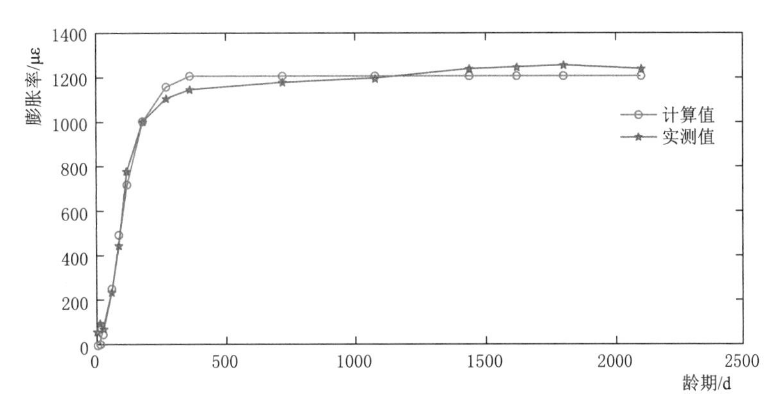

图 4.52 用大奔流沟人工骨料砂岩长龄期标准棱柱体膨胀率标定参数拟合结果

4.4.2.2 温度对膨胀率的影响

温度是影响 ASR 速度的重要因素，为了加速 ASR，常采用38℃、60℃、80℃等不同温度养护混凝土或者砂浆试件，观察试件的变形，以评价骨料是否有活性。从本书提出的模型也可以看出，温度主要影响碱离子在骨料中的扩散、骨料表面碱的富集、SiO_2 的溶解、砂浆的弹性模量等，影响过程相对复杂。在分析预测模型对温度的敏感性时，先固定骨料粒径、骨料弹性模量、砂浆基准弹性模量、pH 值等参数，通过调整温度，考察 ASR 膨胀率随时间的变化。

首先假设混凝土中碱含量非常高，pH 值为 14，骨料的体积约占总体积的 41.5%，不同最大骨料粒径下温度对膨胀率的影响见图 4.53。考虑到需要展示更多的细节，坐标轴尺度不宜太大，因此在图中给出 1000d 的计算结果。在 pH 值和骨料粒径不变时，温度对 ASR 的影响非常明显，模型可以显著区分不同温度下 ASR 发展趋势。也可以看出随着温度升高，ASR 反应速率大幅度提高，而在较低温度下，反应程度差别不大。

图 4.53（a）为最大骨料粒径为 20mm 时的情况。在温度为 80℃时，由于设置的混凝土内 pH 值较高，试件膨胀变形发展快，在 1000d 龄期时膨胀率接近 4.50%，并且约从600d 后，进入缓慢发展阶段，实际上混凝土无法承受如此大的膨胀变形，会形成大量的开裂。本模型的主要用途是预测混凝土在发生开裂以前的膨胀变形规律，混凝土一旦开裂后，变形将不再是“反应环”式膨胀引起，而是耦合了裂缝扩展、裂缝延伸等问题，本模型不再适用。温度降为 60℃时，试件 1000d 膨胀率约 1.00%，膨胀变形从 400d 后进入缓慢发展阶段。同样，混凝土也无法承受这么大的变形，因此会较早就开裂；温度为 40℃时，试件 1000d 膨胀率为 0.22%，在 150d 后进入缓慢发展阶段；20℃时，试件1000d 膨胀率基本为 0.036%。温度对膨胀率的影响非常明显，以 80℃时试件的膨胀率为基准，则 60℃、40℃、20℃下试件的膨胀率分别下降 78%、96%和 99%，这与前文中描述的温度对 ASR 影响符合 Arrhenius 定则基本一致，降幅呈自然对数规律，而非线性下降。

图 4.53（b）为最大骨料粒径为 40mm 时的情况。在温度为 80℃时，试件膨胀变形

依然很快，但在 1000d 龄期时的膨胀率为 2.2%，较同温度、最大粒径为 20mm 的试件[图 4.53 (a)]下降约 50%。60℃、40℃、20℃时试件 1000d 的膨胀率分别为 0.50%、0.10%、0.02%，同样以 80℃时试件膨胀率为基准，则 60℃、40℃、20℃下试件的膨胀率分别下降 77%、95%和 100%，趋势与最大骨料粒径为 20mm 时一致。

图 4.53 (c) 为最大骨料粒径为 80mm 时的情况。在温度为 80℃时，试件在 1000d 龄期时的膨胀率为 1.2%。60℃、40℃、20℃时试件 1000d 的膨胀率分别为 0.25%、0.02%、0.01%，同样以 80℃时试件膨胀率为基准，则 60℃、40℃、20℃下试件的膨胀率分别下降 79%、98%和 100%，趋势与最大骨料粒径为 20mm、40mm 时基本一致。

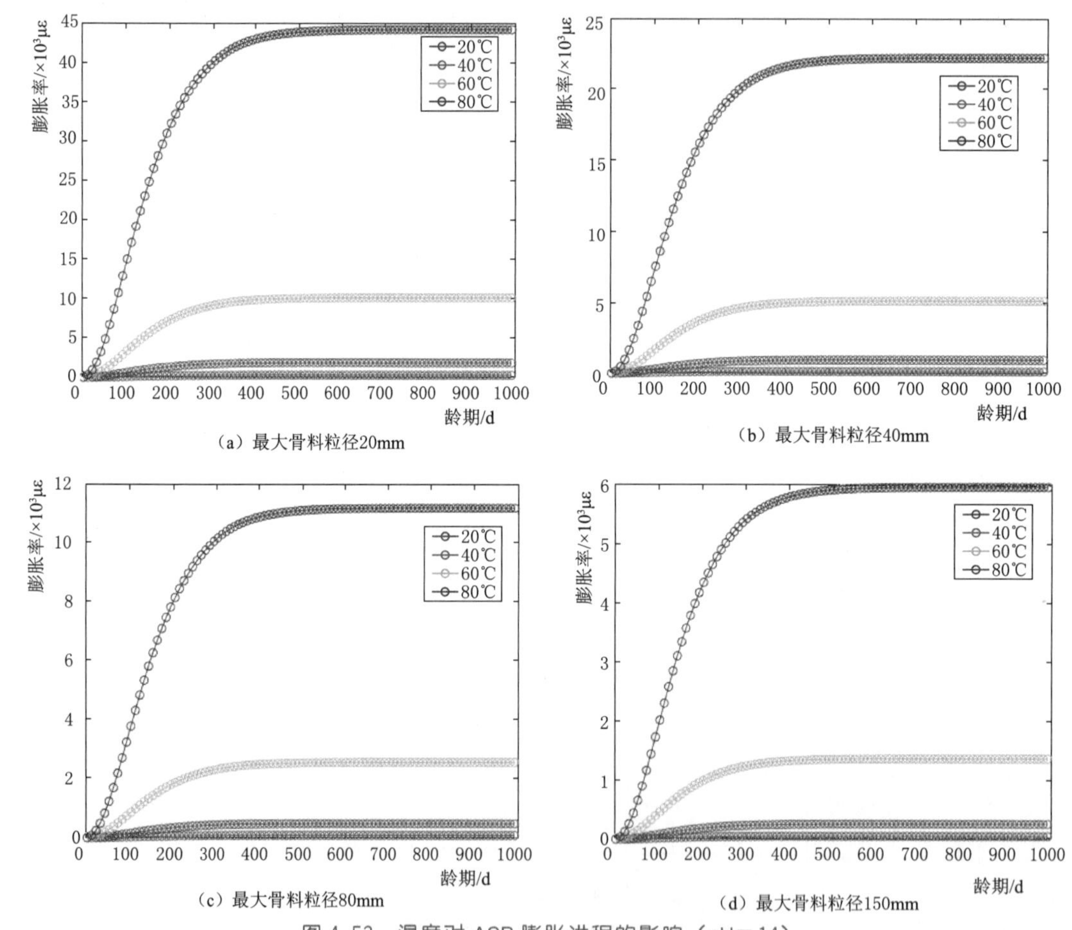

图 4.53　温度对 ASR 膨胀进程的影响 (pH＝14)

图 4.53 (d) 为最大骨料粒径为 150mm 时的情况。在温度为 80℃时，试件在 1000d 龄期时的膨胀率为 0.6%。60℃、40℃、20℃时试件 1000d 的膨胀率分别为 0.13%、0.01%、0，同样以 80℃时试件膨胀率为基准，则 60℃、40℃、20℃下试件的膨胀率分别下降 78%、98%和 100%，趋势与最大骨料粒径为 20mm、40mm、80mm 时基本一致。

当 pH 值为 11 时，不同最大骨料粒径下温度对膨胀率的影响见图 4.54。可以看出，此时不论养护温度如何，形成的膨胀非常小，潜伏期大幅度延长，并且表现出了温度越

低、最终膨胀量越大的规律。这与试验中观察到的现象是一致的，主要是因为pH值较低时，温度对ASR的加速作用削弱，但温度对混凝土的成熟度影响显著，温度越高，同龄期混凝土的弹模越大，因此产生的变形也会越小。

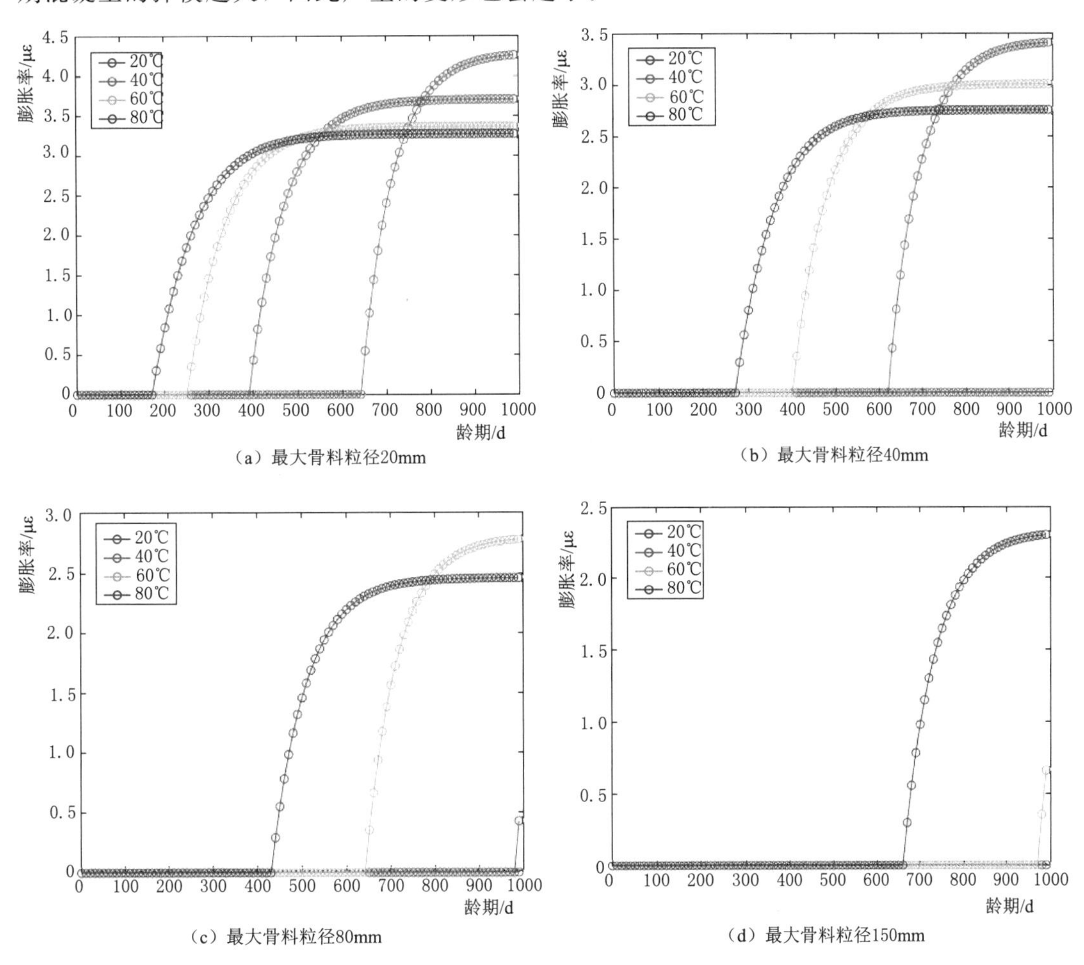

图4.54 温度对ASR膨胀进程的影响（pH=11）

4.4.2.3 骨料粒径的影响

在上节分析温度对ASR膨胀率的影响时，可以看出骨料粒径的影响也很明显，因此本节重点分析骨料粒径的影响趋势。

以pH值=14为例，不同温度下骨料粒径对膨胀率的影响见图4.55。在80℃、pH值=14的条件下养护1000d时，最大骨料粒径为20mm、40mm、80mm、150mm的试件膨胀率分别为4.5%、2.2%、1.1%、0.5%，骨料粒径越大，膨胀率越小，这与试验中观察到的现象是一致的；以最大骨料粒径20mm的试件膨胀率为基准，则40mm、80mm、150mm的试件膨胀率分别下降51%、76%、89%，骨料粒径的影响不及温度影响显著。与上一节遇到的问题相同，由于本模型只计算理论变形，所得结果未考虑开裂后的变形发展情况，因此变形数值较高，实际在如此高的膨胀率下，混凝土已经发生开裂。在pH值=14，养护温度为60℃、40℃、20℃下，粒径对膨胀变形的影响与80℃下相似。

以 40℃为例，当最大骨料粒径 20mm 的试件膨胀率为 0.19%时，最大骨料粒径 150mm 的试件同龄期的膨胀率仅有 0.02%。需要注意的是，骨料粒径增大虽然会使膨胀变形减小，但并不代表开裂趋势会降低，根据前期观测，大粒径骨料在较小的膨胀变形下即会开裂（Pan et al.，2022；Bai et al.，2018），因此在考虑实际 ASR 风险时，还需结合材料细观力学分析来判断。

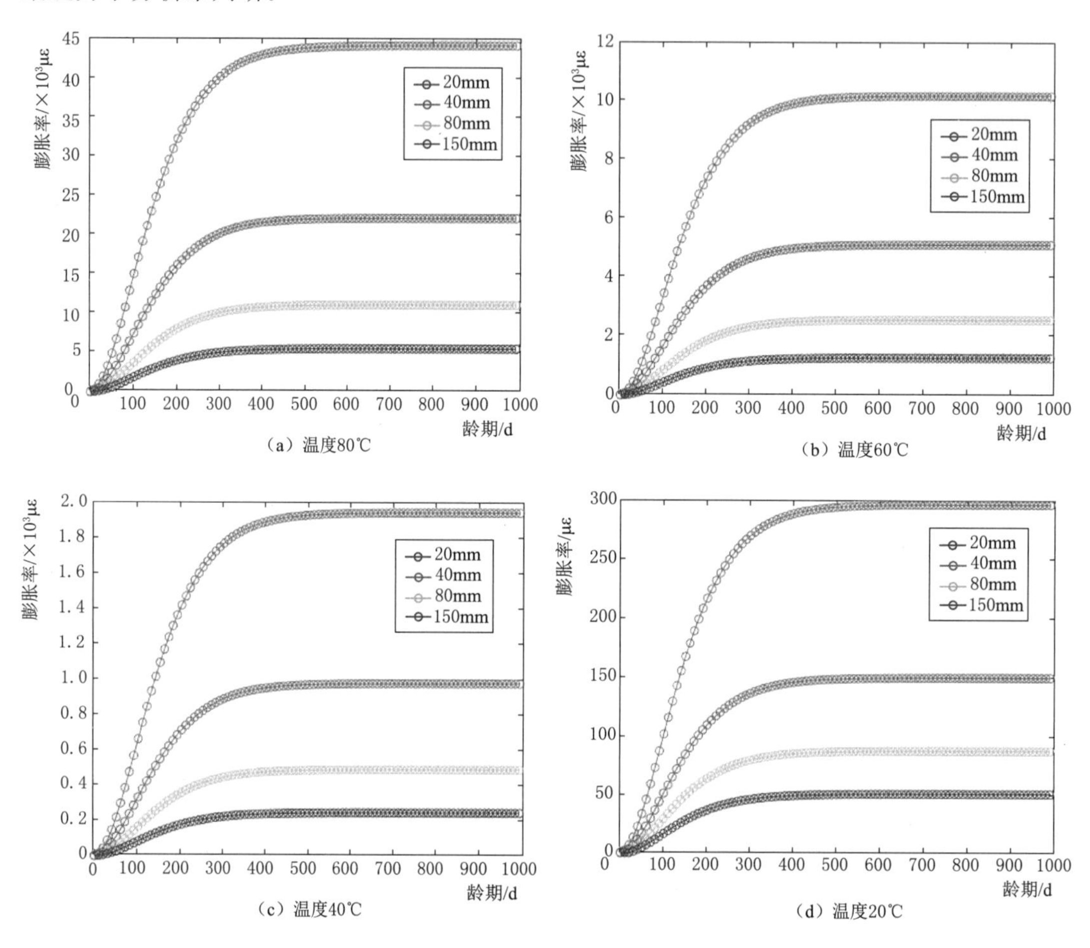

图 4.55　最大骨料粒径对 ASR 膨胀进程的影响（pH＝14）

4.4.2.4　孔溶液 pH 值的影响

孔溶液 pH 值对 ASR 膨胀的影响，在前文讨论 SiO_2 溶解过程时曾重点分析，在本书建立的模型中也充分考虑了 pH 值对计算结果的影响。因骨料粒径、温度等因素的影响在前文中已分析，此处重点以最大骨料粒径 150mm、养护温度为 40℃为例，分析 pH 值对膨胀率的影响，孔溶液 pH 值对 ASR 膨胀的影响见图 4.56。按照前文分析，pH 值对 SiO_2 溶解量的影响呈指数函数变化，因 SiO_2 溶解量影响生成的 ASR 凝胶数量，从而影响试件的膨胀率，因此 pH 值对膨胀变形的影响也呈现出类似指数函数的特征。在 pH 值为 14 时，最大骨料粒径 150mm 的试件 1000d 膨胀率为 0.026%；pH 值为 13 时，对应膨胀率大幅下降至 0.009%；而在 pH 值为 12 时，对应膨胀率只有 0.001%；pH 值为 11

时，未发生膨胀。

一项关于低碱水泥pH值的相关研究（Alonso et al.，2012）表明，采用低碱水泥可以控制孔溶液的pH值在11～12之间。根据本文模拟的结果，在这种情况下ASR发生的风险极低。锦屏一级水电站在配制混凝土时采用了碱含量小于0.5%的低碱水泥，并且掺入35%的Ⅰ级粉煤灰，这些措施会显著降低混凝土孔溶液的pH值，对于抑制ASR非常有益。后文将分析运行10年后大坝混凝土芯样孔溶液pH值，并结合本书提出的动力学模型对长期变形进行预测。

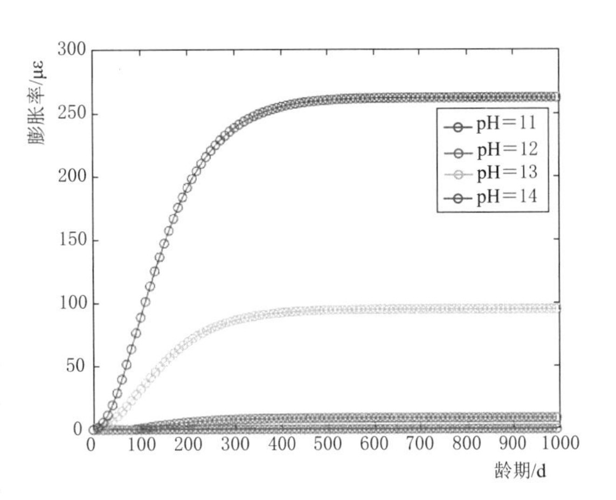

图4.56 孔溶液pH值对ASR膨胀的影响
（骨料粒径150mm，40℃）

4.4.3 长龄期混凝土棱柱体试验验证模型

前文采用混凝土棱柱体试件长龄期变形标定了凝胶肿胀参数λ、$D_{c,a}$，因此不宜再用同组混凝土棱柱体试件变形来检验模型的可靠性，需另行选择合适的实测试验数据来验证模型。

雅砻江公司和成都院曾组织南科院、长科院、南工大等单位开展锦屏砂岩碱活性抑制平行试验，采用混凝土棱柱体法进行了长达12年的变形观测，因各方试验所用水泥、砂岩骨料、粉煤灰等均为同一批次原材料，所以测得的基本试验参数可以通用，本文用成勘院报告中的实测变形结果对模型进行验证。

试验所用水泥和粉煤灰分别为峨眉P·MH 42.5中热水泥和宣威Ⅰ级粉煤灰，化学成分见表4.12。粉煤灰掺量为0%和35%。粗骨料为砂岩粗骨料。细骨料为无潜在碱活性的大理岩机制砂。

配合比参照混凝土棱柱体标准试验方法，胶材总量为420kg/m^3，调整水泥碱含量为1.25%，混凝土配合比见表4.13。试件尺寸由75mm×75mm×285mm调整为100mm×100mm×400mm，一组3个试件。试件在20℃±2℃的拌和间成型，送入20℃±3℃、相对湿度95%以上的养护室中养护24h±4h后拆模，在20℃±2℃的恒温室中测量试件的基准长度，然后将试件用湿毛巾包裹，放入密封的塑料袋中，再放入38℃±2℃的养护室中养护。在不同龄期采用螺旋测微器测量试件的长度变化，直至12年。

表4.12 水泥和粉煤灰化学成分

项目	SiO_2	CaO	MgO	Fe_2O_3	Al_2O_3	SO_3	Na_2O	K_2O	Na_2O_{eq}
P·MH 42.5水泥	20.93	61.42	3.74	5.55	4.72	1.92	0.24	0.38	0.49
Ⅰ级粉煤灰	53.80	3.16	1.52	9.32	24.60	0.42	0.28	0.82	0.82

表 4.13　　混凝土配合比（kg/m^3）

编号	水胶比	水泥	FA	水	砂	骨料级配	粗骨料		
							5～10mm	10～15mm	15～20mm
0%	0.43	420	0	181	720	—	360	360	360
35%		273	147						

试验结果见表 4.14。由于采用的是砂岩粗骨料与大理岩细骨料的组合骨料，不掺粉煤灰的混凝土棱柱体 1 年膨胀率为 0.084%，全部采用砂岩骨料成型的混凝土棱柱体同龄期膨胀率为 0.124%，组合骨料的膨胀率略低，但二者均远超出活性骨料判据 0.04%。

表 4.14　　混凝土棱柱体变形试验结果（100mm×100mm×400mm）

龄期/d	粉煤灰掺量 0%	粉煤灰掺量 35%	龄期/d	粉煤灰掺量 0%	粉煤灰掺量 35%
	膨胀率/%			膨胀率/%	
7	0.007	0.002	2100	0.091	−0.0007
14	0.010	0.004	2180	0.091	0.002
28	0.011	−0.003	2370	0.089	−0.001
60	0.018	0.002	2550	0.092	−0.001
90	0.029	0.004	2730	0.085	−0.003
120	0.044	0.005	2910	0.087	−0.004
180	0.074	0.004	3090	0.084	−0.002
270	0.081	0.001	3280	0.085	−0.003
360	0.084	0.003	3460	0.083	−0.001
720	0.085	0.005	3650	0.082	−0.002
1080	0.083	0.000	3830	0.083	−0.002
1440	0.085	0.003	4010	0.082	−0.003
1620	0.090	0.005	4200	0.081	−0.004
1800	0.092	0.003	4380	0.080	−0.006

在本书提出的模型中，输入如下参数：

（1）骨料粒径 d。一级配按照 5～10mm、10～15mm、15～20mm 三个粒径来考虑，每个粒径均取平均粒径作为 d 的取值，如 5～10mm 的骨料取 7.5mm，以此类推。在计算时按照不同骨料的实际占比进行加权，计算总膨胀率。

（2）粗骨料体积分数 V_G。按照实际配合比计算得到，骨料密度取 $2710kg/m^3$。混凝土粗骨料体积分数为 40%。

（3）材料弹性模量。骨料弹性模量 E_{agg} 根据第 2 章，取 39.9GPa；20℃标准条件下砂浆弹性模量根据试验结果取 30GPa，参照祝小靓等（2017）研究结果，不掺粉煤灰组的弹性模量发展活化能 $E_{a,m}$ 取 44480J/mol，掺粉煤灰组的弹性模量发展活化能 $E_{a,m}$ 取 38530J/mol。ASR 凝胶的弹性模量 E_{gel} 参考文献（Ramos et al.，2018）取 11GPa。s 取 0.3。

(4) ASR凝胶特征参数。取前文标定值 $\lambda=1.9184$，$D_{c,a}=1.8136\times10^{-7}\text{m}^2/\text{s}$。

(5) 溶解方程参数。溶解过程主要有指前因子 A_{diss} 和活化能 $E_{\text{a,diss}}$，根据前文研究结果，取为 $A_{\text{diss}}=\exp(11.82\text{pH}-131.56)$，$E_{\text{a,diss}}=24313\text{pH}-253711$。

(6) 扩散方程参数。按照第3章研究结果，A_{diff} 取值 $2.14\times10^{-10}\text{m}^2/\text{s}$，活化能 $E_{\text{a,diff}}$ 取值22728J/mol，m 取值0.1，b 取值46.23K。

(7) 养护温度 T。按照实际取为38℃。

(8) pH值和碱浓度。根据实测混凝土棱柱体pH值，不掺粉煤灰的试件pH值取值13.4，掺粉煤灰的试件pH值取值12.2。

变形分析结果见图4.57。模型计算不掺粉煤灰的混凝土棱柱体在1年时膨胀变形达到0.089%，随后进入缓慢变化阶段；实测数据是在1年达到0.084%，随后在0.080%～0.090%之间波动，尤其是从2100d以后，有缓慢收缩趋势。

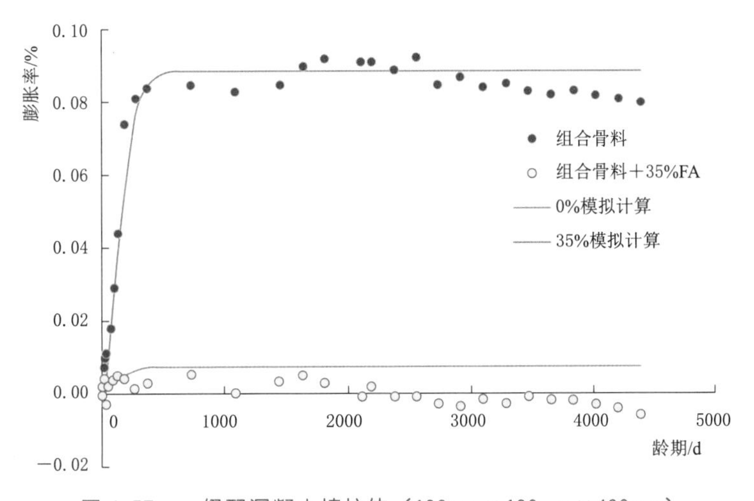

图4.57　一级配混凝土棱柱体(100mm×100mm×400mm)试验和模型计算结果

本书所建模型中未考虑混凝土收缩的相关因素，也未考虑温度引起的收缩膨胀，因此不会出现收缩。整体上，模型计算结果与实测结果高度吻合，这与模型所用参数来源于同批次原材料试验结果有关。掺35%粉煤灰的混凝土棱柱体在1年时膨胀变形为0.005%，随后出现略微的下降，至12年时，膨胀变形−0.006%，采用本书模型计算的变形在1年时达到0.007%，随后基本保持未增长。同样由于模型中未考虑收缩的因素，不能模拟出实际试件的收缩变形。但计算变形量整体与实测变形量相当。

4.5 ASR长期膨胀变形动力学预测模型应用

4.5.1 锦屏一级水电站大坝混凝土实体芯样孔溶液测试

2020年9月上旬，在锦屏一级水电站大坝不同部位钻取 $\phi200$mm的芯样共20根。取芯位置均在廊道周围钢筋混凝土侧墙上，混凝土为三级配（二道坝廊道芯样）或二级配（其他芯样）。坝体芯样为砂岩粗骨料-大理岩细骨料组合，二道坝芯样为全砂岩骨料。芯样钻取后立刻用保鲜膜包覆防止失水。

通过原位萃取法取得混凝土孔溶液，测试孔溶液pH值以及Na^+、K^+、Ca^{2+}等离子的浓度，确定大坝混凝土稳定孔溶液组成，作为ASR长期变形动力学预测模型的边界条件。

在芯样上钻取$\phi10\times100$mm的孔，采用高压风将孔清洗干净，在孔中注满去离子水，表面密封，芯样四周保持湿润，并用保鲜膜与胶带包裹密封，防止因芯样干燥导致孔中的液体损失。浸泡14d后，取出溶液，采用pH计测试pH值，采用原子吸收分光光度计测试Na^+、K^+离子含量，采用EDTA滴定法测试Ca^{2+}含量。

芯样孔中溶液pH值测试结果见图4.58，溶液平均pH值为12.04，最小值11.59，最大值12.31。由于实际混凝土中掺入了35%的Ⅰ级粉煤灰，并且采用了低碱水泥，孔溶液的pH相对较低。结合4.3节研究结果可知，pH对ASR的速度影响较大，呈指数函数关系，在pH超过12.5时，反应进程会大大加速。本工程已经运行10年以上，混凝土芯样孔溶液pH可以代表混凝土内部的稳定pH，实测pH结果表明本工程混凝土发生ASR的风险极低。

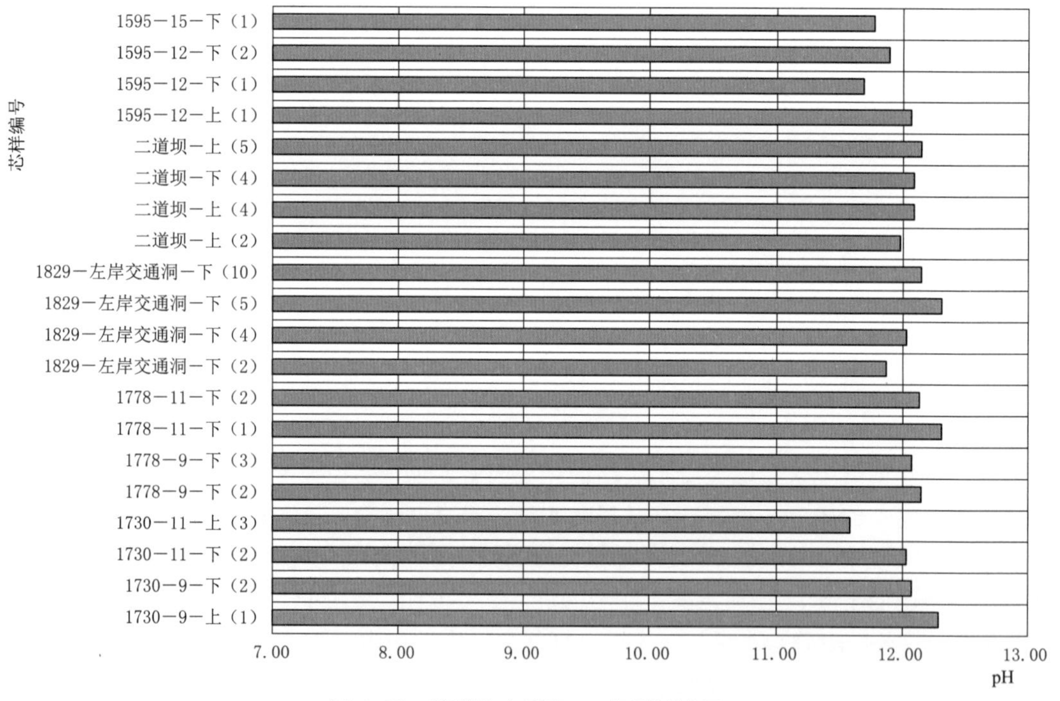

图4.58　芯样孔中溶液pH值测试结果

芯样孔中溶液碱金属离子含量测试结果见图4.59，碱金属离子平均浓度为7.4mmol/L，最小值2.11mmol/L，最大值25.67mmol/L。也是由于实际混凝土中掺入了35%的Ⅰ级粉煤灰，并且采用了低碱水泥，孔溶液的碱金属离子浓度相对较低。混凝土芯样孔溶液碱金属离子浓度也基本稳定，由于碱金属离子是发生ASR必备的条件之一，Diamond（1983）提出当孔溶液中碱金属离子浓度大于0.25mol/L才能生成ASR凝胶；Kollek（1986）提出当孔溶液中碱金属离子浓度大于0.30mol/L才能生成ASR凝胶；Kim（2015）提出当孔溶液中碱

金属离子浓度大于0.20mol/L才能生成ASR凝胶。锦屏一级水电站工程芯样中实测碱金属离子浓度远低于这个限值，表明本工程混凝土发生ASR的风险极低。

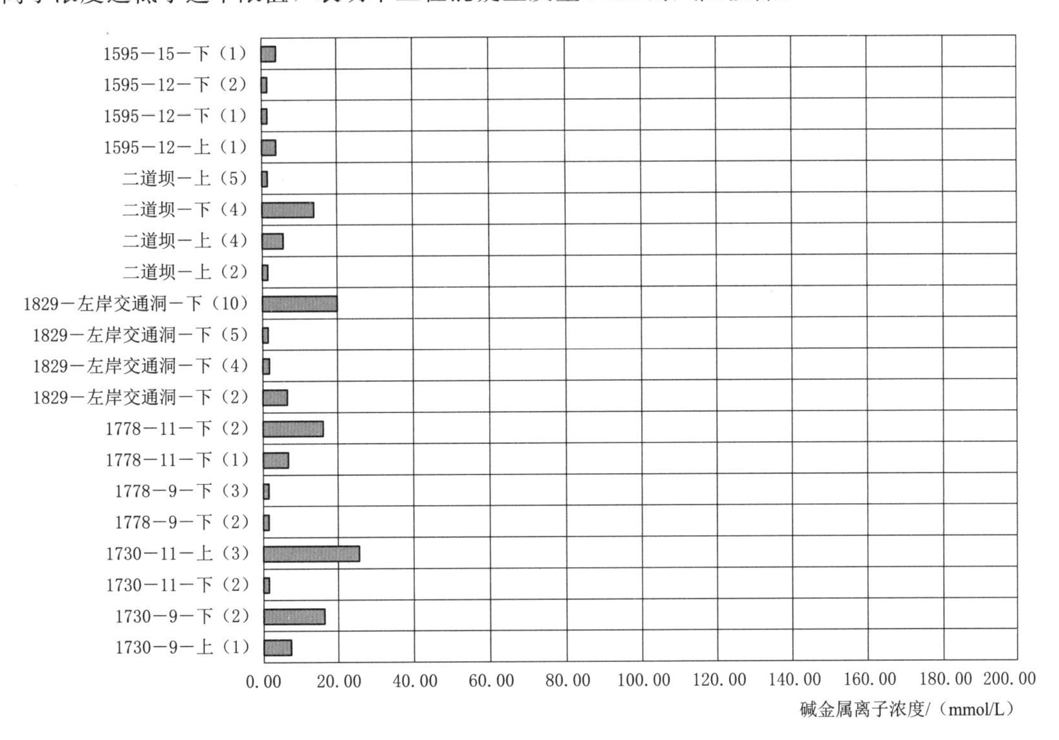

图4.59 芯样孔溶液碱金属离子浓度测试结果

芯样孔中溶液Ca^{2+}离子含量测试结果见图4.60，孔溶液平均Ca^{2+}离子含量为25mmol/L，查Ca（OH）$_2$溶解度表可知，室温下Ca（OH）$_2$的饱和浓度约为22mmol/L，因此可以认为孔溶液中Ca^{2+}处于饱和状态，平均值略高于饱和值，可能是由于溶液中除了OH^-以外，还有$SO_4{}^{2-}$等其他阴离子存在。混凝土配合中掺入了35%的Ⅰ级粉煤灰并未导致“贫钙”的发生。

动力学模型用到孔溶液中的Ca^{2+}浓度时，按照实测结果取平均值25mmol/L。

4.5.2 锦屏一级水电站大坝混凝土长期膨胀变形预测

为了对粉煤灰抑制砂岩ASR的有效性进行全面的评价，采用锦屏一级水电站大坝混凝土的实际配合比，进行全级配大体积混凝土长期膨胀变形预测。实际施工的混凝土强度等级为$C_{180}40$，配合比见表4.15。该配合比是施工方量最大的配合比。

表4.15 锦屏一级水电站大坝混凝土配合比

强度等级	水胶比	每方混凝土材料用量/(kg/m^3)							
		水泥	粉煤灰	水	砂	小石	中石	大石	特大石
$C_{180}40$	0.43	124	67	82	438	617	441	353	353

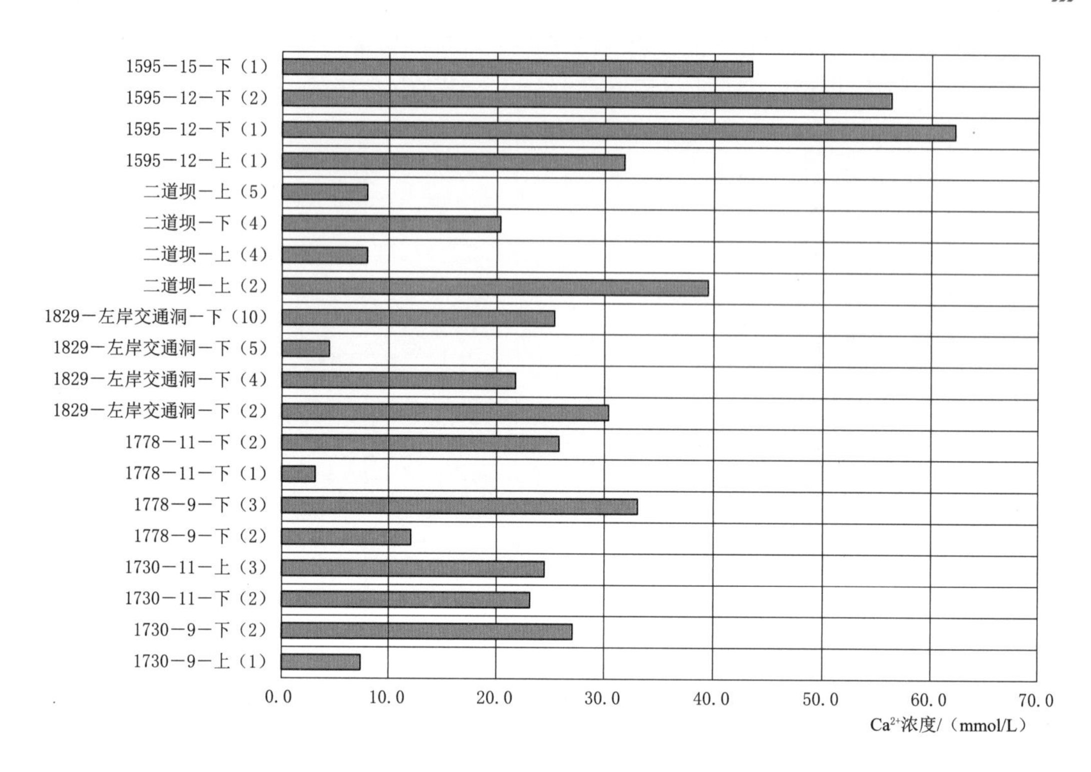

图 4.60　芯样孔溶液 Ca^{2+} 浓度测试结果

将实测实体混凝土孔溶液离子浓度、混凝土配合比参数代入至预测模型中，主要替换的模型参数的程序代码如下：

```
pH_v=12.04;
agg_size_all=[2.5 12.5 30 60 115];
agg_vol_all=[438 617 441 353 353]./2710;
E_concrete=27.32;
s=0.3323;
Cs=0.159; %%取碱金属离子最大值 25.67mmol/L,折算成百分数。
Ca=0.025;
```

其他参数选择与前文一致，预测结果见图 4.61。因实体混凝土中掺用了 35%的 Ⅰ 级粉煤灰，并且使用低碱水泥严格控制混凝土总碱量，实际混凝土孔溶液中的碱含量、pH 值很低，按照本书所建立的动力学模型计算，大坝混凝土 100 年膨胀变形小于 30$\mu\varepsilon$，初步判断发生 ASR 风险极低。

能够影响 ASR 进程的因素涉及面较广，包含骨料自身品质，如活性矿物组成、微观构造、力学性能、粒径等；混凝土的基本条件，如水胶比、碱含量、胶凝材料用量、含水量等；环境因素，如环境温度、环境湿度等。预测 ASR 变形历程必然需要充分考虑上述因素，将其作为模型输入参数，显得庞大、复杂。同时，由于不同骨料、不同条件下生成 ASR 凝胶的性质不同，往往需要根据骨料类型先通过试验对部分模型参数进行标定，已建模型并不能够覆盖其他骨料类型，如安山岩、流纹岩等火成岩，因此，模型的推广应用还需要进一步开展大量不同类型骨料的研究。

ASR动力学预测模型的一种应用模式是将ASR凝胶肿胀用动力学模型表征后，施加在骨料周边或骨料内部，以分析其对混凝土宏观裂缝、宏观膨胀、力学性能衰减的影响。该部分内容在本章中未及深入，仅采用复合材料受力分析进行了部分模拟，以至于在裂缝发生后本模型即难以适用，该部分研究内容将在随后章节深入开展。

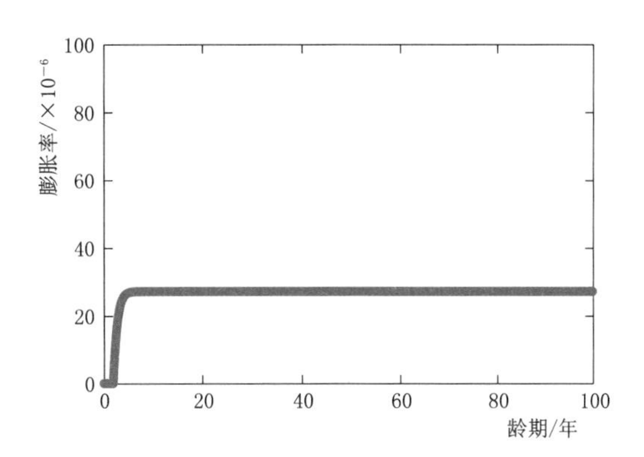

图4.61 根据实体孔溶液离子浓度和实际配合比预测大坝长期ASR变形

4.6 本章小结

本章聚焦影响ASR反应速率的两个关键控制过程——碱金属离子在骨料中的扩散、骨料中活性SiO_2的溶解，考察活性矿物分布、碱离子浓度、温度、骨料粒径等因素的影响规律，揭示了两个过程中的反应动力学机理，建立了包含碱金属离子扩散、活性SiO_2溶解、凝胶肿胀三个核心过程在内的ASR全过程动力学模型。主要结论如下：

（1）碱液浸泡下，碱金属离子会逐步扩散进入骨料内部，进入的深度以及沿深度方向的碱离子浓度分布，受温度、时间和骨料表面碱金属离子富集程度的影响。碱金属离子在骨料中的扩散现象属于非稳态扩散，扩散系数、表面碱金属离子浓度随时间、温度而变化。建立了考虑孔隙时变规律的碱金属离子扩散动力学方程，并获得了锦屏砂岩骨料中碱金属离子的表观扩散系数D_e、扩散活化能$E_{a,diff}$、扩散指前因子A_{diff}等参数。温度、碱离子浓度对碱金属离子在骨料中的扩散影响显著，在20℃且碱离子浓度小于0.01mol/L时，碱金属离子在锦屏砂岩骨料中的扩散系数约为$10^{-14}m^2/s$，远小于氯离子在混凝土中的扩散系数。

（2）揭示了碱金属离子在骨料中的扩散对ASR反应速率的影响机制：碱金属离子扩散进程影响骨料中能够参加ASR的活性SiO_2的量，而扩散速率又受碱离子浓度、骨料品种、温度、时间影响。扩散速率对于ASR反应进程影响显著。砂岩骨料中的SiO_2溶解速率受温度、pH值的影响，整体表现为温度越高，溶解速率越快，pH值越高溶解速率越快；pH值对骨料SiO_2溶解速率的影响符合指数函数关系，用以10为底的指数函数表征溶出速率，相关性显著；温度对骨料SiO_2溶出速率的影响遵循Arrhenius定则，采用Arrhenius公式表征SiO_2溶出速率，相关性显著；指前因子A和活化能E_a都受到pH值的影响，给出了常见混凝土pH范围内两个参数的计算公式。

（3）综合考虑孔隙时变规律影响的碱离子扩散机制、扩散控制的SiO_2溶解规律、ASR凝胶肿胀模型以及凝胶肿胀与试件宏观膨胀变形之间的复合材料模型，建立了ASR长期膨胀变形动力学预测模型。模型可以较好地模拟温度、骨料粒径、pH值等因素对膨胀过程的影响，计算结果得到12年连续试验龄期混凝土棱柱体试件实测变形的验证。锦屏一级水电站大坝混凝土芯样孔溶液中，pH值平均值为12.04，最大值12.31，发生ASR的风险极低。Ca^{2+}平均浓度25mmol/L，碱金属离子平均浓度7.4mmol/L（最大浓度26mmol/L）。模拟计算结果表明，锦屏一级水电站大坝混凝土发生ASR破坏的概率极低。

参考文献

ABDELRAHMAN M, ELBATANOUNY M K, ZIEHL P, et al. Classification of alkali - silica reaction damage using acoustic emission: A proof - of - concept study [J]. Construction and Building Materials, 2015, 95: 406 - 413.

ACHLOVÁ Á, P IKRYL R, PERTOLD Z. Alkali - silica reaction products: Comparison between samples from concrete structures and laboratory test specimens [J]. Materials Characterization, 2010, 61 (12): 1379 - 1393.

ALNAGGAR M, LUZIO G D, CUSATIS G. Modeling time - dependent behavior of concrete affected by alkali silica reaction in variable environmental conditions [J]. Materials, 2017, 10 (5): 471.

BANGERT F, KUHL D, MESCHKE G. Chemo - hygro - mechanical modelling and numerical simulation of concrete deterioration caused by alkali - silica reaction [J]. International Journal for Numerical and Analytical Methods in Geomechanics, 2004, 28 (7 - 8): 689 - 714.

BAŽANT Z P, RAHIMI - AGHDAM S. Diffusion - Controlled and Creep - Mitigated ASR Damage via Microplane Model. Ⅰ: Mass Concrete [J]. Journal of Engineering Mechanics, 2016, 143 (2): 04016108.

BAŽANT Z P, STEFFENS A. Mathematical model for kinetics of alkali - silica reaction in concrete [J]. Cement and concrete research, 2000, 30 (3): 419 - 428.

CAPRA B, BOURNAZEL J P. Modeling of Induced Mechanical Effects of Alkali - Aggregate Reactions [J]. Cement and Concrete Research, 1998, 28 (2): 251 - 260.

CAPRA B, SELLIER A. Orthotropic modelling of alkali - aggregate reaction in concrete structures: numerical simulations [J]. Mechanics of Materials, 2003, 35 (8): 817 - 830.

CHARLWOOD R G, SOLYMAR Z V. A review of alkali aggregate in hydro - electric plants and dams [J]. Hydropower Dams, 1994, 5: 31 - 62.

CHARPIN L, EHRLACHER A. Microporomechanics study of anisotropy of ASR under loading [J]. Cement and Concrete Research, 2014, 63: 143 - 157.

COMBY - PEYROT Ⅰ, BERNARD F, BOUCHARD P, et al. Development and validation of a 3D computational tool to describe concrete behaviour at mesoscale: Application to the alkali - silica reaction [J]. Computational Materials Science, 2009, 46 (4): 1163 - 1177.

COMI C, FEDELE R, PEREGO U. A chemo - thermo - damage model for the analysis of concrete dams affected by alkali - silica reaction [J]. Mechanics of Materials, 2009, 41 (3): 210 - 230.

DUNANT C F, SCRIVENER K L. Micro - mechanical modelling of alkali - silica - reaction - induced degradation using the AMIE framework [J]. Cement and Concrete Research, 2010, 40 (4): 517 - 525.

ESPOSITO R, HENDRIKS M. Towards Structural Modelling of Alkali - Silica Reaction in Concrete [M]. Springer International Publishing, 2015.

FARAGE M, ALVES J, FAIRBAIRN E. Macroscopic model of concrete subjected to alkali - aggregate reaction [J]. Cement and Concrete Research, 2004, 34 (3): 495 - 505.

GABORIAUD F, NONAT A, CHAUMONT D, et al. Aggregation processes and formation of silico - calco - alkaline gels under high ionic strength [J]. Journal of Colloid and Interface Science, 2002, 253 (1): 140 - 149.

GIORLA A B, SCRIVENER K L, DUNANT C F. Influence of visco - elasticity on the stress development induced by alkali – silica reaction [J]. Cement and Concrete Research, 2015, 70: 1 – 8.

GLASSER L, KATAOKA N. The chemistry of alkali – aggregate reactions [J]. Cement and Concrete Research, 1981, 11: 1 – 9.

GRIMAL E, SELLIER A, PAPE Y L, et al. Creep, shrinkage, and anisotropic damage in alkali – aggregate reaction swelling mechanism – part i: a constitutive model [J]. ACI Materials Journal, 2008, 105 (3): 227 – 235.

HAHA B, GALLUCCI E, GUIDOUM A, et al. Relation of expansion due to alkali silica reaction to the degree of reaction measured by SEM image analysis [J]. Cement and Concrete Research, 2007, 37 (8): 1206 – 1214.

HAMOUDA A, AMIRI H. Factors affecting alkaline sodium silicate gelation for in – depth reservoir profile modification [J]. Energies, 2014, 7 (2): 568 – 590.

HOU X, KIRKPATRICK R J, STRUBLE L J, et al. Structural investigations of alkali silicate gels [J]. Journal of the American Ceramic Society, 2010, 88 (4): 943 – 949.

HOU X, STRUBLE L J, KIRKPATRICK R J. Formation of ASR gel and the roles of C – S – H and portlandite [J]. Cement and Concrete Research, 2004, 34 (9): 1683 – 1696.

ILER R K. The chemistry of silica, solubility, polymerization, colloid and surface properties [M]. A Wiley – Interscience Publication, New York, 1979.

KAWAMURA M, IWAHORI K. ASR gel composition and expansive pressure in mortars under restraint [J]. Cement and Concrete Composites, 2004, 26 (1): 47 – 56.

KAWAMURA M, TAKEUCHI K, SUGIYAMA A. Mechanisms of expansion of mortars containing reactive aggregate in NaCl solution [J]. Cement and Concrete Research, 1994, 24 (4): 621 – 632.

KIM T, OLEK J. The effects of lithium ions on chemical sequence of alkali – silica reaction [J]. Cement and Concrete Research, 2016, 79: 159 – 168.

LARIVE C. Apports combinésde l' expérimentationet de la modélisation à la compréhension de l'alcali – réaction et de ses effets mécaniques [D]. Paris: Laboratoire central des ponts et chaussées, 1998.

LÉGER P, TÉ P C, Tinawi R. Finite element analysis of concrete swelling due to alkali – aggregate reactions in dams [J]. Computers and Structures, 1996, 60 (4): 601 – 611.

LEMARCHAND E, DORMIEUX L, ULM F. Micromechanics investigation of expansive reactions in chemoelastic concrete [J]. Philosophical Transactions of the Royal Society A: Mathematical, Physical and Engineering Sciences, 2005, 363: 2581 – 2602.

MALLA S, WIELAND M. Analysis of an arch – gravity dam with a horizontal crack [J]. Computers and Structures, 1999, 72 (1 – 3): 267 – 278.

MARTE V, CONCHÚIR B O, SPIGONE E, et al. Microscopic origin of the hofmeister effect in gelation kinetics of colloidal silica [J]. Journal of Physical Chemistry Letters, 2015, 6 (15): 2881 – 2887.

MIURA T, MULTON S, KAWABATA Y. Influence of the distribution of expansive sites in aggregates on microscopic damage caused by alkali – silica reaction: Insights into the mechanical origin of expansion [J]. Cement and Concrete Research, 2021, 142 (7): 106355.

MONTEIRO P, WANG K S, SPOSITO G, et al. Influence of mineral admixtures on the alkali – aggregate reaction [J]. Cement and Concrete Research, 1997, 27 (12): 1899 – 1909.

PESAVENTO F, GAWIN D, WYRZYKOWSKI M, et al. Modeling alkali – silica reaction in non – isothermal, partially saturated cement based materials [J]. Computer Methods in Applied Mechanics and Engineering, 2012, 225 – 228: 95 – 115.

POWERS T C, STEINOUR H H. An interpretation of some published researches on the alkali – aggregate reaction part Ⅱ – a hypothesis concerning safe and unsafe reactions with reactive silica in concrete [J].

Journal Proceedings, 1955, 51 (4): 785 - 812.
POYET S, SELLIER A, CAPRA B, et al. Chemical modelling of alkali silica reaction: influence of the reactive aggregate size distribution [J]. Materials and Structures, 2007, 40 (2): 229 - 239.
RPA B, CC A, PJMM C. A coupled mechanical and chemical damage model for concrete affected by alkali - silica reaction [J]. Cement and Concrete Research, 2013, 53: 196 - 210.
SAOUMA V, PEROTTI L. Constitutive model for alkali - aggregate reactions [J]. ACI materials journal, 2006, 103 (3): 194.
SAOUMA V. Numerical modeling of AAR [M]. CRC press, 2013.
SPOSITO G. The surface chemistry of natural particles [M]. Oxford University Press, 2004.
STRUBLE L J, DIAMOND S. Swelling properties of synthetic alkali silica gels [J]. Journal of the American Ceramic Society, 2010, 64 (11): 652 - 655.
SUWITO A, JINB W, XI Y, et al. A mathematical model for the pessimum size effect of ASR in concrete [J]. Concrete Science and Engineering, 2002, 4: 23 - 34.
SWAMY R N. The Alkali - Silica Reaction in Concrete [M]. CRC Press, 1992.
ULM F J, COUSSY O, KEFEI L, et al. Thermo - chemo - mechanics of ASR expansion in concrete structures [J]. Journal of Engineering Mechanics, 2000, 126 (3): 233 - 242.
ULM F. J. , PETERSON M. , LEMARCHAND R. Is ASR - expansion caused by chemoporoplastic dilatation? [J]. Concrete Science and Engineering, 2002, 4 (13): 47 - 55.
WINNICKI A, PIETRUSZCZAK S. On mechanical degradation of reinforced concrete affected by alkali - silica reaction [J]. Journal of engineering mechanics, 2008, 134 (8): 611 - 627.
WU T, TEMIZERi, WRIGGERS P. Multiscale hydro - thermo - chemo - mechanical coupling: application to alkali - silica reaction [J]. Computational Materials Science, 2014, 84: 381 - 395.
封孝信，胡晨光，王晓燕，等. Al^{3+} 对 ASR 产物的影响 [J]. 武汉理工大学学报，2009，31 (7)：3.
李克非. 混凝土结构 AAR 的力学模拟和工程预测 [D]. 上海：同济大学，2000.
刘晨霞，陈改新，纪国晋，等. 不同温度下 ASR 膨胀规律研究 [J]. 混凝土与水泥制品，2012 (3)：4.
刘崇熙，文梓芸. 混凝土碱骨料反应 [M]. 广州：华南理工大学出版社，1995.
唐明述，韩苏芬. Ca $(OH)_2$ 对 ASR 的影响 [J]. 硅酸盐学报，1981 (2)：46 - 52.
王军，邓敏. ASR 影响下混凝土结构的寿命预测 [J]. 硅酸盐通报，2006，25 (5)：4.
文梓芸. 碱-硅集料反应的模型研究—Ⅰ 溶胶的形成及其向凝胶的转化 [J]. 硅酸盐学报，1991 (2)：3 - 9.
徐惠忠. 活性 Al_2O_3 对碱—骨料反应（ASR）的抑制与制动作用 [J]. 建筑材料学报，2000 (3)：213 - 217.
杨华全，李鹏翔，李珍. 混凝土碱骨料反应 [M]. 北京：中国水利水电出版社，2010.
庄园，钱春香，徐文. 温度和集料对混凝土 ASR 有效碱的影响规律 [J]. 建筑材料学报，2012，15 (2)：6.

第5章 基于细观力学的大坝混凝土ASR变形控制指标研究

ASR已成为混凝土坝的主要耐久性问题之一，可能导致结构性能下降，使得大坝的维护和修复成本增加（Wang et al.，2010；Hayes et al.，2018）。大坝混凝土一般采用连续四级配骨料，含有尺寸达150 mm的粗骨料，大粒径骨料显著影响大坝混凝土ASR膨胀变形过程（Bai et al.，2018），因此，大坝混凝土的ASR变形与一般混凝土相比，具有显著的差异；ASR对大坝混凝土的劣化效应也可能与一般混凝土不一样。本章主要研究大坝混凝土ASR的劣化特性，建立ASR膨胀变形与力学参数退化的关系，提出大坝混凝土ASR变形控制指标，可为混凝土坝长期运行安全监测与评价提供依据。

5.1 研究现状

大量的研究工作表明，ASR显著降低混凝土的力学性能，这意味着混凝土的耐久性会受到ASR的影响（Bach et al.，1993；Kapitan et al.，2006；Swamy et al.，1988；Giannini et al.，2012；Barbosa et al.，2018）。混凝土的力学性能（包括抗拉强度、抗压强度和弹性模量），随着ASR的进展而变化，但变化的敏感度不同，受到活性骨料的反应程度、骨料的级配和ASR凝胶产物的性能的影响（Marzouk et al.，2003；Giaccio et al.，2008）。弹性模量和抗拉强度受ASR引起的混凝土内部损伤的影响较敏感（Hiroi et al.，2016），Smaoui et al.（2005）进行的试验表明ASR显著影响混凝土的抗拉强度；Ahmed et al.（2003）发现ASR对试样的弯曲强度和拉伸强度的降低效应大于其对试件的抗压强度的降低作用，且试件的弹性模量也显著降低；Yurtdas et al.（2013）研究了ASR对砂浆弹性模量和泊松比的降低作用。相比之下，ASR可能对混凝土的抗压强度影响较小（Munir et al.，2018），一些研究发现ASR对混凝土的抗压强度没有显著影响（Saint-Pierre et al.，2007；Rivard et al.，2010；Monette et al.，2010）。膨胀变形是混凝土ASR的主要特征，但膨胀变形不等同于ASR造成的混凝土内部损伤，且ASR膨胀变形与材料力学性能退化之间尚缺乏定量关系，难以直接采用ASR膨胀变形评估混凝土的力学性能劣化程度（Mohammadi et al.，2020）。此外，上述研究主要关注粗骨料尺寸小于25mm的一般混凝土，还未见对于粗骨料尺寸达150mm的大坝混凝土的ASR劣化机理的相关研究工作的报道，尚缺乏ASR对大坝混凝土抗拉强度、抗压强度、弹性模量等力学性能退化规律的认识。

骨料粒径对ASR有重要的影响，已进行了很多相关的试验和理论研究（Dunant et al.，2012；Zhang et al.，1999；Ramyar et al.，2005；Hobbs et al.，1979）。从理论分析

角度，学者提出了基于断裂力学的最劣效应来解释骨料尺寸大小对 ASR 膨胀的影响（Dunant et al.，2012；Reinhardt et al.，2011），骨料最劣粒径将导致混凝土试件产生最大的 ASR 膨胀变形，而骨料粒径的增加或减小，将导致 ASR 膨胀变形的水平降低（Grattan－Bellew et al.，2001；Sims et al.，2003；Hobbs et al.，1988；Besem et al.，1989；Le Roux et al.，2001）。与 ASR 对混凝土力学性能劣化研究类似，骨料粒径对 ASR 影响的研究主要集中在骨料尺寸小于 25mm 情况，研究结论适用于细骨料的 ASR 机理，但对于含有达 150mm 粗骨料的大坝混凝土，粗骨料尺寸对 ASR 膨胀变形的影响规律和机理尚不清楚，有待进一步研究。

数值模型在混凝土 ASR 的研究中发展迅速。Bazant et al.（2000）首先基于断裂力学方法研究了 ASR 对混凝土的损伤和劣化效应。在宏观连续模型方面，主要基于 ASR 与混凝土力学性能退化规律的关系，构建唯象模型，用以分析和预测混凝土结构 ASR 的变形和应力响应，其中最早的 ASR 宏观模型是 Charlwood et al.（1992）提出的，随后该模型得到了发展与应用。此外，学者们基于 ASR 化学动力学，建立了 ASR 膨胀变形模型（Larive，1998），逐步考虑混凝土应力状态对 ASR 劣化的影响（Saouma et al.，2006；Multon et al.，2006），以及温度和湿度的作用（Poyet et al.，2007），最后综合考虑温度、湿度、蠕变效应、应力状态、损伤，形成了较全面的混凝土 ASR 宏观模型，在混凝土坝 ASR 变形和开裂分析中得到应用（Pan et al.，2013；Pan et al.，2014）。ASR 宏观模型可很好地模拟结构的变形、应力和损伤发展过程，但不能分析混凝土材料因 ASR 而产生的力学性能退化机理。

混凝土作为非均质复合人工材料，其宏观层次上的复杂变形力学响应是其细观组成与结构的体现，力学性质改变往往来源于不同组分的力学特性变化。考虑到细观层次不同组分的力学特征及微裂纹发展对混凝土材料的较大影响，使用细观模型对混凝土进行分析有利于破坏机理和宏观力学现象的探究。细观力学数值模拟是研究混凝土力学特性的有效方法，并已初步应用于混凝土 ASR 的研究。现有的混凝土 ASR 细观数值模拟研究工作主要关注膨胀变形发展过程，Alnaggar et al.（2013）发展了 ASR 晶格离散粒子模型，可很好地模拟混凝土 ASR 膨胀变形过程；Rezakhani et al.（2021）建立了细观有限元模型，通过模拟离散的 ASR 凝胶膨胀分析混凝土的膨胀变形和开裂形态；Gallyamov et al.（2021）采用细观有限元模型研究 ASR 中的黏弹性影响。然而，很少有研究 ASR 膨胀变形对力学性能的影响。Pan et al.（2012）提出了一个 ASR 细观颗粒离散元模型，模拟了混凝土 ASR 裂纹扩展过程，并研究了 ASR 膨胀变形与混凝土杨氏模量和抗压强度的力学性能退化的关系；Yang et al.（2022）采用晶格离散粒子模型研究了混凝土 ASR 非均匀膨胀与裂纹扩展。上述这些研究集中于骨料相对较小（小于 40mm）的混凝土，还没有开展对大坝混凝土（含有 150mm 骨料）的 ASR 膨胀变形行为以及 ASR 对力学性能的退化影响的研究。

本章探讨了粗骨料尺寸对混凝土 ASR 膨胀变形和力学劣化的影响，建立混凝土 ASR 颗粒离散元模型，模拟 ASR 混凝土的膨胀过程，从弹性模量、劈裂抗拉强度和抗压强度等方面分析 ASR 对力学性能的退化效应与规律，分析 ASR 的致裂机理，研究不同尺寸骨料对 ASR 劣化效应的影响，从而给出大坝混凝土材料 ASR 膨胀变形控制指标取值建议。

5.2　混凝土ASR细观力学模型

5.2.1　力学本构模型

在细观力学模型中，混凝土由黏结在一起的圆盘颗粒集组成。颗粒之间的接触关系以及颗粒的运动由离散元方法模拟。当黏结的颗粒之间的作用力超过黏结强度，黏结失效，从而形成微裂缝。

在二维模型中，混凝土试件由大量刚性圆形颗粒单元组成，颗粒单元本身不会发生变形。假定颗粒之间的接触为柔性接触，在运动过程中允许出现微小的重叠，重叠量相对比颗粒单元直径较小。根据骨料分布情况，每个颗粒单元存在初步的空间位置，考虑到颗粒之间的重叠量和接触本构关系，以及描述颗粒运动的牛顿第二定律，可以计算出颗粒受到的初始接触力。考虑到试件的边界限制条件，为了达到试件内的整体受力平衡，每个颗粒运动的位移、速度、加速度随颗粒位置不断变化，颗粒的受力情况和接触关系不断更新，在试件内形成动态过程。颗粒的动力行为，包括颗粒的加速度和速度的计算采用显式算法——中心差分法计算，根据时间稳定条件，选取较小的时间增量步长确保计算的稳定性。

颗粒之间的相互接触行为采用线性接触模型，假定两个颗粒A和B的半径分别为R_A和R_b，颗粒的接触关系如图5.1（a）所示。颗粒A对颗粒B的接触力$\overline{F}$可分解为法向和切向两部分：

$$\overline{F}=F_n\boldsymbol{n}_i+F_s\boldsymbol{t}_i \tag{5.1}$$

式中：F_n和F_s分别为法向力和切向力的代数值；$\boldsymbol{n}_i$和$\boldsymbol{t}_i$分别为定义接触面的法向和切向单位向量。

法向力和切向力增量可分别表示为

$$\Delta F^n=K^n\Delta U^n \tag{5.2}$$

$$\Delta F^s=K^s\Delta U^s \tag{5.3}$$

其中

$$K^j=k_A^jk_B^j/(k_A^j+k_B^j) \tag{5.4}$$

式中：K^j为颗粒间有效接触刚度；k_A^j和k_B^j分别为颗粒A和B的刚度；j为方向，$j=$n表示法向，$j=$s表示切向；ΔU^n和ΔU^s为颗粒A和B的法向相对位移和切向相对位移。

如果两颗粒间的法向相对位移$U^n\leqslant 0$（即颗粒不接触），法向和切向接触力设置为0；如果两颗粒间的相对法向位移$U^n>0$，激活滑移模型，并基于库仑摩擦定律更新颗粒间的切向接触力，即

$$F^s\geqslant\mu F^n \tag{5.5}$$

式中：μ为颗粒间的摩擦系数。

由于混凝土细观模型中的骨料和砂浆间存在凝胶物质连接两颗粒，采用平行黏结模型结合线性接触模型来描述其力学行为。平行黏结模型可看作分布在矩形截面内的一系列弹簧，如图5.1（b）所示。这些弹簧像弹性梁一样，可在颗粒间传递力和弯矩。平行黏结

承受的总力 $\overline{F}_i$ 可分解为法向和切向两部分：

$$\overline{F}_i = \overline{F}^{n} n_i + \overline{F}^{s} t_i \tag{5.6}$$

式中：$\overline{F}^{n}$ 和 $\overline{F}^{s}$ 分别为法向力和切向力。

平行黏结力和弯矩采用增量方法计算：

$$\Delta\overline{F}^{s} = -\overline{k}^{s} A \Delta U^{s} \tag{5.7}$$

$$\Delta\overline{F}^{n} = \overline{k}^{n} A \Delta U^{n} \tag{5.8}$$

$$A = 2\overline{R} \tag{5.9}$$

其中

$$\overline{R} = \overline{\lambda} \min(R_A, R_B) \tag{5.10}$$

式中：$\overline{k}^{n}$ 和 $\overline{k}^{s}$ 分别为单位面积黏结的法向刚度和切向刚度；A 为平行黏结截面面积；$\overline{R}$ 为黏结半径；$\overline{\lambda}$ 为黏结半径乘子。

由颗粒间相对运动引起的弯矩为

$$\Delta\overline{M} = -\overline{k}^{n} I \Delta\theta \tag{5.11}$$

$$I = \frac{2}{3}\overline{R}^{3} \tag{5.12}$$

式中：θ 为颗粒间的相对旋转角度；I 为惯性矩。

作用在平行黏结上的最大拉应力 $\overline{\sigma}^{max}$ 和剪应力 $\overline{\tau}^{max}$ 可通过弹性梁理论得到

$$\overline{\sigma}^{max} = -\frac{\overline{F}^{n}}{A} + \frac{|\overline{M}|\overline{R}}{I} \tag{5.13}$$

$$\overline{\tau}^{max} = \frac{\overline{F}^{s}}{A} \tag{5.14}$$

假定平行黏结抗拉强度为 $\overline{\sigma}_c$，抗剪强度为 $\overline{\tau}_c$，如果平行黏结上的最大拉应力超过其抗拉强度，即 $\overline{\sigma}^{max} \geqslant \overline{\sigma}_c$，或最大剪应力超过抗剪强度，即 $\overline{\tau}^{max} \geqslant \overline{\tau}_c$，则发生黏结失效，颗粒间产生微裂纹。随后，黏结失效的颗粒间的相互作用仅由线性接触模型控制。

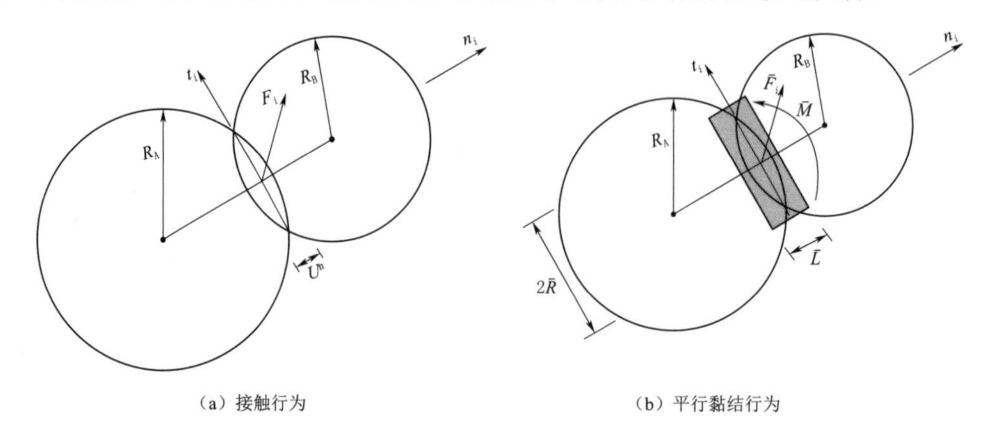

（a）接触行为　　（b）平行黏结行为

图 5.1　颗粒间力学模型

5.2.2　ASR 膨胀模型

ASR 中，水泥砂浆内的碱成分和骨料中的碱活性成分发生化学反应，生成具有膨胀性质的凝胶物质，凝胶在混凝土内部吸水膨胀，导致混凝土结构的开裂和破坏。此过程中，受到骨料的矿物学特性等因素影响，骨料膨胀凝胶初始生成位置的不同会影响 ASR 的反应机制，导致不同的 ASR 破坏模式。考虑到锦屏一级混凝土试样产生的反应环破坏模式，本章采用 Bazant et al.（2001）提出的混凝土 ASR 细观解析模型进行分析。该模型认为 ASR 凝胶在骨料和砂浆过渡区形成，凝胶吸水膨胀产生的应力不断累积，引起砂浆的开裂从而释放膨胀应力。如图 5.2 所示，本章假设骨料表层产生一层致密反应环，反应环在化学反应环境下产生均匀膨胀，由于假设骨料均匀，因此直接通过控制骨料产生均匀膨胀进行等效模拟，周围水泥砂浆不产生膨胀。骨料和砂浆孔隙的体积差异会带来膨胀压力，当压力不断积累超过了骨料-砂浆交界面和砂浆的强度，就会产生裂纹释放膨胀压力，最终导致试件的整体破坏。

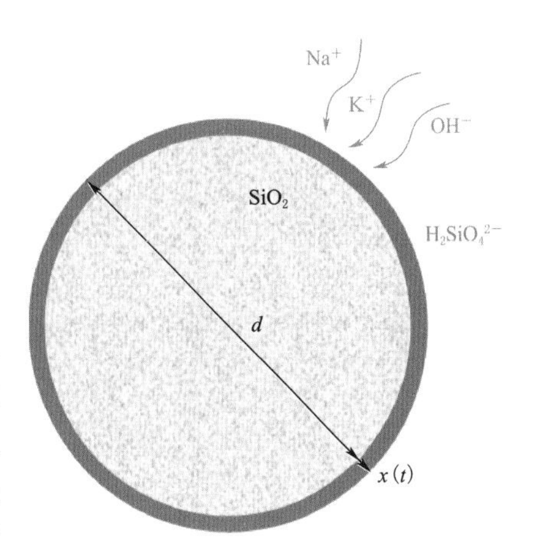

图 5.2 ASR 环模型

在混凝土细观颗粒离散元模型中，骨料的膨胀通过引入等效热膨胀应变实现。

热膨胀通过改变颗粒的半径和修改颗粒间的黏结力实现，颗粒半径 R 的改变与各个颗粒的热膨胀系数 α，温度变化值 ΔT 相关：

$$\Delta R = \alpha R \Delta T \tag{5.15}$$

假定温度变化仅改变黏结材料的法向黏结力，实质上改变黏结长度 $\overline{L}$。法向黏结力的改变量为

$$\Delta \overline{F}^{n} = -\overline{k}^{n} A(\overline{\alpha L}\Delta T) \tag{5.16}$$

式中：$\overline{\alpha}$ 为黏结材料的等效热膨胀系数；A 为 Arrhenius 公式的频率因子。

混凝土 ASR 过程中，骨料膨胀取决于 ASR 产物凝胶的生成量及其吸水性。根据第 4 章的研究，骨料中 SiO_2 溶解量为

$$[H_2SiO_4^{2-}] = A\exp\left(-\frac{E_a}{RT}\right)\left\{1-\left[1-\frac{x(t)}{d}\right]^3\right\} w_{SiO_2}\exp[n(pH-kw)\ln 10] \tag{5.17}$$

式中：A 为 Arrhenius 公式的频率因子；R 为摩尔气体常量；T 为热力学温度；E_a 为表观活化能；pH 为孔隙溶液 pH 值；kw 为水的溶度积；n 为待定系数；w_{SiO_2} 为骨料中活性 SiO_2 含量；d 为骨料粒径（简化为圆球直径）；$x(t)$为碱离子侵入骨料的深度。

$$x(t) = 2\sqrt{Dt}\cdot \mathrm{erfinv}\left(1-\frac{C_r}{C_s}\right) \tag{5.18}$$

式中：t 为时间；D 为碱金属离子在骨料中的扩散系数；C_r 为表面碱金属离子浓度；C_s 为基底碱金属离子浓度；erfinv（）为逆误差函数。

产生的凝胶发生膨胀，球形凝胶半径随时间的变化为

$$\Delta R(t) = \frac{6\Delta R_0}{\pi^2}\exp\left(-\frac{\pi^2 D_c t}{R^2}\right) \tag{5.19}$$

式中：t 为时间；D_c 为溶胀系数；R 为凝胶初始半径；ΔR_0 为凝胶半径总变化。

则凝胶的体积膨胀变形为

$$\Delta V_{gel}(t)=\frac{4}{3}\pi(R+\Delta R(t))^3-\frac{4}{3}\pi R^3\approx\frac{4}{3}\pi R^2\Delta R(t) \tag{5.20}$$

将式（5.19）代入式（5.20）得

$$\Delta V_{gel}(t)=\lambda\exp(-D_{c,a}t) \tag{5.21}$$

$$\lambda=24R^2\Delta R_0/\pi \tag{5.22}$$

其中

$$D_{c,a}=\pi^2 D_c/R^2 \tag{5.23}$$

式中：λ，$D_{c,a}$ 为凝胶膨胀特征参数。

假定 ASR 发生在骨料表层碱离子侵入深度 $x(t)$ 范围内，由凝胶的膨胀变形引起骨料膨胀 $\Delta V_a(t)$ 为

$$\Delta V_a(t)=C\cdot[H_2SiO_4^{2-}]\Delta V_{gel}(t)=C\cdot[H_2SiO_4^{2-}]\cdot\lambda\exp(-D_{c,a}t) \tag{5.24}$$

式中：C 为修正系数，由试验数据反演确定。

则骨料的 ASR 膨胀体积应变ε_a^{ASR}（t）为

$$\varepsilon_a^{ASR}(t)=\frac{\Delta V_a(t)}{V_{a0}} \tag{5.25}$$

式中：V_{a0} 为骨料初始体积。

通过控制骨料颗粒单元升温过程，实现对膨胀过程的模拟。由于 ASR 持续时间数以年计，数值模型模拟时间则较短，每一步温升时间为 10^{-8} s，因此使用数值模型无法模拟出 ASR 的实际时间，可通过时间的等价转换，对不同程度 ASR 导致的力学性能劣化现象做进一步分析研究。

5.3　混凝土细观模型构建与参数反演

5.3.1　混凝土细观模型构建

将混凝土考虑为三相介质的各向异性材料，三相介质包含骨料、砂浆以及骨料和砂浆之间的过渡区。这三相介质具有不同的力学参数，因此，在建立混凝土细观力学模型时，需对三相介质进行识别。

随机骨料模型的生成在混凝土材料的细观建模过程中起到重要作用。混凝土试件中，骨料存在不同尺寸、形状、位置，由于骨料的级配和分布等因素会对混凝土试件的力学性能产生影响，因此，尽量真实地对骨料情况进行模拟，有助于从细观层面上分析 ASR 劣化机理。本节使用 Guo et al.（2020）提出的随机骨料投放模型，基于拉盖尔镶嵌的混凝土试件生成方法，对不同级配的混凝土试件进行细观模拟，主要分为骨料镶嵌、几何平滑、缩放三个步骤。

骨料镶嵌步骤的目的是使骨料均匀随机且不重叠地分布在混凝土试件的二维模型中。使用 Neper 程序进行骨料镶嵌，其原理为在指定样本空间内生成随机空间点，并在每个空间点周围生成密闭线条，将样本空间划分为一个没有重叠和间隙的多边形集合，多边形数量和试件内骨料数量相一致。

在骨料镶嵌模型中，相邻的多边形之间没有重叠或者间隙，占据了整个矩形区域空间，此时试件的骨料占比为100%。为了符合真实条件下混凝土内骨料体积含量40%～70%的要求，避免骨料块体之间出现复杂的重叠情况，使用Auto CAD软件程序中的内置功能Meshsmooth命令对多边形进行几何平滑操作，使其更趋近于真实试件骨料占比，同时可以消除相邻骨料之间的边界并行情况，获得更加真实的骨料形状。

骨料经过几何平滑过程后，可以通过识别骨料面积大小对所有骨料按照级配分组。为了满足混凝土试件中骨料的尺寸要求，分组调整骨料尺寸，对不符合要求的骨料进行以质心为原点的几何缩放。考虑到直径较大组的骨料经过几何缩放步骤后，有可能进入级配较小组，因此从较大尺寸的骨料组开始进行缩放操作。

以四级配大坝混凝土450mm×450mm试件为例，建立骨料投放模型。首先根据试件估算不同级配骨料数量情况，进行骨料镶嵌步骤，如图5.3（a）所示。然后在AutoCAD中对100%骨料填充模型进行几何平滑步骤，创建网格，得到略高于目标投放率的模型，如图5.3（b）所示。最后根据目标级配情况进行逐级缩放，得到最终的随机骨料模型，如图5.3（c）所示。

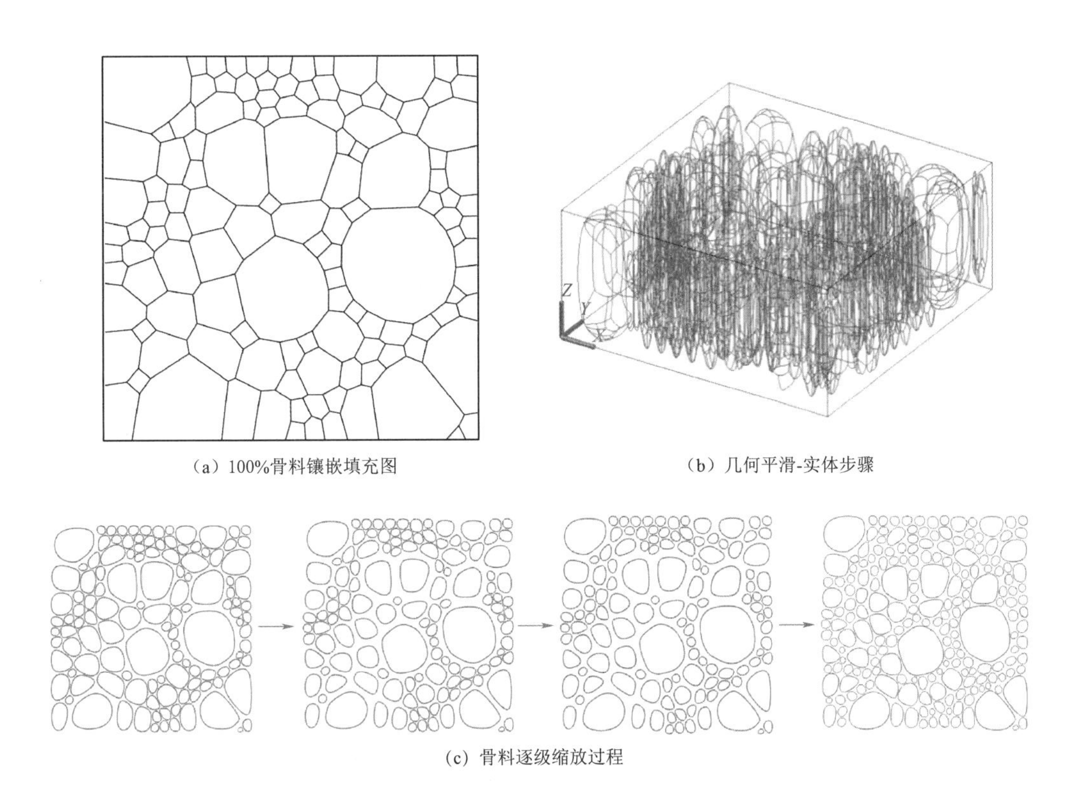

（a）100%骨料镶嵌填充图

（b）几何平滑-实体步骤

（c）骨料逐级缩放过程

图5.3 随机骨料模型生成过程

根据大坝混凝土配合比数据进行大坝混凝土的模型构建。为了避免骨料排列等因素影响数值模拟结果，同一种级配的混凝土试件设置三种不同骨料投放方式，建立三个模型，将其分别编号（如大坝混凝土四级配试件的标号分别为：DC150－1、DC150－2、DC150－

3），每个模型的骨料投放分布不同，在骨料总体积占比上有微小差异。使用随机骨料投放模型，建立大坝混凝土四级配、三级配试件，如图 5.4 所示。在生成混凝土试样的过程中，基于连续介质假设，设置混凝土试件边长尺寸超过 3 倍最大骨料直径：设置试件尺寸为 450mm×450mm，随机生成的骨料大小在 5～150mm。

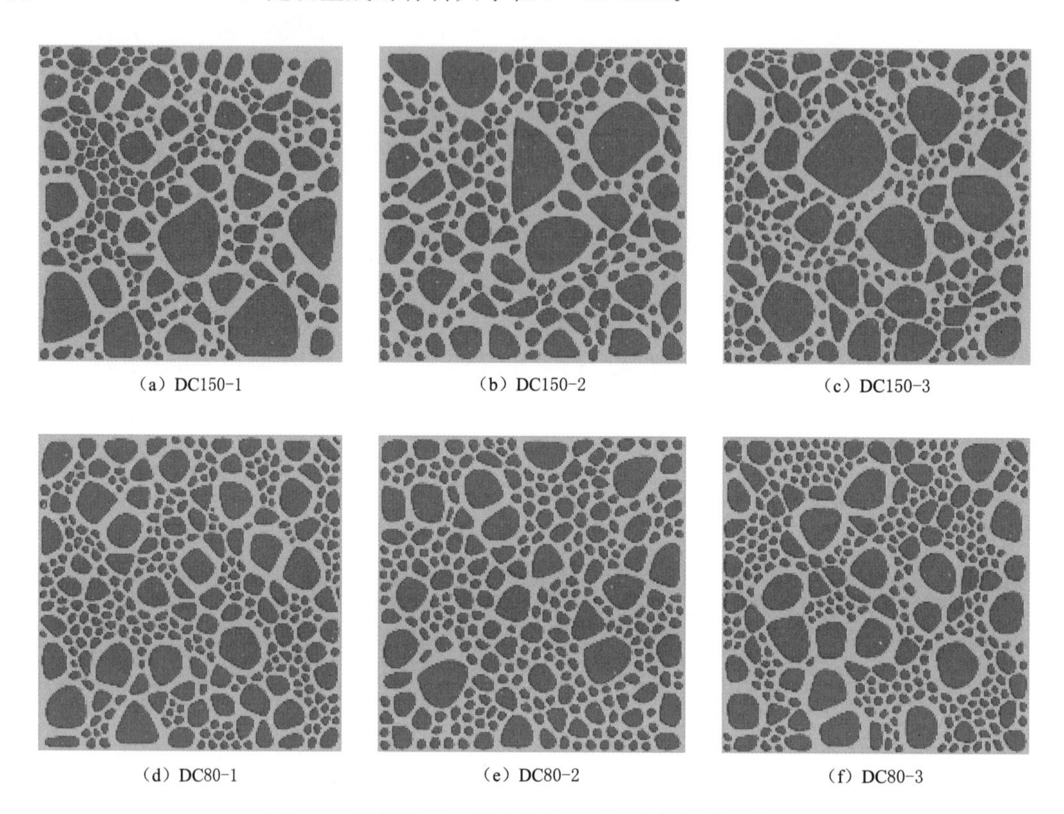

图 5.4　四级配、三级配大坝混凝土骨料投放示意图

注：DC150－1～DC150－3 为四级配试件，DC80－1～DC80－3 为三级配试件。

将已经生成的骨料随机投放切面图转换为二维平面骨料颗粒模型。首先确定离散元模型颗粒大小，为了能够较为准确地使用离散颗粒表示砂浆和骨料区域，且考虑到数值模拟计算时间和效率问题，试件离散为平均直径大小为 2.5mm 的圆形颗粒。为保证颗粒堆积的随机性，颗粒单元随机产生，并将颗粒最大和最小半径比值确定为 1.66，保证颗粒的均匀性。由于试件中存在不同大小的骨料，隶属于不同级配范围内，而不同级配的骨料存在一定的力学差异，因此在建模步骤时，需要将其按照级配大小进行区分。在将试件离散成颗粒的过程中，主要经过两个步骤对颗粒进行分类。首先，通过识别颗粒中心点位置对颗粒进行砂浆和骨料的划分，当其落在砂浆区域，则判定颗粒为砂浆，当其落在骨料区域，则判定颗粒为骨料。然后，对颗粒进行遍历，当识别某个颗粒为骨料时，统计其周围同样属性的颗粒数目，对此数目进行级配的划分，将不同级配的骨料赋予不同的颗粒颜色，以供区分。

使用颗粒离散元方法模拟四级配试件 DC150－1、DC50－2、DC150－3，以及三级配试件 DC80－1、DC80－2、DC80－3，各级配骨料体积占比见表 5.1，表 5.1 中“DC150

试验”为实际大坝混凝土骨料级配比例，颗粒离散元模型如图5.5所示。其中，深蓝色代表砂浆区域，青色代表一级配骨料（5～20mm），绿色代表二级配骨料（20～40mm），黄色代表三级配骨料（40～80mm），粉色代表四级配骨料（80～150mm）。

为了研究不同骨料粒径对ASR及力学性能退化的影响，建立了二级配和一级配混凝土试件，其细观离散元模型如图5.6所示，相应的骨料含量见表5.2。

表5.1　四级配、三级配大坝混凝土颗粒离散元模型骨料级配比例

编号	各级配骨料体积占比/%				骨料体积占比/%
	5～20mm	20～40mm	40～80mm	80～150mm	
DC150-1	13.8	16.7	15.1	13.6	59.1
DC150-2	13.1	17.2	14.8	13.3	58.4
DC150-3	14.5	14.5	15.6	15.6	60.3
DC150试验	13.1	16.8	17.0	15.1	62.0
DC80-1	18.7	22.7	21.1	—	62.5
DC80-2	18.3	22.9	21.1	—	62.3
DC80-3	19.1	20.7	22.1	—	61.9
DC80试验	18.0	12.0	30.0	—	60.0

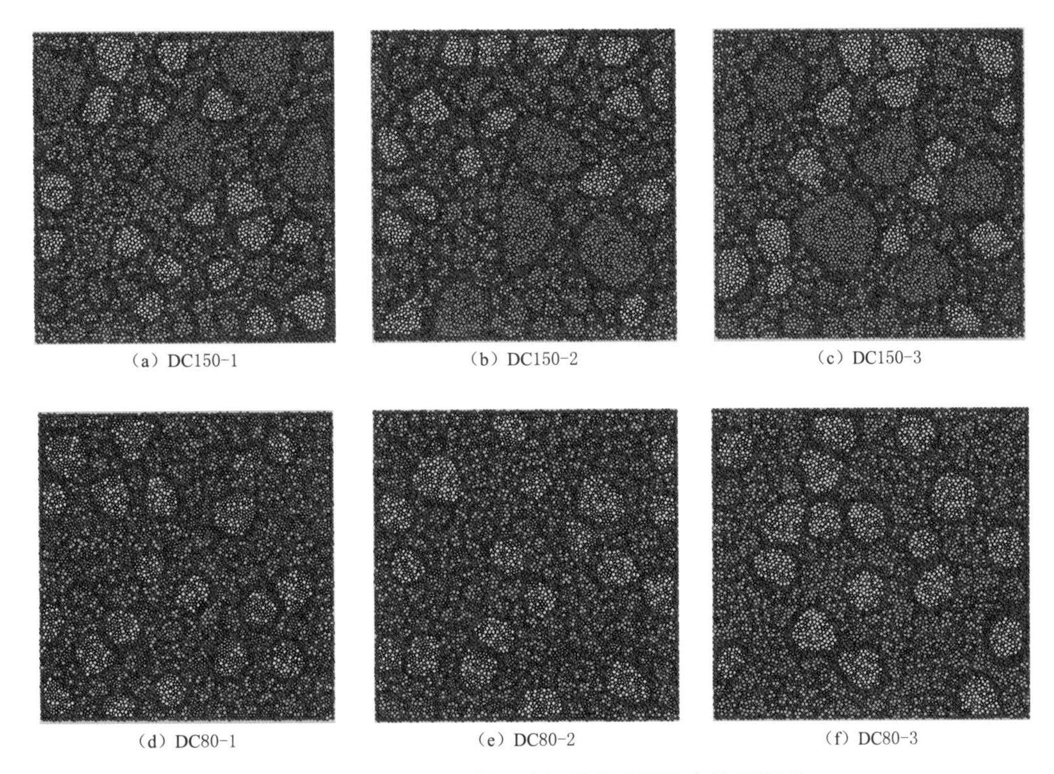

(a) DC150-1　(b) DC150-2　(c) DC150-3

(d) DC80-1　(e) DC80-2　(f) DC80-3

图5.5　四级配、三级配大坝混凝土颗粒离散元模型

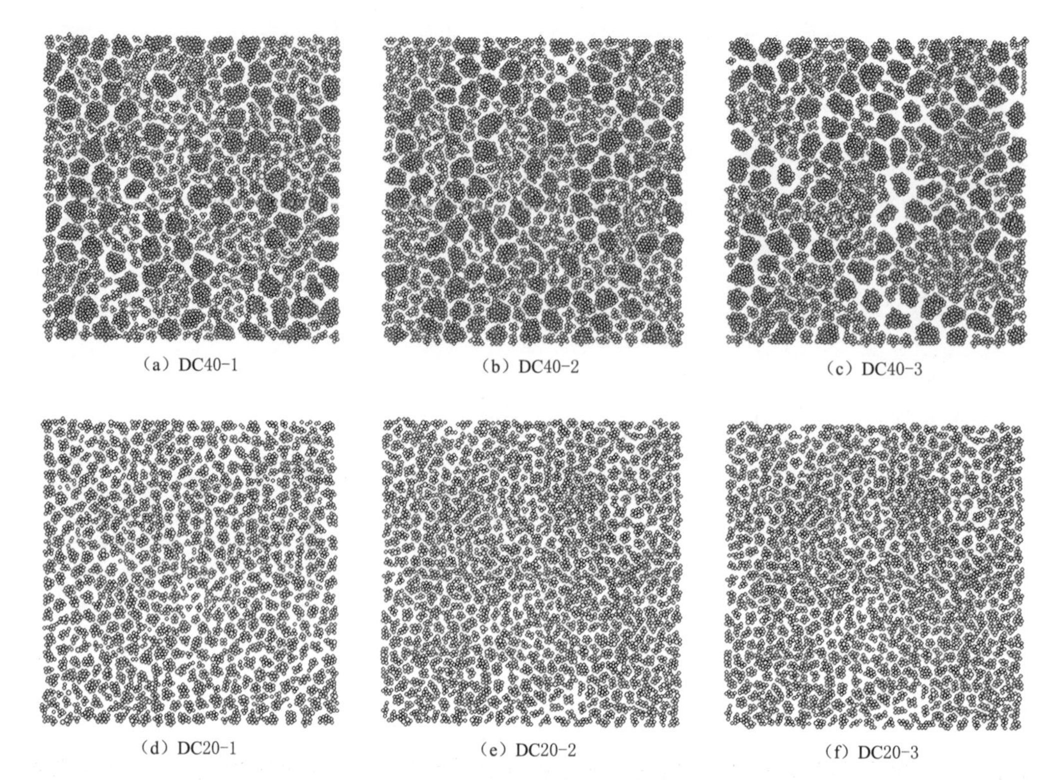

(a) DC40-1　(b) DC40-2　(c) DC40-3

(d) DC20-1　(e) DC20-2　(f) DC20-3

图 5.6　二级配、一级配大坝混凝土颗粒离散元模型

表 5.2　二级配、一级配大坝混凝土颗粒离散元模型骨料级配比例

编　号	各级配骨料体积占比/%		总体积占比/%
	5～20mm	20～40mm	
DC40 - 1	35.6	28.5	64.1
DC40 - 2	29.7	36.6	66.3
DC40 - 3	27.6	36.2	63.8
DC20 - 1	50.3	—	50.3
DC20 - 2	47.2	—	47.2
DC20 - 3	56.2	—	56.2

5.3.2　细观参数反演

混凝土的细观力学参数难以通过物理试验直接获取，需基于宏观物理量，通过反演分析来确定细观力学参数。参数反演分为两部分，即力学参数反演和 ASR 膨胀热力学反演。

5.3.2.1　力学参数反演

在细观层次上，不同性质的颗粒被赋予不同的细观力学参数。为了使数值模型的变形、失效模式等特征与宏观试验相一致，使用宏观试验的数值对模型中的细观参数进行反演。需要确定的力学参数主要有以下五个：k_n、k_s、σ_n、σ_s 和 μ。其中，关于颗粒间的滑移摩擦系数 μ，由于其在颗粒发生断裂后才对模型发挥作用，对试件破坏后应力应变关系曲线的软化阶段产生的影响微小，而本章中评价试件强度参数为数值仿真试件的峰值强度，基本不受其影响，因此，参考 Potyondy 和 Cundall（2004）的建议，对于岩石类材料，选取滑移摩擦系数为 $\mu=0.5$。

关于三相介质材料的细观力学参数材料刚度 k_n、k_s 和材料强度 σ_n、σ_s，虽然不存在唯一解，但是通过将数值仿真模型模拟试验数据和材料宏观力学试验数据进行对比的方法，可以得到最优化的参数组合。确定各项细观参数的方法如下：

（1）使用 5.1 节的随机骨料投放方法，结合宏观混凝土试件的混凝土配合比和骨料占比等参数，建立二维细观颗粒元模型；

（2）假定骨料、砂浆和其交界面的强度比和弹模比；

（3）由法向、切向刚度比值 k_n/k_s 与材料泊松比 ν 的关系，反演三相介质 k_n/k_s；

（4）通过对比宏观试验混凝土试件的弹性模量和力学行为数值模拟得到的混凝土试件弹性模量，反演得到三相介质各组分的刚度 k_n、k_s；

（5）根据混凝土的试验破坏模式，假定法向、切向强度比值 σ_n/σ_s；

（6）通过对比宏观试验混凝土试件的强度和力学行为数值模拟得到的混凝土试件强度，反演得到各组分强度 σ_n、σ_s。

根据以上步骤，在细观颗粒元模型的基础上，首先假定骨料、砂浆和其交界面的强度比和弹模比，参考 Tang et al.（2014）三相介质力学试验结果，规定 $\sigma_{rock}:\sigma_{scc}:\sigma_{inter}=7:2.5:1$，$k_{rock}:k_{scc}:k_{inter}=3:2:1$；然后依据 Wu et al.（2014）的研究，规定骨料法向、切向刚度比 $k_n/k_s=1.5$，砂浆法向、切向刚度比 $k_n/k_s=1.7$，交界面法向、切向刚度比 $k_n/k_s=1.9$，三种介质的法向、切向强度比 $\sigma_n/\sigma_s=0.5$，以保证颗粒离散元数值仿真模拟得到的细观破坏模式与宏观试验破坏模式一致。考虑骨料粒径对交界面强度具有显著影响，根据相关研究成果（张雪迎，2017），设小粒径骨料（5～20mm 粒径骨料）交界面法向强度为 σ_n，中粒径骨料（20～40mm 粒径骨料）交界面法向强度为 $0.9\sigma_n$，大粒径骨料（40～80mm 粒径骨料）交界面法向强度为 $0.5\sigma_n$，特大粒径骨料（80～150mm 粒径骨料）交界面法向强度为 $0.4\sigma_n$。

在初步设定上述参数后，通过单轴抗压试样来确定所设参数。由于混凝土试件的轴向抗压强度和弹性模量是两个重要力学特性，将此两者选择为反演过程中的控制量。根据表 5.3 中的锦屏大坝 28d 龄期现场试验试件的抗压强度和弹性模量，反演细观模型力学参数，使模型计算的抗压强度和弹性模量与实际混凝土参数接近。表 5.4 给出了大坝混凝土细观力学反演参数结果。后续的分析中，所有级配的混凝土均采用相同的细观力学参数。

表 5.3　　锦屏大坝 28d 龄期现场试验试件力学性能

编　号	轴向抗压强度/MPa	弹性模量/GPa
湿筛 4B 混凝土	25.8	24.7

表 5.4　　大坝混凝土细观力学反演参数结果

组成	密度/(kg/m³)	法向刚度/GPa	$k_n : k_s$	法向强度σ_n/MPa	切向强度σ_s/MPa
骨料	2800	29.4	1.5	35.0	70.0
砂浆	2800	19.6	1.7	12.5	25.0
交界面	2800	9.8	1.9	5.0	10.0

注　交界面参数指小骨料（5～20mm 粒径骨料）交界面参数。

5.3.2.2　ASR 膨胀热力学反演

在细观颗粒模型中，为了实现模拟试件受到 ASR 后产生的膨胀现象，需要对骨料颗粒进行持续升温。根据四级配大坝混凝土 ASR 膨胀试验曲线，考虑不同尺寸骨料对碱离子侵入与 ASR 和膨胀的影响，进行膨胀变形反演，以三级配混凝土的膨胀曲线作为精度验证。图 5.7 所示为细观模型 ASR 膨胀曲线与试验对比，可以看出计算得到的四级配大坝混凝土 ASR 膨胀过程曲线很好地重复了试验结果。此外，计算得到的三级配混凝土 ASR 膨胀过程曲线与实验值吻合良好，验证了细观数值模型的 ASR 模拟有较高的精度。

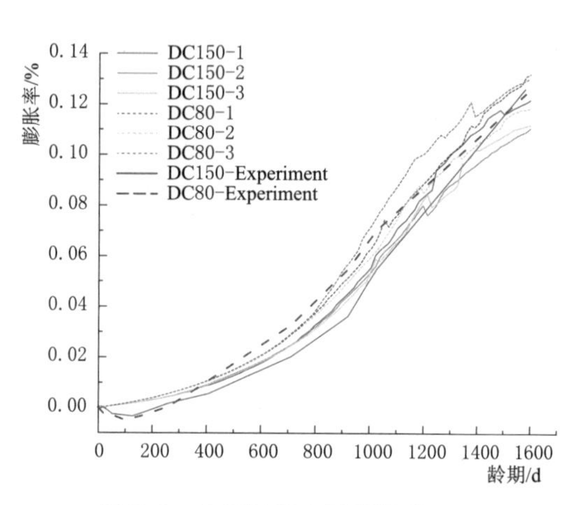

图 5.7　大坝混凝土细观模型 ASR 膨胀曲线与试验对比

5.4　混凝土 ASR 致裂机理

为了分析 ASR 对于不同级配混凝土试件，尤其是含有大骨料的试件的影响，本节使用不同级配的混凝土试件进行 ASR 模拟和力学试验。首先，对不同级配和骨料分布的混凝土试件进行不同程度的 ASR 模拟，得到产生不同膨胀量的混凝土试件。然后，使用圆盘劈拉试验对试件进行力学测试。

图 5.8 显示了四种级配混凝土的 ASR 膨胀变形过程。四种级配混凝土，即 DC20、DC40、DC80 和 DC150，均表现出类似的 ASR 膨胀趋势。ASR 膨胀变形随着时间逐渐增加，早期膨胀速率较小，600～700d 后膨胀变形速率显著增加，随后在约 1500～1600d 时膨胀变形速度减小，混凝土的 ASR 膨胀变形过程曲线呈现“S”形变化。考察骨料粒径对 ASR 膨胀变形的影响，可以看出，随着最大骨料粒径的增大，混凝土的 ASR 膨胀变形逐渐减小，大坝四级配混凝土 DC150 的 ASR 膨胀变形在四种级配的混凝土中最小。这一现象与试验结果非常吻合（Bai et al.，2018），这归因于尺寸越大的骨料，单位体积骨料的 ASR 膨胀率越小，引起的混凝土膨胀变形就越小。大坝混凝土 DC150 含有更多的膨胀率相对较小的特大粗骨料，因此其 ASR 膨胀变形较小。

图 5.9 显示了混凝土试件中 ASR 导致的黏结键断裂数（可认为是微裂纹数量）随时

间的变化过程。混凝土试件 DC150、DC80、DC40 和 DC20 的初始微裂纹出现的时间逐渐推迟，也就是说，ASR 引起的裂纹最早出现在大坝混凝土 DC150 中。这一结果与试验观察结果相似，在试验中，DC150 比 DC80 出现裂纹的时间要早得多（Bai et al.，2018），这一现象可归因于不同尺寸骨料的不同界面强度。骨料尺寸越大，界面强度越低，虽然其膨胀率较小，但由于膨胀积累的应力更早达到界面强度，从而引起开裂时间越早。此外，当 ASR 膨胀变形较大时，一级配混凝土 DC20 的微裂纹数量最多，而四级配大坝混凝土 DC150 的微裂纹数量最少，这是因为较小的骨料具有较大的比表面积，在 ASR 较充分时导致产生的微裂纹的数量较多。

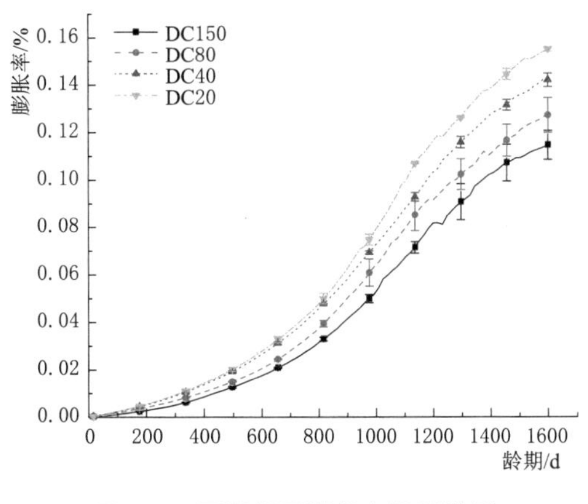

图 5.8 不同级配混凝土细观模型 ASR 膨胀曲线

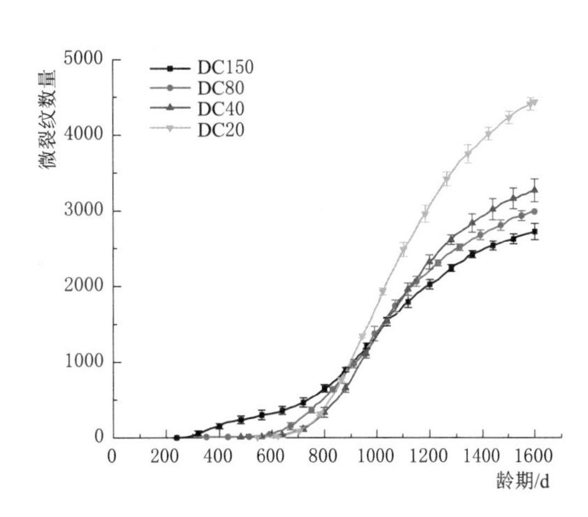

图 5.9 不同级配混凝土细观模型 ASR 裂纹情况

分析混凝土中由于 ASR 引起的微裂纹的萌生和扩展情况，微裂纹产生、扩展、贯穿，通过追踪不同级配试件内部的微裂纹情况，可以加深对于 ASR 机理的认知，以下分析不同级配试件的裂纹拓展过程。一级配试件的裂纹扩展过程见图 5.10。当试件的 ASR 膨胀率达 0.0232%，混凝土内部出现第一个微裂纹；随着 ASR 发展，试件的 ASR 膨胀率达 0.0440%时，混凝土内部均匀分布微裂纹，ASR 已经对试件产生了较大的劣化影响；当

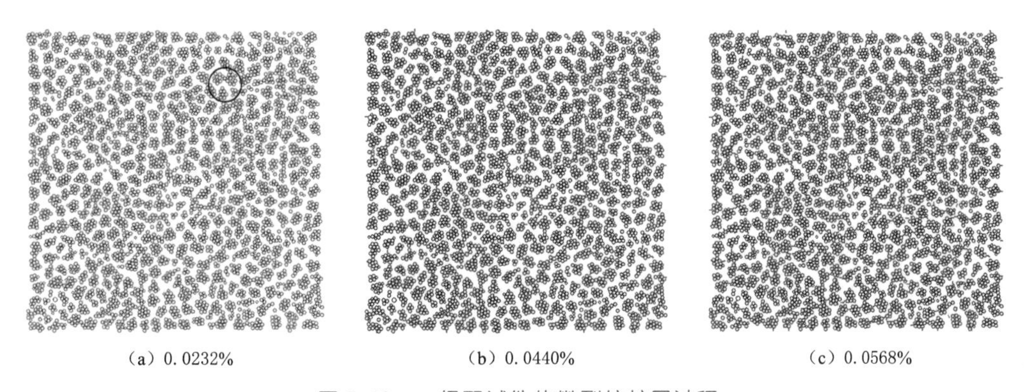

(a) 0.0232%　(b) 0.0440%　(c) 0.0568%

图 5.10 一级配试件的微裂纹扩展过程

ASR 膨胀率超过 0.0568%时，混凝土的微裂纹进一步扩展连通，形成宏观裂纹，造成试件的破损。

二级配试件的微裂纹扩展过程见图 5.11。当试件膨胀应变达到 0.0206%，混凝土试件内部出现第一个微裂纹；当膨胀应变达 0.0316%时，混凝土试件的裂纹模式没有发生变化，微裂纹继续沿骨料与砂浆交界面处发展；当膨胀应变达 0.0399%，试件中的微裂纹分布呈均匀状态；随着 ASR 进行，膨胀应变超过 0.0511%时，混凝土试件内部的微裂纹连通，形成宏观裂纹，试件破损。

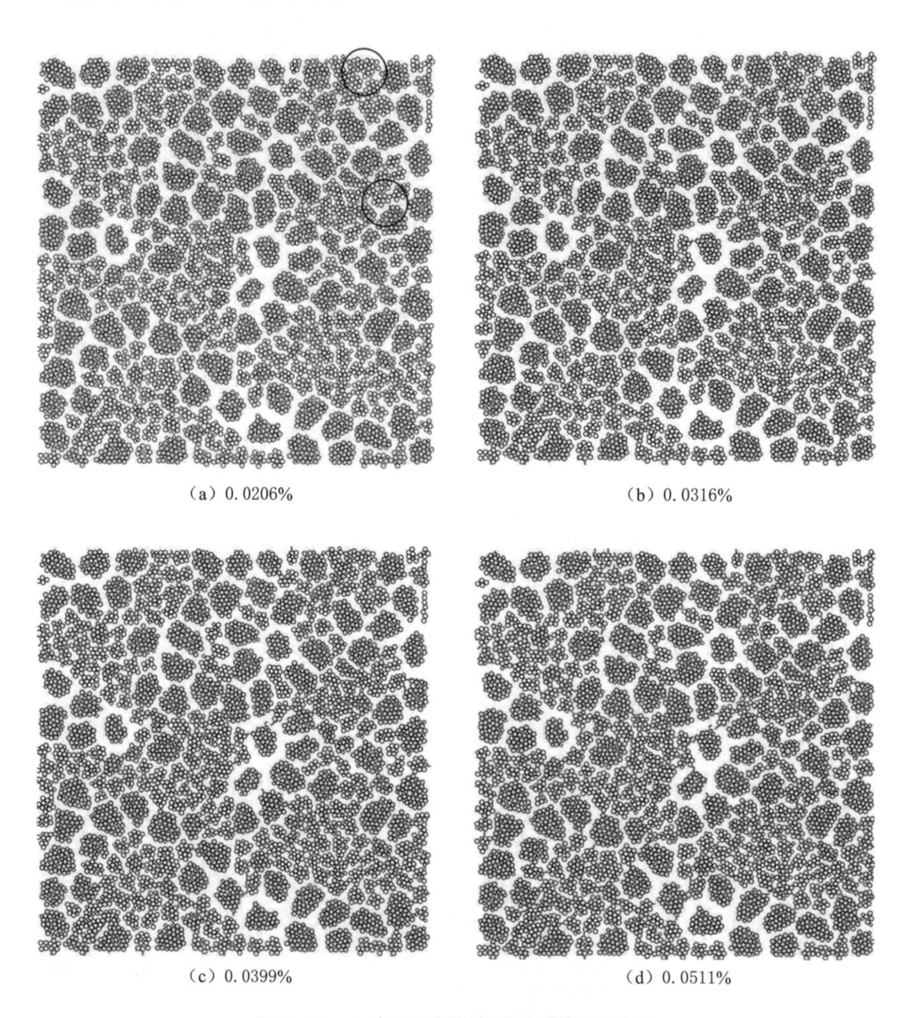

图 5.11　二级配试件的微裂纹扩展过程

三级配试件的微裂纹扩展过程见图 5.12。当试件的膨胀率达到 0.0105%时，混凝土内部产生第一个微裂纹；随着 ASR 进一步发生，微裂纹继续萌生和扩展，大部分 80mm 骨料的边界都出现少量的微裂纹，此时，膨胀应变达到 0.0216%；当试件的膨胀应变达 0.0260%，80mm 骨料周围的微裂纹数量显著增多；当试件的膨胀率到达 0.0351%，80mm 骨料周围微裂纹已经联通，骨料与砂浆交界面形成宏观裂纹。

（a）0.0105%　（b）0.0216%

（c）0.0260%　（d）0.0351%

图 5.12　三级配试件的微裂纹扩展过程

四级配试件的微裂纹扩展情况见图 5.13。试件膨胀率变达到 0.0043%时，150mm 骨料周围首次出现微裂纹，随后微裂纹不断扩展；当膨胀率达到 0.0173%以上时，80mm 骨料周围开始出现微裂纹，此时 150mm 骨料与砂浆结交面已经产生了宏观裂纹；当膨胀率达到 0.0226%以上，小于 80mm 的骨料与砂浆交界处开始出现微裂纹，80mm 骨料周围的微裂纹进一步扩展；当膨胀率达到 0.0414%以上，试件内部的微裂纹形成连通网络，产生宏观裂纹而使得混凝土破损。

由上述的 ASR 微裂纹扩展分析可以看出，骨料级配不影响混凝土 ASR 开裂机理。由于 ASR 引起骨料体积膨胀，在骨料和砂浆交界面不断累积拉应力，当累积的拉应力超过交界面强度时，交界面产生微裂纹，释放部分拉应力；随着 ASR 的进行，骨料进一步膨胀而累积拉应力，这部分拉应力由砂浆承担，当拉应力达到砂浆的抗拉强度，砂浆出现微裂纹而释放应力。交界面的微裂纹与砂浆微裂纹逐渐扩展，相互连通，形成宏观裂纹，从而对混凝土产生劣化效应。但是骨料尺寸会影响 ASR 导致的微裂纹产生的时

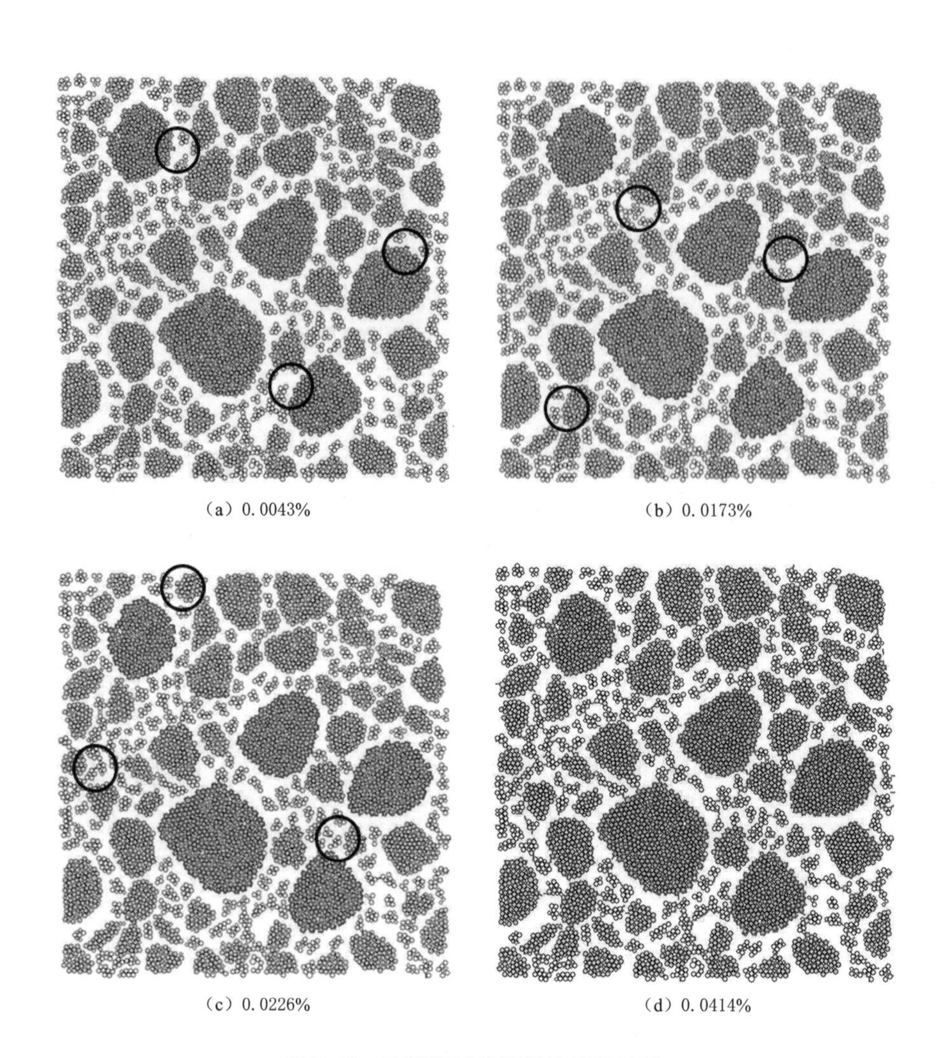

图 5.13　四级配试件的裂纹扩展过程

间，大尺寸的骨料交界面在较小的 ASR 膨胀变形阶段就会出现微裂纹，并且较容易形成交界面的宏观裂纹，这说明在各种级配的混凝土中，ASR 对大坝四级配混凝土具有最不利影响。

5.5　大坝混凝土 ASR 膨胀变形控制指标

为了研究 ASR 对混凝土的力学性质的影响，采用数值模拟方法，对产生了不同程度 ASR 的试件进行圆盘劈拉试验及单轴抗压试验。从遭受 ASR 的 450mm×450mm 方形混凝土试件上切割直径为 450mm 的圆形试件作为劈拉试验的试件，而原本的方形试件也作为单轴压缩试验的试件。在劈拉和单压数值模拟力学试验中，加载速度均取为 0.01m/s，以确保准静态平衡。

受到不同程度 ASR 膨胀的混凝土试件表现出不同的微裂纹分布和力学性能。在劈裂拉伸试验后，从微裂纹形态方面分析了 ASR 对破坏模式的影响。以 DC150 为例，如图 5.14（a）所示，未经受 ASR 影响的混凝土试件在破坏时主要呈现沿圆盘中心的劈裂形态，当试件受到较小的 ASR 膨胀影响（0.0061%和 0.0207%）时，表现出相似的破坏模式。随着试件受到 ASR 的影响逐渐增加，可以预想在进行劈拉试验之前，ASR 导致的微裂纹已经逐渐分布在试件内部，这将影响试件在劈裂试验中的破坏过程和最终形态。如图 5.14(d)～(f)所示，在劈裂拉伸载荷下，试件内部的新增损伤受到已有的 ASR 微裂纹影响，形成了更加分布的微裂纹网络。因此，当试件受到 ASR 影响较大时，微裂纹最终的破坏形态呈现一种弥散形态。

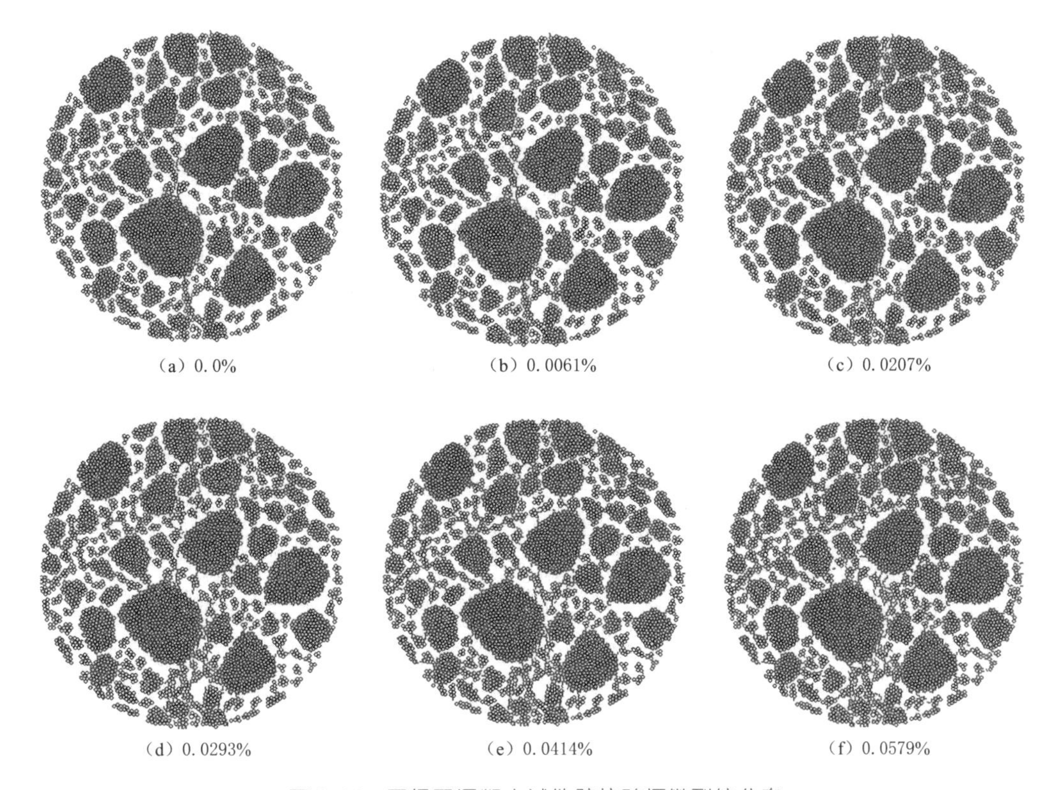

图 5.14　四级配混凝土试件劈拉破坏微裂纹分布

如图 5.15 所示，不同级配试件的破坏状态微裂纹分布显示了骨料尺寸对破坏模式的影响。在 ASR 膨胀在 0.01%左右时，相比 DC20 和 DC40，DC80 和 DC150 试件的破坏模式可能受到大尺寸骨料粒径的影响，最终的裂纹网络呈现更宽的分布。随着 ASR 膨胀从 0.01%增加至 0.02%，可以发现所有级配试件的破坏模式都从较细的中心劈裂模式拓展到相对更宽的劈裂裂纹情况，这种趋势并没有随着骨料的尺寸发生变化。

为了在相对统一的标准下讨论 ASR 对试件强度的影响，提出残余抗拉强度比（residual tensile strength ratio，RTSR）来评估抗混凝土 ASR 抗拉强度的退化情况，RTSR 为受 ASR 影响试件的抗拉强度与未受 ASR 影响试件的抗拉强度之比。此外，残余黏结键比（residual parallel-bond ratio，RPR）为 ASR 过程产生的微裂纹数量与试件中黏结键总数的比。在以往的细观尺度研究中，RPR 常被用于定性表示混凝土的损伤。

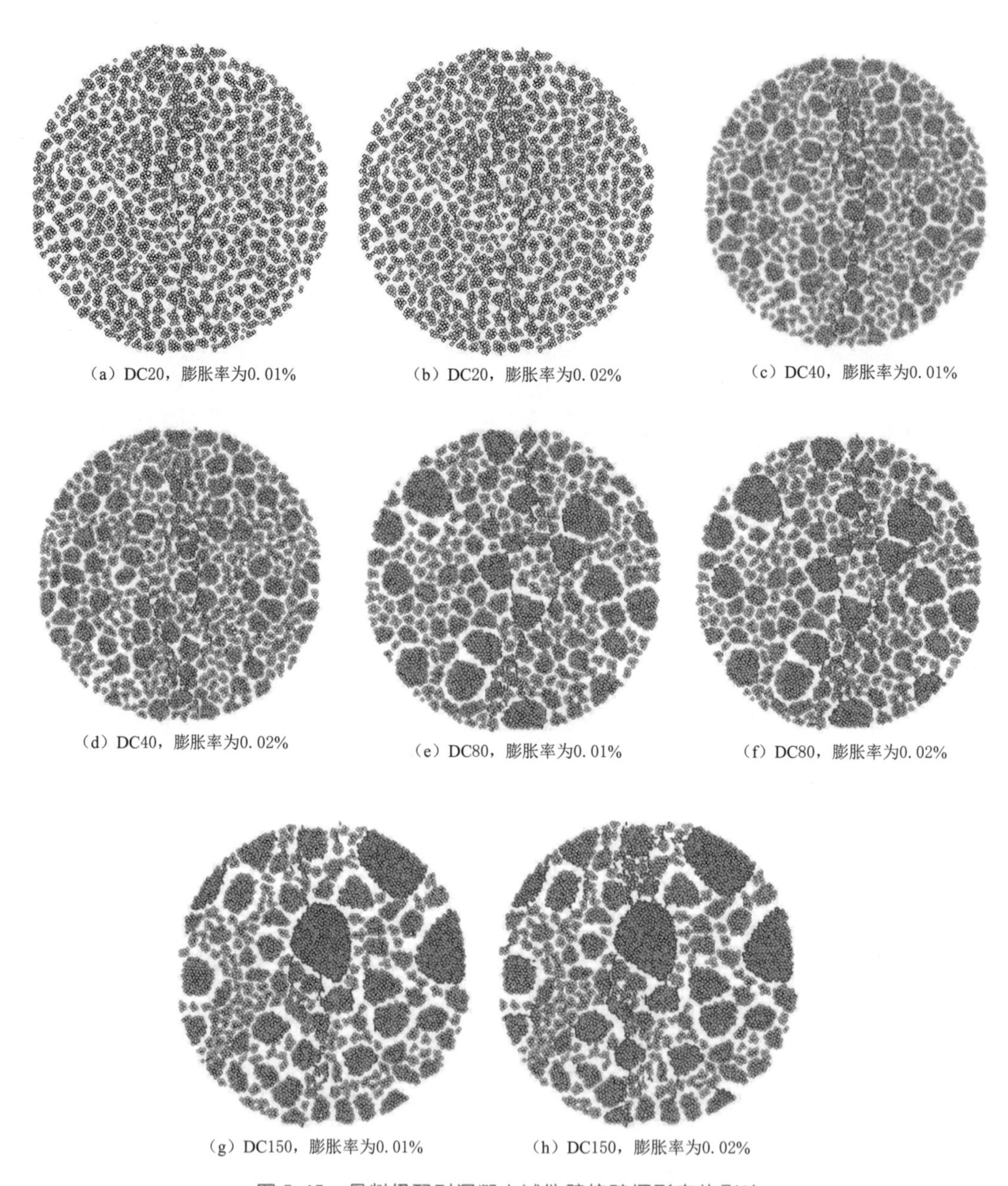
(a) DC20，膨胀率为0.01%　(b) DC20，膨胀率为0.02%　(c) DC40，膨胀率为0.01%

(d) DC40，膨胀率为0.02%　(e) DC80，膨胀率为0.01%　(f) DC80，膨胀率为0.02%

(g) DC150，膨胀率为0.01%　(h) DC150，膨胀率为0.02%

图 5.15　骨料级配对混凝土试件劈拉破坏形态的影响

图 5.16 为不同级配的试件在产生 ASR 膨胀后的抗劈拉性能退化随 ASR 膨胀的变化情况。随着 ASR 膨胀变形的增加，受 ASR 影响的混凝土的抗拉强度逐渐降低。四种级配的混凝土的下降趋势相似，RTSR 随着 ASR 膨胀的增加近似线性下降。大坝四级配混凝土 DC150 和三级配混凝土 DC80 的 RTSR 下降率接近，略大于二级配混凝土 DC40 和一级配混凝土 DC20。如果假设结构混凝土的 RTSR 为 0.9 作为混凝土 ASR 引起抗拉强度退化的控制点，则一级配混凝土 DC20 和二级配混凝土 DC40 的相应 ASR 膨胀变形控制指

标为 0.021%，而三级配混凝土 DC80 和四级配大坝混凝土 DC150 的相应 ASR 膨胀变形控制指标为 0.014%。如果根据一级配混凝土棱柱体 ASR 膨胀变形的控制指标（0.04%）来确定 RTSR，则 RTSR＝0.7。考虑 RTSR＝0.7 来确定大坝四级配混凝土的 ASR 膨胀变形控制指标，那么控制指标为 0.037%。这表明混凝土的最大骨料粒径对 ASR 引起的力学性能退化有一定影响，大坝四级配混凝土的 ASR 膨胀变形控制指标略小于基于骨料粒径小于 20mm 的普通混凝土的控制指标。

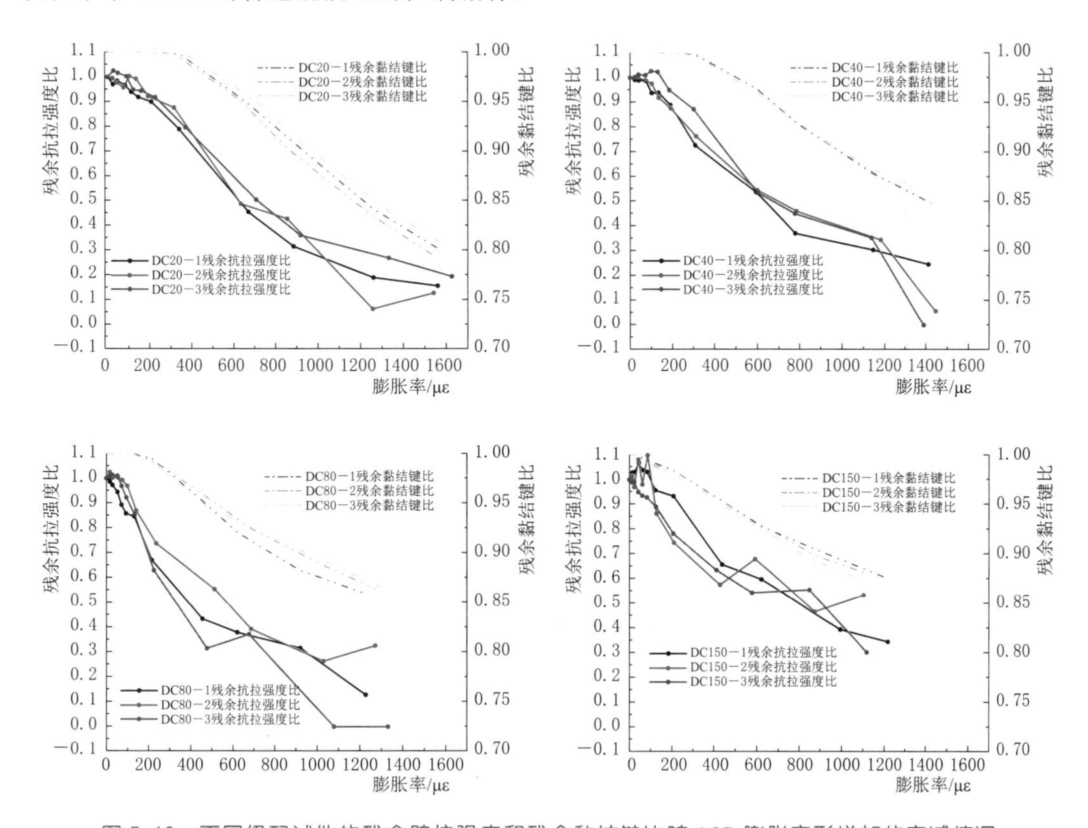

图 5.16 不同级配试件的残余劈拉强度和残余黏结键比随 ASR 膨胀变形增加的衰减情况

在大坝四级配混凝土 DC150 中，RPR 在非常小的 ASR 膨胀变形时就开始降低，而在其他级配的混凝土中，RPR 在相对较大的膨胀变形时保持不变。例如，一级配混凝土 DC20 中的 RPR 在 ASR 膨胀变形达到 0.030%之前不会降低，但 RTSR 降低到了 0.8。这一现象表明，在含有大骨料的大坝四级配混凝土 DC150 中，ASR 更易诱发微裂纹。相比之下，在 ASR 的早期阶段，ASR 在一级配混凝土 DC20 中不产生微裂纹，但内部累积了拉伸应力。在劈裂拉伸试验下，由 ASR 导致的累积拉应力加上试件拉伸所产生的机械应力，使得混凝土损坏，降低了抗拉强度。换句话说，根据 ASR 早期的裂纹，可以观察到含有大骨料混凝土（如 DC150）的 ASR 劣化。然而，小骨料混凝土（如 DC20）在 ASR 的早期阶段可能看起来完好无损，而其抗拉强度已显著降低，不能依赖裂纹来评估混凝土 ASR 的力学性能退化。

图 5.17 显示了单轴压缩试验后试样的破坏模式。ASR 显著影响试件的破坏模式，其

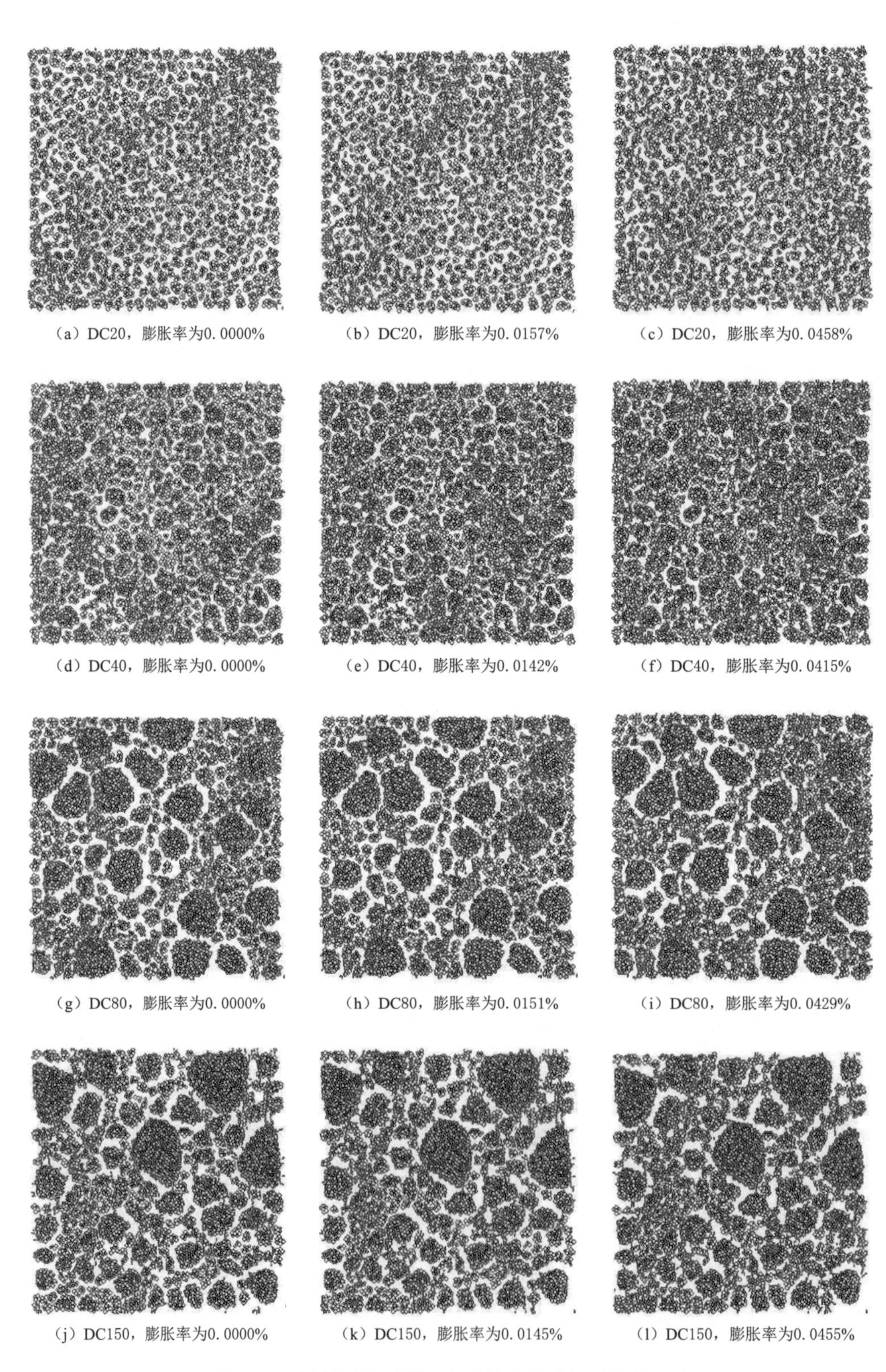

(a) DC20，膨胀率为0.0000%　(b) DC20，膨胀率为0.0157%　(c) DC20，膨胀率为0.0458%

(d) DC40，膨胀率为0.0000%　(e) DC40，膨胀率为0.0142%　(f) DC40，膨胀率为0.0415%

(g) DC80，膨胀率为0.0000%　(h) DC80，膨胀率为0.0151%　(i) DC80，膨胀率为0.0429%

(j) DC150，膨胀率为0.0000%　(k) DC150，膨胀率为0.0145%　(l) DC150，膨胀率为0.0455%

图 5.17　骨料级配对混凝土单轴受压破坏形态的影响

中随着 ASR 膨胀变形的增加，破坏模式由局部裂纹转变弥散裂纹。当混凝土不受 ASR 影响时，骨料粒径对破坏模式的影响较小。然而，如果混凝土经历 ASR 膨胀变形，它会显著影响压缩破坏模式。这可能是由于 ASR 引起的微裂缝在不同骨料尺寸的混凝土中的分布不同造成的。

引入残余抗压强度比（residual compressive strength ratio，RCSR）来评估 ASR 影响混凝土抗压强度的退化。RCSR 定义为受 ASR 影响试样的抗压强度与未受 ASR 影响试样的抗压强度之比。图 5.18 显示了 RCSR 和 RPR 随 ASR 膨胀变形的变化趋势。在所有四

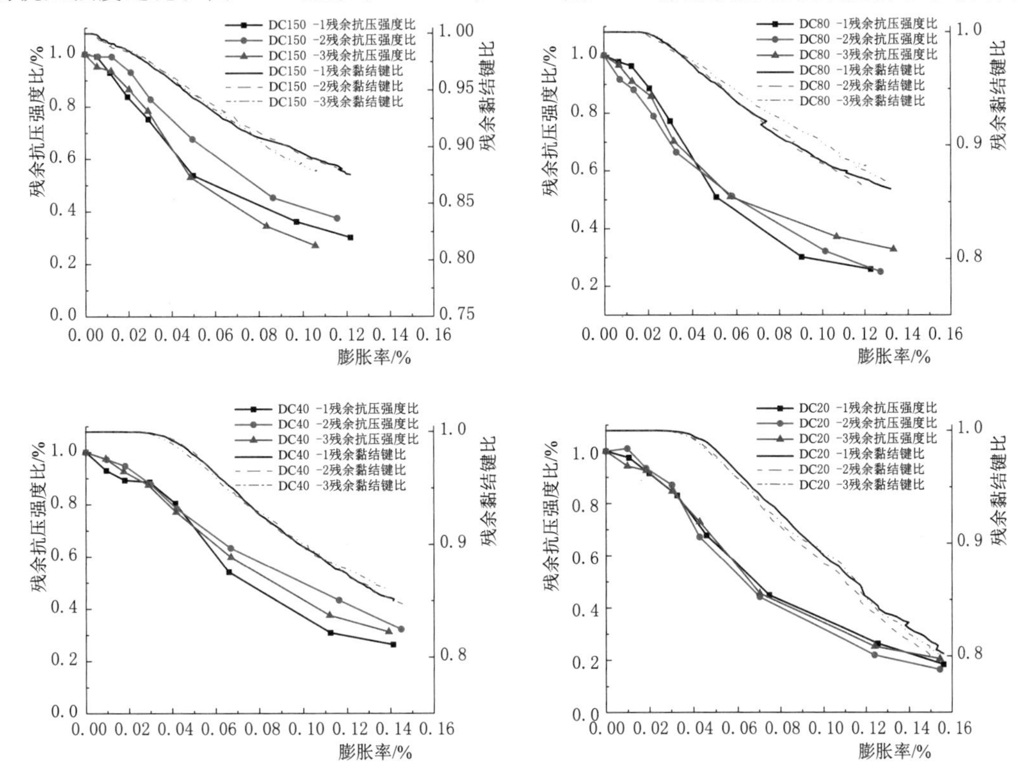

图 5.18 不同级配试件的残余受压强度和残余黏结键比随 ASR 膨胀变形增加的衰减情况

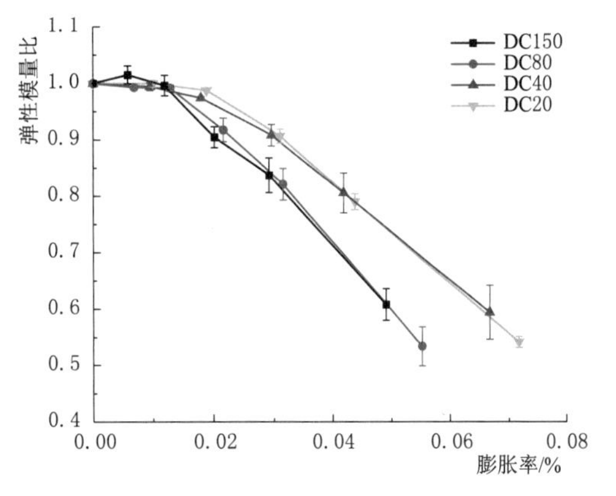

图 5.19 不同级配混凝土弹性模量随 ASR 膨胀变形的衰减情况

种级配的混凝土中，RCSR 均随着 ASR 膨胀而降低。大坝四级配混凝土 DC150 和三级配混凝土 DC80 的 RCSR 下降速率大于二级配混凝土 DC40 和一级配混凝土 DC20，表明骨料越大，ASR 引起的劣化越快速和严重。在 ASR 的早期阶段，小骨料混凝土（DC20 和 DC40）中的 RPR 保持不变，但抗压强度显著降低，这种现象类似于劈裂抗拉强度。

还对试样的弹性模量退化情况进行了分析。图 5.19 显示了不同 ASR 膨胀变形时不

同级配混凝土弹性模量的退化规律。随着 ASR 膨胀变形的增加，混凝土弹性模量呈下降趋势。弹性模量有两个下降阶段，在第一阶段缓慢降低，在第二阶段迅速降低。骨料尺寸影响弹性模量的两个降低阶段之间的过渡点。对于一级配混凝土 DC20 和二级配混凝土 DC40，弹性模量降低的过渡点为 ASR 膨胀变形 0.020%，而对于三级配混凝土 DC80 和四级配大坝混凝土 DC150，过渡点减小为 0.013%。

考虑大坝混凝土结构的受力特性，相比抗压强度，以抗拉强度来确定安全控制指标更合适，因此，采用劈拉强度的衰减量来定义大坝混凝土 ASR 膨胀变形控制指标。

5.6　本章小结

本章基于 ASR 化学动力学理论建立了大坝混凝土 ASR 细观颗粒离散元模型，考虑了小骨料、中骨料、大骨料和特大骨料粒径尺寸对 ASR 膨胀及交界面强度差异性，研究了混凝土受 ASR 作用下的膨胀变形规律及致裂机理，提出了大坝混凝土 ASR 膨胀变形控制指标。结论如下：

(1) 骨料粒径对混凝土 ASR 的膨胀过程和裂缝形成有显著影响。随着骨料尺寸的增加，ASR 引起的大坝混凝土膨胀变形减小，含有尺寸达 150mm 的粗骨料的大坝混凝土表现出较小的膨胀变形，但混凝土开裂时间较早。

(2) 采用锦屏骨料的混凝土 ASR 模式表现为骨料膨胀，在骨料-砂浆交界面累积拉应力，当拉应力达交界面抗拉强度时，交界面产生微裂纹；随着 ASR 的进一步进行，砂浆累积的拉应力达到砂浆的抗拉强度而形成砂浆内的微裂纹，交界面微裂纹与砂浆微裂纹互相交汇连通，混凝土发生性能劣化。粗骨料尺寸越大，虽然其 ASR 膨胀率较小，但交界面的强度相对较低，在 ASR 过程中，一般在较大尺寸粗骨料的交界面和附近的砂浆最先产生微裂纹。

(3) ASR 导致混凝土弹性模量退化，退化分为两个阶段，第一阶段弹性模量下降有限，第二阶段弹性模量迅速下降。骨料尺寸影响两个阶段之间的 ASR 膨胀过渡点，较大尺寸的粗骨料混凝土对应较小的膨胀变形过渡点，这表明骨料较大的大坝混凝土的弹性模量在较小的 ASR 膨胀变形下衰减较快。

(4) 在 ASR 的早期阶段，小骨料混凝土中未观察到微裂纹，但强度显著降低，这是由于早期骨料膨胀引起的较多的累积拉应力，虽然未达到材料的强度不产生裂纹，但在外荷载作用时，累积的拉应力与机械应力叠加，降低混凝土强度。这一现象表明，在 ASR 早期使用微裂纹作为损伤指数评估混凝土的力学性能，将低估混凝土的劣化。

(5) 考虑混凝土准脆性材料的特性及锦屏拱坝的受力特征，以抗拉强度为准则确定大坝混凝土的 ASR 膨胀变形控制指标。如通过一级配混凝土 ASR 膨胀变形控制值 0.04%对应的劈拉强度衰减量（30%）来确定其他级配混凝土的膨胀变形控制指标，那么大坝四级配混凝土的 ASR 膨胀变形控制指标为 0.037%，略小于一级配混凝土控制值。如定义混凝土劈拉强度降低为 90%时对应的 ASR 膨胀变形为控制标准，大坝混凝土 ASR 膨胀变形控制指标为 0.014%，小于一级配混凝土控制指标 0.021%。高拱坝等重大工程生命

周期不允许出现严重的病害，同时高混凝土坝中大部分为四级配混凝土（如锦屏一级拱坝中四级配混凝土占总混凝土方量的77.7%），建议采用较严格标准，大坝混凝土的膨胀变形控制指标取0.014%，保证高拱坝的长期安全性。

参考文献

AHMED T，BURLEY E，RIGDEN S，et al. The effect of alkali reactivity on the mechanical properties of concrete [J]. Construction and Building Materials，2003，17（2）：123－144.

Bai Y，CAI Y B，DING J T，et al. Study on the damage risk of dam concrete suffering alkali－silicareaction based on 7 years outdoor field exposure testing，part i：the influence of maximum size of aggregate [J]. Key Engineering Materials，2018，768：341－346.

BARBOSA R A，HANSEN S G，HANSEN K K，et al. Influence of alkali－silica reaction and crack orientation on the uniaxial compressive strength of concrete cores from slab bridges [J]. Construction and Building Materials，2018，176：440－451.

BAŽANT Z P，STEFFENS A. Mathematical model for kinetics of alkali－silica reaction in concrete [J]. Cement and Concrete Research，2000，30（3）：419－428.

BAZANT Z，ZI G，MEYER C. Fracture mechanics of ASR in concretes with waste glass particles of different sizes [J]. Journal of Engineering Mechanics，2000，126（3）：226－232.

BEKTAS F，WANG K. Performance of ground clay brick in asr－affected concrete：effects on expansion，mechanical properties and asr gel chemistry [J]. Cement and Concrete Composites，2012，34（2）：273－278.

CHARLWOOD R G，SOLYMAR S V，CURTIS D D. A review of alkali aggregate reactions in hydroelectric plants and dams [C]. Proceedings of the International Conference of Alkali－Aggregate Reactions in Hydroelectric Plants and Dams. Fredericton，CEA：CANCOLD，1992：1－29.

DUNANT C F，SCRIVENER K L. Effects of aggregate size on alkali－silica－reaction induced expansion [J]. Cement and Concrete Research，2012，42（6）：745－751.

FINN，BACH，et al. Load－carrying capacity of structural members subjected to alkali－silica reactions [J]. Construction and Building Materials，1993，7（2）：109－115.

GALLYAMOV E，REZAKHANI R，CORRADO M，et al. Meso－scale modelling of asr in concrete：effect of viscoelasticity [C]. Proc 16th ICAAR，2021. 1.

GIACCIO G，ZERBINO R，PONCE J M，et al. Mechanical behavior of concretes damaged by alkali－silica reaction [J]. Cement and Concrete Research，2008，38（7）：993－1004.

GRATTAN－BELLEW P E. Petrographic and technological methods for evaluation of concrete aggregates [J]. Handbook of Analytical Techniques in Concrete Science and Technology，2001：63－104.

GUO Y，HE J，JIANG H，et al. A simple approach for generating random aggregate model of concrete based on laguerre tessellation and its application analyses [J]. Materials，2020，13（17）：3896.

REINHARDT H W.，et al. A fracture mechanics approach to the crack formation in alkali－sensitive grains [J]. Cement and Concrete Research，2011，41（3）：255－262.

HAYES N W，GUI Q，ABD－ELSSAMD A，et al. Monitoring alkali－silica reaction significance in nuclear concrete structural members [J]. Journal of Advanced Concrete Technology，2018，16（4）：179－190.

HIROI Y，YAMAMOTO T，TODA Y，et al. Experimental and analytical studies on flexural behavior of post－tensioned concrete beam specimen deteriorated by alkali－silica reaction（asr）[C]. 15th International Conference on Alkali－Aggregate Reaction，Sao Paulo Brazil，2016：3－7.

HOBBS D W, GUTTERIDGE W A. Particle size of aggregate and its influence upon the expansion caused by the alkali - silica reaction [J]. Magazine of Concrete Research, 2015, 31 (109) : 235 - 242.

HOBBS D W. Alkali - silica reaction in concrete [M]. Thomas Telford Publishing, 1988.

MARZOUK H, LANGDON S. The effect of alkali - aggregate reactivity on the mechanical properties of high and normal strength concrete [J]. Cement and Concrete Composites, 2003, 25 (4) : 549 - 556.

MOHAMMADI A, GHIASVAND E, NILI M. Relation between mechanical properties of concrete and alkali - silica reaction (ASR); a review [J]. Construction and Building Materials, 2020. 258.

MOHAMMED A, et al. Lattice Discrete particle modeling (ldpm) of alkali silica reaction (asr) deterioration of concrete structures [J]. Cement and Concrete Composites, 2013, 41: 45 - 49.

MONETTE L, GARDNER J, GRATTAN - BELLEW P E. Structural effects of the alkali - silica reaction on non - loaded and loaded reinforced concrete beams [C] //Proc. , 11th Int. Conf. on Alkali Aggregate Reaction, 2000. 999 - 1008.

MULTON S, SEIGNOL J F, TOUTLEMONDE F. Chemomechanical assessment of beams damaged by alkali - silica reaction [J]. Journal of Materials in Civil Engineering, 2006, 18 (4) : 500 - 509.

MUNIR M J, ABBAS S, QAZI A U, et al. Role.of test method in detection of alkali - silica reactivity of concrete aggregates [J]. Construction Materials, 2018, 171 (5) : 203 - 221.

PAN J W, FENG Y T, JIN F, et al. Meso - scale particle modeling of concrete deterioration caused by alkali - aggregate reaction [J]. International Journal for Numerical and Analytical Methods in Geomechanics, 2013, 37 (16) : 2690 - 2705.

PAN J, FENG Y T, JIN F, et al. Numerical prediction of swelling in concrete arch dams affected by alkali - aggregate reaction [J]. Revue Fran§aise De Gnie Civil, 2013, 17 (4) : 231 - 247.

PAN J, XU Y, JIN F, et al. A unified approach for long - term behavior and seismic response of AAR - affected concrete dams [J]. Soil Dynamics and Earthquake Engineering, 2014, 63: 193 - 202.

POTYONDY D P A. Cundall a bonded - particle model for rock [J]. International Journal of Rock Mechanics and Mining Sciences, 2004, 41 (8) : 1329 - 1364.

POYET S, SELLIER A, CAPRA B, et al. Chemical modelling of alkali silica reaction: Influence of the reactive aggregate size distribution [J]. Materials and Structures, 2007, 40 (2) : 229 - 239.

RAMYAR K, A TOPAL, Ö ANDIÇ. Effects of aggregate size and angularity on alkali - silica reaction [J]. Cement and Concrete Research, 2005, 35 (11) : 2165 - 2169.

REZAKHANI R, GALLYAMOV E, MOLINARI J F. Meso - scale finite element modeling of Alkali - Silica - Reaction [J]. Construction and Building Materials, 2021. 278.

RIVARD P, GÉRARD BALLIVY, GRAVEL C, et al. Monitoring of an hydraulic structure affected by asr: a case study [J]. Cement and Concrete Research, 2010, 40 (4) : 676 - 680.

SAINT - PIERRE F, RIVARD P, GÉRARD BALLIVY. Measurement of alkali - silica reaction progression by ultrasonic waves attenuation [J]. Cement and Concrete Research, 2007, 37 (6) : 948 - 956.

SAOUMA V, PEROTTI L. Constitutive model for alkali - aggregate reactions [J]. ACI Materials Journal, 2006, 103 (3) : 194 - 202.

SIMS I, NIXON P. Rilem recommended test method aar - 1: detection of potential alkali - reactivity of aggregates—petrographic method [J]. Materials and Structures, 2003, 36 (7) : 480 - 496.

SMAOUI N, M A BÉRUBÉ, FOURNIER B, et al. Effects of alkali addition on the mechanical properties and durability of concrete [J]. Cement and Concrete Research, 2005, 35 (2) : 203 - 212.

SWAMY R N, Al - ASALI M M. Engineering properties of concrete affected by alkali - silica reaction [J]. Aci Materials Journal, 1988, 85 (5) : 367 - 374.

TANG X, ZHANG C, SHI J. Chapter 24 - A multiphase mesostructure mechanics approach to the study of the fracture - damage behavior of concrete [J]. Seismic Safety Evaluation of Concrete Dams, 2013. 571 - 594.

WANG X, NGUYEN M N, Stewart M, et al. Analysis of climate change impacts on the deterioration of concrete infrastructure - synthesis report [J]. Published by CSIRO, Canberra. 2010, 643 (10364) : 1.

WU M, QIN C, ZHANG C. High strain rate splitting tensile tests of concrete and numerical simulation by mesoscale particle elements [J]. Journal of Materials in Civil Engineering, 2014, 26 (1) : 71 - 82.

YANG L H, PATHLRAGE M, SU H Z, et al. Computational modeling of expansion and deterioration due to alkali - silica reaction: effects of size range, size distribution, and content of reactive aggregate [J]. International Journal of Solids and Structures, 2022. 234.

YURTDAS I, CHEN D, HU D W, et al. Influence of alkali silica reaction (ASR) on mechanical properties of mortar [J]. Construction and Building Materials, 2013, 47: 165 - 174.

ZHANG W N. Influence of aggregate size and aggregate size grading on asr expansion [J]. Cement and Concrete Research, 1999, 29 (9) : 1393 - 1396.

第6章 基于结构分析的高拱坝ASR变形控制指标

受客观条件的限制，锦屏一级水电站拱坝混凝土不得不采用具有潜在碱活性的变质砂岩作为人工骨料。通过工程实例调查，碱-硅酸反应对大坝的影响主要是两个方面，一是混凝土性能劣化，二是引起附加结构变形。前文各章深入研究了ASR对混凝土性能的影响机理和发展趋势，混凝土拱坝作为受坝基约束作用较强的高次超静定结构，膨胀变形产生的附加结构应力相比其他建筑物更加突出，本章从结构分析的角度探讨ASR带来的膨胀变形对结构安全的影响。

本章对结构计算中如何模拟ASR的影响进行了系统的研究，采用施加温度的方式模拟膨胀变形，并对计算分析的方法和指标选取进行了论证。采用拱梁分载法、线弹性有限元法、弹塑性有限元法和刚体极限平衡法，对不同膨胀变形情况下的拱坝结构进行了分析，从结构强度安全、拱座抗滑稳定安全和孔口闸门启闭正常运行等方面，综合提出了从结构安全角度的ASR变形控制指标。

6.1 拱坝AAR实例及研究方法

6.1.1 国内外拱坝AAR实例

1. 卡布拉巴萨拱坝

卡布拉巴萨拱坝（Cahora Bassa Dam）位于莫桑比克赞比西河上，为双曲拱坝，坝高175m，顶拱弧长300m，最大坝厚23m，坝基为坚硬完整的花岗片麻岩。坝身设1个表孔和8个深孔，总泄流能力14000m^3/s。大坝建设开始于1969年，混凝土浇筑于1971年11月至1974年12月。1980年在坝顶发现混凝土裂缝，上游坝面发现水平裂缝，由于AAR导致混凝土膨胀，深孔闸门无法紧闭而漏水，见图6.1。

混凝土骨料是坝肩和地下工程开挖的花岗片麻岩破碎而成，力学性能好，抗压强度高达150MPa。骨料中的主要矿物是长石和石英，以及极少量的辉长岩和麻粒岩。水泥采用改性普通硅酸盐水泥，水泥中硅酸三钙占45%，硅酸二钙占20%、铝酸三钙占6%，铝酸铁三钙占15%。1973年开始，铝酸三钙的含量在9%和13%之间波动，硅酸盐百分比的总和恒定在65%。

通过埋入在混凝土中的50组无应力计观察到大坝混凝土的膨胀，随后通过精密水准分析和岩相分析证实了骨料内外存在反应环。该反应可能始于水泥中的碱和石英之间，高pH值环境可能促进了反应的发展。

(a) 深孔泄洪

(b) 深孔漏水

图 6.1 卡布拉巴萨拱坝

混凝土膨胀以较稳定速率缓慢发展，在上下游方向和垂直方向，总体上是呈对称分布。高温和高湿度有助于碱活性反应，坝址温度年变幅只有 8℃，良好的温湿均匀性和稳定性使得膨胀有明显的对称分布特点。1977—1994 年间累积的膨胀量，在高程 296.00m 处的廊道中约 11 mm，这些膨胀未引起结构性裂缝。

应用有限元方法（Batista et al.，1992）进行结构分析，采用线性黏弹性模型模拟混凝土，厚壳单元模拟坝体，弹性材料模拟地基，材料参数基于现场徐变试验参数和基于监测数据的反演参数综合确定。根据计算分析成果，膨胀变形带来的应力，部分被水荷载带来的压缩变形产生的应力叠加抵消了。

2. 圣卢西亚拱坝

葡萄牙的圣卢西亚拱坝（Santa Luzia Dam）位于泽泽尔河北部支流乌海斯上，由一座单心圆薄拱坝和旁边的支墩坝组成，见图 6.2。拱坝最大高度为 76m，顶部长度为 115m（含支墩坝为 178m），坝顶高程 655.60m，坝基岩体为石英岩。大坝建于 1930—1942 年。

通过下游坝面的大坝变形外部观测点、坝顶布设的垂线、大地水准测量发现，坝体首次蓄水以后，有水平向上游和垂直向上的变形。

坝顶观测到 40 年积累的最大垂向位移总量约为 50mm，垂直位移呈 M 形分布。水压力可能引起的垂直位移很小，观测到垂直位移主要是由于膨胀，相当于平均延伸约 700$\mu\varepsilon$。坝顶向上游最大水平位移积累约为 30mm，考虑由水荷载引起的坝体向下游的水平位移的时效变形，因此 ASR 产生的混凝土膨胀引起的向上游顺河向位移应大于 30mm。

从大坝混凝土现场取样进行的矿物学和岩相分析表明，骨料之间存在 ASR 形成凝胶，活性二氧化硅主要来自碎裂石英，碱主要来自长石。除了提供必要的碱性环境外，水泥在反应中的重要性不大，因为它的碱含量低（Charlwood，1992）。

3. 阿尔托塞拉拱坝

阿尔托塞拉拱坝（Alto Ceira Dam）位于葡萄牙中部科英布拉区蒙德古河（Mondego）的支流塞拉河（Ceira）上，是一座定厚度圆筒薄拱坝，见图 6.3，最大高度为 37m，顶拱弧长 120m，顶部厚度为 1.20m，底部厚度为 4.5m，右侧布置有溢洪道，大坝底部设泄洪底孔，设计洪水流量为 100m^3/s。工程于 1940 年开工，1949 年竣工。

图 6.2　圣卢西亚拱坝

图 6.3　阿尔托塞拉拱坝

监测显示，第一次蓄水以来，大坝就出现异常的向上游和垂直向上的位移，应变约为 1600$\mu\varepsilon$，并伴随裂缝逐渐产生。1950 年、1963 年、1986 年进行了放空检查，并开展了裂缝调查、混凝土取芯、力学试验、岩相学和矿物学分析等工作。研究表明，大坝混凝土中存在非常显著的膨胀，是由碱和二氧化硅的反应引起的，石英和变质砂岩骨料是活性二氧化硅的来源，长石骨料是碱的来源，水泥提供了反应所需的碱性环境（Batista，1992）。

根据 1950—1993 年观察到的水平和垂直位移，结合反演分析确定了膨胀变形的过程。反演分析采用大坝、溢洪道和地基的三维整体有限元模型，混凝土采用黏弹塑性模型，计算时考虑裂缝引起的应力释放和重新分布，以及裂缝带来膨胀应力减少。根据反演分析成果评价大坝安全性，研究表明，尽管大坝安全性有显著下降，但由于设计安全裕度很大，大坝安全是令人放心的。

1986 年开展了一项关于裂缝的调查，对大坝裂缝最严重的块体进行了超声波测试，旨在估计混凝土力学特性的不均匀性和相关裂缝的深度。成果显示，平均波速为 4200～4300m/s，局部区域为 3500～4000m/s，检测到的裂缝深度最大约 60cm。

4. 萨兰菲坝

萨兰菲坝（Salanfe Dam）是一座位于瑞士阿尔卑斯山的混凝土重力坝，见图 6.4。分为 4 段不对齐的直线段，中央部分长 260.65m，右翼由分别为 72.5 m 和 76 m 的 2 段组成，左翼长 189.5 m，坝顶总长度为 598.65m。

该坝最大坝高为 52m，正常水位 1925.00m。大坝上游面为垂直面，下游面自坝顶至高程 1915.60m 坡度为 1∶0.2，以下坡度为 1∶0.742。大坝分为 42 个坝段，坝段宽度一般为 14m。每个接缝设置了一个直径为 100cm 的垂直排水井，其中部分排水井内设置了垂线系统。检查廊道位于高程 1882.00m、1908.00m，可由下游 7 个交通廊道进入。左坝肩设有自由溢流的溢洪道。

大坝布置了各种监测设备，如垂线、引张线、大地测量和水准测量网络。13 号和 23 号坝段（从右到左计数）设置了正垂，在第 18 号、28 号和 29 号坝段中增加了正倒垂。

图 6.4 萨兰菲坝

大坝建于 1952 年，自 20 世纪 70 年代初以后，大坝坝体开始呈现向上游不可恢复的变形，见图 6.5，特别是在左翼和中央部分之间的连接处最明显。经过多年的深入调查研究，证明大坝受到碱骨料反应的影响，导致混凝土膨胀（Droz P，2012）。坝顶向上游变形，混凝土的膨胀导致拱的长度增加，廊道和下游表面存在裂缝。

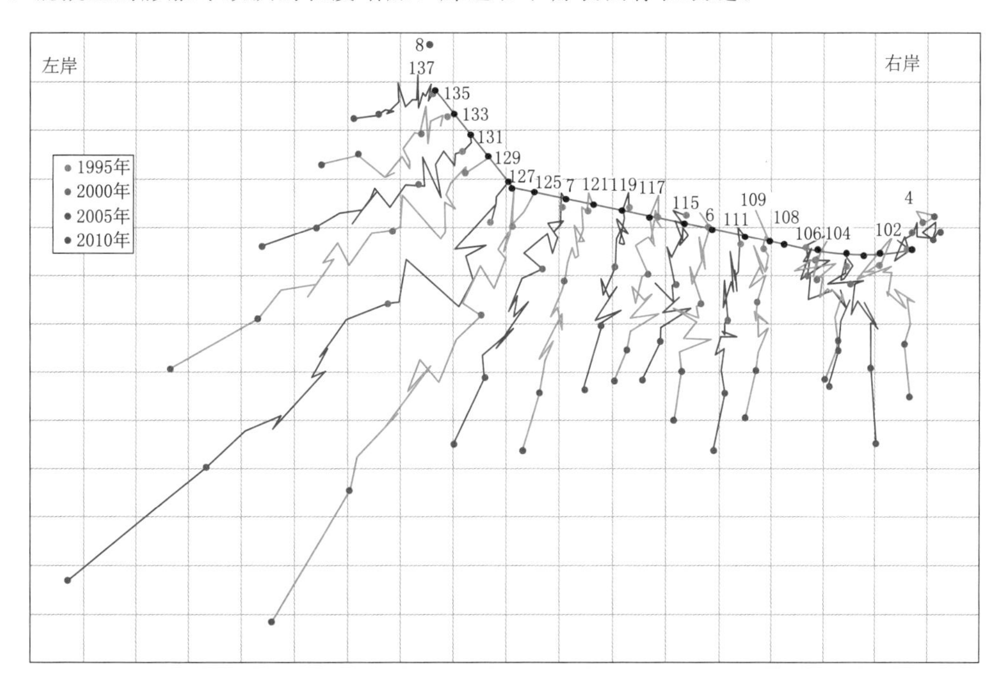

图 6.5 1993 年以后沿坝顶的位移（每格代表 50m）

根据瑞士 TFB 和 HOLCIM 技术中心以及法国 IFSTTAR 试验室进行的测试，大坝混凝土在上游和下游面的水泥含量较高，骨料中有大量硅质石灰石，特别是片麻岩和云母片岩，粗晶、波浪状边缘的石英，具有潜在的碱活性。混凝土的微观结构显示出孔隙率高且分布不均匀。在水泥浆体和骨料之间的过渡区域也观察到相对较高的孔隙率，这往往会削弱混凝土的内聚力。

试样中都观察到了硅-钙-碱凝胶的存在，证实了 ASR。分析表明，ASR 在大坝顶部附近发展较快，而坝体内部区域才刚开始。反应导致混凝土力学性能变化也很不均匀，主要取决于各混凝土分区部位的水泥用量和 ASR 程度，经试验测试膨胀变形值为 400～600$\mu\varepsilon$/(m·年)。

数值计算采用 sigmoid 膨胀演化模型（IFSTTAR - Paris），考虑混凝土的热力学参数变化、ASR 膨胀引起的弹性模量的降低、膨胀带来的平均和偏斜应力状态影响，分析了徐变作用下的混凝土坝典型特征及与膨胀效应发展的相互影响。采用接触单元模拟切槽的状态。根据大坝的渗流、温度和变形监测数据，反演校正了模型的各项参数。计算表明，自 1993 年以后，位于坝顶拐点处的最大顺河向位移为 65mm，与监测数据 59mm 量值相当。大坝典型截面内的压应力为 3～12MPa。

在模拟了大坝经 62 年混凝土 ASR 发展的坝体应力和变形状态之后，考虑采用沿坝轴线切 20 条缝的修复措施，缝宽 15mm，最大深度 20m。计算表明切缝后，压应力最大可降低达 5MPa。切缝后大部分缝闭合了大约 8mm，有些缝在几天后完全闭合。除切缝附近的点横河向位移稍有影响外，大坝中央部分测点水平位移几乎没有受到切缝影响。靠近大坝左侧主要弯折处的切缝对坝体顺河向和横河向位移都有影响。切缝后位移量值都减小，应力释放，这应和转折处的空间三维效应有关。

切缝后，萨兰菲坝坝体实际位移与预测一致，监测系统能够监测到坝体的主要特性，切缝后有些缝几乎很快闭合，闭合量为 1～11mm 不等，一般而言，闭合程度随着缝深度及靠近坝体转折程度增加。切缝对坝体横缝的影响轻微，大坝中部坝段没有观察到顺河向位移，靠近大坝转折处的顺河向位移有显著减小，切缝处的渗流量很小。

5. 卡里巴拱坝

卡里巴拱坝（Kariba Dam）为双曲拱坝（图 6.6），位于赞比亚和津巴布韦边界的非洲第三大河赞比西河（Zambesi）中游，坝高 130m，拱顶长 620m，最大厚度为 24.4m，装机 1450MW。坝址以上控制流域面积 66.3 万 km^2，水库长 274km，面积 5180 km^2，库容 1840 亿 m^3，调节库容达 690 亿 m^3。大坝始建于 1955 年，1959 年完建成。

卡里巴拱坝在运行后不久就出现明显的膨胀迹象，作为受 ASR 影响的混凝土结构的一个典型案例，卡里巴大坝被国际大坝会议进行专题讨论，并作为第 11 届大坝数值分析基准研讨会的案例。

采用 DIANA 有限元软件，用热-化-力膨胀的 Ulm 的 ASR 计算模型（Ulm，2000）考虑正交各向异性膨胀的影响，采用界面元模拟大坝和基础接触，计算坝体和坝基的变形。相关计算参数根据监测资料反演确定。由于地理位置原因，坝址区温度年变幅很小，长期保持在 27°C 左右，分析中未考虑温度变化作用。计算时考虑了大坝浇筑过程，首先计算坝体自重荷载，保留坝体初始应力，然后清空位移，进而分析运行期 1962—2010 年间的坝体应力位移。对比了 1963—1994 年（校准期间）9 个主要仪器的测量位移，这些位移与膨胀现象明显相关，径向和垂直位移的测量结果和数值结果一致。

(a) 大坝鸟瞰图

(b) 受ASR影响上游坝面混凝土开裂

图 6.6 卡里巴拱坝（2014 年）

6.1.2 ASR 对拱坝结构影响的分析方法

微观结构上，ASR 劣化可归因于骨料中的活性二氧化硅、水泥中的碱性物质（K^+ 和 Na^+）和混凝土孔隙溶液中的水形成亲水性凝胶。活性二氧化硅主要由活性骨料提供，碱由水泥碱性材料提供，在水的存在下，凝胶发生溶胀，在胶凝基质的局部区域产生越来越大的内压，诱导变形并可引发微观至宏观开裂、过度膨胀、结构失调等。

从 1940 年混凝土 ASR 被报道开始（Stanton，1940），ASR 导致混凝土过早劣化的问题引起科研工作者、工程师和管理机构的重视，并开始采用数值方法定量分析评价其危害程度，持续不断研究取得了丰硕的成果。

拱坝的厚度相对其宽度和高度要小很多，水荷载等正常荷载工况下，拱坝的拱和悬臂梁的弯曲会导致沿坝厚方向的应力变化较大。此外，坝体各部位因所处具体位置不同，并受库水位变化影响，应力及应力梯度也有较大区别。不同受力环境下的 AAR 混凝土膨胀率的差异较大，大坝厚度方向上以及不同宏观部位的应力使得 AAR 有显著变化，而 AAR 混凝土膨胀变形又受结构受力边界条件影响，这些因素都会使得大坝对 ASR 载荷响应有显著差异。

巴西莫绍托坝、加拿大玛克塔科克坝、巴基斯坦瓦萨克坝等，采用在结构中预加初应变的方法模拟 AAR 膨胀，计算 AAR 对坝体受力性态的影响。

法国尚本坝、美国海沃西坝、英国麦思特沃格坝等采用施加温度场的方法来模拟 AAR 膨胀变形。

Mounzer（1993）提出了基于有限单元法的坝体 AAR 的 CTMR 计算方法，考虑了空间限制 C、温度 T、相对湿度 H 和反应程度 R 四个参数的影响，采用瞬态传热分析、结构分析、相对湿度分析、确定反应性分析四种类型的分析方法，分析了混凝土膨胀变形的非均匀各向异性三维分布，根据给定时刻坝体最大膨胀量的监测数据，将膨胀变形场转化为施加在正交各向异性材料上的非均匀温度场，模拟分析混凝土膨胀变形带来的结构响应。该方法能全面分析水坝结构中 AAR，通过现场的测量数据确定 AAR 膨胀值，通过引入各个方向上不同预加膨胀值来模拟各向异性 AAR 膨胀对混凝土结构的影响，考虑了影响 AAR 的主要宏观因素，是比较简便但行之有效的分析方法。经多次国际会议论，特别是第 10 届国际 ASR 专题讨论，行业内对 ASR 的发生机理和计算模拟本构模型的基本取得共识，采用热-化-力 ASR 膨胀模型能比较符合 ASR 机理。在此基础上，第 11 届大坝数值分析，以该本构模型为基础，以卡里巴拱坝为范例，采用统一的计算平台，规范了计算网格、接触面模拟手段等，以提升国际范围内对 ASR 的认识水平。

总的说来，各种计算分析方法集中在以下两个层次上。

（1）材料层次上的模拟方法。直接基于 AAR 的物理-化学机理提出，计算力学模型多用来说明和模拟试验中试件的力学行为。包括：①使用碱金属离子向活性骨料表面扩散的概念，提出混凝土试件膨胀的计算模型；②依据 AAR 的拓扑化学机理，对活性骨料的尺寸和混凝土裂缝使用随机分布的概念，提出了 AAR 的随机膨胀模型；③AAR 的化学机理与混凝土的破坏理论结合，提出 AAR 的混凝土破坏模型。

材料层次上的模型，由于比较细致地考虑了 AAR 的物理-化学机理，通常带有较多的材料和化学参数；在向宏观的混凝土结构推广这些模型时，这些参数的确定通常是一个困难的问题，以往的研究成果是基于已有工程实测数据，采用反馈分析的方法确定相关参数。虽然这些参数都有明确的物理意义，但有很多的参数需要确定，在没有实测资料时，无法合理地分析确定计算参数。

（2）结构层次上的模拟方法。由于 AAR 涉及因素复杂和计算手段限制，结构层次上的模型通常采用其他物理现象来代替 AAR 本身。大坝工程中常采用施加温度（梯度）法和施加初应变法来模拟，或是集中于 AAR 的自由膨胀值和外界应力对材料特性的影响的研究。

结构层次上的模型没有考虑推动 AAR 的重要因素，如温度、湿度等，但能够以比较简单的方式实现特定的膨胀变形的模拟。施加温度法和施加初应变法，本质上是一致的，施加温度法通过线膨胀系数间接起作用，而施加初应变法可视为施加的直接作用。

6.2　ASR 的结构分析方法及控制标准

为了分析可能的 ASR 膨胀变形对拱坝的影响，根据大坝混凝土 AAR 的变形特征是坝肩等约束条件下的体积膨胀问题，概化考虑均匀体积膨胀，将超 300m 高拱坝 ASR 变形控制问题，转化为体积变形带来的安全控制问题，通过固定线膨胀系数、增加温升荷载的方式模拟体积膨胀。采用施加温度荷载的方式进行模拟，需要确定荷载的施加范围，合理确定相关计算参数。

6.2.1　计算方法

拱坝应力变形分析中，拱梁分载法是最基本和最常用的方法，随着经验的积累和处理方法的改进，线弹性有限元-等效应力法纳入规范，弹塑性有限元法大量用于拱坝整体稳定分析。在拱座抗滑稳定方面，刚体极限平衡法是规范推荐的有明确控制标准的方法，也是应用最普遍的方法，其他如有限元法、刚体弹簧元法等，尚未建立起能应用于实际工程的控制标准。

6.2.1.1 拱梁分载法

拱梁分载法自20世纪30年代由美国垦务局提出后，一直是各国坝工设计人员进行拱坝应力分析的主要方法。拱梁分载法采用的是结构力学和材料力学的分析方法，是将壳体结构转化为拱梁杆件结构计算问题，其理论基础是根据拱梁杆件系统相同点变位一致原理，即将拱坝视为由若干水平拱圈和竖直悬臂梁组成的空间结构，荷载由梁系和拱系分担，荷载分配由变位一致来确定，通过建立在拱梁交点处的拱梁变位协调的大型联立代数方程组，求解外荷载在拱梁系统上的分配，从而分别计算出拱、梁杆件系统的内力、变位和应力。

拱梁分载法是基于变位协调原理建立的方程组，而每一结点上荷载、内力和变位均有六个分量。按其重要性依次为：①径向变位分量；②切向变位分量；③绕竖向 Z 轴的角变位分量；④绕切向的角变位分量；⑤竖向变位分量；⑥绕径向轴的角变位分量。拱梁分载法按其所考虑的分载分量项数确定。选择考虑分量①～③作为独立变量，其余三个分量由这三个分量表示，通过三个变位分量的协调条件求解三个独立变量，即为三向调整。选择考虑分量①～④作为独立变量，增加绕切向的角变位协调条件即为四向调整。选择考虑分量①～⑤作为独立变量，增加竖向变位协调条件即为五向调整。考虑①～⑥六个分量即为六向全调整。第五向变位调整和第六向变位调整，都是坝体立面上的剪切变位调整，而拱梁分载法对剪切变位调整的处理尚有不完善之处，特别是竖向变位调整，受拱坝横缝刚度影响很大，可靠性较差。

四向调整已能反映拱坝的基本受力特性，近二十年所建的拱坝大都是依据四向变位调整的计算结果设计，对近几十年来所建拱坝采用四向调整进行基本组合工况的复核均能满足应力控制指标，高拱坝和特高拱坝建议采用不少于四向变位调整的拱梁分载法程序进行计算。拱梁分载法原理准确，经过长期工程实践的考验，有一套通过实践不断修订的应力控制指标，是拱坝体形设计简单、实用的应力分析基本方法。在有限单元法飞速发展的今天，该法仍是目前我国大中型拱坝应力分析的基本方法。《混凝土拱坝设计规范》（NB/T 10870—2021）（以下简称“拱坝规范”）规定，拱坝应力分析应采用拱梁分载法。

6.2.1.2 线弹性有限元-等效应力法

有限单元法的计算功能远比结构力学方法强，由于计算软件的日趋完善，其计算也很方便，但到目前为止，拱坝体形设计仍以结构力学方法为主要手段。其主要原因是，用三维弹性有限单元法计算拱坝应力时，近基础部位存在着显著的应力集中现象，而且应力数值随着网格加密而急剧增加，尤其是有限元法算出的拉应力有时远远超过了混凝土的抗拉强度，因而很难直接用有限元法计算结果来确定拱坝体形。对于理想的弹性体，上述应力集中现象是可以理解的。但实际工程中，由于岩体内存在着大小不等的各种裂隙，应力集中现象将有所缓和。在已建拱坝中，除了个别特殊情况外，平行于建基面的裂缝并不太多，用结构力学方法设计的大量拱坝，至今一直在正常运行，所以有限单元法计算拱坝所反映的严重应力集中现象并不一定符合实际。由于有限单元法计算功能很强，可以考虑大孔口、复杂基础、重力墩、不规则外形等多种因素的影响，并可进行仿真计算，只要解决了应力控制标准问题，有限单元法在拱坝中的应用必然会有良好的前景。为此，我国一些学者（朱伯芳等，1987；傅作新等，1991）提出了弹性有限元-等效应力法，根据有限元法计算的应力分量，沿拱梁断面积分得到内力，然后用材料力学方法计算断面上的应力分量，这样的处理消除了应力集中的影响。由于在有限元计算中可以考虑大孔口、复杂基础、不规则外形如重力墩等因素的影响，其计算精度高于结构力学方法。有限元法和材料力学方法计算时，相应的坐标系见图 6.7。

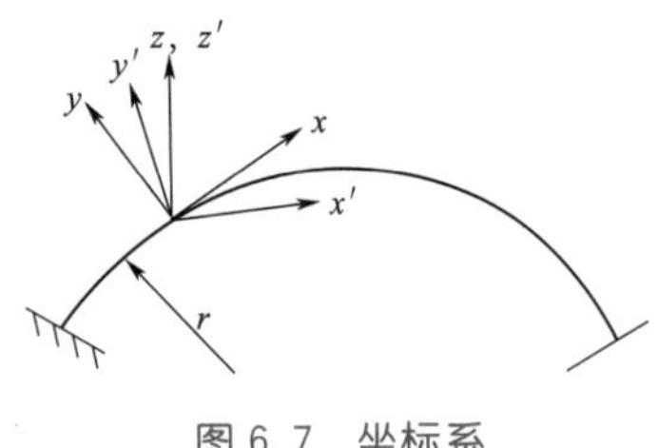

图 6.7　坐标系

用有限元法计算拱坝得到的是整体坐标系（x'，y'，z'）中的应力，令在水平拱圈做局部坐标系（x，y，z），如图 6.7 所示，其中 x 轴平行于拱中心线的切线方向，y 轴平行于半径方向，z 轴为铅直方向，原点在中心线上，局部坐标系（x，y，z）与整体坐标系（x'，y'，z'）由下式相联系：

$$\begin{Bmatrix} x \\ y \\ z \end{Bmatrix} = \begin{bmatrix} l_1 & m_1 & n_1 \\ l_2 & m_2 & n_2 \\ l_3 & m_3 & n_3 \end{bmatrix} \begin{Bmatrix} x' \\ y' \\ z' \end{Bmatrix} \tag{6.1}$$

式中：l_i、m_i、n_i 为 x、y、z 的方向余弦。

令 z 与 z' 同轴，从 x' 到 x 的角度为 α（逆时针为正），有

$$l_1=\cos\alpha, m_1=\sin\alpha, n_1=0;\ l_2=-\sin\alpha, m_2=\cos\alpha, n_2=0;\ l_3=0, m_3=0, n_3=1 \tag{6.2}$$

设整体坐标中的应力为 $\{\sigma'\}=[\sigma'_x\ \sigma'_y\ \sigma'_z\ \tau_{x'y'}\ \tau_{y'z'}\ \tau_{z'x'}]^{\mathrm{T}}$，局部坐标系中的应力 $\{\sigma\}=[\sigma_x\ \sigma_y\ \sigma_z\ \tau_{xy}\ \tau_{yz}\ \tau_{zx}]^{\mathrm{T}}$ 由下式计算：

$$\{\sigma\}=[T_\sigma]\{\sigma'\} \tag{6.3}$$

其中：

$$[T_\sigma]=\begin{bmatrix} l_1^2 & m_1^2 & n_1^2 & 2l_1m_1 & 2m_1n_1 & 2l_1n_1 \\ l_2^2 & m_2^2 & n_2^2 & 2l_2m_2 & 2m_2n_2 & 2l_2n_2 \\ l_3^2 & m_3^2 & n_3^2 & 2l_3m_3 & 2m_3n_3 & 2l_3n_3 \\ l_1l_2 & m_1m_2 & n_1n_2 & l_1m_2+l_2m_1 & m_1n_2+m_2n_1 & l_1n_2+l_2n_1 \\ l_2l_3 & m_2m_3 & n_2n_3 & l_2m_3+l_3m_2 & m_2n_3+m_3n_2 & l_2n_3+l_3n_2 \\ l_1l_3 & m_1m_3 & n_1n_3 & l_1m_3+l_3m_1 & m_1n_3+m_3n_1 & l_1n_3+l_3n_1 \end{bmatrix} \tag{6.4}$$

梁的水平截面在拱中心线上取单位宽度，在 y 点的宽度为 $1+y/r$，r 为中心线半径，沿厚度方向对梁的应力及其矩进行积分，得到梁的内力如下：

梁的竖向力：

$$W_{\mathrm{b}}=-\int_{-t/2}^{t/2}\sigma_z\left(1+\frac{y}{r}\right)\mathrm{d}y \tag{6.5}$$

梁的弯矩：

$$M_{\mathrm{b}}=-\int_{-t/2}^{t/2}(y-y_0)\sigma_z\left(1+\frac{y}{r}\right)\mathrm{d}y \tag{6.6}$$

梁的切向剪力：

$$Q_{\mathrm{b}}=-\int_{-t/2}^{t/2}\tau_{zx}\left(1+\frac{y}{r}\right)\mathrm{d}y \tag{6.7}$$

梁的径向剪力：

$$V_{b}=-\int_{-t/2}^{t/2}\tau_{zy}\left(1+\frac{y}{r}\right)dy \tag{6.8}$$

梁的扭矩：

$$\overline{M}_{b}=-\int_{-t/2}^{t/2}\tau_{zx}(y-y_{0})\left(1+\frac{y}{r}\right)dy \tag{6.9}$$

式中：y_0 为梁截面形心坐标。

单位高度拱圈的径向截面，宽度为1，沿厚度方向对拱应力及其矩进行积分，得到拱的内力如下：

拱的水平推力：

$$H_{a}=-\int_{-t/2}^{t/2}\sigma_{x}dy \tag{6.10}$$

拱的弯矩：

$$M_{a}=-\int_{-t/2}^{t/2}\sigma_{x}y\,dy \tag{6.11}$$

拱的径向剪力：

$$V_{a}=-\int_{-t/2}^{t/2}\tau_{xy}dy \tag{6.12}$$

利用拱与梁的上述内力，即可用材料力学方法计算坝内应力，从而消除了应力集中的影响。由于剪应力成对（$\tau_{zx}=\tau_{xz}$），拱的竖向剪力和扭矩不必计算。线弹性有限元-等效应力法已作为拱坝设计的基本方法纳入拱坝规范，有明确的应力控制标准。

6.2.1.3 弹塑性有限元法

根据拱坝规范，拱坝应力分析应采用拱梁分载法，高坝、坝内设置大孔洞的拱坝、坝基条件复杂的拱坝，宜补充弹性有限元一等效应力法分析，并规定如仅有坝面局部的拉应力不能满足要求，则应利用整体稳定分析方法，评价屈服区范围和对坝体的影响。

拱坝稳定分析中，刚体极限平衡法是基本分析方法；对于高坝或地质条件复杂的拱坝，应采用数值计算或地质力学模型试验，分析拱坝与地基在正常作用和超载作用下的坝体应力、变形、开裂、屈服等破坏状态的发展过程以及超载安全度。结合工程类比，综合评价拱坝整体安全性。在实际计算中，有时也采用降强法来计算安全裕度。

在弹塑性非线性分析中，要求解非线性等式，以便得出某一荷载条件下的变形、应变值以及应力值等，一般采用增量法、迭代法以及综合上面两种方法的混合法等。对于规模比较大的非线性问题，必须适当采用效率较高的求解方法，比如波前法、稀疏矩阵法以及PCG法（预处理共轭梯度法）等。

材料由初始弹性状态进入塑性状态的条件为屈服条件或者屈服准则，对于完好的混凝土和岩石等脆性材料通常采用带最大拉应力的DP屈服准则，对于断层以及软弱结构面采用Mohr-Coulomb准则。

在进行超载或降强安全度评价时，考虑到不同工程同等条件类比的需要，一般在材料进入塑性屈服后按照理想弹塑性（图6.8）考虑。对于研究拱坝应力的非线性计算，考虑到本构模型对开裂的敏感性，一般对于拉伸屈服破坏按照脆断塑性（图6.9）考虑，剪切屈服破坏按照理想弹塑性考虑。

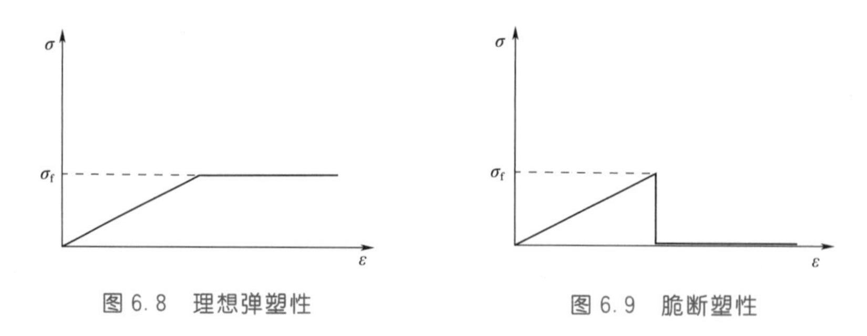

图 6.8 理想弹塑性　　图 6.9 脆断塑性

6.2.1.4 刚体极限平衡法

拱座抗滑稳定分析中常用的刚体极限平衡法是：考虑一块山体被若干个软弱面切割成一可能滑动的楔块，楔块上承受设计荷载作用，各结构面上的抗剪强度指标 C、f 等经地质勘察及岩体物理力学试验得到，确定一个安全系数 K，使所有的 C、f 值除以 K 后，楔块在外力和自重作用下，刚好达到极限平衡状态，即滑移面上的抗剪力正好等于作用在该面上剪力，则该楔块的抗滑稳定安全系数为 K。刚体极限平衡法通常假定拱座岩体为刚体，受力后不变形也不发生内部破坏；对于同一个滑移面，不考虑可能的强度不均匀性；不考虑地应力的影响。

刚体极限平衡法是一种基于对岩石力学粗略模拟的概化方法，并按经验建立了一套判别准则与其相配套。经过国内外多年的实践考验，证明这种分析方法对抗滑稳定分析是基本可靠和偏安全的。该方法虽然较为粗糙，但使用简单、概念明确，并有长期的实践经验，是各国设计人员习惯采用的分析方法，也是目前现行行业规范推荐的主要分析方法。

根据《混凝土拱坝设计规范》（NB/T 10870—2021）的要求，采用刚体极限平衡法分析拱座稳定时，应满足承载能力极限状态表达式（6.13）、式（6.14）的要求：

$$\gamma_0\psi\sum T\leqslant\frac{1}{\gamma_{d1}}\left(\frac{\sum f_1 N}{\gamma_{m1f}}+\frac{\sum C_1 A}{\gamma_{m1c}}\right) \tag{6.13}$$

$$\gamma_0\psi\sum T\leqslant\frac{1}{\gamma_{d1}}\frac{\sum f_2 N}{\gamma_{m2f}} \tag{6.14}$$

通过转换可得到：

$$SF_1=\frac{\dfrac{\sum f_1 N}{\gamma_{d1}\gamma_0\psi\gamma_{m1f}}+\dfrac{\sum C_1 A}{\gamma_{d1}\gamma_0\psi\gamma_{m1c}}}{\sum T}\geqslant 1.0 \tag{6.15}$$

$$SF_2=\frac{\dfrac{\sum f_2 N}{\gamma_{d2}\gamma_0\psi\gamma_{m2f}}}{\sum T}\geqslant 1.0 \tag{6.16}$$

式中：SF_1、SF_2 分别为抗剪断计算式（6.13）和抗剪计算式（6.14）中抗力项与作用项的比值，二者都是按分项系数形式计算分析拱座抗滑稳定的抗力作用比系数，该系数大于或等于 1.0 即为满足现行规范要求；γ_0 为结构重要性系数；ψ 为设计状况系数；T 为沿滑动方向的滑动力；N 为垂直于滑动方向的法向力；f_1 为抗剪断摩擦系数；C_1 为抗剪断凝聚力；A 为滑裂面的面积；f_2 为抗剪摩擦系数；γ_{d1}、γ_{d2} 分别为两种计算情况的结构

系数；γ_{m1f}、γ_{m1c}、γ_{m2f} 分别为两种表达式的材料性能分项系数。

除了分项系数表达方式外，拱座抗滑稳定安全还可以用单一安全系数表示。在《混凝土拱坝设计规范》（NB/T 10870—2021）中，抗剪断和抗剪公式计算的拱座抗滑稳定安全系数分别见式（6.17）、式（6.18）：

$$K_c=\frac{\sum(Nf_1+C_1A)}{\sum T} \tag{6.17}$$

$$K_f=\frac{\sum Nf_2}{\sum T} \tag{6.18}$$

式中：K_c 为抗剪断公式抗滑稳定安全系数，对于1、2级拱坝及高拱坝基本组合下应不低于3.5，特殊组合下应不低于3.0；K_f 为抗剪公式抗滑稳定安全系数，适用于3级及以下拱坝，基本组合下应不低于1.3，特殊组合下应不低于1.1；N 为垂直于滑裂面的作用力；T 为沿滑裂面的作用力；A 为计算滑裂面的面积；f_1 为抗剪断摩擦系数；f_2 为抗剪摩擦系数；C_1 为抗剪断凝聚力。

6.2.2 荷载模拟方式

荷载施加范围，需要考虑AAR本身的分布特点，以及其是如何对结构产生不利影响的。考虑AAR所需的条件，以及影响反应速度的主要因素，如受各部位碱含量波动、水分补给和温度差异等因素影响，上游坝面与库水接触水分补给条件好，下游坝面受日照影响混凝土温度略高，碱骨料反应在整个拱坝中必然是不均匀的。实际上，坝体中温度场的分布也是不均匀的，分析对结构的影响时将其分解为均匀温差、线性温差和非线性温差。

如果AAR只发生在坝面的浅表部位，则相当于在拱坝上施加非线性温差。如果AAR在上游侧较强而在下游侧弱，则相当于在拱坝上施加线性温差。如果AAR在全断面均匀发生，则相当于在拱坝上施加平均温差。

把温度荷载从荷载组合中单独分离出来，研究单位温度荷载对拱坝拉压应力的贡献，从而有利于认识温度荷载对应力的影响。平均温差 T_m 为正值即平均温度高于封拱温度时，主要在拱坝上下游面产生压应力，特别是在拱端上游面产生的压应力比较大，但在下游面产生拉应力；单位线性温差 T_d 为下游正值即下游温度高于上游温度时，主要在拱坝上游面产生拉应力，在拱坝下游面产生压应力。如果考虑AAR程度从上游面到下游面依次减小，则温度荷载施加为负值的线性温差，会在一定程度上消减本身的温度荷载，改善坝体的应力分布，是偏于不安全的假定。非线性温差对拱坝的表面应力有明显影响，但对坝体内部应力影响很小，如果AAR只发生在坝面的浅表部位，只需要关注局部的破坏问题，不会对拱坝的整体工作性态产生显著的影响。

综合以上分析，AAR的范围按全断面均匀发生考虑，即在全断面增加平均温差，采用坝体整体升温的方式模拟拱坝混凝土ASR膨胀变形，将混凝土可能产生的膨胀变形值 ε_{v1} 换算为相应的温度增加量 ΔT_1，即将混凝土可能产生的膨胀变形除以混凝土的线膨胀系数，可表示为

$$\Delta T_i=\frac{\varepsilon_{vi}}{\alpha},i=1,2,\cdots,n \tag{6.19}$$

式中：α 为混凝土的线膨胀系数。

6.2.3　计算参数

计算参数的取值对确定控制指标有直接的影响，其中混凝土的抗压强度如何考虑、混凝土的弹性模量如何取值、是否考虑长期徐变的影响，是最为突出的。

在设计龄期以后，胶凝材料的水化作用还会持续进行，混凝土的强度还会有所提高，另外由于掺入大量的粉煤灰，大坝混凝土的强度与设计强度相比往往有所提高。最具代表性的是胡佛大坝（Hoover Dam），胡佛大坝坝高 221.3m，是当时世界上最高的重力拱坝，也是世界上第一座坝高突破 200m 的大坝，整个工程共浇筑混凝土 340 万 m^3，其中大坝混凝土 260 万 m^3。胡佛大坝于 1931 年 4 月开始动工兴建，1933 年 6 月 6 日开始第一仓大坝混凝土浇筑，1935 年 3 月 23 日大坝混凝土浇筑完成。胡佛大坝定期钻取芯样进行大坝混凝土长期性能测试。对芯样开展了抗压强度、弹性模量、泊松比、抗拉强度、劈拉强度、抗剪强度测试，结果表明，芯样抗压强度在 35～64MPa 之间，平均为 50MPa，远高于坝体混凝土设计强度 25MPa；芯样平均弹性模量为 45GPa、泊松比为 0.21；无层面混凝土芯样的劈拉强度约为 4MPa，含有层面的混凝土芯样的劈拉强度为 3.8MPa，不含层面混凝土芯样的抗拉强度均值分别为 1.96MPa（垂直芯样）和 1.3MPa（水平芯样），含层面混凝土芯样的抗拉强度均值为 1.99MPa，表明含层面混凝土的抗拉强度与本体混凝土的抗拉强度基本处在相同水平。胡佛大坝芯样的劈拉和抗拉强度测试结果表明，从 1935 年 3 月大坝建成到 1995 年，大坝运行 60 年后水平层面完好无损，黏结良好，大坝混凝土的强度持续缓慢增长。较大的碱骨料反应膨胀变形会导致混凝土的强度降低，在材料细观角度给出的膨胀变形量限制下，不计入碱骨料反应导致的强度降低和混凝土后续强度增长，是略偏于安全的考虑。

混凝土的徐变特性主要与时间有关，前期增长较快，而后逐渐变缓，经过 2～5 年后趋于稳定。结合典型工程实例分析，拱坝发生碱骨料反应的时间，都是在正常挡水运行以后一定的时间，混凝土的龄期至少已达到 2～3 年，在这样的龄期下，混凝土的徐变很小，计算时不考虑徐变影响是比较符合实际情况的。

拱坝混凝土的弹性模量，要根据试验资料计入徐变、横缝灌浆不密实等因数后折减确定。拱坝挡水运行时，混凝土的龄期还相对较短，徐变作用较强。拱坝的横缝灌浆采用纯水泥浆，可能存在不密实的情况，在初期蓄水期间产生压缩变形，这些难以准确估计的结构变形，在宏观计算分析上反映出混凝土的变形模量比试验值低。国内普遍的做法是考虑徐变和横缝灌浆不密实等因素后，取混凝土弹性模量的 60%～70% 作为计算参数。

6.2.4　荷载组合

采用拱梁分载法、有限元等效应力法以及弹塑性有限元方法，考虑拱坝运行期可能遭遇的各荷载组合，分析各荷载组合工况下拱坝的屈服区和变形随膨胀变形增加的扩展过程和变化规律。运行期可能遭遇的荷载组合有：

（1）基本组合Ⅰ：上游正常蓄水位＋相应下游水位＋泥沙压力＋坝体自重＋温降＋可

能的ASR膨胀变形。

（2）基本组合Ⅱ：上游死水位＋相应下游水位＋泥沙压力＋坝体自重＋温降＋可能的ASR膨胀变形。

（3）基本组合Ⅲ：上游正常蓄水位＋相应下游水位＋泥沙压力＋坝体自重＋温升＋可能的ASR膨胀变形。

（4）基本组合Ⅳ：上游死水位＋相应下游水位＋泥沙压力＋坝体自重＋温升＋可能的ASR膨胀变形。

（5）偶然组合Ⅰ：上游校核洪水位＋相应下游水位＋泥沙压力＋坝体自重＋温升＋可能的ASR膨胀变形。

将混凝土可能产生的膨胀变形值等效为相应的温度增加量，以温度荷载形式施加于拱坝坝体，进而计算不同荷载组合下拱坝在ASR影响下的工作性态，代表性作用组合见表6.1。

表6.1　代表性作用组合

作用组合	自重	静水压力	温度作用	扬压力	泥沙压力	浪压力	可能的碱硅酸反应膨胀变形
①正常蓄水位＋正常温降	√	√	√	√	√	√	—
②死水位＋正常温降	√	√	√	√	√	√	—
③正常蓄水位＋正常温升	√	√	√	√	√	√	—
④死水位＋正常温降	√	√	√	√	√	√	—
⑤校核洪水位＋正常温升	√	√	√	√	√	√	—
⑥正常蓄水位＋正常温降＋ASR	√	√	√	√	√	√	√
⑦死水位＋正常温降＋ASR	√	√	√	√	√	√	√
⑧正常蓄水位＋正常温升＋ASR	√	√	√	√	√	√	√
⑨死水位＋正常温降＋ASR	√	√	√	√	√	√	√
⑩校核洪水位＋正常温升＋ASR	√	√	√	√	√	√	√

6.2.5 控制标准

图6.10是采用高拱坝地质力学模型试验法得到的拱坝-地基系统从加载到破坏的变形过程曲线，反映出大坝在正常荷载以及超载作用下，拱坝-地基系统屈服、开裂、裂缝贯穿、丧失承载能力的全过程。根据该曲线，可以提出拱坝整体安全度K，通常采用三个安全指标进行控制：起裂超载系数K_1，非线性变形超载系数K_2和极限超载系数K_3。控制标准不仅要与分析方法配套，还要明确其对应的结构安全状态。拱坝不论从设计上，还是运行时，均要求其处于弹性工作状态，即在曲线上位于

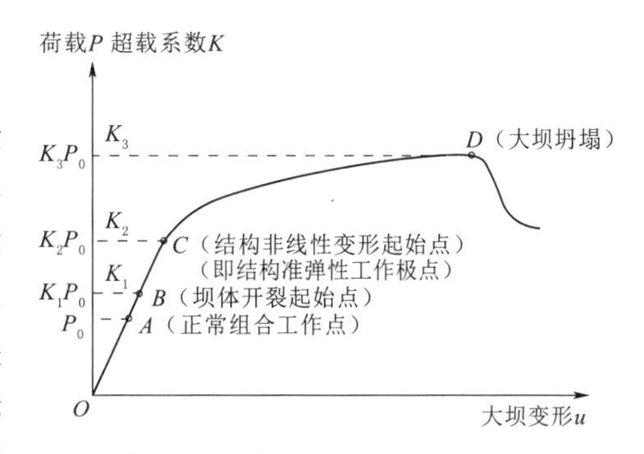

图6.10　拱坝-地基系统从加载到破坏的变形过程曲线

正常组合工作点以内。

拱坝是以承压为主的结构，压应力是设计分析和安全控制的重要指标，对拱梁分载法和弹塑性有限元方法，均可按现行规范的要求控制。结合国外规范对拉应力的控制来看，拱坝是允许开裂的，但开裂后裂缝要稳定，开裂后的坝体要有足够的抗力断面，所以对拉应力的分析，不能仅按拉应力的极值进行控制，而要分析应力分布和可能的开裂范围。坝体和坝基的位移，是结构工作性态的重要体现，也是运行监控的重要监测项目，可以作为分析评判的重要参考。基于弹塑性有限元的整体稳定分析可以揭示起裂到破坏的过程，计算成果中的位移和屈服区变化情况对评判拱坝工作性态具有重要的支撑作用。

（1）压应力分析评价及控制标准。压应力的分析评价，包括不同变形量情况下压应力的变化规律，以及与应力控制标准的符合性。锦屏一级拱坝大坝混凝土采用 $C_{180}40$、$C_{180}35$、$C_{180}30$。静力工况拱梁分载法拱坝压应力控制标准见表 6.2，静力工况弹性有限元-等效应力法拱坝压应力控制标准见表 6.3。

表 6.2　静力工况拱梁分载法拱坝压应力控制标准（MPa）

设计状况	$C_{180}30$	$C_{180}35$	$C_{180}40$
持久状况	6.82	7.95	9.09
短暂状况	7.18	8.37	9.57
偶然状况（无地震）	8.02	9.36	10.70

表 6.3　静力工况弹性有限元-等效应力法拱坝压应力控制标准（MPa）

设计状况	$C_{180}30$	$C_{180}35$	$C_{180}40$
持久状况	8.52	9.94	11.36
短暂状况	8.97	10.47	11.96
偶然状况（无地震）	10.03	11.74	13.37

（2）拉应力分析评价及控制标准。锦屏一级拱坝拉应力控制标准见表 6.4 和表 6.5。拱坝规范中对拉应力控制采用 1.20MPa 的固定值，是一种传统的经验设计方法，《混凝土拱坝设计规范》（NB/T 10870—2021）中，对拉应力的控制上是允许局部超标的。根据初步分析，附加变形主要在上游坝面上部产生近水平向拉应力，考虑横缝局部张开不影响拱向传力，可不作控制，但其他部位能产生结构性开裂的高拉应力，要分析开裂深度和裂缝稳定性。

表 6.4　静力工况拱梁分载法拉应力控制标准（MPa）

设计状况	$C_{180}30$	$C_{180}35$	$C_{180}40$
持久状况	1.20	1.20	1.20
短暂状况	1.35	1.58	1.80
偶然状况（无地震）	1.51	1.76	2.01

表6.5　　静力工况有限元等效法拉应力控制标准（MPa）

设计状况	$C_{180}30$	$C_{180}35$	$C_{180}40$
持久状况	1.50	1.50	1.50
短暂状况	1.77	2.06	2.36
偶然状况（无地震）	1.97	2.30	2.63

（3）位移分析。现行拱坝规范中，对坝体、坝基的位移没有相关的规定，更没有建立控制标准。坝体和坝基的位移，是结构工作性态的重要体现，也是运行监控的重要监测项目。位移与膨胀量的关系如图6.11所示，可能出现三种情况：一是位移随着膨胀量线性增加（μ_1），二是位移随膨胀量快速增加即变形加速（μ_2），三是位移随膨胀量缓慢增加并趋于稳定（μ_3）。膨胀量不断增加，坝体和坝基位移的分布是否正常，是否导致结构工作性态突变，可以作为位移分析评价的判据。

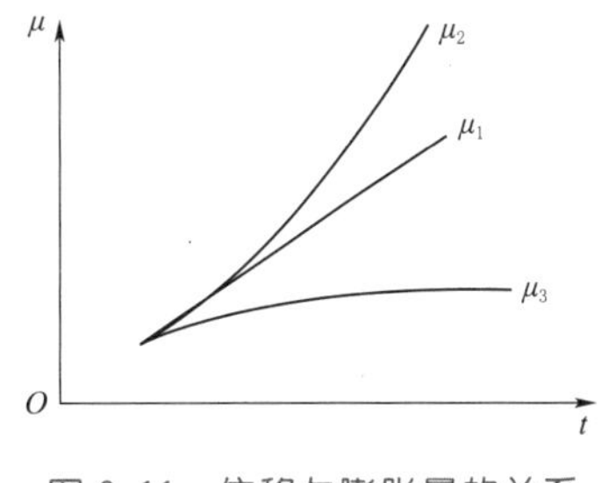

图6.11　位移与膨胀量的关系示意图

（4）屈服区分布。非线性有限元分析能有效地指出坝体不利的应力区域，包括上游坝踵主拉应力区、下游坝面沿梁向的主拉应力区、建基面剪切应力区、拱座高应力区等，能反映拱坝破坏过程的临界控制点，因而在某种意义上能有效地反映拱坝损伤演化直至破坏的全过程。根据多个典型高拱坝整体稳定分析成果可以看出，采用非线性有限元法分析，拱坝屈服区扩展触及帷幕前，拱坝基本处于弹性工作状态，即使出现局部屈服或者破坏，其对整体安全性影响不大，可以将屈服区范围不触及帷幕作为非线性有限元分析的控制指标。

（5）拱座抗滑稳定安全系数。对锦屏一级特高拱坝，拱座抗滑稳定安全系数，基本组合下应不低于3.5，特殊组合下应不低于3.0。

6.3　高拱坝ASR结构变形控制指标

6.3.1　拱梁分载法坝体结构分析

采用成都院ADSC－CK拱梁分载法程序进行拱坝坝体应力、位移计算分析，拱梁网格采用10拱21梁。该程序于20世纪80年代初期开始研制，是我国最早模拟具有新颖拱圈形状和复杂地基条件的拱坝拱梁分载法应力分析程序。通过数十年的工程实践运用和对该程序的不断扩充和完善，该程序成为了一套使用方便、应用广泛、功能较完善的拱坝应力分析程序。采用该程序设计的二滩、锦屏一级、溪洛渡、大岗山、沙牌拱坝已成功建成。该程序在叶巴滩、孟底沟、岗托、牙根二级、伊朗巴哈提亚瑞、阿根廷波特等国内外在建工程中应用，被《水工设计手册》（第2版）列为常用代表性程序。

6.3.1.1　计算分析成果

采用ADSC－CK拱梁分载法程序，在基本组合Ⅰ～Ⅳ和偶然组合Ⅰ的基础上，通过增加不同膨胀量对应的温度荷载，计算得到大坝应力和变形，见图 6.12～图 6.16。

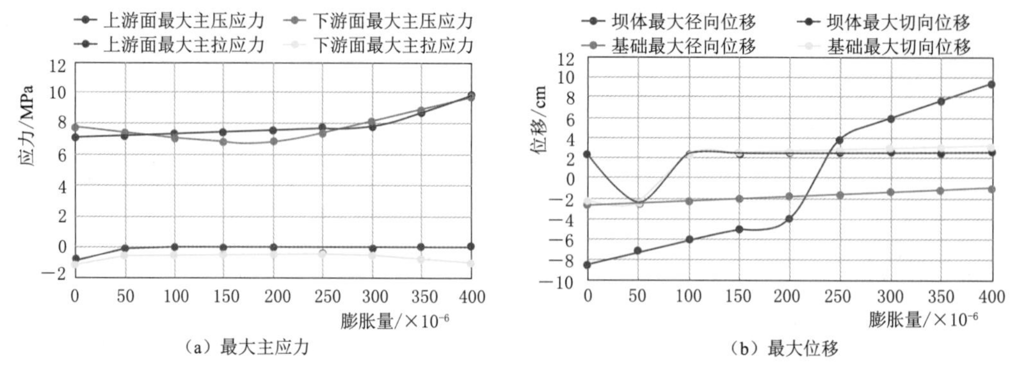

（a）最大主应力　　（b）最大位移

图 6.12　基本组合Ⅰ应力、位移与膨胀量的关系

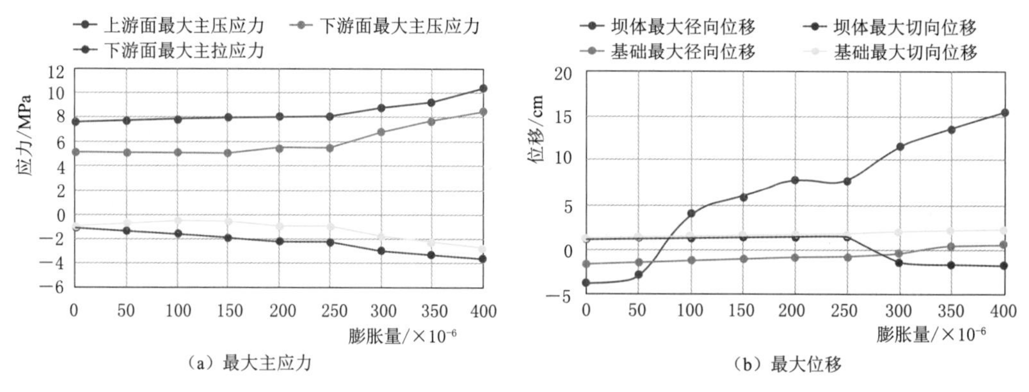

（a）最大主应力　　（b）最大位移

图 6.13　基本组合Ⅱ应力、位移与膨胀量的关系

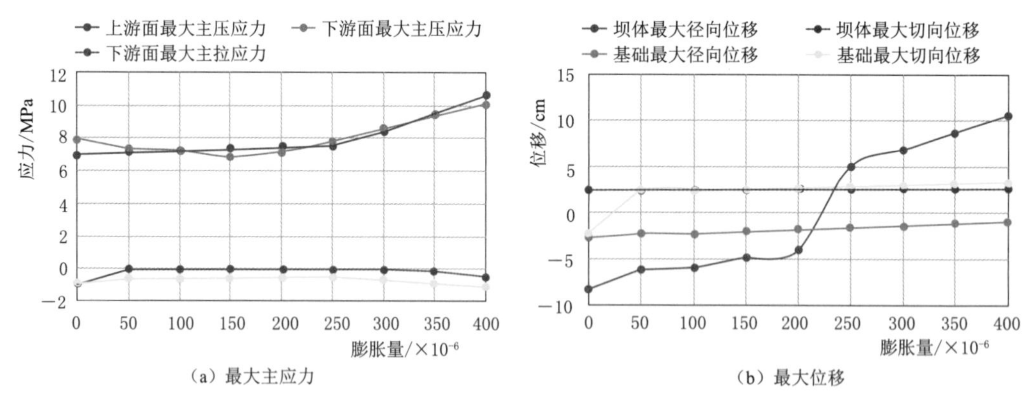

（a）最大主应力　　（b）最大位移

图 6.14　基本组合Ⅲ应力、位移与膨胀量的关系

6.3.1.2　最大压应力分析

各荷载组合情况下，上游坝面最大压应力随膨胀量的增加而增加，在膨胀量超过一定范围后，应力增速加大；下游坝面最大压应力，膨胀量在一定范围以内，最大压应力随着膨胀量的增加而缓慢减小，超过该膨胀量以后，最大压应力随着膨胀量的增加而增加。

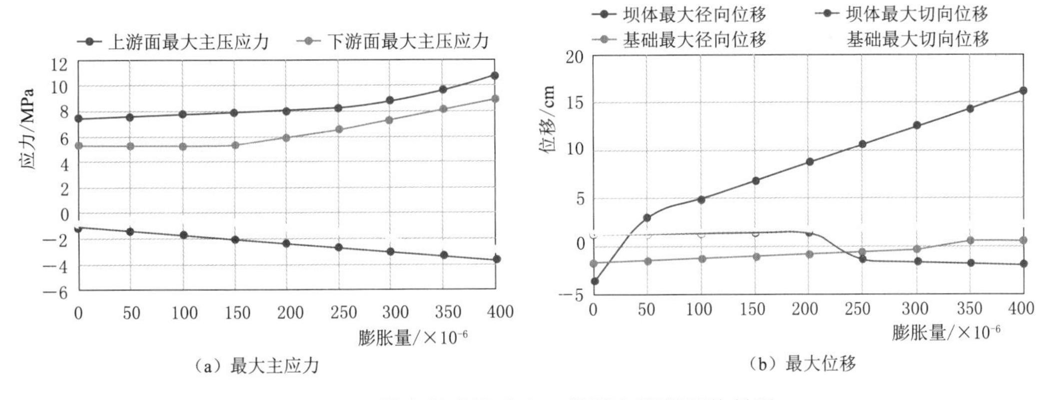

（a）最大主应力　　（b）最大位移

图6.15　基本组合Ⅳ应力、位移与膨胀量的关系

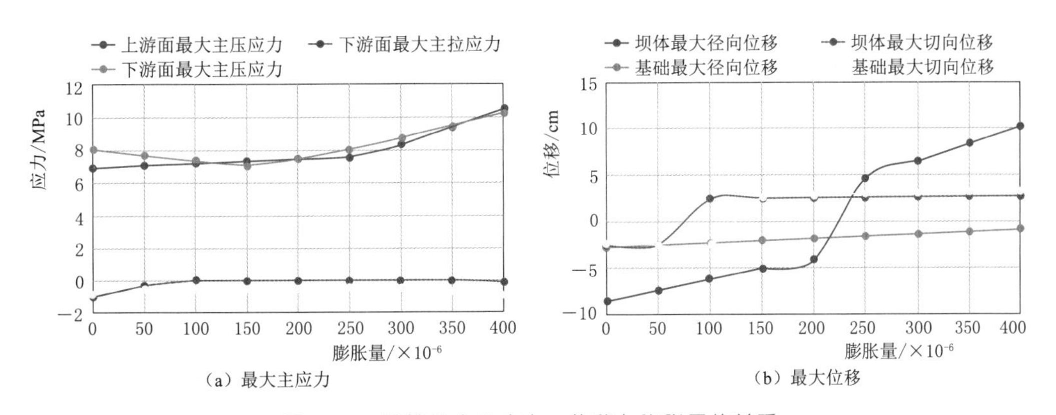

（a）最大主应力　　（b）最大位移

图6.16　偶然组合Ⅰ应力、位移与膨胀量的关系

上、下游坝面最大主压应力的特征成果见表6.6。由表6.6可见，按压应力变化突变控制，则膨胀量为250$\mu\varepsilon$；按拱坝规范的压应力控制标准，则膨胀量为321$\mu\varepsilon$。

表6.6　上、下游坝面最大主压应力特征表

工况	上游坝面最大压应力		下游坝面最大压应力	
	应力变化突变的膨胀量/$\times10^{-6}$	应力控制标准的膨胀量/$\times10^{-6}$	最小应力的膨胀量/$\times10^{-6}$	应力控制标准的膨胀量/$\times10^{-6}$
基本组合Ⅰ	300	367	200	363
基本组合Ⅱ	250	346	150	438
基本组合Ⅲ	250	331	150	328
基本组合Ⅳ	300	321	100	409
偶然组合Ⅰ	250	407	150	430

6.3.1.3　最大拉应力分析

在正常蓄水位、校核洪水位情况下，上游面的拉应力主要分布在河床坝踵部位和中上部高程拱端，拉应力的方向基本为拱向；下游面的拉应力分布在拱坝中上部拱端及1/4拱附近，拉应力方向接近平行建基面的方向。死水位情况下，上游坝面的拉应力基本分布在上部高程拱冠梁附近，拉应力的方向为水平拱方向；下游面的拉应力分布在各高程拱端附

近，拉应力方向为接近平行建基面的方向。

锦屏一级坝基地质条件均匀性较差，下游坝面的拉应力分布范围大，是坝体开裂的控制因素，应按拱坝规范要求的标准进行控制。上游坝面的拉应力，分布较为集中，且应力方向均为拱向，在拉应力超过横缝黏结强度后，横缝局部张开可释放拉应力，不影响拱坝压力拱的基本受力工作性态，可不作为控制。

对高水位情况，即基本组合Ⅰ、基本组合Ⅲ、偶然组合Ⅰ，上游坝面的最大拉应力随着膨胀量的增加基本呈减小趋势，上游坝面拉应力不起控制作用。对死水位情况，即基本组合Ⅱ和基本组合Ⅳ，上游坝面最大拉应力位于顶拱部位，随膨胀量增加基本呈线性增加。

各荷载组合情况下，下游坝面最大拉应力随着膨胀量的增加有一定程度的减小，减小幅度为 1/3～1/2，在超过一定膨胀量以后，拉应力不断增加，即总体上是先减小后增加，一定范围的膨胀对改善拉应力是有利的。

根据前面的分析，上游坝面的应力对开裂不起控制作用，不作应力控制评价。下游坝面最大主拉应力的特征成果见表 6.7。由表 6.7 可见，按拱坝规范的拉应力控制标准，膨胀量应控制在 227$\mu\varepsilon$ 以内。

表 6.7　　　　下游坝面最大主拉应力特征表

工　况	最小应力的膨胀量/10^{-6}	应力控制标准的膨胀量/10^{-6}	工　况	最小应力的膨胀量/10^{-6}	应力控制标准的膨胀量/10^{-6}
基本组合Ⅰ	200	>400	基本组合Ⅳ	100	227
基本组合Ⅱ	100	267	偶然组合Ⅰ	250	>400
基本组合Ⅲ	250	>400			

6.3.1.4　位移分析评价

在膨胀量从 0 增加到 400$\mu\varepsilon$ 的过程中，以膨胀量为 0 时的位移为基准，坝体最大径向位移变化比例为 210%，坝基最大径向位移变化比例为 66%，坝体最大切向位移变化比例为 13%，坝基最大切向位移变化比例为 42%，可见坝体径向位移最为敏感，坝基位移不敏感，而坝体切向最大位移变化很小。位移分析要抓住最主要、最突出的特征，故仅对坝体最大径向位移进行分析评价。各种荷载组合下，位移的变化趋势如下：

基本组合Ⅰ：位移在 200～250$\mu\varepsilon$ 区间急剧增加，在此区间以外基本线性增加。

基本组合Ⅱ：位移在 50～100$\mu\varepsilon$ 区间急剧增加，在此区间以外基本线性增加。

基本组合Ⅲ：位移在 200～250$\mu\varepsilon$ 区间急剧增加，在此区间以外基本线性增加。

基本组合Ⅳ：位移在 0～50$\mu\varepsilon$ 区间急剧增加，50$\mu\varepsilon$ 以后基本线性增加。

偶然组合Ⅰ：位移在 200～250$\mu\varepsilon$ 区间急剧增加，在此区间以外基本线性增加。

拱坝在水荷载的作用下产生向下游的变形，膨胀量的作用则是使拱坝产生向上游的变形趋势，不同组合情况下位移突变的区间不同，是水荷载和膨胀量此消彼长后变形主导因素转换的必然结果，与结构安全没有必然联系。各组合情况位移急剧增加的区间外，位移与膨胀量基本为线性关系，位移的变形趋势是稳定的，在计算的膨胀量范围内，变形不是结构安全的控制因素。

6.3.1.5 基于拱梁分载法的膨胀控制

根据上述分析，按压应力变化突变控制，则变形量为 250$\mu\varepsilon$；按拱坝规范的压应力控制标准，则膨胀量为 321$\mu\varepsilon$；按拱坝规范的拉应力控制标准，膨胀量应控制在 227$\mu\varepsilon$ 以内；变形不作为控制。综合拉压应力的控制要求，膨胀量应控制在 227$\mu\varepsilon$ 以内。

锦屏一级拱坝为世界已建第一高拱坝，坝基地质条件复杂，设计计算的假定条件与实际情况可能存在一定差异，从保障工程安全的角度，对不利的作用因素应从严控制，设计时对膨胀量按不大于 200$\mu\varepsilon$ 控制。

6.3.2 线弹性有限元-等效应力法分析

6.3.2.1 ASR 变形的坝体应力增量规律

ASR 会引起大坝产生膨胀变形，进而影响大坝应力，如图 6.17 与图 6.18 所示。具体表现为：①在拱坝上游面中上部和下游面周边部位产生拉应力增量；②在拱坝上游面拱端以及下游面中下部产生压应力增量；③膨胀变形引起的大部分部位的应力增量与水压作用有抵消作用，膨胀变形引起的下游面中下部压应力增量与水压荷载有叠加作用；④在低水位工况下，若大坝产生较大膨胀变形，对大坝受力最为不利。

鉴于上述 ASR 对拱坝应力的影响规律分析，选取碱骨料反应对锦屏一级拱坝应力影响最为显著的特征点（图 6.19），分析其拉、压应力随膨胀变形量值的变化规律。

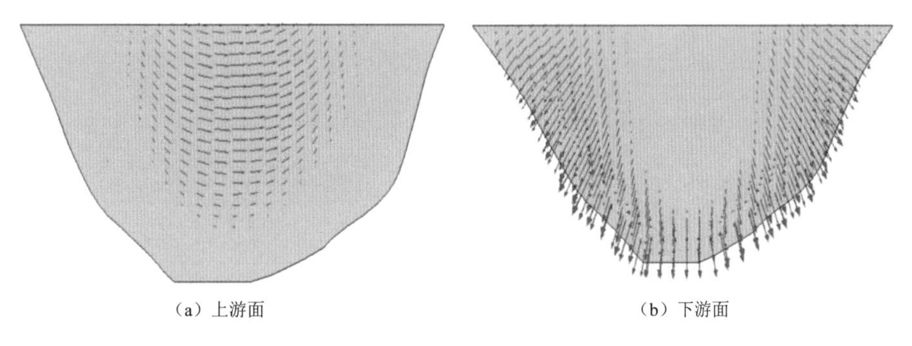

(a) 上游面　　(b) 下游面

图 6.17　拱坝膨胀变形下拉应力增量矢量图

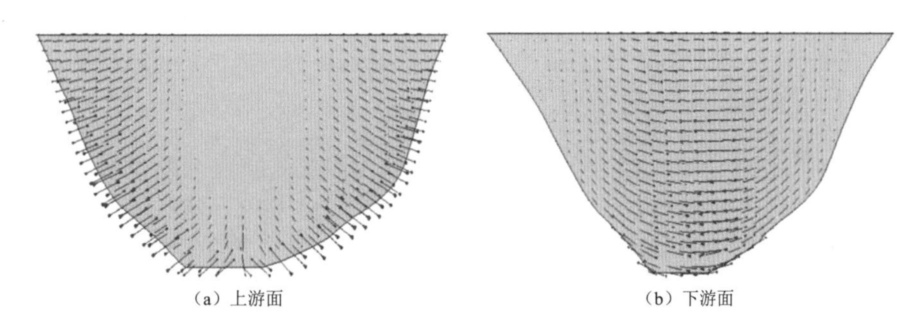

(a) 上游面　　(b) 下游面

图 6.18　拱坝膨胀变形下压应力增量矢量图

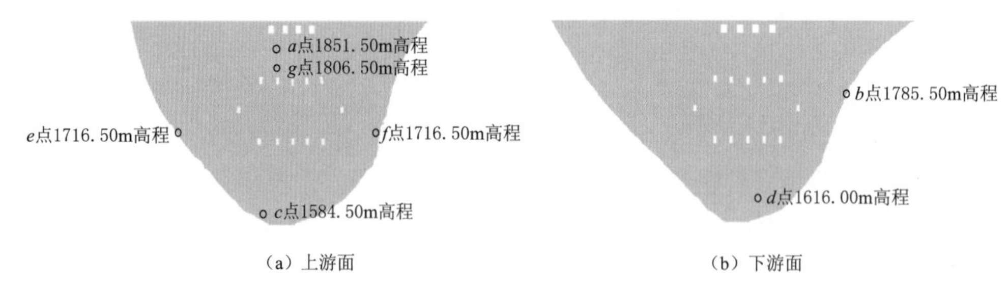

（a）上游面　　（b）下游面

图 6.19　坝面面应力特征点位置示意图

6.3.2.2　不同 ASR 变形下的拱坝应力

1. 基本组合Ⅰ：正常蓄水位＋温降

在没有膨胀变形下，拱坝最大拉应力出现在上游面左拱端 e 点，约 1.30MPa，随着膨胀变形量的逐渐增大，拉应力值逐渐减小，并转为受压状态，如图 6.20（a）所示。

上游面靠近拱冠梁中上部 a 点的第一主应力在没有膨胀变形时为压应力，随着膨胀变形量的逐渐增大，逐渐由受压向受拉状态转变，在膨胀量 350$\mu\varepsilon$ 时拉应力曲线出现拐点，之后呈线性增长，如图 6.20（b）所示。

随着膨胀变形量的逐渐增大，下游面靠近右岸拱端的 b 点的第一主应力早期变化很小，在膨胀量 250$\mu\varepsilon$ 时应力曲线出现拐点，之后呈线性增长，如图 6.20（c）所示。

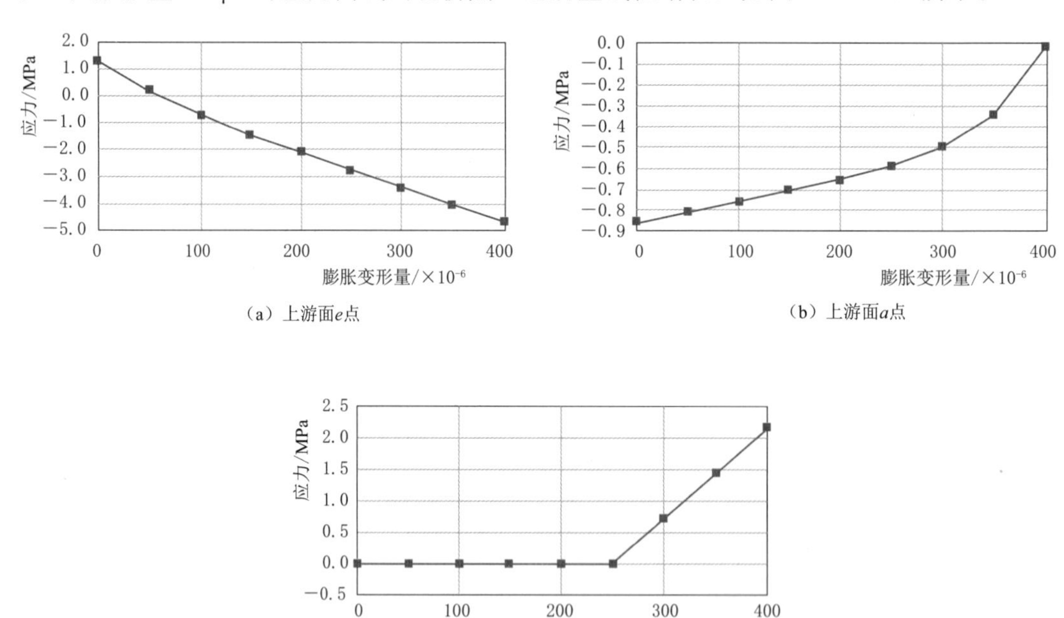

图 6.20　基本组合Ⅰ不同膨胀变形量坝面特征点的第一主应力变化

在没有膨胀变形下，拱坝最大压应力出现在下游面拱冠梁底部 d 点，约－4.59MPa。随着膨胀变形量的逐渐增大，下游面拱冠梁底部 d 点的压应力早期增长缓慢，当逐渐增大，在膨胀量 150$\mu\varepsilon$ 时应力曲线出现拐点，应力增长速率变大，如图 6.21（a）所示。

随着膨胀变形量的逐渐增大，上游面靠近左岸底部 c 点的压应力逐渐增大，呈线性增大规律。

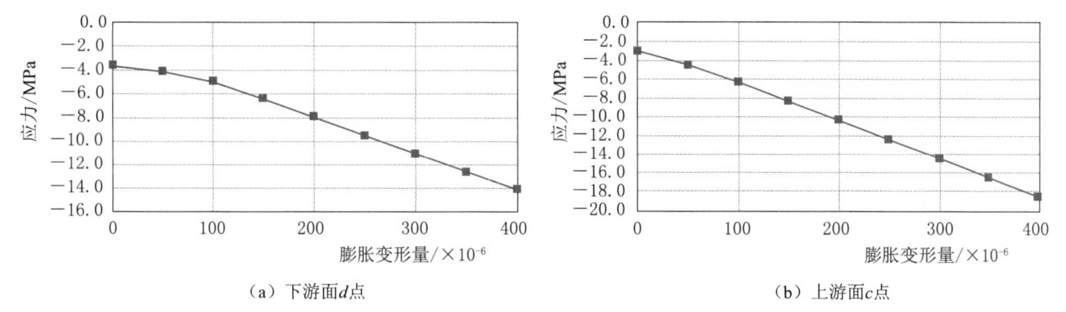

（a）下游面d点　　（b）上游面c点

图 6.21　基本组合Ⅰ不同膨胀变形量坝面特征点的第三主应力变化

2. 基本组合Ⅱ：死水位＋温降

在没有膨胀变形下，拱坝最大拉应力出现在上游面右拱端 f 点，为 1.53MPa，随着膨胀变形量的逐渐增大，拉应力值逐渐减小，并转为受压状态，如图 6.22（a）所示。

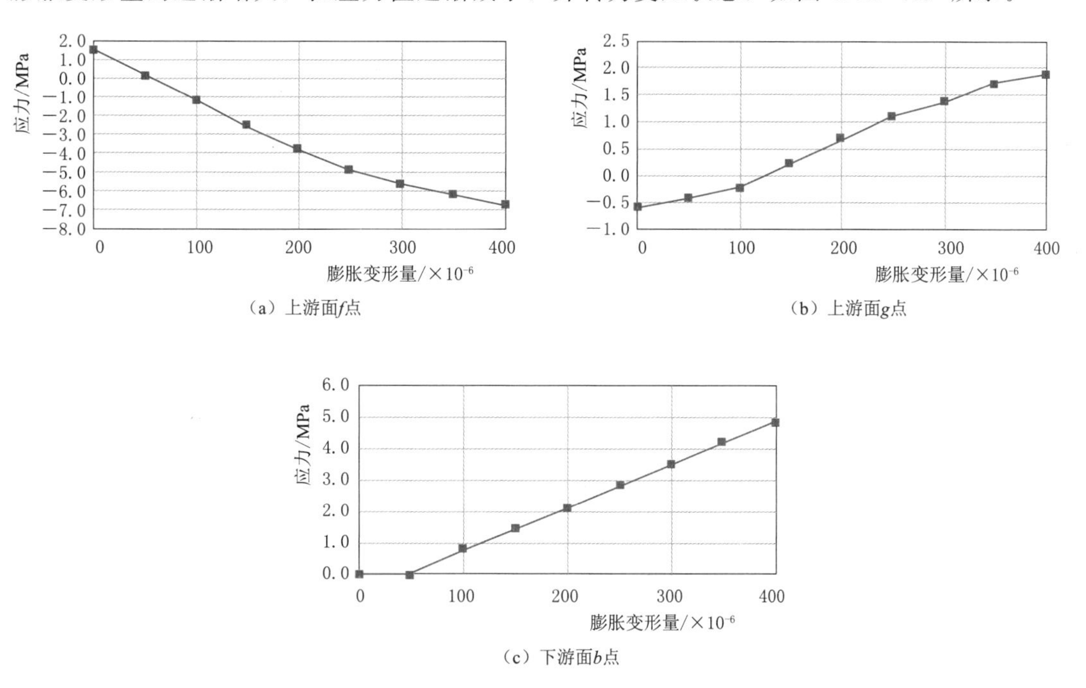

（a）上游面f点　　（b）上游面g点

（c）下游面b点

图 6.22　基本组合Ⅱ不同膨胀变形量坝面特征点的第一主应力变化

随着膨胀变形量的逐渐增大，上游面靠近拱冠梁中上部 g 点的拉应力逐渐增大，膨胀变形量超出 100$\mu\varepsilon$ 后，拉应力随膨胀变形量增长速率增大，如图 6.22（b）所示。

膨胀变形量小于 50$\mu\varepsilon$ 时，下游面靠近右岸拱端的 b 点的拉应力变化很小，膨胀变形量超出 50$\mu\varepsilon$ 后，拉应力随膨胀变形量增大呈线性增长规律，如图 6.22（c）所示。

在没有膨胀变形下，拱坝最大压应力出现在上游面靠近左岸底部 c 点，为－5.23MPa，随着膨胀变形量的逐渐增大，c 点的压应力逐渐增大，呈线性增大规律，如图 6.23（a）所示。

随着膨胀变形量的逐渐增大，d 点的压应力逐渐增大，在膨胀量 50$\mu\varepsilon$ 时压应力出现拐点，之后呈线性增长，如图 6.23（b）所示。

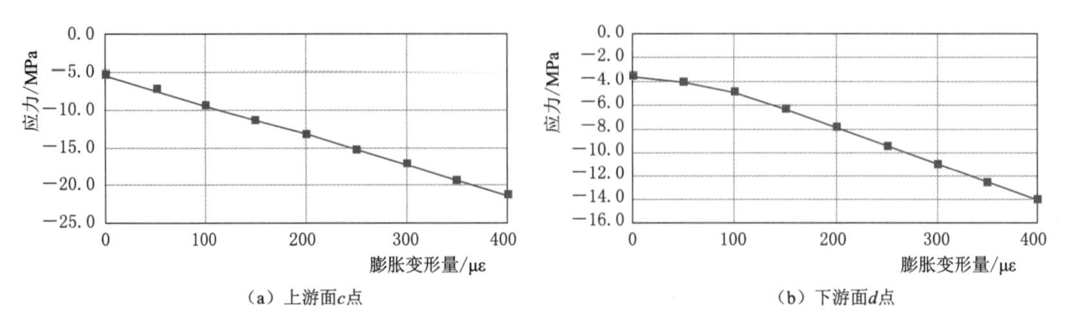

图 6.23　基本组合Ⅱ不同膨胀变形量坝面特征点的第三主应力变化

3. 基本组合Ⅲ：正常蓄水位＋温升

在没有膨胀变形下，拱坝最大拉应力出现在上游面左拱端 e 点，约 1.46MPa，随着膨胀变形量的逐渐增大，拉应力值逐渐减小，并转为受压状态，如图 6.24（a）所示。

上游面靠近拱冠梁中上部 a 点的第一主应力在没有膨胀变形时为压应力，随着膨胀变形量的逐渐增大，逐渐由受压向受拉状态转变，在膨胀量 300$\mu\varepsilon$ 时应力曲线出现拐点，之后呈线性增长，如图 6.24（b）所示。

随着膨胀变形量的逐渐增大，下游面靠近右岸拱端的 b 点的第一主应力早期变化很小，在膨胀量 250$\mu\varepsilon$ 时应力曲线出现拐点，之后呈线性增长，如图 6.24（c）所示。

在没有膨胀变形下，拱坝最大压应力出现在下游面拱冠梁底部 d 点，约－4.65MPa。

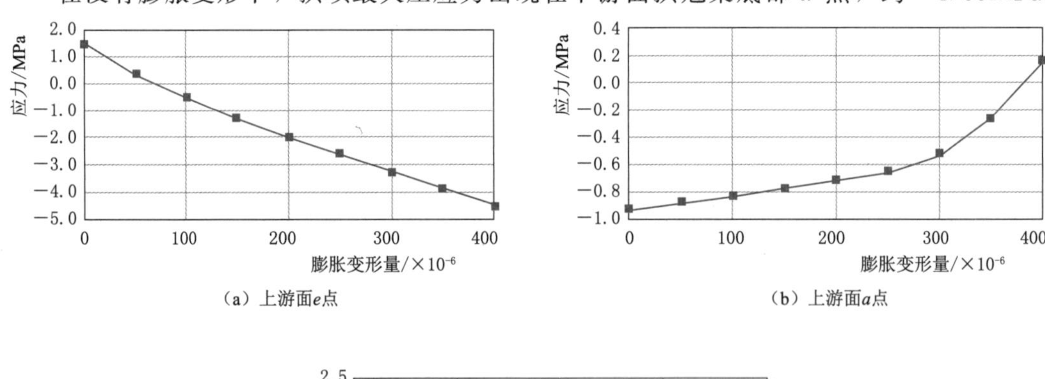

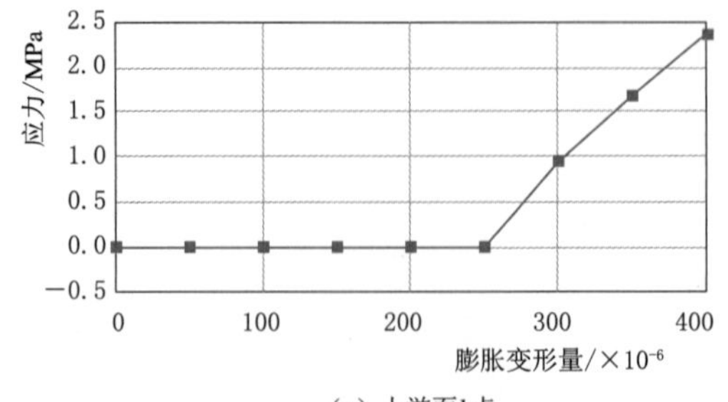

图 6.24　基本组合Ⅲ不同膨胀变形量坝面特征点的第一主应力变化

随着膨胀变形量的逐渐增大，下游面拱冠梁底部 d 点的压应力早期增长缓慢，当逐渐增大，在膨胀量 150$\mu\varepsilon$ 时应力曲线出现拐点，应力增长速率变大，如图 6.25（a）所示。

随着膨胀变形量的逐渐增大，上游面靠近左岸底部 c 点的压应力逐渐增大，呈线性增大规律，如图 6.25（b）所示。

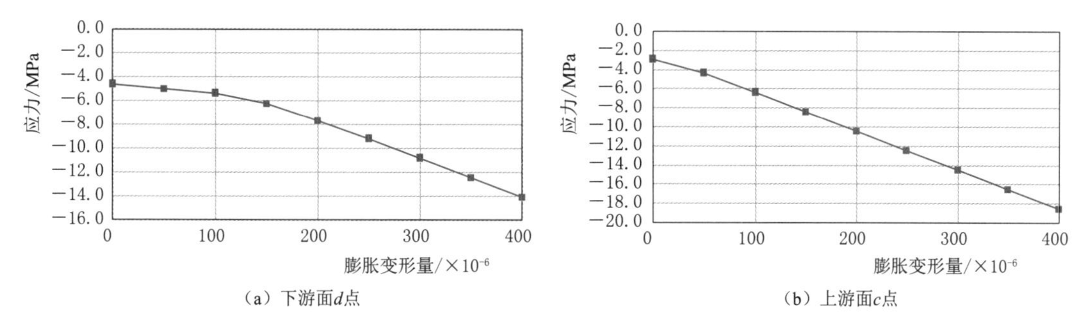

（a）下游面 d 点　　（b）上游面 c 点

图 6.25　基本组合Ⅲ不同膨胀变形量坝面特征点的第三主应力变化

4. 基本组合Ⅳ：死水位＋温升

在没有膨胀变形下，拱坝最大拉应力出现在上游面右拱端 f 点，约 1.67MPa，随着膨胀变形量的逐渐增大，拉应力值逐渐减小，并转为受压状态，如图 6.26（a）所示。

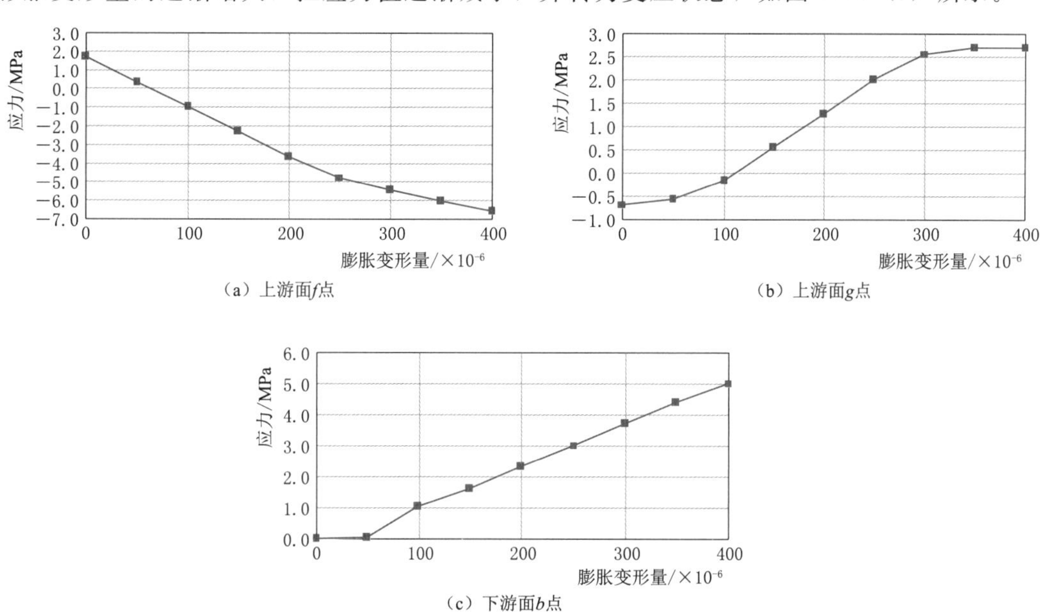

（a）上游面 f 点　　（b）上游面 g 点

（c）下游面 b 点

图 6.26　基本组合Ⅳ不同膨胀变形量坝面特征点的第一主应力变化

膨胀变形量小于 100$\mu\varepsilon$ 时，上游面靠近拱冠梁中上部 g 点的拉应力随膨胀变形量缓慢增长，当膨胀变形量大于 100$\mu\varepsilon$ 时，随膨胀变形量的增大，g 点的拉应力增长速率有所增大，当膨胀变形量大于 300$\mu\varepsilon$ 时，拉应力变化曲线趋于平缓，如图 6.26（b）所示。

膨胀变形量小于 50$\mu\varepsilon$ 时，下游面靠近右岸拱端的 b 点的拉应力变化很小，膨胀变形量超出 50$\mu\varepsilon$ 后，拉应力随膨胀变形量增大呈线性增长规律，如图 6.26（c）所示。

在没有膨胀变形下，拱坝最大压应力出现在上游面靠近左岸底部 c 点，约

−5.32MPa，随着膨胀变形量的逐渐增大，上游面靠近左岸底部 c 点的压应力逐渐增大，呈线性增大规律，如图 6.27（a）所示。

随着膨胀变形量的逐渐增大，下游面拱冠梁底部 d 点的压应力逐渐增大，在膨胀量 100$\mu\varepsilon$ 时压应力出现拐点，之后呈线性增长，如图 6.27（b）所示。

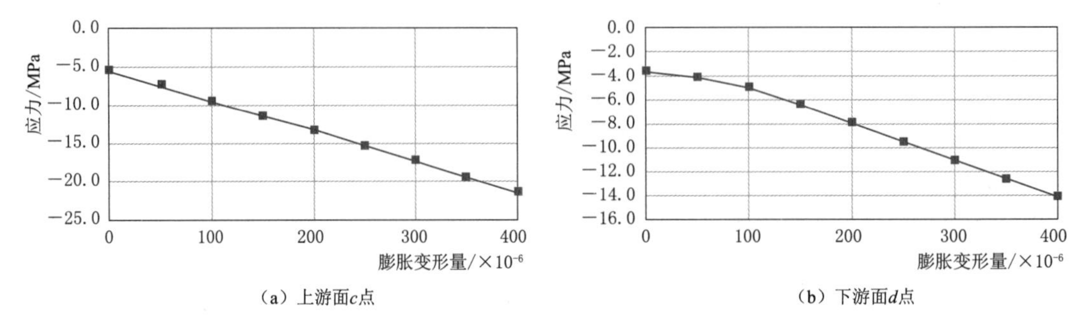

图 6.27　基本组合Ⅳ不同膨胀变形量坝面特征点的第三主应力变化

5. 偶然组合Ⅰ：校核洪水位＋温升

在没有膨胀变形下，拱坝最大拉应力出现在上游面左拱端 e 点，为 1.50MPa，随着膨胀变形量的逐渐增大，拉应力值逐渐减小，并转为受压状态，如图 6.28（a）所示。

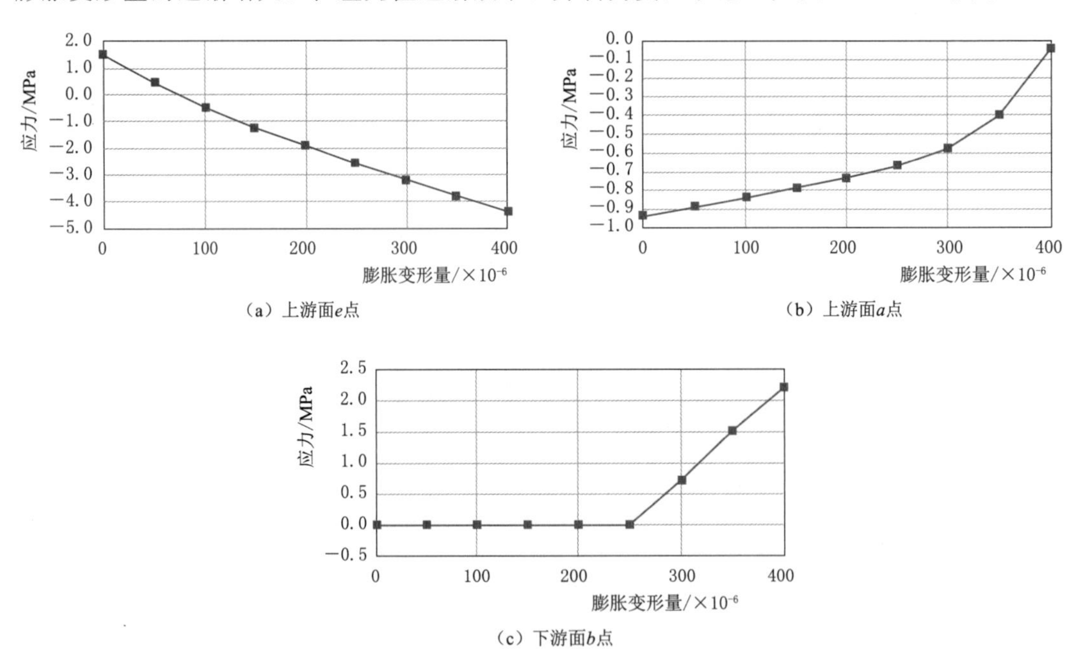

图 6.28　偶然组合Ⅰ不同膨胀变形量坝面特征点的第一主应力变化

上游面靠近拱冠梁中上部 a 点的第一主应力在没有膨胀变形时为压应力，随着膨胀变形量的逐渐增大，逐渐由受压向受拉状态转变，在膨胀量 300$\mu\varepsilon$ 时应力曲线出现拐点，之后呈线性增长，如图 6.28（b）所示。

随着膨胀变形量的逐渐增大，下游面靠近右岸拱端的 b 点的第一主应力早期变化很小，在膨胀量 250$\mu\varepsilon$ 时应力曲线出现拐点，之后呈线性增长，如图 6.28（c）所示。

随着膨胀变形量的逐渐增大，上游面靠近左岸底部 c 点的压应力逐渐增大，呈线性增大规律，如图 6.29（a）所示。

在没有膨胀变形下，拱坝最大压应力出现在下游面拱冠梁底部 d 点，为−4.76MPa，随着膨胀变形量的逐渐增大，下游面拱冠梁底部 d 点的压应力早期增长缓慢，当逐渐增大，在膨胀量 150$\mu\varepsilon$ 时应力曲线出现拐点，应力增长速率变大，如图 6.29（b）所示。

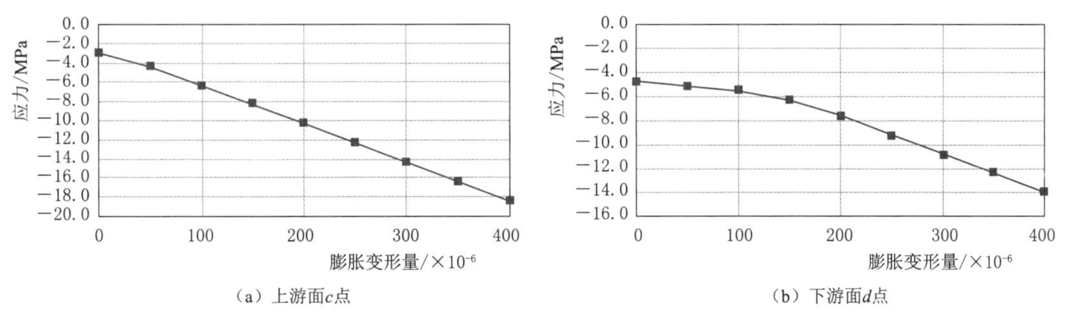

图 6.29 偶然组合Ⅰ不同膨胀变形量坝面特征点的第三主应力变化

6.3.2.3 基于线弹性有限元一等效应力法的膨胀控制

将计算得到的不同膨胀变形量下坝体线弹性有限元-等效应力法成果与容许应力进行比较分析，确定体积膨胀允许值。根据上、下游坝面最大主拉应力的分析成果，基于拉应力控制标准，上、下游面不同工况下最大主拉应力和主压应力的控制膨胀量见表 6.8。综合各种工况，拱坝拉应力的允许膨胀量为 141$\mu\varepsilon$，拱坝压应力的允许膨胀量为 151$\mu\varepsilon$。

表 6.8 上、下游坝面最大主拉和主压应力的控制膨胀量

项　目	拉应力控制标准的膨胀量/$\mu\varepsilon$		压应力控制标准的膨胀量/$\mu\varepsilon$	
	上游坝面	下游坝面	上游坝面	下游坝面
基本组合Ⅰ	636	353	225	316
基本组合Ⅱ	315	151	153	308
基本组合Ⅲ	559	338	223	316
基本组合Ⅳ	217	141	151	307
偶然组合Ⅰ	619	349	224	317

6.3.3 弹塑性有限元分析

采用弹塑性有限元方法，分析各荷载组合下拱坝屈服区以及变形随膨胀变形增加的扩展过程和变化规律，以屈服区贯通、位移与膨胀变形关系曲线出现拐点作为评判准则，确定拱坝 ASR 变形控制指标。计算分析中坝体混凝土与地基岩体的材料非线性采用 DP 屈服准则模拟。

6.3.3.1 不同 ASR 变形下的拱坝屈服状态

图 6.30～图 6.39 为基本组合Ⅰ不同膨胀变形量下拱坝的屈服区分布情况。可以看出，随着拱坝膨胀变形量逐渐增大，拱坝上、下游拱端屈服区逐渐扩大，在膨胀变形量

250με 时，靠近左右坝肩的下游坝面的上部高程出现屈服，随着膨胀变形量的进一步增大，拱坝屈服区的范围不断扩展，当膨胀量达到 400με 时建基面上屈服区达到帷幕位置，膨胀变形量 800με 时右岸建基面高高程局部屈服区沿上下游面贯通。

其余各工况条件下，随着拱坝膨胀变形量逐渐增大，拱坝上、下游拱端屈服区逐渐扩大，在膨胀量为 200～300με 时，靠近左右坝肩的下游坝面的上部高程出现屈服，随着膨胀变形量的进一步增大，拱坝屈服区的范围不断扩展，膨胀变形量 800με 下，坝体大范围屈服，建基面屈服区沿上下游面贯通。

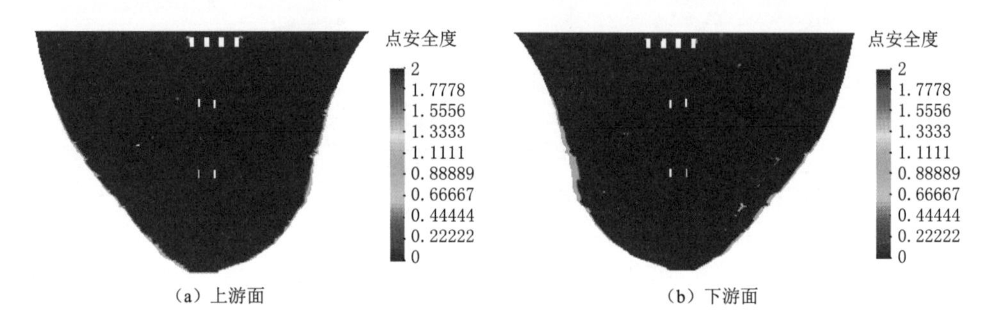

(a) 上游面　(b) 下游面

图 6.30　正常蓄水位＋温降膨胀变形量为 0 时的拱坝屈服区

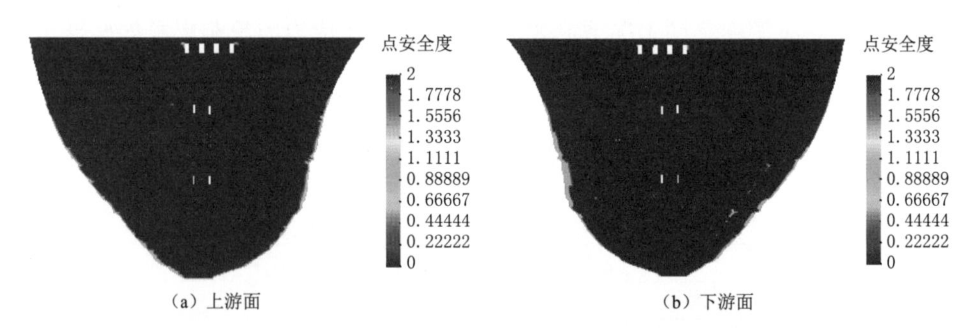

(a) 上游面　(b) 下游面

图 6.31　正常蓄水位＋温降膨胀变形量为 50με 时的拱坝屈服区

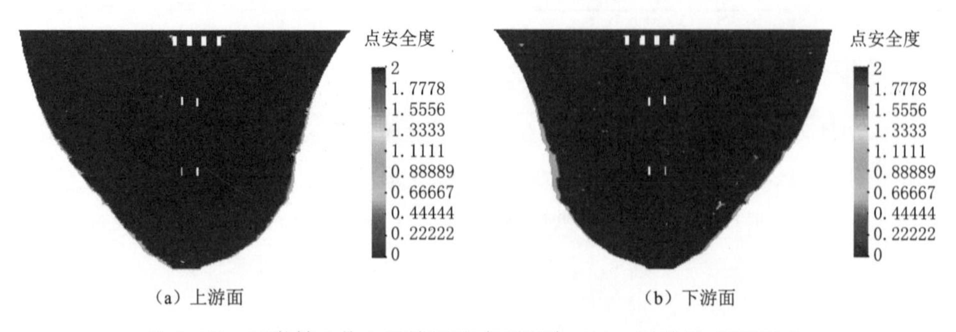

(a) 上游面　(b) 下游面

图 6.32　正常蓄水位＋温降膨胀变形量为 100με 时的拱坝屈服区

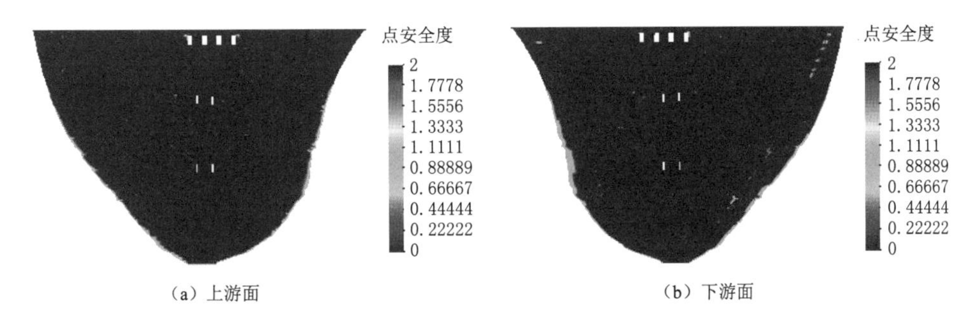

图 6.33 正常蓄水位+温降膨胀变形量为 150με 时的拱坝屈服区

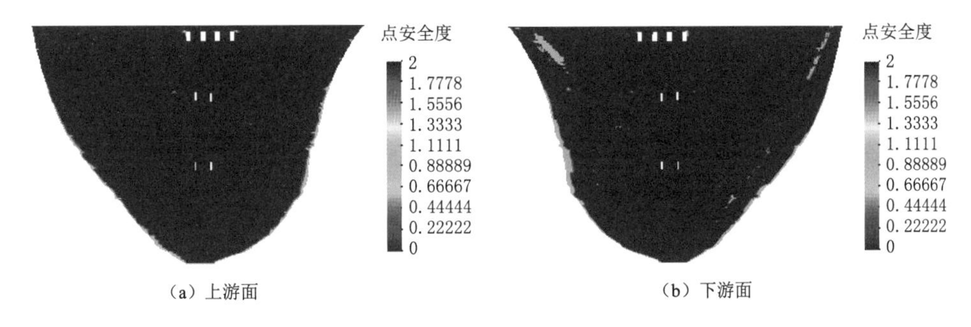

图 6.34 正常蓄水位+温降膨胀变形量为 200με 时的拱坝屈服区

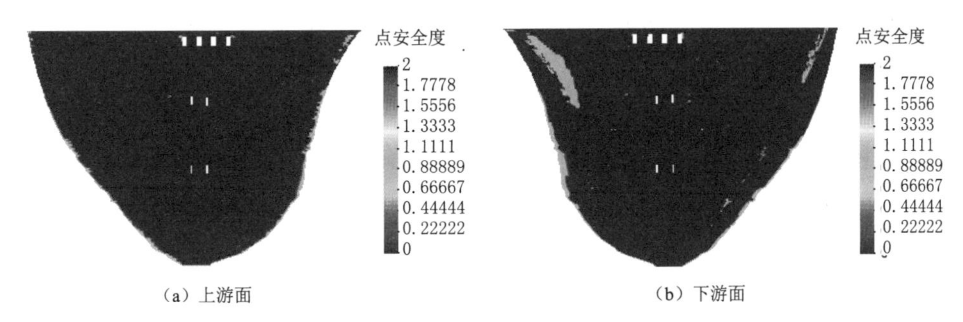

图 6.35 正常蓄水位+温降膨胀变形量为 250με 时的拱坝屈服区

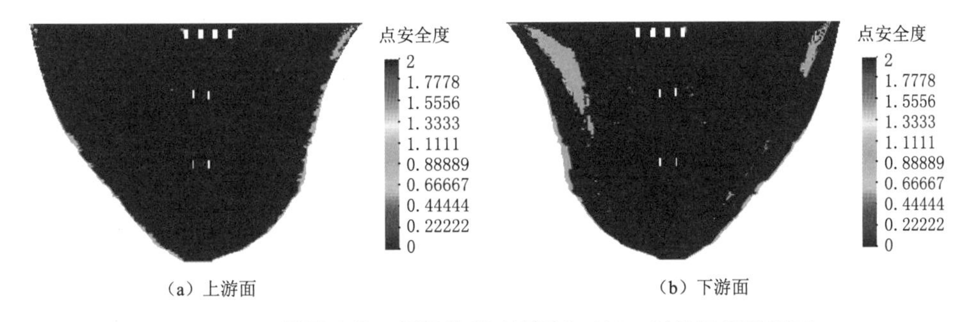

图 6.36 正常蓄水位+温降膨胀变形量为 300με 时的拱坝屈服区

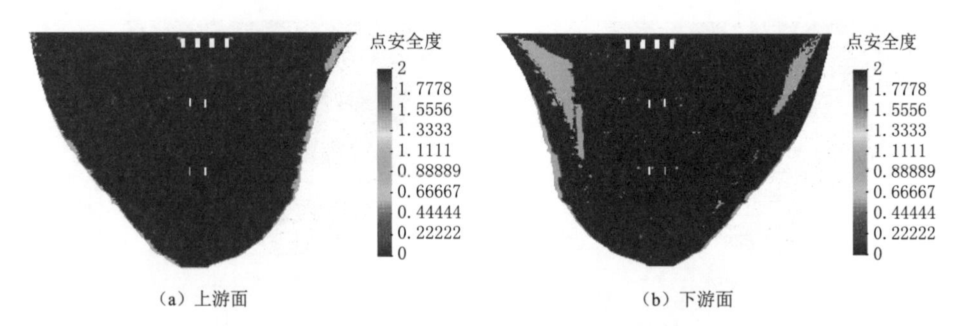

图 6.37　正常蓄水位＋温降膨胀变形量为 350με 时的拱坝屈服区

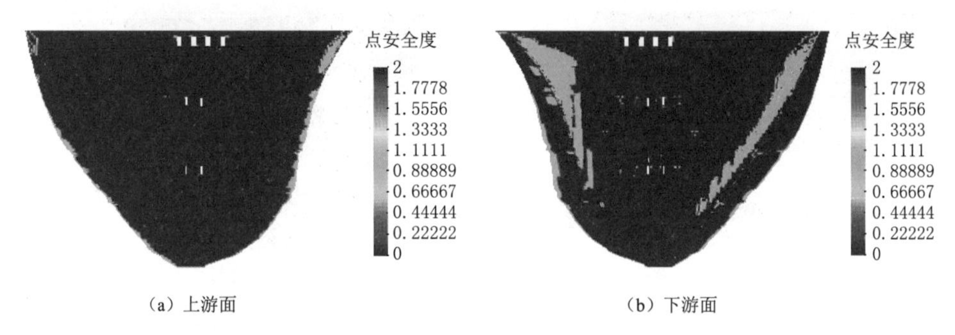

图 6.38　正常蓄水位＋温降膨胀变形量为 400με 时的拱坝屈服区

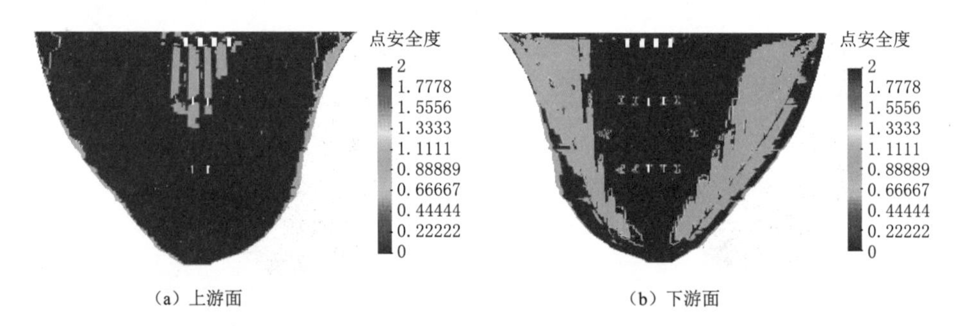

图 6.39　正常蓄水位＋温降膨胀变形量为 800με 时的拱坝屈服区

6.3.3.2　不同 ASR 变形下的拱坝位移

图 6.40 为基本组合Ⅰ在不同膨胀变形量下坝顶顺河向位移变化过程。可以看出，正常蓄水位＋温降工况下，坝顶拱冠梁的顺河向变形随膨胀变形量的增大逐渐向上游变形，坝肩部位的顺河向变形随膨胀变形量的增大逐渐向下游变形，但变形并未发生突变，表明在膨胀变形量 800με 下坝体整体处于线弹性状态，整体并未发生破坏失稳。基本组合Ⅲ和偶然组合Ⅰ的位移变化过程与基本组合Ⅰ基本一致。

图 6.41 为基本组合Ⅱ在不同膨胀变形量下坝顶顺河向位移变化过程。可以看出，死水位＋温降工况下，坝顶顺河向变形随膨胀变形量的增大逐渐向上游变形，在膨胀变形量 400με 时，拱坝变形出现拐点。基本组合Ⅳ的位移变化过程与基本组合Ⅱ基本一致。

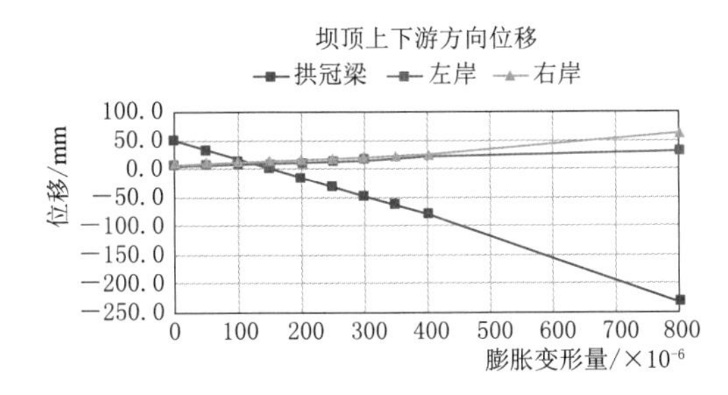

图6.40 正常蓄水位+温降不同膨胀变形量下坝顶顺河向位移变化过程

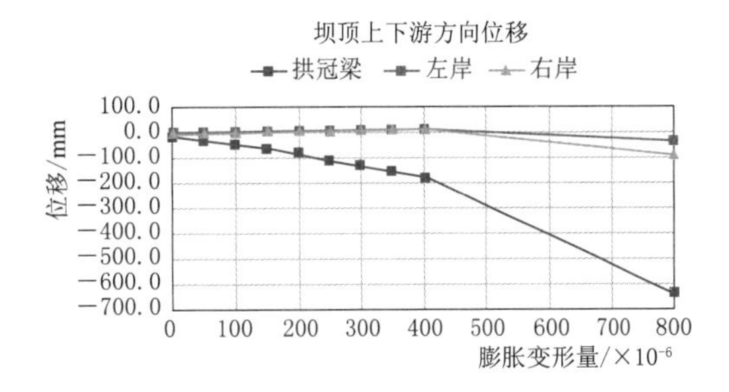

图6.41 死水位+温降不同膨胀变形量下坝顶顺河向位移变化过程

6.3.3.3 基于弹塑性有限元的膨胀控制

通过弹塑性有限元分析，各种荷载组合情况下，坝体出现屈服区时的膨胀量为200～300$\mu\varepsilon$，膨胀变形量和坝体位移的曲线出现拐点时的膨胀量为400$\mu\varepsilon$，见表6.9。由此可见，坝体位移对膨胀量变形不起控制作用，按各工况坝体出现屈服的最小值，膨胀量应控制在200$\mu\varepsilon$以内。

表6.9 基于弹塑性有限元的膨胀控制分析

工　况	出现屈服的膨胀量/$\mu\varepsilon$	位移～变形拐点的膨胀量/$\mu\varepsilon$
基本组合Ⅰ	250	>800
基本组合Ⅱ	200	400
基本组合Ⅲ	300	>800
基本组合Ⅳ	250	400
偶然组合Ⅰ	300	>800

6.3.4 孔口结构变形分析

锦屏一级工程采取“分散泄洪、分区消能、按需防护”的泄洪消能布置思路，设置了一条岸边泄洪洞，其余流量通过坝身孔口泄放。拱坝坝身设置了4个表孔，孔口尺寸11.0m×12.0m（宽×高，下同），弧门挡水，堰顶高程1868.00m；5个深孔，孔口尺寸5.0m×6.0m，底板高程1789.00～1792.00m，出口弧门挡水，进口设置检修平板钢闸门；2个放空底孔，孔口尺寸5.0m×6.0m，底板高程1750.00m，出口弧门挡水，进口设置检修平板钢闸门。

大坝1号～4号表孔位于12号～16号坝段，流道跨大坝横缝布置，从左岸到右岸依次编号为1号、2号、3号、4号孔。每个表孔设一扇弧形工作门，弧形工作门半径14.0m，支铰高程1876.00m，由设在坝顶上的液压启闭机启闭。

表孔工作闸门为双主横梁斜支臂结构，主横梁及支臂均为箱型结构。门叶两侧各装4套侧轮，侧止水为外L形橡塑水封，底止水为条形橡胶水封。门槽埋件由侧轨和底坎组成，全部为焊接结构。

坝身 5 个深孔布置于 12 号～16 号坝段，从左岸到右岸依次编号为 1 号、2 号、3 号、4 号、5 号孔。进口为喇叭形，孔顶采用椭圆曲线，进口底缘曲线为半径 3.5m 的圆弧，两侧闸墩为半径 1.35m 的半圆形。在进口处布置平板事故检修闸门，检修门尺寸为 5.0m×12.3m，检修闸门门槽前为开敞式。孔身有压直线段矩形断面尺寸为 5.0m×9.2m，出口段孔顶圆弧接直线压坡段，出口孔口尺寸为 5m×6m。深孔典型剖面如图 6.42 所示。事故检修门由坝顶门机启闭。弧形工作门由设在闸墩上的液压启闭机启闭。

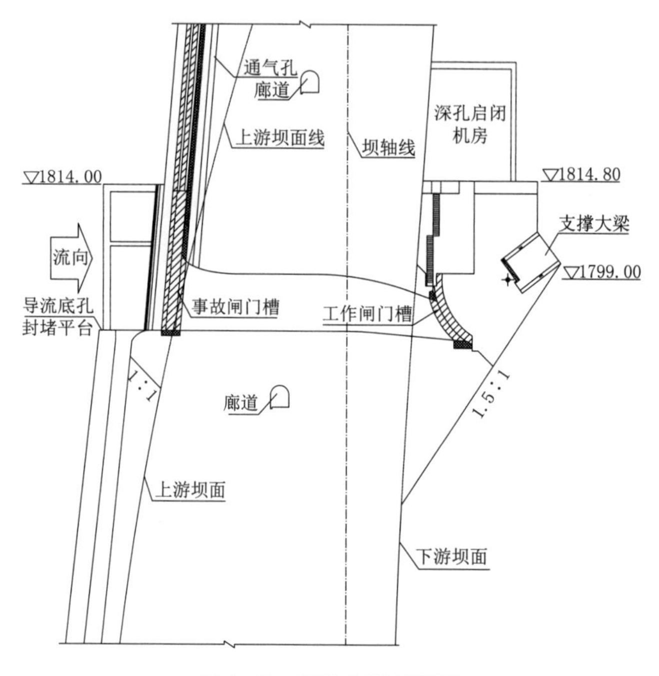

图 6.42　深孔典型剖面图

深孔工作闸门为主纵梁直支臂结构，主纵梁及支臂均为箱型结构。门叶梁系为同层布置，面板支承在以小纵梁、水平横梁及主纵梁构成的梁系上，以增加门叶整体刚度。门槽埋件由顶楣、侧轨、底坎及钢衬组成，除顶楣为焊接组合结构外，其余均为焊接结构。

根据高水头弧形闸门止水的需要，采用突扩式门槽。在满足泄流量的前提下，弧形闸门门槽体型不仅要能适应止水布置的要求，同时也能有效地利用突扩断面进行掺气，解决高速水流带来的水力学问题，改善水流流态，防止泄水道气蚀的产生。工作闸门的门槽采用突扩跌坎型，两侧突扩各 500mm，突跌 1100mm，突扩后门槽总宽度为 6000mm。

综合考虑闸门运行工况、水工结构体型、工程运用经验、库区水质条件、设备造价等技术经济因素，弧形闸门采用充压伸缩式止水型式，见图 6.43。侧止水为二道，分别为充压水封及 P 型水封；顶水封共二道，分别为充压水封及转铰式水封；底水封共二道，分别为充压水封及刀型水封。

坝身 2 个放空底孔分别布置于 11 号和 17 号坝段，其中 11 号坝段为 1 号放空底孔，

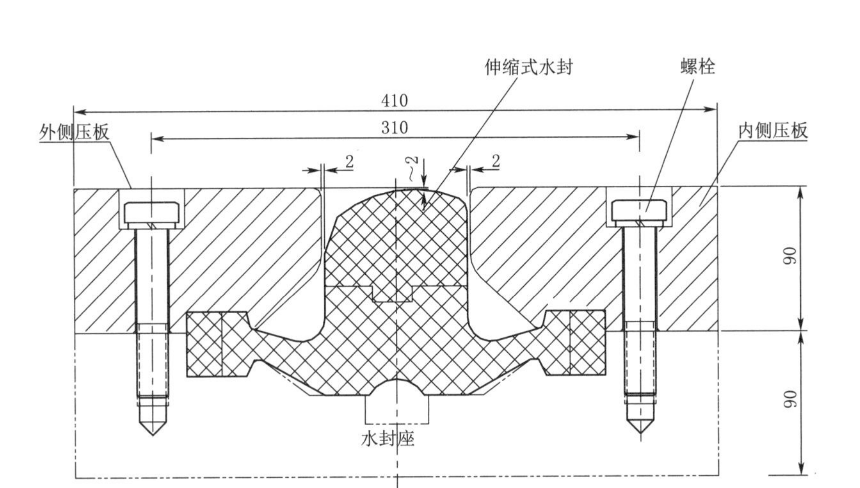

图6.43 深孔弧门主止水结构型式（尺寸单位：mm）

17号坝段为2号放空底孔。放空底孔进口底板高程为1750.00m，孔口尺寸5.0m×6.0m。放空底孔进水口为喇叭形，孔顶采用椭圆曲线，底缘曲线为半径3.5m的圆弧，两侧闸墩为半径1.31m的半圆形。在进口处布置平板事故检修闸门，检修门尺寸为5.0m×12.3m，检修闸门门槽前为开敞式。孔身有压直线段矩形断面尺寸为5.0m×9.2m。出口段孔顶圆弧接直线压坡段，孔口出口尺寸变为5.0m×6.0m。为避免出口水舌冲击弧形闸门边墩，同时为使入塘水流尽量平面扩散，出口采用向两边各突扩0.5m，并以1.51°扩散角向外扩散。放空底孔典型剖面如图6.44所示。事故检修门由坝顶门机启闭，弧形工作门由设在闸墩上的液压启闭机启闭。放空底孔工作闸门的结构型式、门槽型式、止水型式均与深孔相同。

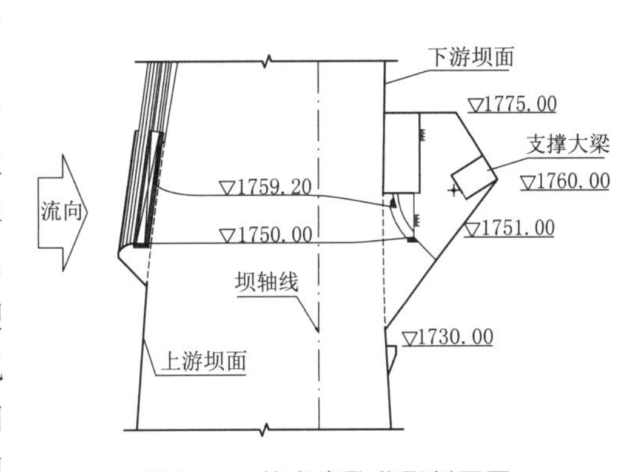

图6.44 放空底孔典型剖面图

在混凝土发生碱骨料反应膨胀变形时，孔口的横河向、顺河向、竖向均会发生变形。表孔、深孔和放空底孔的工作闸门都是采用弧形闸门，少量的竖向变形对闸门运行无影响。表孔侧轨与闸墩表面齐平，顺河向的变形不影响闸门启闭。

深孔和放空底孔的主水封为充压水封，水封充压控制系统能根据闸门运行状态自动完成调整，在闸门开启前充压伸缩式水封的充压腔排水卸压，真空泵抽真空，使水封与闸门面板完全脱离接触；在闸门开启过程、全开位置及关闭过程，充压水封处于卸压状态，充压腔始终保持一定真空度；闸门关闭到位后，向充压伸缩式水封充压腔充水加压，使水封与闸门面板紧密接触，达到理想的封水效果。充压水封的工作特性决定了其有较大的适应顺河向变形的能力，其中止水肩部的设计压缩量为9mm。对闸门及止水运行产生影响的混凝土范围，是门叶面板到支铰中心之间，门叶面板的曲率半径为12～14m，由于距离较小，即便在较大膨胀变形量如 400$\mu\varepsilon$ 情况下，产生的宏观变形量为 5.6mm 小于设计压缩量，不至于影响闸门水封的正常工作。

由于拱圈的长度较大，坝体混凝土产生碱骨料反应膨胀变形时，在孔口部位可能累积较大的横河向位移，当孔口部位的宏观变形足够大时，可能导致闸门不能正常启闭，从而影响泄洪设施的运行。有限元计算模型中，详细地模拟了孔口结构，可以整理计算结果中孔口部位的结构变形，不同膨胀量情况下孔口的横河向变形见表 6.10。

表 6.10　　不同膨胀量情况下孔口的横河向变形

孔口类型	膨胀量					
	50$\mu\varepsilon$	100$\mu\varepsilon$	150$\mu\varepsilon$	200$\mu\varepsilon$	300$\mu\varepsilon$	400$\mu\varepsilon$
	横河向变形/mm					
表孔	0.94	1.88	2.81	3.75	5.63	7.52
深孔	0.65	1.30	1.93	2.58	3.86	5.16
放空底孔	0.53	1.06	1.58	2.10	3.16	4.22

弧形工作闸门左右两侧设有侧轮装置，侧轨板埋设在闸墩表面，闸门启闭时，侧轮装置沿侧轨板运动，弧形工作闸门结构见图 6.45。侧轮装置和侧轨板之间，表孔闸门预留了 2mm 的间隙，左右两侧合计 4mm；深孔和放空底孔预留了 3mm 的间隙，左右两侧合计 6mm。表孔、深孔和放空底孔的常规侧止水，设计压缩量分别为 4mm、3mm，止水具有一定的弹性，如果发生压缩变形，则止水的压缩量相应增大，考虑到止水也是需要定期更换的消耗性材料，侧止水不制约膨胀条件下的孔口变形。

根据表孔、深孔、放空底孔不同膨胀量下的变形，以及表孔、深孔和放空底孔的容许变形间歇，表孔可接受 200$\mu\varepsilon$ 混凝土膨胀量，深孔和放空底孔的闸门在混凝土膨胀量为 400$\mu\varepsilon$ 时仍可正常运行。综合分析，从孔口闸门正常运行的角度，混凝土的碱骨料反应膨胀变形应控制不大于 200$\mu\varepsilon$。

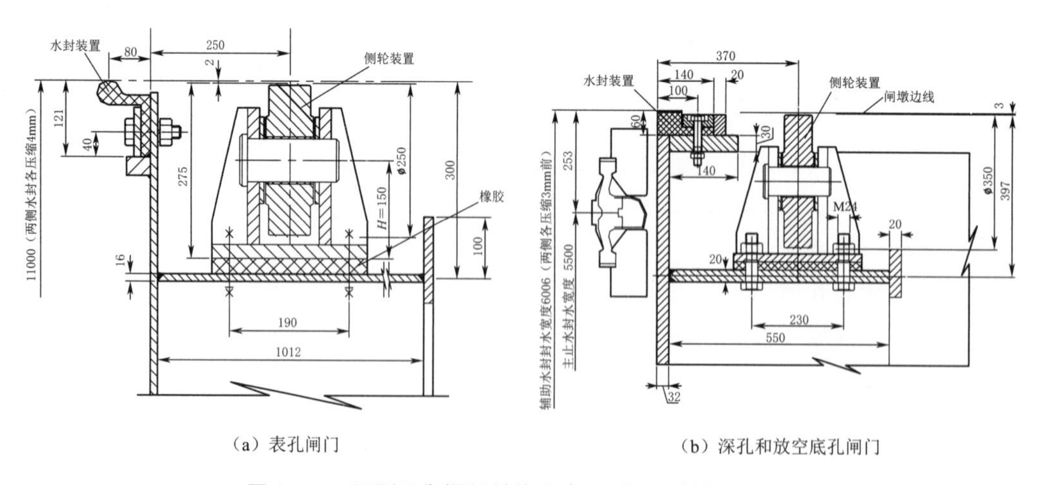

图 6.45　弧形工作闸门结构示意图（尺寸单位：mm）

6.3.5 刚体极限平衡法拱座稳定分析

6.3.5.1 拱座抗滑稳定条件及控制性滑块

坝址区左岸为反向坡，出露大理岩和砂板岩，上部为砂板岩，下部为大理岩。在拱端附近的分界高程大约为 1840.00m，在坝下游抗力体范围的Ⅰ勘探线附近分界高程约 1900.00m。大理岩出露的范围地形陡立，坡度 60°～80°，砂板岩出露的范围地形坡度变缓至 45°左右。影响左岸坝肩抗滑稳定的主要结构面见表 6.11。

表 6.11　影响左岸坝肩抗滑稳定的主要结构面

编　号	结　构　面　名　称	产　状
1	f_5 断层	N30°～50°E，SE∠70°～80°
2	f_8 断层	N20°～60°E，SE∠60°～70°
3	f_2 断层	N25°E，NW∠35°～40°
4	煌斑岩脉	N45°～55°E，SE∠65°～70°
5	第 6－2 层中顺层挤压错动带	N25°E，NW∠35°～40°
6	深部裂缝优势产状 1	N42°E，SE∠65°
7	深部裂缝优势产状 2	N35°E，SE∠70°
8	N50°～70°E 向优势裂隙	N50°～70°E，SE∠50°～80°

右坝肩及抗力体地形完整，无沟谷发育，山体雄厚，谷坡陡峻。高程 1810.00m 以下，坡度 70°以上，局部为倒坡，高程 1810.00m 以上坡度较缓，自然坡度 40°～50°，为大理岩组成的顺向坡。

右坝肩及抗力体部位岩体主要由杂谷脑组第二段第 3、4、5、2－2、6－2 层大理岩组成，岩层产状 N40°～60°E，NW∠20°～40°；除 6－2 层内层面及层间挤压带发育外，其余曾在变质过程中由于重结晶作用，层面胶结愈合良好，顺层结构面一般不发育，多呈厚层—块状结构。右岸坝肩及抗力体范围内发育主要软弱结构面有两类：一是陡倾坡内的 f_{13}、f_{14} 断层，贯穿分布于抗力体；二是层间挤压错动带，主要在第 6 层内，分布高程在 1870.00m 以上。优势节理裂隙主要有三组：①N15°～80°E，NW∠15°～45°（层面裂隙），走向随层面起伏变化较大，除 6－2 层外其他层中延伸长度不大，多胶结紧密；②N50°～70°E，SE∠50°～80°，一般间距 0.3～1.0m，延伸长 3～5m，部分大于 10m；③N60°W～EW，NE（SW）或 S（N）∠60°～80°，总体上具有发育稀少、间距大、多张开、无充填的特征，单条出现时，一般延伸长几米至十余米；另外可见 SN 向节理零星发育。影响右岸坝肩抗滑稳定的主要结构面见表 6.12。

表 6.12　影响右岸坝肩抗滑稳定的主要结构面

序号	结构面名称	产　状	连　通　率
1	SN 向裂隙	SN，∠⊥	15%～20%
2	4 层绿片岩	N45°E，NW∠35°	4、5 层分界面 35%～40%，其余部位用 35%
3	NWW 向裂隙	N70°W，SW∠70°	50%～70%

续表

序号	结构面名称	产　状	连　通　率
4	f_{13}	N58°E，SE∠72°	100%
5	f_{14}	N60°E，SE∠73°	100%

f_5、f_8 断层、煌斑岩脉、深部裂缝、f_2 断层和顺层挤压带是左岸拱座稳定主要地质问题，分别构成可能滑块侧滑面和底滑面。由于 f_5 断层和 f_8 断层在拱坝轴线下游的产状基本一致、位置相近，部分范围内甚至重合，故在计算分析中把 f_5 断层和 f_8 断层当作同一个侧滑面来考虑。当层面、f_2 断层或第 6－2 层中顺层挤压滑动带作为滑动块体的底滑面时，由于产状是倾向 NW，即在左岸是倾向山里偏上游，构成的滑动块体对稳定有利，从不利角度考虑，针对第 6－2 层内存在的绿片岩透镜体岩体，有剪断岩体的可能，所以计算中把绿片岩作为底滑面进行考虑，其最大倾角为 SE∠5°。

右岸 NWW 向裂隙产状近横河向，难以单独作为侧滑面组合滑块，只能作为下游陡面参与滑块组合。f_{13} 断层、f_{14} 断层为位置相对确定的陡倾结构面，由于其产状偏向下游偏山里，无法单独构成可能滑动块体的侧滑面，但在存在 SN 向裂隙和 NWW 向裂隙等下游陡面的情况下，可以作为侧滑面参与组合两陡一缓的滑块。SN 向裂隙也可以单独作为侧滑面参与滑块组合。

根据滑块组合分析，坝肩可能滑动块体左岸共有 6 组，编号为 L1～L6；右岸有 6 组，编号为 R1～R6。采用三维刚体极限平衡法进行抗滑稳定计算分析，通过对左右两岸可能滑块的抗滑稳定计算分析可知，左岸可能滑块的抗滑稳定均满足规范要求，其中安全指标相对较小的控制滑块有 3 个。右岸坝肩抗力体范围内倾向山外偏下游的中缓倾角顺层绿片岩透镜体夹层为右岸坝肩稳定滑块的控制性底滑面。

6.3.5.2　拱座抗滑稳定分析

采用抗剪公式及抗剪断公式计算的控制性滑块抗滑稳定安全系数见表 6.13。左岸控制性滑块的抗力作用比系数均大于 1.0，抗剪安全系数均大于 1.3，抗剪断安全系数均大于 3.5，满足规范要求。右岸控制性滑块中，有 3 个滑块采用抗剪公式及抗剪断公式计算的抗力作用比系数均小于 1.0，这 3 个滑块的抗剪安全系数也均小于 1.3，抗剪断安全系数均小于 3.5，不满足规范要求；右岸控制性滑块的滑移模式都是沿底滑面的单滑模式。

表 6.13　　控制性滑块抗滑稳定安全系数计算结果

部位		安全系数（抗剪）		安全系数（抗剪断）		滑动模式
		排水帷幕部分失效	排水帷幕正常	排水帷幕部分失效	排水帷幕正常	
左岸	L1	4.22	4.39	5.28	5.49	双滑
	L2	3.09	3.20	5.61	5.77	单滑
	L4	3.52	3.71	6.33	6.63	单滑
右岸	R1	0.95	0.96	2.52	2.52	单滑
	R3	1.03	1.03	2.67	2.68	单滑
	R5	0.95	0.96	2.44	2.45	单滑

锦屏一级拱坝右岸坝肩抗力体范围内倾向山外偏下游的中缓倾角顺层绿片岩夹层为右岸坝肩稳定滑块的控制性底滑面，影响右岸坝肩抗滑稳定的控制性滑块组合为 R1、R3 及 R5。采用刚体极限平衡法对上述控制性滑块进行抗滑稳定计算发现，由于底滑面倾向河床且倾角较大，侧滑面及下游面上的法向力均为拉力，此时侧滑面或下游面被认为处于拉裂状态，滑块仅仅沿底滑面发生滑动，仅有底滑面能提供阻滑力，滑块的抗剪或抗剪断稳定安全系数均低于相应的控制标准。

从正常蓄水位工况下，各单项荷载产生的下滑力占总的下滑力的比重统计可以看出，滑块自重产生的下滑力占总下滑力的 80%左右，是最主要的下滑力贡献因素，拱推力和渗压产生的下滑力占总下滑力的比重较低。从单项荷载稳定安全系数看，天然状态下，控制块体安全度不高；加上渗压后安全系数较自重作用下的安全系数均有降低；施加拱推力之后，安全系数较自重作用下有增大趋势，建坝后拱推力对块体稳定而言是有利因素。因此可以认为，右岸坝肩稳定问题是与边坡稳定问题结合在一起的，不能完全用坝肩稳定控制标准来评价拱坝坝肩的整体稳定性。

采用刚体极限平衡法计算右岸坝肩稳定时，根据受力分析，控制滑块为单滑模式，滑块的滑动力方向与侧滑面无关，该模式情况下，阻滑力仅存在底滑面的阻滑作用，侧滑面抵抗下滑的作用无法在计算中体现，而近 SN 向侧滑面裂隙连通率仅为 15%～20%，其余 80%～85%为完整大理岩。在裂隙连通率很低的情况下，将优势裂隙假定为贯通滑裂面，在单滑模式下不计侧滑面岩体的阻滑作用，这种假定与实际情况差异较大。因此采用刚体极限平衡法计算锦屏一级拱坝右岸坝肩稳定，在计算方法上存在一定的局限性，不能真实地反应锦屏一级拱坝坝肩的稳定性。

针对锦屏一级拱坝这一复杂地质条件下的特高拱坝的坝肩抗滑稳定问题采用了刚体极限平衡法、变形体极限分析法等多种方法进行了综合分析评定。从多种变形体极限分析法及模型试验成果来看，由于计算假定较刚体极限平衡法更为合理，基于刚体弹簧元的变形体极限分析法拱座抗滑稳定计算成果明显高于刚体极限平衡法的计算成果，抗滑稳定安全系数已经基本能够满足控制标准的要求；而基于三维非线性有限元的变形体极限分析法计算成果则已经大于控制标准的要求；基于数值分析及模型试验的拱坝整体稳定分析成果与同类拱坝工程相比，锦屏一级拱坝的安全度处于较高水平。综上所述，基于多种方法综合评价的分析成果表明，在做好基础处理和防渗、止水、排水措施等前提下，锦屏一级拱坝右岸坝肩的抗滑稳定安全是有保证的。

考虑膨胀变形情况下的拱座抗滑稳定，可以此为基础，通过不同膨胀量情况下拱座抗滑稳定安全系数的变化规律衡量其影响情况，进而做出变形指标限制。选取左右岸控制性滑块组合 L5 和 R1-2 为代表分析膨胀变形对拱座稳定的影响，相关参数见表 6.14 和图 6.46。

表 6.14　选取的左右岸控制性滑块组合及其产状

滑块编号	侧滑面		底滑面		底滑面与建基面交点高程/m
	结构面名称	计算采用产状	结构面名称	计算采用产状	
L5	f_5 断层	N45°E，SE∠71°	f_2 断层	N25°E，NW∠40°	1610
R1-2	SN 向裂隙	SN，∠90°	绿片岩	N45°E，NW∠35°	1789

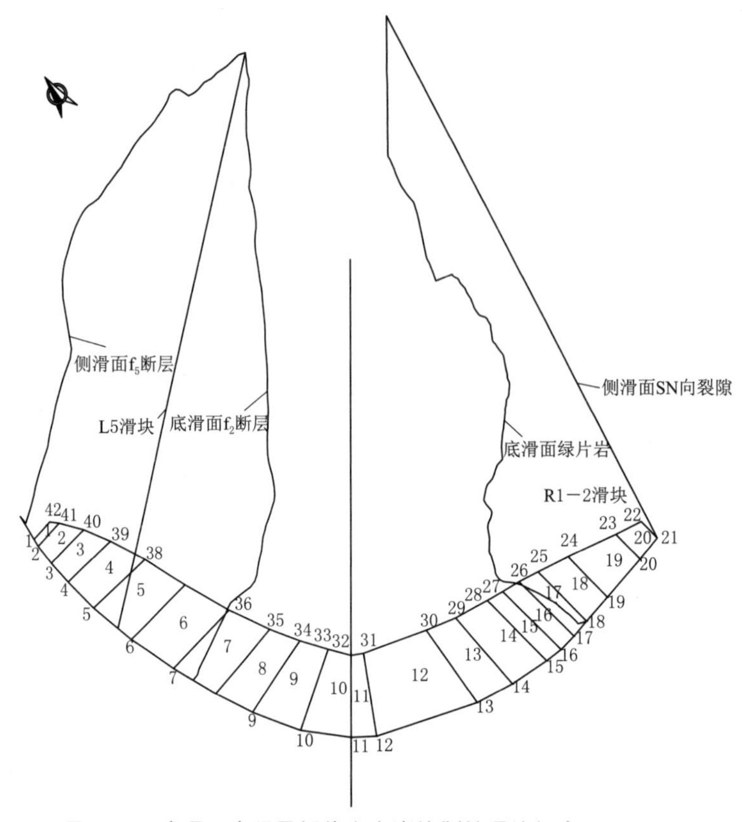

图 6.46　底滑面高程最低的左右岸控制性滑块组合 L5、R1－2

6.3.5.3　膨胀变形条件下拱推力

坝肩稳定滑块上的作用力有拱坝推力、滑动块体自重、渗透压力等，坝体 ASR 膨胀变形主要影响拱坝推力。前述的 5 个代表性组合中，高水位的拱推力大，滑块安全系数低，为控制性工况，选取基本组合Ⅰ、基本组合Ⅲ和特殊组合Ⅰ（以下分别简称 J1、J2 和 T1）进行滑块安全分析。拱推力及推力角正向规定见图 6.47。

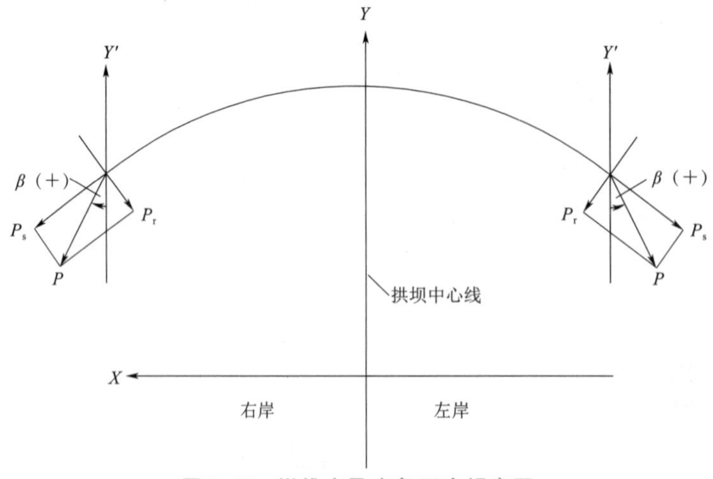

图 6.47　拱推力及夹角正向规定图

P_r—径向推力；P_s—切向推力；P—拱推力合力；β—推力角

左右岸控制性滑块控制性工况下的拱推力及推力角和安全系数见表 6.15 和图 6.48。

计算表明，各工况下滑块推力总体随大坝体积膨胀，拱推力呈近线性增大，左岸 L5 滑块的拱推力在 400με 时增大 40%～41%左右，右岸 R1-2 增大 66%～68%；拱推力角在大坝体积膨胀初期呈线性增大，在 150～200με 时增大速率减慢，在 400με 时，左岸 L5 滑块的拱推力角增大 78%～82%左右，右岸 R1-2 增大 30%～31%。

表 6.15　　控制性滑块控制性工况下的拱推力和推力角变化

滑块	荷载组合	项目	膨胀变形/με								
			0	50	100	150	200	250	300	350	400
左岸L5滑块	J1	推力/kN	430540	449610	469790	491010	513060	535870	559350	583450	608030
		推力变化	—	4.43%	9.12%	14.04%	19.17%	24.46%	29.92%	35.51%	41.22%
		推力角/(°)	21.05	24.10	26.83	29.28	31.47	33.45	35.24	36.86	38.33
		推力角变化	—	14.50%	27.46%	39.09%	49.53%	58.93%	67.43%	75.14%	82.13%
	J3	推力/kN	432050	451710	471380	492610	514660	537460	560910	584990	609530
		推力变化	—	4.55%	9.10%	14.02%	19.12%	24.40%	29.83%	35.40%	41.08%
		推力角/(°)	21.36	24.21152	27.07	29.49	31.66	33.62	35.39	37.0	38.45
		推力角变化	—	13.36%	26.73%	38.07%	48.24%	57.42%	65.71%	73.23%	80.04%
	T1	推力/kN	439450	458590	478820	500050	522080	544860	568280	592320	615350
		推力变化	—	4.36%	8.96%	13.79%	18.80%	23.99%	29.32%	34.79%	40.03%
		推力角/(°)	21.21	24.17	26.82	29.21	31.36	33.31	35.06	36.66	37.92
		推力角变化	—	13.93%	26.46%	37.73%	47.86%	57.03%	65.31%	72.85%	78.76%
右岸R1-2滑块	J1	推力/kN	163440	176760	190340	204130	218070	232150	246330	260630	274990
		推力变化	—	8.15%	16.45%	24.90%	33.42%	42.04%	50.71%	59.46%	68.25%
		推力角/(°)	35.11	37.27	39.12	40.71	42.09	43.30	44.37	45.32	46.16
		推力角变化	—	6.17%	11.42%	15.97%	19.89%	23.34%	26.38%	29.08%	31.49%
	J3	推力/kN	164570	178080	191580	205430	219410	233530	247750	262080	276470
		推力变化	—	8.21%	16.41%	24.83%	33.33%	41.90%	50.55%	59.26%	68.00%
		推力角/(°)	35.64	37.59459	39.55	41.10	42.45	43.63	44.67	45.6	46.43
		推力角变化	—	5.48%	10.97%	15.32%	19.11%	22.41%	25.34%	27.94%	30.26%
	T1	推力/kN	169290	182740	196300	210120	224080	238170	252360	266680	281040
		推力变化	—	7.94%	15.95%	24.12%	32.36%	40.68%	49.07%	57.53%	66.01%
		推力角/(°)	35.31	37.40	39.16	40.71	42.05	43.23	44.27	45.21	46.04
		推力角变化	—	5.91%	10.90%	15.28%	19.08%	22.43%	25.38%	28.03%	30.40%

根据左右岸控制性滑块的形态和滑移模式，可作拱推力和推力角变化对拱座抗滑稳定影响的趋势性分析。对左岸的滑块而言，拱推力增大是不利影响，但推力角增大是有利条件，对抗滑稳定安全系数的影响，可以通过计算分析确定。对右岸滑块而言，拱推力和推力角增大都是有利影响，定性分析抗滑稳定安全系数应当有所提高。

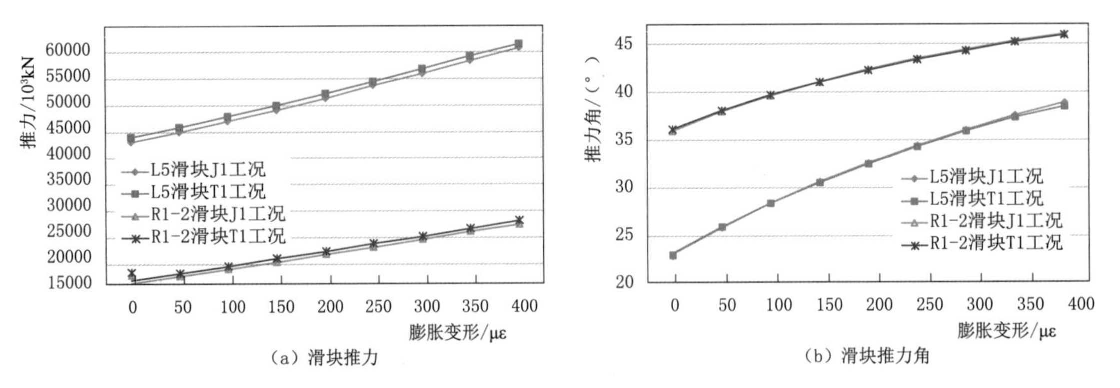

(a) 滑块推力　　(b) 滑块推力角

图6.48　左右岸控制性滑块控制性工况拱推力及推力角

6.3.5.4　膨胀变形条件下的拱座稳定

左右岸控制性滑块控制性工况下的拱推力及推力角和安全系数见表6.16和图6.49。

左岸L5滑块的安全系数总体下降，从未发生膨胀变形的5.16～5.44下降到4.17～4.34，降幅约20%，仍高于稳定控制标准。右岸R1-2滑块的安全系数总体略有增大，从未发生膨胀变形的2.64～2.66上升到2.84～2.87，增幅7.5%左右。

坝体膨胀变形增大了滑块上的拱推力和推力角，左岸的滑块安全系数总体降低，由于其安全裕度较大，400$\mu\varepsilon$时仍高于应力控制标准；右岸的拱推力和推力角的变化，增大了滑面上的推力和阻滑力，增大了右岸单滑模式的滑块的安全系数。因此总体而言，大坝膨胀变形400$\mu\varepsilon$对拱坝稳定不起控制作用。

表6.16　　左右岸控制性滑块控制性工况下的安全系数

滑块	荷载组合	项目	膨胀变形/$\mu\varepsilon$								
			0	50	100	150	200	250	300	350	400
左岸L5滑块	J1	安全系数	5.44	5.27	5.10	4.95	4.81	4.68	4.56	4.44	4.34
		安全系数变化	—	−3.23%	−6.23%	−9.02%	−11.60%	−14.01%	−16.26%	−18.37%	−20.35%
	J3	安全系数	5.44	5.26705	5.10	4.95	4.81	4.68	4.56	4.44	4.34
		安全系数变化	—	−3.10%	−6.19%	−8.96%	−11.53%	−13.92%	−16.16%	−18.26%	−20.25%
	T1	安全系数	5.16	5.00	4.86	4.72	4.60	4.48	4.37	4.26	4.17
		安全系数变化	—	−3.03%	−5.83%	−8.44%	−10.88%	−13.15%	−15.30%	−17.31%	−19.21%
右岸R1-2滑块	J1	安全系数	2.65	2.68	2.70	2.73	2.75	2.78	2.80	2.83	2.85
		安全系数变化	—	0.94%	1.84%	2.77%	3.70%	4.65%	5.62%	6.59%	7.59%
	J3	安全系数	2.66	2.6888	2.71	2.74	2.76	2.79	2.81	2.84	2.87
		安全系数变化	—	0.90%	1.79%	2.71%	3.66%	4.60%	5.57%	6.55%	7.55%
	T1	安全系数	2.64	2.66	2.69	2.71	2.74	2.76	2.79	2.81	2.84
		安全系数变化	—	0.89%	1.78%	2.71%	3.63%	4.58%	5.54%	6.52%	7.51%

6.3.6 高拱坝ASR变形控制指标

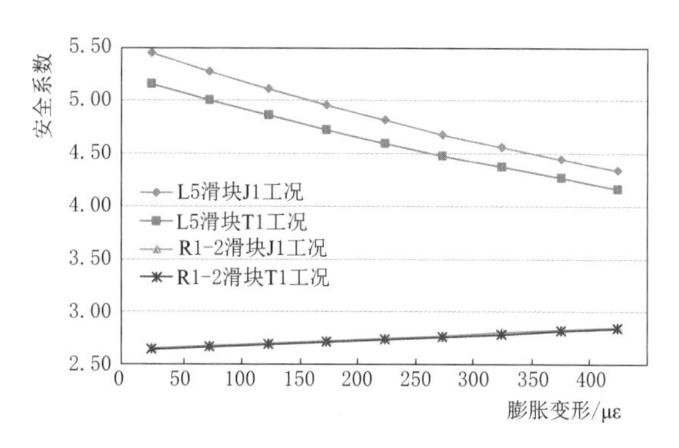

图6.49 左右岸控制性滑块控制性工况下的安全系数

6.3.6.1 拱坝正常工作性态的变形控制

采用拱梁分载法计算，以最大拉应力、压应力作为控制指标，则可接受膨胀量为227με，考虑计算假定的仿真性和计算参数偏差等，可偏安全取200με。

根据线弹性有限元一等效应力法的计算成果，拱坝拉应力的允许膨胀量为141με，压应力的允许膨胀量为151με，综合拉压应力控制要求取141με。

根据刚体极限平衡法计算成果，左岸的滑块安全系数随膨胀量增大而降低，但在400με时仍高于应力控制标准；右岸滑块安全的系数随膨胀量增大而增大。大坝膨胀变形400με以内时对拱座稳定没有实质性的影响。

根据有限元计算的表孔、深孔、放空底孔不同膨胀量下的变形，以及表孔、深孔和放空底孔的容许变形间隙，表孔可接受200με的混凝土膨胀量，深孔和放空底孔的闸门在混凝土膨胀量为400με时仍可正常运行。从孔口闸门正常运行的角度，混凝土的碱骨料反应膨胀变形应控制不大于200με。

综合以上多种方法从不同角度提出的变形控制指标可以认为，当膨胀变形量不超过140με时，拱坝的拉压应力、拱座抗滑稳定安全系数能满足规范要求，闸门设施运行正常。弹塑性有限元计算在膨胀量200με时，拱坝开始出现屈服区，进一步印证了拱坝在140με以内的膨胀量时能保持正常工作性态。

6.3.6.2 不同膨胀量对应的工作性态分析

作为超静定结构的拱坝，具有较高的超载能力，在大坝局部发生开裂屈服时，大坝仍具有承受外载的能力，结合弹塑性有限元法计算得到的应力、变形，可以探究其从弹性—非线性—极限破坏的变形破坏过程，见图6.10。

在超过上述范围后，部分点发生屈服，但结构整体处于弹性状态，随着膨胀量的增加，屈服区范围增加，结构工作性态逐渐变化，这种变化过程可以参考整体稳定的三个安全度来评价。膨胀量在200～300με时，出现局部屈服，屈服区未触及帷幕，相当于K_1；以屈服区贯通、位移与膨胀变形关系曲线出现拐点作为非线性阶段的评判准则，在膨胀变形量400με时，拱坝变形出现拐点，表明拱坝的整体刚度明显降低，结构整体处于非线性变形阶段，相当于K_2；当膨胀量达到800με时，虽然整体没有丧失承载能力，但屈服区发生贯通，可以认为其达到极限承载能力，相当于K_3。

6.4 本章小结

根据典型工程实例，碱骨料反应的时间、反应程度及对工程的影响，存在很大的差异，由于工程规模、结构形态、变形总量的不同，对工程的影响程度存在从严重变形到开裂以致渗漏的不同后果。另外碱骨料反应导致的宏观变形对泄洪系统运行的影响也不容忽视。

已有的碱骨料反应的结构分析方法主要有材料层次的模拟和结构层次的模拟。材料层次上的模拟，基于碱骨料反应的物理-化学机理提出，计算力学模型多用来说明和模拟试验中试件的力学行为。结构层次上的模拟，通常采用其他物理现象来代替碱骨料反应本身，最常用的方式是施加特定温度场和施加初应变。

对于锦屏一级大坝能够接受多少膨胀变形量，我们认为应当采用成熟的分析方法、偏于安全的控制标准综合分析和确定，因此采用拱坝规范推荐的拱梁分载法、线弹性有限元一等效应力法进行应力分析，采用刚体极限平衡法进行拱座抗滑稳定分析，另外采用弹塑性有限元进行结构状态复核，探究在不同膨胀量情况下的结构安全状态。根据结构正常工作性态的要求，结合工程规模和重要性，确定了相应的控制标准。

根据拱梁分载法、线弹性有限元-等效应力法和刚体极限平衡法这三种拱坝规范规定方法及对应的控制标准，对锦屏一级拱坝进行分析，当膨胀变形量不超过 140$\mu\varepsilon$ 时，拱坝的拉压应力、拱座抗滑稳定安全系数能满足规范要求，闸门设施运行正常，弹塑性有限元计算复核时，拱坝未出现明显的屈服区，处于正常工作性态。采用弹塑性有限元计算不同膨胀量情况下的拱坝塑性区、变形等，成果表明锦屏一级拱坝具有较强适应膨胀变形的能力。

参　考　文　献

ALAUD S, ZIJL G P A G V. Combined action of mechanical Pre - Cracks and ASR strain in concrete [J]. Journal of Advanced Concrete Technology, 2017, 15 (4) : 151 - 164.

CAPRA B, SELLIER A. Orthotropic modelling of alkali - aggregate reaction in concrete structures: Numerical simulations [J]. Mechanics of Materials, 2003, 35 (8) : 817 - 830.

CHARLWOOD R G, SCRIVENER K, SIMS I. Recent developments in the management of chemical expansion of concrete in dams and hydro projects [A]. In: Bilbao, eds. Part 1: Existing structures [C]. Spain: In Hydro 2012, 2012. 1 - 17.

CHARLWOOD R G, SOLYMAR S V, CURTIS D D. A review of alkali aggregate reactions in hydroelectric plants and dams [A]. In: CEA, eds. Proceedings of the International Conference of Alkali - Aggregate Reactions in Hydroelectric Plants and Dams [C]. Fredericton: In Canadian Dam Committee, 1992. 1 - 29.

DUNANT C F, SCRIVENER K L. Micro - mechanical modelling of Alkali - Silica - Reaction - Induced degradation using the AMIE framework [J]. Cement and Concrete Research, 2010, 40 (4) : 517 - 525.

ESPOSITO R, HENDRIKS M A N. A multiscale micromechanical approach to model the deteriorating impact of alkali - silica reaction on concrete [J]. Cement and Concrete Composites, 2016 (70) : 139 - 152.

FAIRBAIRN E M R, RIBEIRO F L B, LOPES L E, et al. Modelling the structural behaviour of a dam affected by alkali - silica reaction [J]. Communications in Numerical Methods in Engineering, 2006, 22 (1) : 1 - 12.

GIORLA A B, SCRIVENER K L, DUNANT C F. Influence of visco - elasticity on the stress development induced by alkali - silica reaction. Cement and Concrete Research, 2015 (70) : 1 - 8.

HJALMARSSON F, PETTERSSON F. Finite element analysis of cracking of concrete arch dams due to seasonal temperature variation [D]. Sweden: Lund University, Department of Construction Sciences, 2017.

HUANG M, PIETRUSZCZAK S. Modelling of thermomechanical effects of alkali - silica reaction [J]. Journal of Engineering Mechanics, 1999, 125 (4): 476 - 485.

LOMBARDI J. Mesure experimentale de la cinetique de formation d'un gel silicocalcique, produit de la reaction alcalis—silice [J]. Cement and Concrete Research, 1997, 27 (9): 1379 - 1391.

METALSSI O, SEIGNOL J, RIGOBERT S, et al. Modelling the cracks opening - closing and possible remedial sawing operation of AAR - affected dams [J]. Engineering FailureAnalysis, 2014 (36): 199 - 214.

MORENON P, MULTON S, SELLIER A, et al. Impact of stresses and restraints on ASR expansion [J]. Construction and Building Materials, 2017, 140 (1): 58 - 74.

MOUNZER N, TINWAI R, LEGER P. Smulation mumerique de la reaction alcali - granulat dans les barrages eft beton [R]. Montreal: Departement of Civil Engineering, Ecole Polytechnique de Montreal, 1993.

POURBEHI M S, ZIJL G P A G V, STRASHEIM J A B. Modelling of Alkali Silica Reaction in concrete structures for rehabilitation intervention [A]. In: Beushausen, eds. Proceeding of International Conference on Concrete Repair, Rehabilitation and Retrofitting [C]. South Africa: In Cape town, 2018. 11.

STANTON T E. Expansion of concrete through reaction between cement and aggregate [J]. Proceeding of the American Scociety for Civil Engineering, 1940 (66): 1781 - 1811.

ULM F J, COUSSY O, KEFEI L, et al. Therrno - Chemo—Mechanics of ASR expansion in concrete structures [J]. Journal of Engineering Mechanics, 2000, 126 (3): 233 - 242.

傅作新，钱向东. 有限单元法在拱坝设计中的应用 [J]. 河海大学学报，1991，19 (2)：8 - 15.

李同春，章杭惠. 改进的拱坝等效应力分析方法 [J]. 河海大学学报 (自然科学版)，2004，32 (1)：104 - 107.

杨强，刘福深，周维垣. 基于直接内力法的拱坝建基面等效应力分析 [J]. 水力电学报，2006，25 (1)：19 - 23.

朱伯芳，谢钊. 高拱坝体形优化设计中的若干问题 [J]. 水利水电技术，1987 (3)：9 - 17.

朱伯芳. 拱的有限元等效应力及复杂应力下的强度储备 [J]. 水利电技术，2005，36 (1)：43 - 47.

第7章 大坝混凝土ASR长期安全性评价

为定量分析锦屏一级拱坝混凝土是否有ASR发生，以及ASR发生程度、带来的损伤程度、残余反应风险等，本章主要对大坝混凝土实体的性能进行分析，包含两方面：一是现场混凝土芯样ASR检测与评估。现场钻芯取样，通过微观观测和评估，回答锦屏一级拱坝混凝土服役10余年后是否有ASR的迹象，确认目前的安全状态。二是实测现场芯样孔溶液的碱含量、pH值、SiO_2溶出情况等，结合温度、湿度等环境因素，为综合评价锦屏一级拱坝混凝土的长期安全性提供依据。

7.1 研究现状

现行的国家标准和工程经验显示，有关混凝土ASR的应对方法，大多集中在工程建设前如何对骨料碱活性进行鉴别，比如岩相法、测长法等。通过这些试验方法判断工程骨料料源是否具有碱活性。有时不可避免地使用碱活性骨料，则必须采取各种ASR工程抑制措施。经过几十年的研究，国内外已形成了包括ASR机理、骨料活性组分岩相鉴定、骨料碱活性测试评价标准、ASR抑制理论与技术等在内的较完整的ASR相关理论和技术体系。然而，由于骨料品种与工程应用条件的多样性、混凝土体系的复杂性，在不同活性骨料的膨胀特性和破坏机理、不同混凝土结构中ASR风险等级和防控策略、不同抑制技术及其有效性等方面还有许多科学问题亟待解决。尤其是对于采取抑制措施的工程中ASR长期安全性如何，尚缺少明确的结论。国内工程对ASR抑制措施长期安全性评价，主要集中在常规的现场变形监测、调查和无损检测及部分混凝土芯样试验，缺乏全面系统对实体混凝土结构的长期安全性试验方法和评价体系。美国和加拿大在这方面开展工作较早，形成了一套较完善的方法体系，Rilem总结各国试验方法形成了ASR6.1结构混凝土AAR损伤与评价指南（Godart et al.，2013)。

7.1.1 现场调查

ASR的现场调查可以纳入到混凝土日常的例行检查中一同进行。由受过培训的人员定期进行现场检查，检测可能与ASR相关的劣化迹象。关于ASR迹象的识别，美国联邦公路局（Federal Highway Administration，FHWA）提供了多种参考手册（Thomas et al.，2013)，有大量关于ASR特征的实例图片和量化评估标准，可综合评定ASR反应程度与风险。

一些主要的混凝土工程（如大坝）内通常会埋设变形监测传感器，对温湿度也能做到

实时监控，这些都能为混凝土 ASR 重点排查区域提供依据。方便快捷的混凝土无损检测技术，如弹性波波速法、共振频率法、声发射法等，能确定混凝土内部缺陷发展程度，辅助判断 ASR 发生区域。当工程现场排查混凝土疑似发生 ASR 时，可对此区域混凝土钻孔取芯，进行系列试验测试，明确 ASR 发生的程度和后续发展潜力。

7.1.2 岩相分析

岩相分析是诊断混凝土劣化原因的有力技术。ASTM C 856 概述了硬化混凝土样品的岩石学检验程序。BCA（Association，1992）、John（1998），Walker（1991）和 Fournier et al.（2010）都描述了有关受 ASR 影响的混凝土的岩石学特征。首先对芯样进行外观观察，判断是否有 ASR 发生迹象，包括芯样表面的宏观裂缝，芯样润湿后的细微裂纹，裂缝周围有无 ASR 反应环及反应产物碱硅凝胶析出。岩相分析包括以下内容：骨料和/或水泥浆的微裂纹、反应产物凝胶、反应环、水泥浆-骨料黏接缝。反应产物 ASR“凝胶”含有二氧化硅、碱和钙作为典型成分。John et al.（1998）比较了受 ASR 影响的混凝土开裂模式。混凝土内部会形成微裂纹网络，并连接活性骨料，会有少量裂纹延伸至表面，有时裂纹也会贯穿整颗粗骨料。还可以通过在待检查混凝土试样的抛光或新破碎表面上施加醋酸铀溶液，然后在紫外光下目视观察截面，识别受 ASR 影响的混凝土中的反应产物凝胶（Guthrie et al.，1997；Natesaiyer et al.，1991；Stark，1991）。

由 Grattan - Bellew 和 Danay（2010）建立的损伤等级指数（damage rating index，DRI）是基于岩相检查确定混凝土内部损伤的基础。DRI 是一种半定量的岩相分析技术，通过定量分析混凝土芯样内部微裂纹存在形式和发育程度、凝胶体位置和生成量，采用不同缺陷综合加权评分的方法，判断 ASR 发生导致的损伤程度。在抛光的混凝土截面表面绘制的网格系统中，通过立体显微镜（16 倍放大倍数）观察 ASR 的典型岩相学特征的数量来评估混凝土的状况。这些缺陷特征在截面的丰度乘以代表它们在 ASR 中相对重要性的权重因子，归一化后即为 DRI。Rivard（Sargolzahi et al.，2010）在将该方法应用于掺有具有不同反应机理的反应性骨料的两种混凝土混合物（Spratt 石灰石和波茨坦砂岩）之后，得出的结论是随着 ASR 扩展的增加，大多数单个缺陷的丰度和总 DRI 值会定期增加。但分配给每个缺陷的权重因子并不能普遍适用于所有类型的活性骨料（Sanchez et al.，2017）。

在岩相分析基础上的评价结果主观性较大，与分析人员的经验密切相关（Fournier et al.，2010）。岩相学结果可以对 ASR 进行评估，但对于 ASR 严重的重要区域，还需进行相关检测，确定 ASR 进一步膨胀的可能性。

7.1.3 SEM 及 EDS 微观分析

近年来，随着扫描电子显微镜（scanning electron microscope，SEM）测试技术的发展，可以借助 SEM 对混凝土中的 ASR 产物进行形貌观测，同时进行反应产物特征细观分析。SEM 测试手段在混凝土 ASR 及其膨胀机理的研究运用，对进一步了解 ASR 产物、混凝土遭受碱硅反应劣化机理及膨胀源萌生过程的研究具有十分重要的意义。

ASR 反应早期，微裂纹仅出现在活性骨料和水泥浆界面。随着反应产物凝胶的吸水

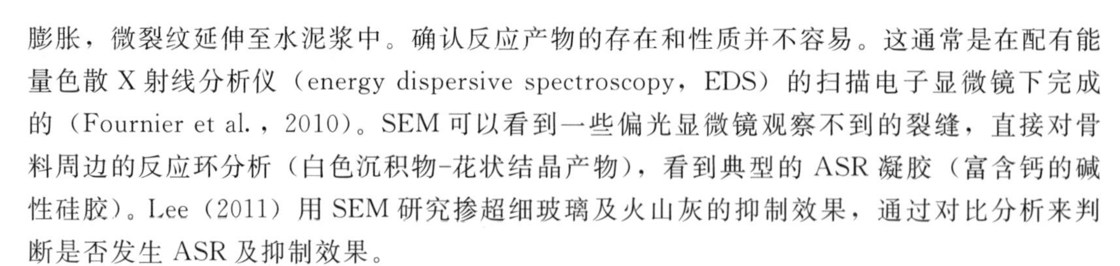
膨胀，微裂纹延伸至水泥浆中。确认反应产物的存在和性质并不容易。这通常是在配有能量色散X射线分析仪（energy dispersive spectroscopy，EDS）的扫描电子显微镜下完成的（Fournier et al.，2010）。SEM可以看到一些偏光显微镜观察不到的裂缝，直接对骨料周边的反应环分析（白色沉积物-花状结晶产物），看到典型的ASR凝胶（富含钙的碱性硅胶）。Lee（2011）用SEM研究掺超细玻璃及火山灰的抑制效果，通过对比分析来判断是否发生ASR及抑制效果。

7.1.4　力学试验

力学参数作为反映混凝土质量的重要指标，能够用于评估混凝土受ASR影响的程度。ASR对混凝土的抗拉强度和弹性模量造成的影响较为显著和敏感。在有关ASR的调研中，Nixon et al.（1995）建议使用轴拉强度与抗压强度之比（简称“拉压强度比”）作为对ASR造成的内部损伤的指示参数，轴拉强度比抗压强度能更好评价ASR（Swamy et al.，1986；Clayton et al.，1990；Siemes et al.，2000；Smaoui et al.，2005），抗压强度通常仅在更高的膨胀水平下受影响。轴拉强度对ASR的敏感性也高于劈拉强度。良好混凝土的拉压强度比通常在0.07～0.11之间变化。在处理ASR的调查中，拉压强度比为0.06表示ASR导致的内部恶化。Dean et al.（2005）认为弹性模量比抗压强度和轴拉强度受ASR影响更大，弹性模量的下降速率根据活性骨料的类型而不同。Pleau et al.（1989）发现在混凝土试件较低的ASR膨胀值下，其抗压强度会增加，但弹性模量却显著降低。在小于0.05%的膨胀率下，弹性模量下降不明显，在0.1%～0.3%的膨胀范围内，弹性模量下降率在20%～60%之间。

7.1.5　刚度损伤试验

刚度损伤测试（stiffness danage tesl，SDT）由Chrisp et al.（1989，1993）于1989年提出，并被结构工程师学会（ISE）采用。裂缝密度与岩石芯样的加载/卸载循环（应力/应变关系）之间具有良好的相关性，根据这些结果，提出了一种基于混凝土试件循环压缩载荷的测试程序——刚度损伤测试（stiffness damage test，SDT）。在20世纪90年代初期，Crisp建议使用SDT来量化由于ASR引起的混凝土破坏程度。通过试验证实，当以混凝土28d强度的40%作为SDT的加压荷载时，可以通过以上力学参数区分混凝土试件的不同膨胀程度。对应于滞后环线的表面积，以及这些循环后累积的塑性变形与现有裂纹的闭合和滑移机制有关，因此代表了试样在施加应力方向上的损伤程度，是定量分析混凝土发生ASR损伤程度的一种方法，可以判断ASR发生导致的损伤程度。

同时，在此荷载水平下，SDT不会对混凝土造成额外的损坏，从而在SDT后芯样还可用于其他的试验室测试项目（Sanchez et al.，2015）。Chrisp et al.（1993）建议使用SDT来评估在混凝土中产生微裂纹的现象。SDT原先主要是用来测试岩石中的微裂隙，SDT试验样品须从各种表面出现轻微至严重裂纹（或其他类似ASR的症状）的混凝土取得中，对混凝土ASR早期产生的微裂纹并不能很好地反映。尽管SDT能够对混凝土破坏进行精确的评估，但SDT还没有标准的测试程序，当使用不同类型的混凝土时，SDT限制了其用于定量评估的用途。

7.1.6 弹性波试验

弹性波是在混凝土、岩土、金属等固体物质中，由力或应变激发而产生的扰动波。波的传播方向与振动方向平行的弹性波称为 P 波（纵波，又叫疏密波）。大量研究表明，混凝土中弹性波波速与其材料性质之间存在相关关系。鉴于 P 波波速与混凝土的强度和弹性模量有较强的相关关系，因此可以用来评价检测断面内部混凝土质量分布情况（吕小彬 等，2013）。

弹性波波速已广泛应用于水工领域混凝土的损伤评价，例如混凝土的冻融损伤、荷载损伤等的检测。弹性波在混凝土中的穿透深度大，并且对混凝土内的含水量不敏感。Rivard et al.（2009）用弹性波速来评估从受 ASR（ASR）影响的大型水工结构中钻出的混凝土芯样，并与从试验室制作的混凝土棱柱体试件的结果进行了比较，显示弹性波速与 ASR 相关的劣化有一定的相关性，P 波速度都很高（>4500 m/s），这通常表明混凝土质量很好，但活性试样有轻微的下降趋势。Sargolzahi et al.（2010）研究认为弹性波速对评估混凝土 ASR 损伤的敏感性较低。哨冠华等（2018）测试了加速养护条件下混凝土试件的弹性波波速、膨胀率、劈裂抗拉强度、自振频率等性能，并参考赵晓龙（2004）和 OHTSU M（2005）提出的损伤变量方法，通过混凝土试件的弹性波构建了 ASR 的损伤度计算公式，发现基于弹性波波速建立的混凝土 ASR 损伤度与混凝土试件的劈拉强度、自振频率、膨胀率具有良好的线性相关性，拟合度均在 0.968 以上，说明快速无损的弹性波波速法可以很好地评价混凝土内部 ASR 损伤程度。

7.1.7 残余膨胀

混凝土的宏观膨胀是 ASR 导致的最直接的后果，残余膨胀是评估 ASR 是否发生及其破坏程度最直观的方法。ASR 是一个长期累积直至突变破坏的反应过程，为缩短研究周期，室内研究通常会强化反应条件以加速 ASR，能够在较短的时间内获得未来 ASR 导致混凝土膨胀的潜力，同时高温高湿和不受约束的条件也会将芯样中 ASR 凝胶之前积蓄的膨胀释放出来（Rodrigues et al.，2015）。残余膨胀试验由 Godart（1992）、Fasseu（1997）、Bérubé et al.（2002，2019）、Fasseu and Mahut（2003）提出，用于评价 ASR 残余膨胀趋势。在受 ASR 影响的混凝土处钻取直径 50mm（或 100mm）芯样参照混凝土棱柱体（ASTM C1293）进行试验，养护条件有三种：①38℃密封养护；②38℃、RH>95%养护；③38℃水中养护。38℃、RH>95%养护更加接近真实情况。还可将芯样放入 38℃1mol/L NaOH 中养护，测量混凝土中存在活性骨料的“残余反应性”。在 38℃、RH>95%养护的芯样，可能会遭受明显的碱浸出，膨胀在一定时间后趋于平稳，这并不是由于消耗了活性矿物或碱。使用较大的芯样（例如直径 150mm），有助于减少这种影响，因为它们在试验期间不易受到碱浸出的影响，结果更加可靠（Fournier et al.，2010）。

捷克的奥尔里克坝在运行 40 年后的首次发现了 ASR 的迹象，对从坝体钻取的 12 个芯样进行了养护测长，其中 3 个芯样的残余膨胀超过了容许值，证明混凝土容易受到 ASR 的影响。尽管大部分芯样的实测值在容许范围内，工程采用的当地骨料也不认为具有碱活性，但对于大坝这种重要工程，在长期的运行过程中还是部署了进一步的安全监测（鲍曼 等，2003）。

7.1.8 混凝土碱含量

当活性二氧化硅暴露在高碱性溶液中，溶液中的OH^-侵蚀≡Si—O—Si≡形成硅醇基团，中性≡Si—OH与OH^-离子进一步反应生成中和碱性孔溶液（Bulteel et al.，2002；Glasser et al.，1981；Thomas，2011），持续不断地攻击存在于孔溶液中的OH^-离子的硅醇基团导致形成溶解的硅离子（主要是$H_3SiO_4^-$和$H_2SiO_4^{2-}$）。这些溶解的硅离子与K^+、Na^+、Ca^{2+}离子结合，生成硅酸钙水合物（C—S—H）和 ASR 凝胶（Bulteel et al.，2002；Hou et al.，2004；Powers et al.，1955）。Diamond（1983）提出当孔溶液中碱金属离子浓度大于0.25mol/L才能生成 ASR 凝胶。Kollek et al.（1986）提出当孔溶液中碱金属离子浓度大于0.30mol/L才能生成 ASR 凝胶。Kim et al.（2015）提出当孔溶液中碱金属离子浓度大于0.20mol/L才能生成 ASR 凝胶。根据 Hobbs et al.（1979）的研究结果，低碱水泥孔溶液 pH 值范围在12.7～13.1，高碱水泥孔溶液 pH 值范围在13.5～13.9。使用孔溶液提取装置测量混凝土中的"可用/残余"碱含量（Fournier et al.，2010），评估被测混凝土是否含有足够的碱以维持这种反应。《水工混凝土结构耐久性评定规范》（SL 775—2018）也作出类似的规定，即剔除粗骨料后将砂浆研成粉末，检测其K_2O、Na_2O含量计算混凝土碱含量，评价 ASR 发生的可能性。

7.1.9 大坝 ASR 安全监测

国内外已有的工程实例表明，若工程采用碱活性骨料且抑制措施不当，坝体可能产生膨胀开裂，一些拱坝工程，甚至产生由于 AAR 引起的水平向上游和垂直向上的异常宏观膨胀变形。混凝土的宏观膨胀是 ASR 导致的最直接的后果，膨胀监测是评估 ASR 是否发生及其破坏程度最直观的方法。赞比亚 Kariba 拱坝1959年建成，1983年开始观察到膨胀，自1987年10月1日以来，水库管理、发电运营等事宜皆由赞比西河管理局（ZRA）负责，工程师们定期监测、评估并保障大坝的安全运行。捷克的奥尔里克坝在运行40年后首次发现了 ASR 的迹象，有部分芯样的残余膨胀超过了容许值，证明混凝土容易受到 ASR 的影响。对于大坝这种重要工程，在长期的运行过程中还是部署了进一步的安全监测。

20世纪90年代我国南方某混凝土坝施工时采用了碱活性骨料+低碱水泥的配合比，存在发生 ASR 的风险。20年后，膨胀变形监测发现大坝出现明显抬升。加速养护条件时，混凝土芯样仍存在较大的残余膨胀。为保证大坝的长期安全运行，加强了对重要部位变形、位移的监测。小浪底水利枢纽工程采用了流纹岩、石英砂岩等具有碱活性的骨料，尽管采取了严控碱含量和掺加粉煤灰的工程抑制措施，但其抑制效果在较短时间内无法做出准确判断，因此进行了砂浆棒长度法、混凝土棱柱体法和现场取芯样的长龄期膨胀监测。按照工程实际配合比制作的试件，6.5年的棱柱体法监测结果表明膨胀率很小。现场钻取的12根混凝土芯样，在不同温度和湿度条件下加速养护，6年龄期的最大膨胀率不超过0.02%。但鉴于 ASR 具有较长潜伏期的特点，管理部门定期进行现场检查，并对混凝土工程进行了长期膨胀变形监测。

7.2 锦屏一级水电站大坝变形监测结果

锦屏一级水电站工程于 2004 年开始前期筹建工作，2006 年 12 月 4 日实现大江截流。2009 年 10 月大坝混凝土开仓浇筑；2012 年 10 月左岸导流洞下闸；2012 年 11 月右岸导流洞下闸，导流底孔过流；2013 年 6 月导流底孔下闸；2013 年 8 月 30 日锦屏一级水电站第一批机组发电，2014 年 7 月全部机组投产发电。水库 2012 年 11 月底开始蓄水，2014 年 8 月 24 日首次蓄至正常蓄水位 1880.00m。截至 2022 年 12 月 31 日，大坝经历 8 次加载过程和 8 次卸载过程。对锦屏一级水电站大坝运行 10 余年的监测资料进行研究分析，可以从另一方面判断 ASR 是否发生和其抑制措施的有效性。

7.2.1 监测布置

锦屏一级水电站工程安全监测对象包括大坝、工程边坡、左岸抗力体基础处理工程、水垫塘二道坝、引水发电系统及泄洪洞等，其中以大坝和左岸坝肩边坡为重点监测对象。监测项目包括巡视检查、环境量监测、变形监测、渗流监测、应力应变与温度监测等。大坝安全监测系统测点运行情况统计见表 7.1。

表 7.1　大坝安全监测系统测点运行情况统计

序号	测点位置	监测项目	测点数量	在测数量	在测完好率
1	大坝	正垂线	40	40	100.00%
2	大坝	倒垂线	13	13	100.00%
3	坝基	引张线	22	22	100.00%
4	大坝	双金属标	10	10	100.00%
5	大坝	石墨杆收敛计	6	6	100.00%
6	大坝	水平位移测点	25	25	100.00%
7	大坝	弦长测线	5	5	100.00%
8	大坝坝顶	GNSS 测点	9	9	100.00%
9	大坝	垂直位移测点	257	257	100.00%
10	坝基	多点位移计	15	15	100.00%
11	大坝	横缝测缝计	556	536	96.40%
12	坝基	坝基测缝计	69	69	100.00%
13	坝基	坝基温度计	10	10	100.00%
14	大坝	永久温度计	401	399	99.50%
15	大坝	辐射温度计	104	102	98.08%
16	大坝	渗压计	106	105	99.06%

续表

序号	测点位置	监测项目	测点数量	在测数量	在测完好率
17	大坝	测压管	136	136	100.00%
18	大坝	水位计	3	3	100.00%
19	大坝	单向应变计	18	18	100.00%
20	大坝	五向应变计组	657	656	99.85%
21	垫座	七向应变计组	57	56	98.25%
22	大坝	九向应变计组	277	275	99.28%
23	大坝	库盘水准测点	12	12	100.00%
24	垫座	差阻式测缝计	26	25	96.15%
25	垫座	振弦式裂缝计	15	12	80.00%
26	垫座	温度计	244	244	100.00%

大坝水平变形监测布置见图 7.1，通过垂线、石墨杆式收敛计、引张线、测量网点构成水平位移监测线，并与坝基岩石深部基点和基准网建立联系。

7.2.2　大坝位移

监测成果表明，拱坝坝体及坝基变形工作性态正常。拱坝受水荷载变化的位移分布基本对称；位移应力变化与水位变化保持同步周期性，两者相关性明显，变化规律正常；主要荷载径向变位与弹性有限元反馈计算成果基本一致，大坝变形量在设计预计值范围以内，拱坝处于弹性工作状态。坝体、坝基时效位移量值小或已经收敛，时效位移增量逐年减小或趋于收敛，无不利变化趋势；大坝渗流总体可控且趋于收敛，渗压值在设计预计值范围内；大坝温度荷载及其影响较小；大坝坝体、坝基及抗力体工作性态处于正常状态。大坝变形情况如下。

7.2.2.1　坝体径向位移

坝体径向位移过程线和加卸载曲线见图 7.2。坝体径向位移，整体以中间坝段为中心，向两岸测值逐渐变小，变形协调，坝体径向变位有一定的不对称性，下部右岸稍大，上部左岸稍大。2020 年水位降至低水位 1811.60m 时，16 号坝段高程 1730.00m 测点变位最大，位移值 27.74mm，卸载过程中拱坝径向整体向上游位移，11 号坝段高程 1885.00m 测点变位最大，位移变化量－40.11mm；2020 年蓄水至正常蓄水位时，11 号坝段高程 1730.00m 测点变位最大，位移值 45.58mm，加载过程中，拱坝径向整体向下游位移，11 号坝段高程 1885.00m 测点变位最大，位移变化量 33.33mm。

坝体径向位移随库水位变化呈周期性变化，径向位移与库水位的相关系数均在 0.9 以上，相关性好。多年高水位和低水位的位移量逐步趋于稳定收敛，加卸载循环位移路径趋于重合，相同水位变幅的位移增量基本一致。

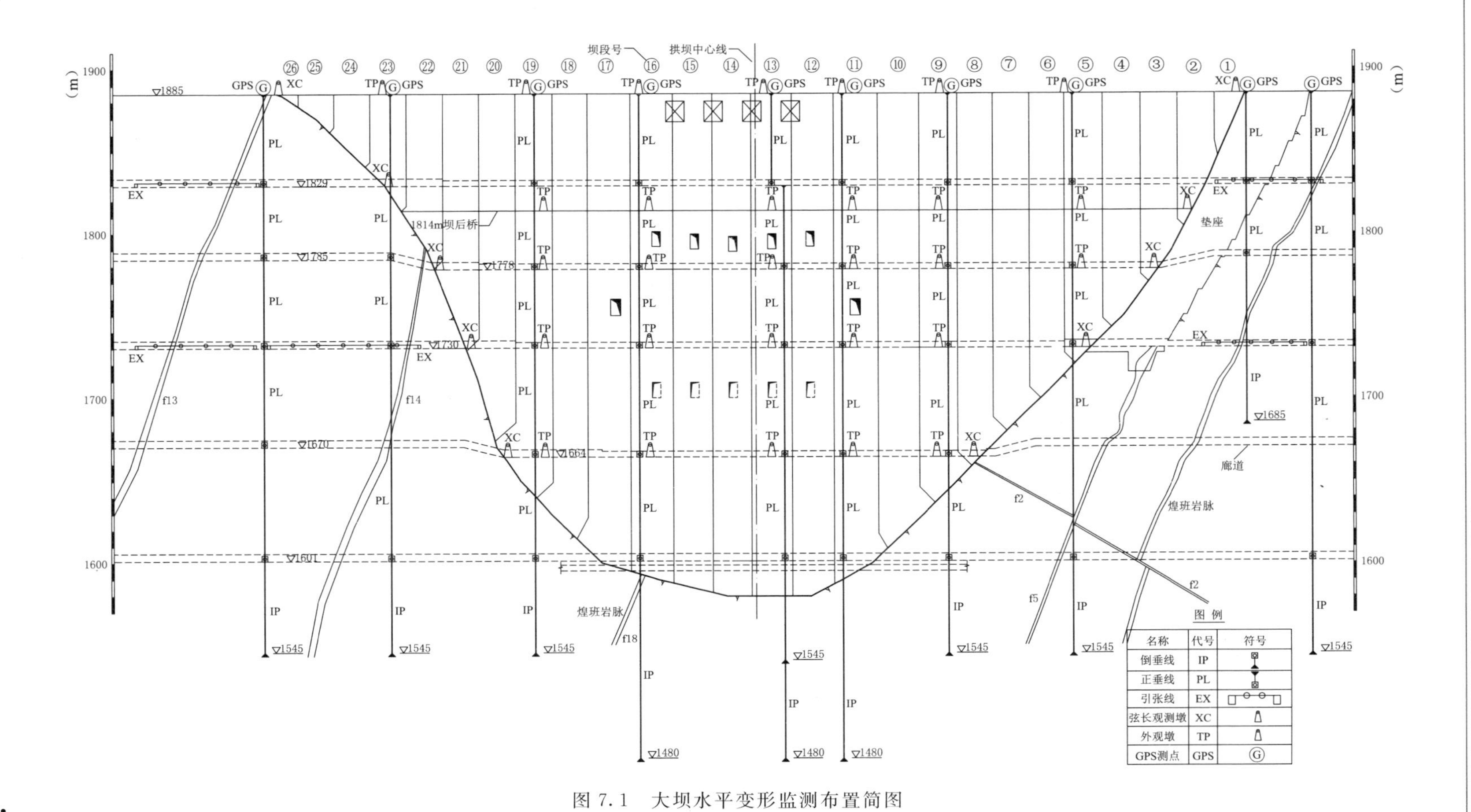

图 7.1 大坝水平变形监测布置简图

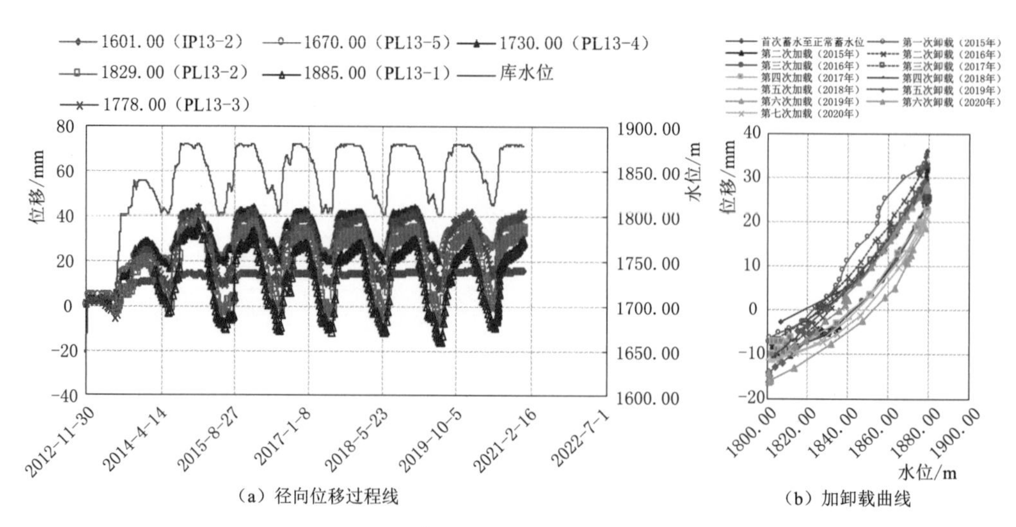

（a）径向位移过程线　　（b）加卸载曲线

图 7.2　13 坝体径向位移过程线和加卸载曲线

7.2.2.2　坝体切向位移

坝体切向位移略显不对称，左岸位移稍大（图 7.3）。2020 年水位降至死水位时，切向位移方向左岸除 11 号坝段外均向右、右岸向左，左岸 9 号坝段高程 1885.00m 测点变位最大，位移值−7.48mm，左岸 11 号坝段高程 1730.00m 测点位移值 8.90mm，右岸 19 号坝段高程 1885.00m 测点变位最大，位移值 4.76mm；卸载过程中，切向位移方向左岸

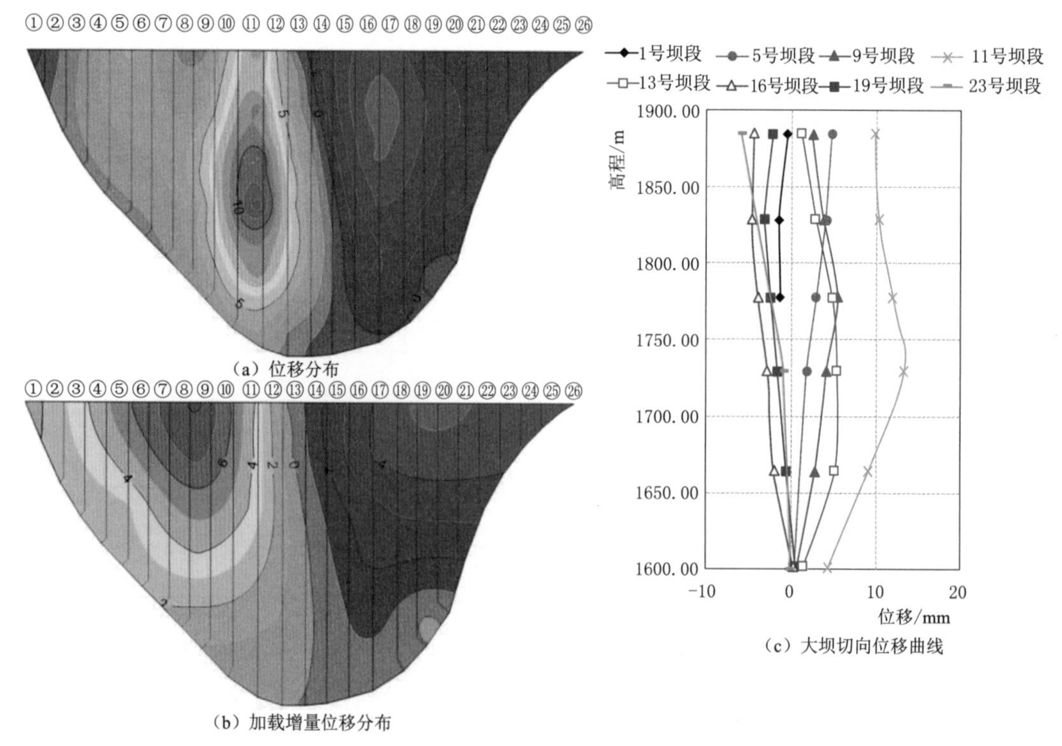

（a）位移分布

（b）加载增量位移分布

（c）大坝切向位移曲线

图 7.3　大坝切向位移（2020 年正常蓄水位）

向右、右岸向左，左岸9号坝段高程1885.00m测点变位最大，位移变化量－10.25mm，右岸19号坝段高程1885.00m测点变位最大，位移值变化量7.23mm。2020年蓄水至正常蓄水位时，切向位移方向左岸向左、右岸向右，左岸11号坝段高程1730.00m测点变位最大，位移值12.60mm，右岸23号坝段高程1885.00m测点变位最大，位移值－5.04mm；加载过程中，切向位移方向左岸向左、右岸向右，左岸9号坝段高程1885.00m测点变位最大，位移变化量8.97mm，右岸19号坝段高程1885.00m测点变位最大，位移值变化量－3.40mm。

坝体切向位移分布规律正常，变形协调，空间连续性较好，但左右岸稍有不对称，左岸位移略大。

7.2.2.3 坝体垂直变位

坝体垂直变位呈现拱冠大、向两岸逐渐减小的特征，各坝段沉降变形协调（图7.4）。自首次达到正常蓄水位以来，各层廊道水准与库水位有良好的相关性，库水位上升，各层廊道测点变位呈回弹趋势，库水位下降，各层廊道测点变位呈沉降趋势。高程1664.00m测点变位最大，历史最大值18.00mm（2017年死水位时），截至2020年最大值16.00mm。2020年死水位时最大值16.10mm，2020年正常蓄水位时最大值13.40mm。

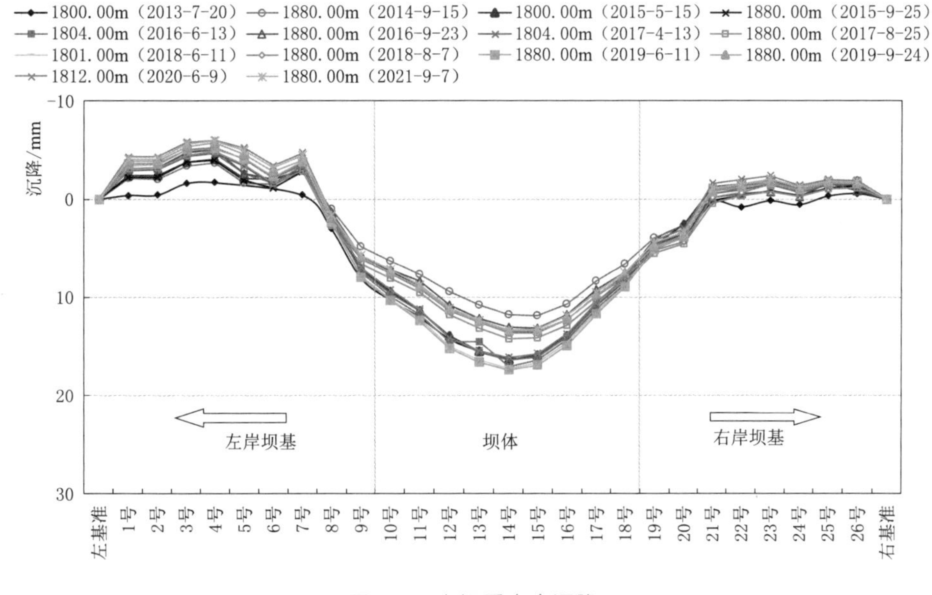

图7.4 大坝垂直向沉降

总体上看，大坝变形与库水位相关性好，水荷载作用和坝体变形之间都具有同步周期性，多年高水位和低水位的位移量逐步趋于稳定收敛，相同水位变幅的位移增量基本一致，采用弹性有限元复核的位移增量值与实测位移值趋于一致，位移分布具有对称性和相对稳定性，大坝变形整体协调性好。按此规律，可以认为大坝处于弹性工作性态，大坝工作正常。

7.2.3　大坝位移分析

7.2.3.1　拱梁分载法分析

坝体（基）变模反馈参数和温度回升的基本组合Ⅰ坝体位移见表 7.2，由表 7.2 可见：正常水位下的坝体径向位移为 4.62cm，位于 9 坝段高程 1750.00m（5 拱 10 梁）比较接近监测值，相差 0.39cm，位置基本重合，计算值略偏于左岸坝段。基础最大径向位移和坝体最大切向位移与监测数据接近。

表 7.2　　考虑坝体坝基变模反馈参数和温度回升的正常水位坝体位移

项　目	部位	测量值		计算值（反馈参数＋温升荷载）		位移差	
		量值/cm	位置	量值/cm	位置	量值/cm	占比
最大径向位移	坝体	4.229	5 拱 11 号坝段	4.62	5 拱 10 号梁	0.39	8%
	基础	1.663	10 拱 16 号坝段	1.57	10 拱 12 号梁	0.09	7%
最大切向位移	坝体	1.339	6 拱 11 号坝段	1.46	6 拱 14 号梁	0.12	10%
	基础	0.436	10 拱 11 号坝段	1.40	6 拱 6 号梁	0.96	70%

7.2.3.2　有限元法分析

选取 1 月和 8 月分别代表的低温、高温高水位拱坝运行工况，分析拱坝受力性态，结果见表 7.3。温度荷载采用大坝温度场的分析成果，即以准稳定状态温度场减去封拱温度得到温度荷载，计入大坝温度回升产生的残余应力。此处计算荷载中未专门考虑左岸边坡变形，但大坝和坝基材料参数采用反馈参数，而反馈分析依据的大坝变形实测数据中，已包含有左岸边坡变形的影响。

表 7.3　　基本荷载工况下的拱坝及建基面位移

部　位		低温高水位（1 月）		高温高水位（8 月）	
		最大位移/cm	部　位	最大位移/cm	部　位
坝体顺河向		4.25	高程 1810.00m 左 1/4 拱附近	4.20	高程 1830.00m 左 1/4 拱附近
坝体横河向	左岸	1.63	高程 1770.00m 左 1/3 拱附近	1.60	高程 1770.00m 左 1/3 拱附近
	右岸	−1.33	高程 1740.00m 左 1/4 拱附近	−1.29	高程 1740.00m 左 1/4 拱附近

注　顺河向位移向下游为正，横河向位移向右为正。

（1）坝体顺河向位移。顺河向位移分布规律正常，坝面中部位移量值较大，向建基面逐渐减小。1 月和 8 月的顺河向位移最大值均位于高程 1800.00m 的 11 号坝段，量值分别为 4.25cm、4.20cm，8 月的顺河向位移最大值与监测最径向位移 4.229cm（5 拱 11 号坝段）非常接近，位置基本重合。

（2）根据锦屏实际径向变形监测资料，大坝时效变形不明显，计算结果（图 7.5～图 7.8）也反映出相同规律，受大坝内部温度、坝肩变形以及徐变等影响，大坝变形会略有变化，但短期内变化不大。

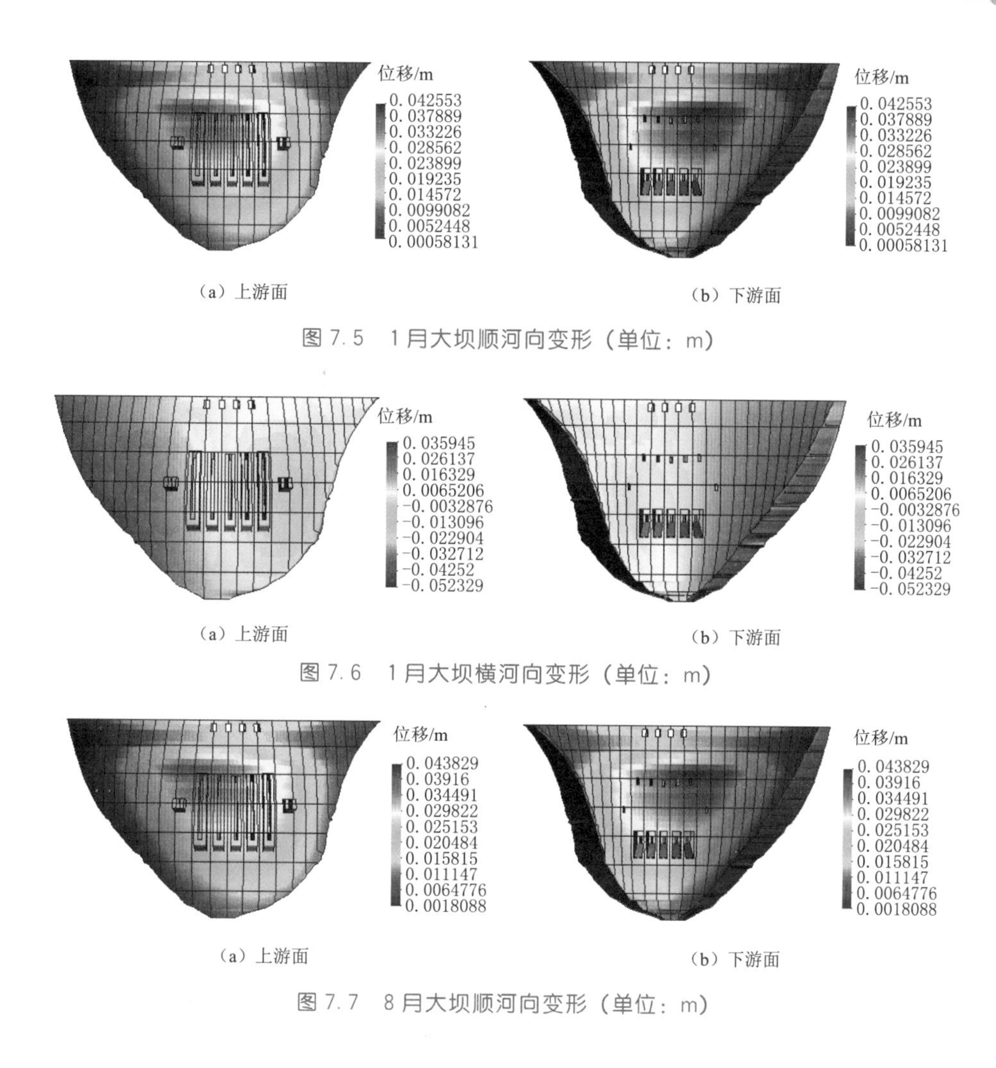

(a) 上游面　　(b) 下游面

图 7.5　1 月大坝顺河向变形（单位：m）

(a) 上游面　　(b) 下游面

图 7.6　1 月大坝横河向变形（单位：m）

(a) 上游面　　(b) 下游面

图 7.7　8 月大坝顺河向变形（单位：m）

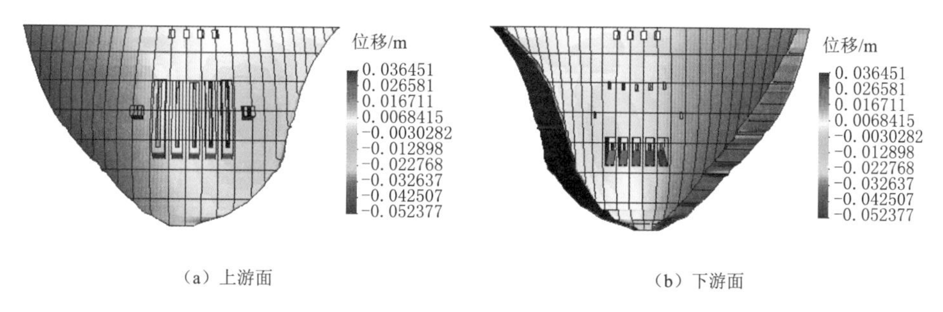

(a) 上游面　　(b) 下游面

图 7.8　8 月大坝横河向变形（单位：m）

7.3　大坝混凝土芯样岩相分析

国内以往进行水工混凝土 ASR 鉴定，仅是采集骨料或芯样，通过岩相分析、膨胀测长等，定性分析是否有ASR发生，至于ASR发生程度、带来的损伤程度、残余反应风险等，均未回答，不能解决使用碱活性骨料后是否安全的问题。对锦屏一级水电站大坝混凝土进行取芯研究。针对混凝土ASR，通过芯样的外观观察可以直观地发现典型的ASR特征，比如观察芯样骨料是否完整，骨料与砂浆胶结程度，骨料一砂浆界面是否存在明显的碱硅反应产物、反应环和裂缝，从宏观的角度对混凝土是否发生ASR做初步判断。若芯样存在ASR反应迹象，还需从微观的角度进一步观察评估ASR反应程度。

芯样至少包含以下4种具有代表性的部位：①高湿廊道混凝土芯样。高湿度（或$RH>80\%$）或与水接触部位的混凝土最易发生ASR，可代表高风险区域；廊道采用的是"砂岩粗骨料+大理岩细骨料"方案，三级配混凝土。②中等湿度廊道混凝土芯样。通风条件一般（或$60\%\leqslant RH\leqslant 80\%$）可以代表典型湿度条件，代表中风险区域；廊道采用的是"砂岩粗骨料+大理岩细骨料"方案，三级配混凝土。③低湿度廊道混凝土芯样。通风条件良好（或$RH<60\%$）可以代表反应风险相对较低的区域或者坝体内部的湿度条件；廊道采用的是"砂岩粗骨料+大理岩细骨料"方案，三级配混凝土。④二道坝典型位置混凝土芯样。全砂岩混凝土，与"砂岩+大理岩"方案进行比较。各部位钻取芯样数量见表7.4。

表7.4　钻芯取样数量

位　置	数量/组	直径/mm	最小长度/mm
高湿廊道	6	200	300
中湿廊道	12	200	160
低湿廊道	6	200	300
二道坝	8	200	300

锦屏一级水电站大坝五个部位钻取ϕ200mm的芯样共32组，混凝土芯样的取样情况及编号见表7.5，取样主要是在廊道的底面垂直往下钻取，钻芯长度不超过500mm。

表7.5　混凝土芯样及编号

二道坝（全砂岩混凝土）			高程1595.00m（高湿度）			高程1730.00m（中湿度）			高程1778.00m（中湿度）			左岸交通洞（低湿度）		
编号	位置	长度/mm	编号	位置	长度/mm	编号	位置	长度/mm	编号	位置	长度/mm	编号	位置	长度/mm
1-1	上①	430	2-1	12-上②	295	3-1	9-上②	280	4-1	9-上①	280	5-1	下①	445
1-2	上③	350	2-2	12-上③	370	3-2	9-下①	280	4-2	9-上②	370	5-2	下③	370
1-3	上⑥	315	2-3	15-下②	415	3-3	11-上①	370	4-3	9-下①	425	5-3	下④	335
1-4	下①	435	2-4	15-下③	320	3-4	11-上④	325	4-4	9-下③	440	5-4	下⑥	375
1-5	下②	375	2-5	15-下④	415	3-5	11-下①	310	4-5	11-上①	250	5-5	下⑦	385
1-6	下③	330	2-6	15-下⑤	275	3-6	11-下②	160	4-6	11-下③	310	5-6	下⑧	330
1-7	下⑤	420												
1-8	下⑥	350												

注　表中数值含义以"12-上②"为例进行说明，12-上②是指12号坝段上游侧第2根。

7.3.1 芯样外观特征观察

对32组芯样进行了外观特征观察，观察混凝土中骨料的完整性、骨料周围界面区裂缝、骨料周围是否存在反应环，按照美国推荐性标准，检测是否存在反应物。代表性芯样外观见图7.9、图7.10。芯样中骨料的最大粒径不超过6cm，部分芯样中含有钢筋，骨料与浆体胶结良好。沿芯样钻取方向，骨料下方不存在水囊，锦屏一级拱坝混凝土芯样ASR缺陷检查结果见表7.6。

表7.6 锦屏一级拱坝混凝土芯样ASR缺陷统计表（外观检查）

芯样编号	骨料中的闭合缝	骨料中的张开缝	骨料中的凝胶裂缝	与浆体脱离的骨料	骨料周围的反应产物	骨料周围的反应环	水泥浆裂缝	水泥浆的凝胶裂缝	凝胶气孔
1-1	—	—	—	—	—	—	—	—	—
1-2	—	—	—	—	—	—	—	—	—
1-3	—	—	—	—	—	—	—	—	—
1-4	—	—	—	—	—	—	—	—	—
1-5	—	—	—	—	—	—	—	—	—
1-6	—	—	—	—	—	—	—	—	—
1-7	—	—	—	—	—	—	—	—	—
1-8	—	—	—	—	—	—	—	—	—
2-1	—	—	—	—	—	—	—	—	—
2-2	—	—	—	—	—	—	—	—	—
2-3	—	—	—	—	—	—	—	—	—
2-4	—	—	—	—	—	—	—	—	—
2-5	—	—	—	—	—	—	—	—	—
2-6	—	—	—	—	—	—	—	—	—
3-1	—	—	—	—	—	—	—	—	—
3-2	—	—	—	—	—	—	—	—	—
3-3	—	—	—	—	—	—	—	—	—
3-4	—	—	—	—	—	—	—	—	—
3-5	—	—	—	—	—	—	—	—	—
3-6	—	—	—	—	—	—	—	—	—
4-1	—	—	—	—	—	—	—	—	—
4-2	—	—	—	—	—	—	—	—	—
4-3	—	—	—	—	—	—	—	—	—
4-4	—	—	—	—	—	—	—	—	—

续表

芯样编号	骨料中的闭合缝	骨料中的张开缝	骨料中的凝胶裂缝	与浆体脱离的骨料	骨料周围的反应产物	骨料周围的反应环	水泥浆裂缝	水泥浆的凝胶裂缝	凝胶气孔
4-5	—	—	—	—	—	—	—	—	—
4-6	—	—	—	—	—	—	—	—	—
5-1	—	—	—	—	—	—	—	—	—
5-2	—	—	—	—	—	—	—	—	—
5-3	—	—	—	—	—	—	—	—	—
5-4	—	—	—	—	—	—	—	—	—
5-5	—	—	—	—	—	—	—	—	—
5-6	—	—	—	—	—	—	—	—	—

注　闭合缝是指缝间无空隙，无法充填其他物质；张开缝是指缝间有空隙，可充填其他物质；凝胶裂缝是指缝间充填了碱硅凝胶；“—”表示无。

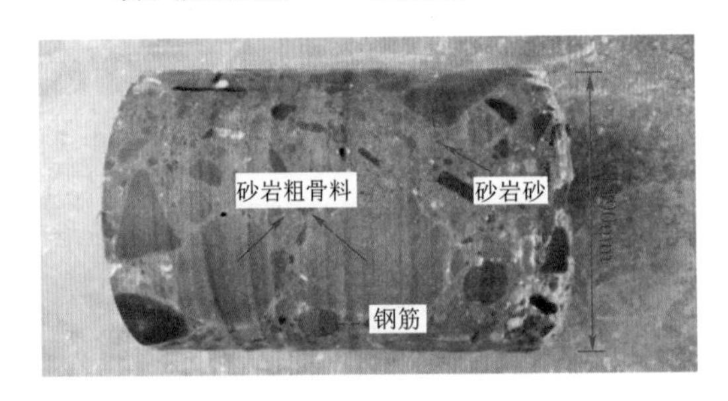

图 7.9　全砂岩芯样外观

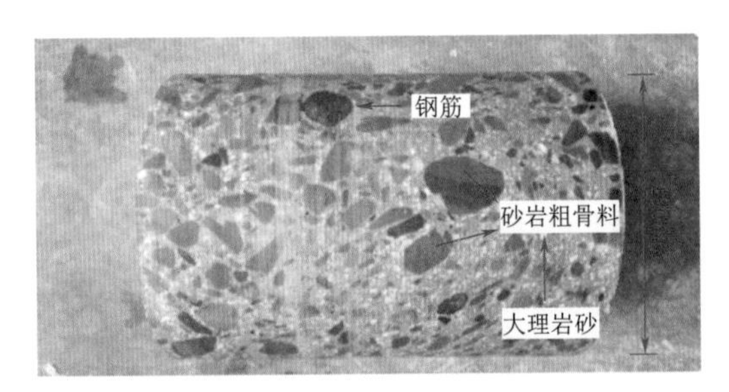

图 7.10　砂岩＋大理岩砂芯样外观

混凝土芯样外观检查结果表明，混凝土中骨料完整，与砂浆胶结紧密，骨料周围界面区未见裂缝，砂岩骨料周围不存在反应环，未见碱硅反应物；混凝土质量良好，所检查的锦屏一级拱坝混凝土芯样均未见 ASR 缺陷。

7.3.2　芯样岩相分析

采用莱卡 Leica DM750 偏光显微镜观察混凝土中骨料活性矿物组成和分布，定量观察和检测芯样内部的无凝胶骨料裂纹、带凝胶骨料裂缝、无凝胶浆体裂纹、带凝胶浆体裂纹、含凝胶孔隙数量，用于综合评价 ASR 风险。每个部位选 5 根芯样，每个芯样选 2 组有代表性骨料与浆体胶结的部位（大约 10mm×20mm）进行磨片观察。表 7.7 为 25 组芯样的岩相分析统计表。代表性芯样显微照片见图 7.11 和图 7.12。岩相分析的结果表明粗骨料原岩是变质细砂岩，含杂基和钙质胶结物。粒状矿物也见有拉长定向的现象，构成片麻状构造，变质细砂岩与混凝土界线截然。二道坝芯样浆体中多数为细砂岩碎屑颗粒，也见有钙质岩石碎屑、长英质矿物单晶及集合体；其余芯样浆体中骨料颗粒主要矿物和岩石颗粒大多为方解石质，有单颗粒、有岩石碎屑，也见有砂岩碎屑。浆体与骨料胶结较好，有约 3%～8%的孔隙，气孔呈浑圆状，基本小于 0.5mm，未见 ASR 凝胶，内部的无凝胶骨料少部分有细小裂纹，浆体少部分有细小裂纹，可能与取样扰动或取样后混凝土干缩有关。锦屏一级拱坝混凝土芯样 ASR 缺陷检查（岩相分析）结果见表 7.8。仅 1 组芯样有骨料中的闭合缝，3 组芯样有水泥浆裂缝；其余缺陷均未见。根据混凝土岩相分析 ASR 风险等级（表 7.9），锦屏一级拱坝混凝土芯样 ASR 风险等级均为低风险。

表 7.7 芯样岩相分析结果汇总表

芯样编号	矿物组成/%		粒状矿物/%					片状矿物/%		孔隙气孔/%
	变质细砂岩	浆体	石英	方解石	斜长石	不透明矿物	长英质矿物	绢云母鳞片状	黑云母	
1-1	60	40	60	30	5	2	0	3	0	3
1-2	65	35	60	27	5	3	0	5	0	3
1-3	70	30	60	25	5	5	0	5	0	5
1-6	60	40	55	30	5	5	0	5	0	5
1-8	70	30	60	25	5	5	0	5	0	2
2-1	65	35	65	20	0	5	0	5	5	5
2-2	70	30	55	25	0	5	0	10	5	6
2-3	65	35	60	25	0	5	0	5	5	4
2-4	60	40	55	20	0	8	0	10	7	8
2-5	60	40	65	15	0	5	8	7	0	6
3-1	80	20	60	20	0	5	0	10	5	5
3-2	66	34	55	25	0	5	10	5	0	5
3-3	80	20	70	15	0	5	0	5	5	3
3-4	65	35	65	20	0	5	0	7	3	4
3-5	75	25	65	20	0	5	0	10	0	4
4-1	70	30	65	20	0	5	0	5	5	5
4-2	80	20	70	15	0	5	0	5	5	4
4-3	65	35	55	25	0	5	0	7	3	6
4-4	67	33	65	20	0	5	0	5	5	5
4-6	60	40	50	25	0	5	0	10	0	7
5-1	60	40	60	20	0	5	10	5	0	7
5-2	70	30	60	25	0	5	0	10	0	4
5-3	80	20	65	20	0	5	0	10	0	6
5-5	75	25	55	20	0	5	10	10	0	7
5-6	65	35	55	25	0	5	10	5	0	5

表 7.8　　芯样 ASR 缺陷统计表（岩相分析）

芯样编号	骨料中的闭合缝	骨料中的张开缝	骨料中的凝胶裂缝	与浆体脱离的骨料	骨料周围的反应产物	骨料周围的反应环	水泥浆裂缝	水泥浆的凝胶裂缝	凝胶气孔
1-1	—	—	—	—	—	—	—	—	—
1-2	—	—	—	—	—	—	—	—	—
1-3	—	—	—	—	—	—	—	—	—
1-6	—	—	—	—	—	—	—	—	—
1-8	—	—	—	—	—	—	—	—	—
2-1	—	—	—	—	—	—	—	—	—
2-2	—	—	—	—	—	—	—	—	—
2-3	—	—	—	—	—	—	—	—	—
2-4	—	—	—	—	—	—	—	—	—
2-5	—	—	—	—	—	—	—	—	—
3-1	10mm 长	—	—	—	—	—	1.5mm 长	—	—
3-2	—	—	—	—	—	—	—	—	—
3-3	—	—	—	—	—	—	3mm 长	—	—
3-4	—	—	—	—	—	—	—	—	—
3-5	—	—	—	—	—	—	—	—	—
4-1	—	—	—	—	—	—	—	—	—
4-2	—	—	—	—	—	—	—	—	—
4-3	—	—	—	—	—	—	2mm 长	—	—
4-4	—	—	—	—	—	—	—	—	—
4-6	—	—	—	—	—	—	—	—	—
5-1	—	—	—	—	—	—	—	—	—
5-2	—	—	—	—	—	—	—	—	—
5-3	—	—	—	—	—	—	—	—	—
5-5	—	—	—	—	—	—	—	—	—
5-6	—	—	—	—	—	—	—	—	—

注　闭合缝是指缝间无空隙，无法充填其他物质；张开缝是指缝间有空隙，可充填其他物质；凝胶裂缝是指缝间充填了碱硅凝胶。“—”表示无。

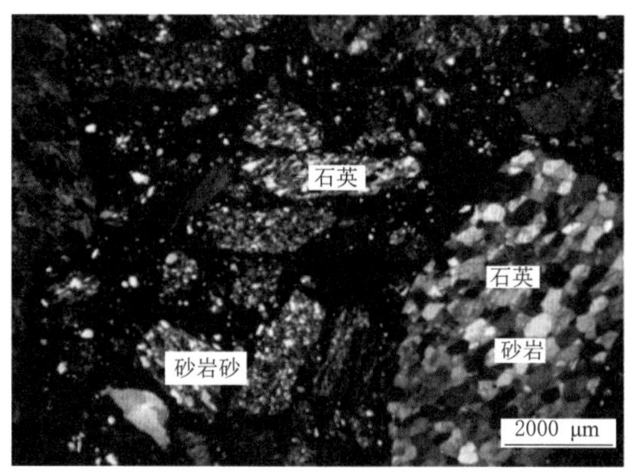

图 7.11　全砂岩芯样显微照片

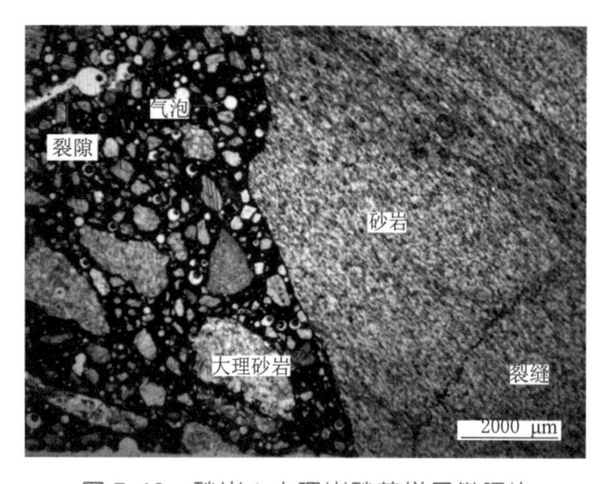

图 7.12　砂岩+大理岩砂芯样显微照片

表 7.9　　混凝土岩相分析 ASR 风险等级（CSA A864—00）

ASR 风险等级	ASR 特征
低	没有潜在的活性岩石（从岩相薄片检查）：没有碱-硅凝胶存在（或只在极少的空隙中），没有（或极少数）反应环，没有（或极少数）膨胀反应部位，在水泥浆体和骨料颗粒内部有非常有限的裂缝。 其他指示性特征很少被发现
中	存在一些符合 ASR 的特征。 潮湿的补丁在芯样表面。 存在潜在的反应性岩石（从岩石学薄片检查）。 在一定数量的骨料颗粒内发生裂纹/微裂纹；一些裂纹可能会扩展水泥浆体中。 碱-硅凝胶存在于相当数量的骨料颗粒裂缝或水泥浆体裂缝、或孔隙内。 活性集料颗粒周围、水泥浆体裂缝或孔洞变黑（“胶凝作用”）。 相当数量的活性骨料颗粒外部有反应环
高	存在大量的 ASR 迹象（如上面所述，但观察到的频率较高），例如： 混凝土内可以明确识别膨胀压力释放和膨胀反应部位。 与活性骨料颗粒有关的裂缝和孔隙中存在 ASR 凝胶，并且很容易用肉眼或低倍率显微镜观察到

7.3.3　芯样损伤等级指数

国内目前没有定量评价 ASR 损伤程度的规范标准。采用加拿大规范“损伤等级指数”进行损伤程度分析。此法是定量分析混凝土发生 ASR 损伤程度的一种方法，通过定量分析混凝土芯样内部微裂纹存在形式和发育程度、凝胶体位置和生成量，采用不同缺陷综合加权评分的方法，判断 ASR 发生导致的损伤程度。

由 Grattan - Bellew 和 Danay（1992）建立的损伤等级指数（DRI）是基于岩相检查确定混凝土内部损伤的基础。它考虑了一些缺陷，例如骨料和水泥浆中的反应产物的丰度和分布以及内部微裂纹的程度。使用立体显微镜以 16 倍的放大倍数对混凝土的抛光部分进行观察。每个部分都以 $1cm\times1cm^2$ 的单位进行标记，并且建议的放大倍率允许一次观察一个 $1cm^2$ 的单位。根据其对 ASR 造成的总体损坏的假定贡献，将权重因子分配给观察到的每个缺陷（表 7.10）。缺陷的加权总和被归一化为 100 cm^2 的表面积，获得的数量称为 DRI。

表 7.10　　DRI 法中考虑的缺陷及权重因子

缺　陷	权重因子	
	参照 Grattan - Bellew 和 Danay（1992）	根据 Grattan - Bellew 做的修改（本书）
骨料中的闭合缝	0.25	0.75
骨料中的张开缝	0.25	4
骨料中的凝胶裂缝	2	2
与浆体脱离的骨料	3	3
骨料周围的反应环	0.5	0.5
水泥浆裂缝	2	2
水泥浆的凝胶裂缝	4	4
凝胶气孔	0.5	0.5

DRI 方法通常在相对较小的混凝土试样（直径为 100mm 的芯样）上进行，要获得有代表性的结果，通常需要观察同一混凝土的多个部分。Rivard et al.（2000）在将该方法应用于掺有具有不同反应机理的反应性骨料的两种混凝土混合物（Spratt 石灰石和波茨坦砂岩）之后（2000 年），得出的结论是随着 ASR 扩展的增加，大多数单个缺陷的丰度和总 DRI 值会定期增加。在一个部位选取 5 组岩芯，对骨料和浆体进行岩相分析。每个岩芯观察一个 1cm^2 的单位。根据其对 ASR 造成的总体损坏的假定贡献，将加权因子分配给观察到的每个缺陷（表 7.11）。缺陷的加权总和被归一化为 100 cm^2 的表面积，获得的数量为 DRI。

锦屏一级拱坝混凝土损伤等级指数都远小于 100，混凝土棱柱体法膨胀率大于 0.04% 的损伤等级指数一般都大于 100，结果说明锦屏一级拱坝混凝土质量良好，没有产生危害性的 ASR。

表 7.11　　锦屏一级拱坝混凝土损伤等级指数（DRI）

缺　陷	二道坝	高程 1595.00m	高程 1730.00m	高程 1778.00m	1829.00m -左岸交通洞
骨料中的闭合缝	0	0	7.5	0	0
骨料中的张开缝	0	0	0	0	0
骨料中的凝胶裂缝	0	0	0	0	0
与浆体脱离的骨料	0	0	0	0	0
骨料周围的反应环	0	0	0	0	0
水泥浆裂缝	0	0	40	20	0
水泥浆的凝胶裂缝	0	0	0	0	0
凝胶气孔	0	0	0	0	0
DRI（合计）	0	0	47.5	20	0

7.4　大坝混凝土芯样微观分析

7.4.1　砂岩微观分析

将5g粒径为5～10mm的原岩砂岩浸泡于100ml浓度分别为1mol/L、0.1mol/L、0.01mol/L的NaOH溶液中，理论pH值分别是14、13、12，实测的pH值分别是13.72、12.90、12.01，然后分别在80℃、60℃、50℃、38℃养护，将经碱溶液浸泡后的砂岩骨料和原岩进行了SEM试验，观察骨料表面微观结构及发生碱活性反应的骨料界面的特征反应产物，并对其进行EDS化学成分分析。

图7.13是溶液pH＝14、养护温度为80℃各龄期下的骨料表面微观形貌。图7.13（a）为未浸泡碱溶液的砂岩骨料，骨料表面结构致密、节理清晰；开始浸泡碱溶液后，骨料表面有小贝壳状、棉絮状等松软物质萌生，分布均匀，随着浸泡龄期的增加，絮状物质逐渐增多，见图7.13(b)～(d)。对絮状物进行化学成分分析（见图7.15、表7.12），絮状反应产物化学成分以SiO_2为主，对比未浸泡碱溶液的骨料，反应产物中Na_2O含量较高，经浸泡后砂岩骨料中的活性成分与碱发生了碱－硅酸反应（ASR），且随着反应龄期的增加，砂岩表面的反应产物明显增多。观察56d和91d龄期的骨料表面，见图7.13(e)～(f)，有明显的孔洞存在，且长龄期的孔洞较大，分析是碱硅反应产物溶解于碱溶液后留下的孔洞。91d龄期的骨料表面还观察到了多条明显的裂纹，可能是骨料内部也发生了碱硅反应，反应产物凝胶吸水膨胀造成了骨料破坏。

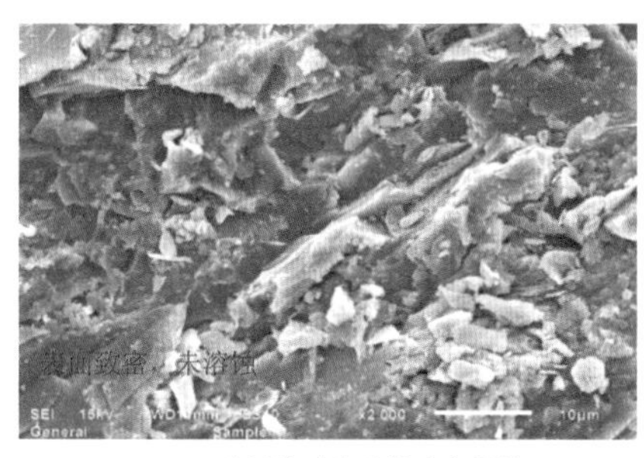

（a）未浸泡碱溶液的砂岩骨料

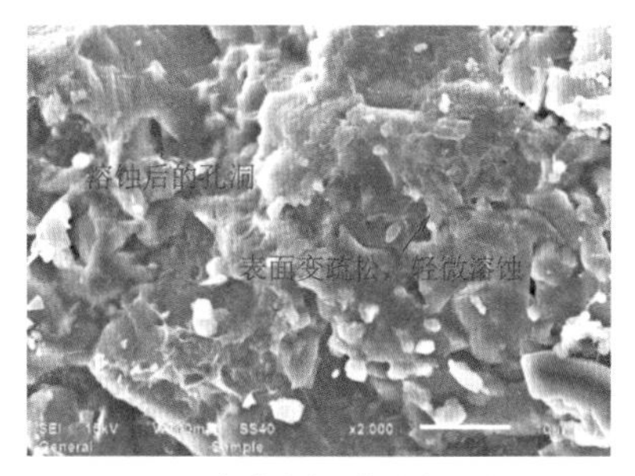

（b）浸泡碱溶液3d的砂岩骨料

（c）浸泡碱溶液14d的砂岩骨料

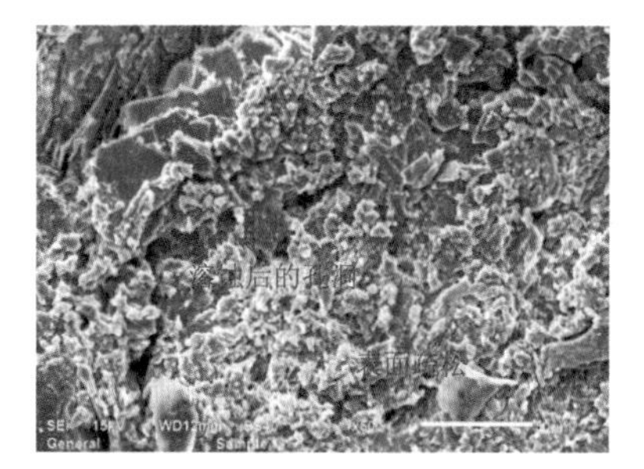

（d）浸泡碱溶液28d的砂岩骨料

图7.13（一）　pH＝14、80℃养护温度下骨料表面SEM微观形貌

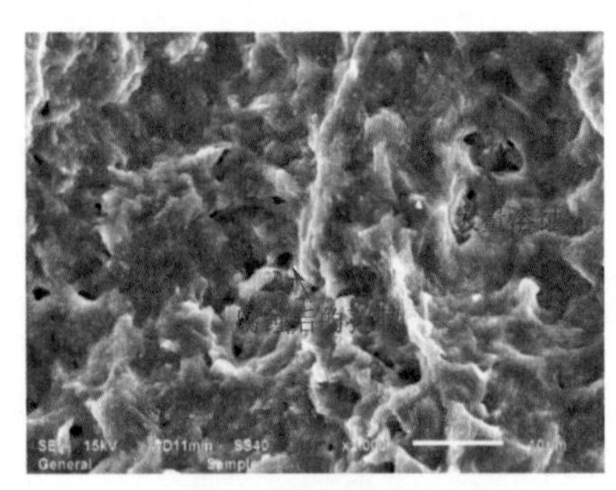

（e）浸泡碱溶液56d的砂岩骨料

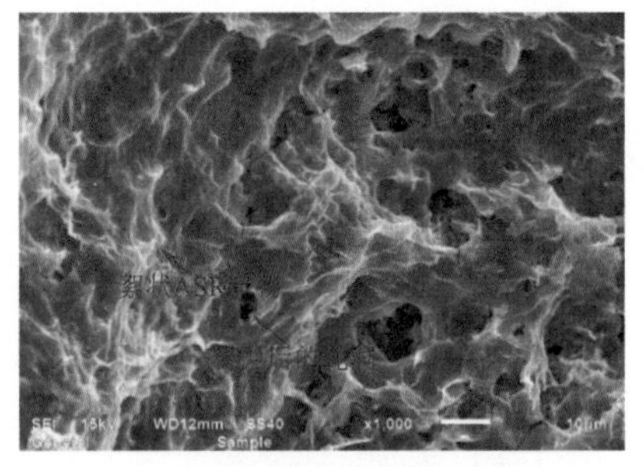

（f）浸泡碱溶液91d的砂岩骨料

图 7.13（二）　pH＝14、80℃养护温度下骨料表面 SEM 微观形貌

另外，对比图 7.13（a）与图 7.13（b），可以发现 3d 龄期砂岩骨料表面与砂岩原岩相仿，没有发现大量絮状物或侵蚀孔洞，证明 3d 龄期的骨料还未发生 ASR，从 7d 龄期开始骨料表面已经出现溶蚀的孔洞和大量絮状物。将砂岩骨料反应产物表面微观形貌分析结果与其在相应的碱溶液 SiO_2 溶出量进行对比分析，可以将 SiO_2 溶出量确定为砂岩骨料能否发生 ASR 的限值判断依据。

图 7.14 是浸泡碱溶液 91d 的砂岩骨料表面 SEM 微观形貌，代表了不同 ASR 反应程度。可以看出，随着 pH 值和养护温度的提高，骨料表面的微观形貌发生了明显的变化。在低 pH 值、较低温度下，骨料表面的形貌与未浸泡碱溶液的砂岩骨料［相仿图 7.13（a）］，表

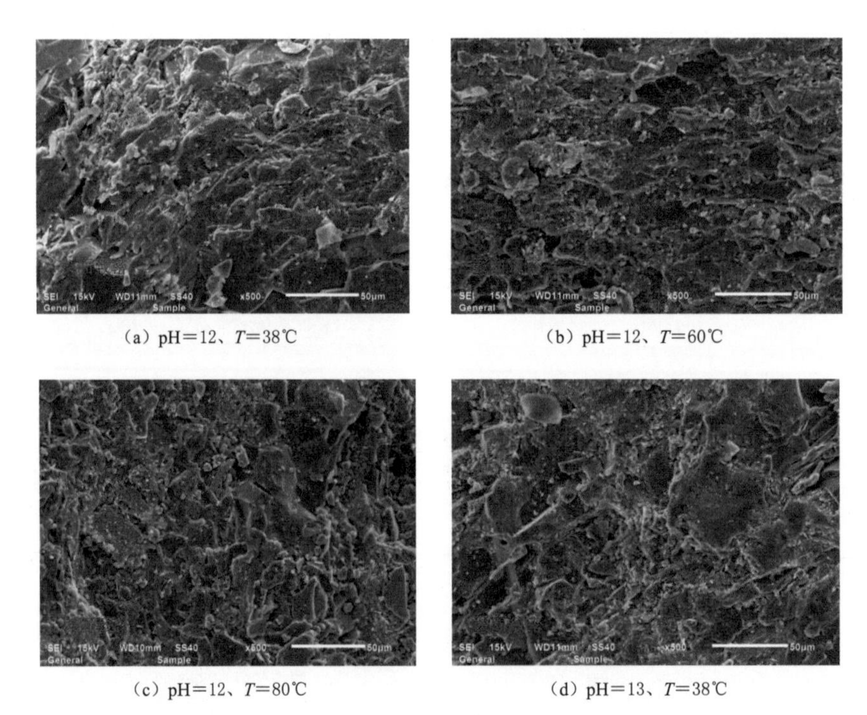

（a）pH＝12、T＝38℃　（b）pH＝12、T＝60℃

（c）pH＝12、T＝80℃　（d）pH＝13、T＝38℃

图 7.14（一）　91d 龄期骨料表面 SEM 微观形貌

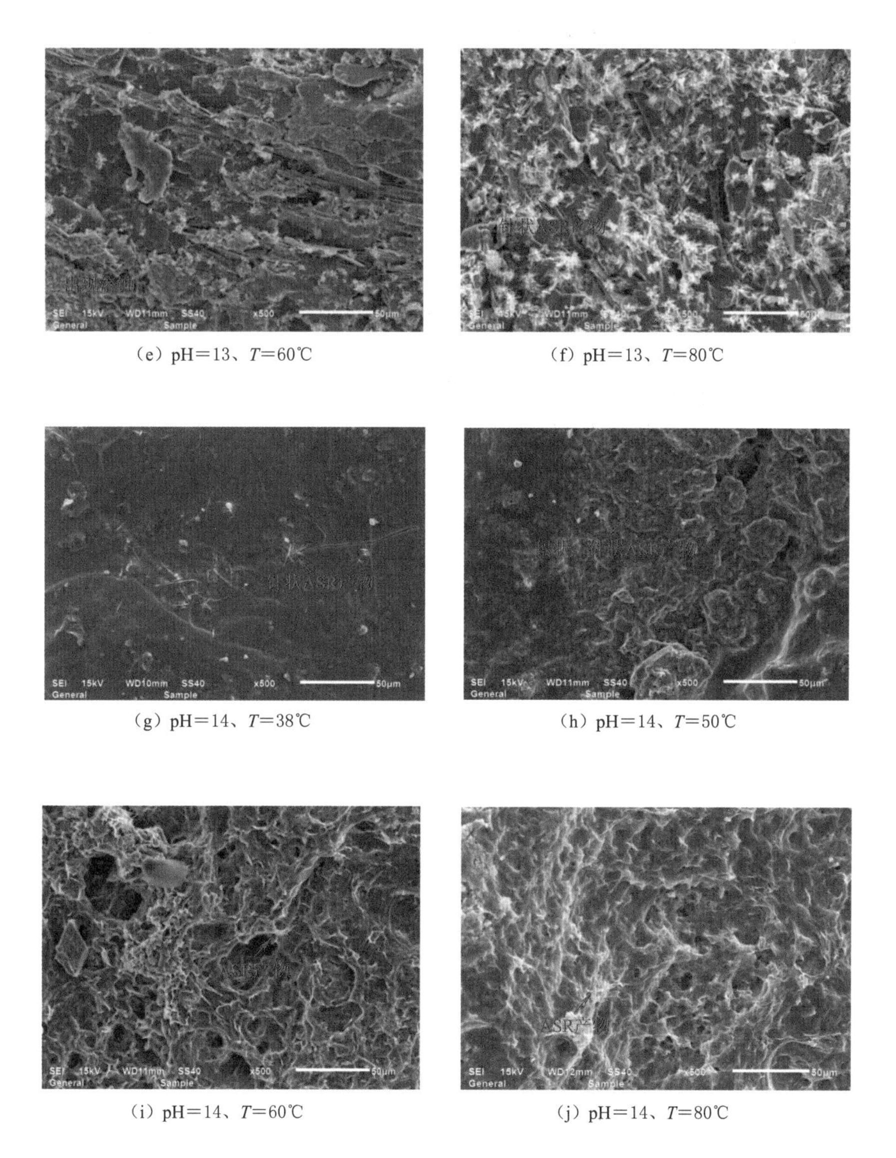

（e）pH=13、T=60℃

（f）pH=13、T=80℃

（g）pH=14、T=38℃

（h）pH=14、T=50℃

（i）pH=14、T=60℃

（j）pH=14、T=80℃

图 7.14（二） 91d 龄期骨料表面 SEM 微观形貌

面结构致密、节理清晰，有少量白点絮状物，见图 7.14（a）～（d）。即低 pH 值和低温的条件下，不足以使砂岩骨料发生 ASR。当在较高 pH 值和较高温度的养护条件下，可以看到骨料表面出现了网状和针状的反应产物，见图 7.14（e）～（h）。对骨料表面反应产物进行 EDS 化学分析（图 7.15、表 7.12），可知反应产物中的 Na_2O 含量较高，即反应生成了碱硅凝胶反应产物，浸泡碱溶液 91d 的砂岩骨料 ASR 反应产物的硅碱比（SiO_2/Na_2O）在 3～6 之间。当溶液 pH=14、养护温度在 60℃、80℃时，骨料表面可见大量孔洞，推测为反应产物在高温情况下溶解于 NaOH 溶液中，留下了溶蚀后的骨料孔洞，见图 7.14（i）、（j）。

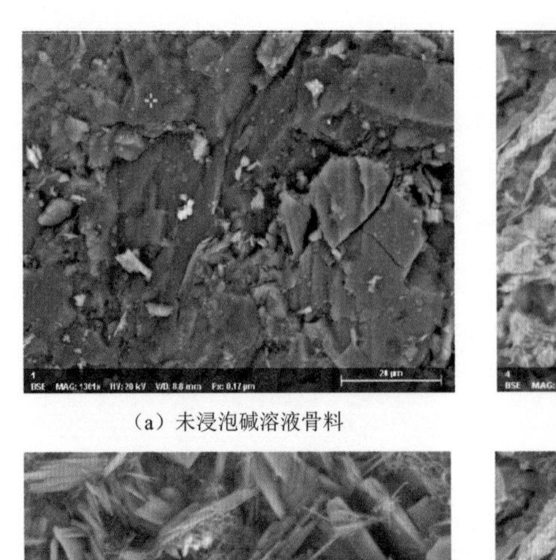

（a）未浸泡碱溶液骨料

（b）pH=14、T=80℃、91d龄期

（c）pH=13、T=80℃、91d龄期

（d）pH=14、T=80℃、91d龄期

图 7.15　骨料表面 ASR 反应产物

表 7.12　　骨料表面 ASR 反应产物 EDS 化学成分分析（%）

产物形貌	SiO_2	CaO	Na_2O	Al_2O_3	K_2O	FeO	MgO	TiO_2
原岩	75.79	15.63	1.93	4.08	0	1.55	1.03	0
絮状	68.68	11.29	11.18	5.02	2.84	0.99	0	0
网状	65.03	9.13	21.47	1.38	0	0	0	0
针状	55.52	10.88	15.99	11.13	2.1	1.51	0	2.87

7.4.2　芯样微观分析

对混凝土芯样试件表面镀金，采用日本电子 JSM－6610 扫描电镜（SEM）进行观测。观测骨料与浆体的胶结及裂缝、骨料界面区是否有反应物形成、反应物形貌特征和分布特点（见表 7.13）。混凝土芯样试件采用 EDS 能谱分析骨料周边水泥浆体界面产物化学组成。EDS 测试的结果见表 7.14。测试结果表明：

（1）锦屏一级拱坝混凝土芯样中骨料与胶凝材料胶结较好，骨料表面致密完整，界面处有大量块状水泥凝胶，骨料与胶凝材料的界面看不到骨料的腐蚀现象，骨料与浆体界面区未见碱硅反应产物。也未见碱硅凝胶。

（2）从锦屏一级拱坝混凝土芯样中骨料与浆体界面 EDS 试验结果可以看出，骨料周边反应产物（以氧化物计）以 CaO、SiO_2 为主，Fe_2O_3、Al_2O_3 次之，还有少量 MgO、Na_2O 和 K_2O，和水泥水化产物成分相似，碱硅反应产物中 Na_2O、K_2O 含量一般较高，大坝混凝土芯样 EDS 试验结果中 Na_2O 和 K_2O 含量偏低，说明没有产生碱硅凝胶，和扫描电镜的结果较一致。

表 7.13　　锦屏一级拱坝混凝土芯样 ASR 缺陷统计表（微观分析）

芯样编号	骨料中的闭合缝	骨料中的张开缝	骨料中的凝胶裂缝	与浆体脱离的骨料	骨料周围的反应产物	骨料周围的反应环	水泥浆裂缝	水泥浆的凝胶裂缝	凝胶气孔
1-2	—	—	—	—	—	—	—	—	—
1-6	—	—	—	—	—	—	—	—	—
1-8	—	—	—	—	—	—	—	—	—
2-2	—	—	—	—	—	—	—	—	—
2-3	—	—	—	—	—	—	—	—	—
2-4	—	—	—	—	—	—	—	—	—
3-3	—	—	—	—	—	—	—	—	—
3-4	—	—	—	—	—	—	—	—	—
3-5	—	—	—	—	—	—	—	—	—
4-2	—	—	—	—	—	—	—	—	—
4-3	—	—	—	—	—	—	—	—	—
4-6	—	—	—	—	—	—	—	—	—
5-1	—	—	—	—	—	—	—	—	—
5-3	—	—	—	—	—	—	—	—	—
5-5	—	—	—	—	—	—	—	—	—

注　闭合缝是指缝间无空隙，无法充填其他物质；张开缝是指缝间有空隙，可充填其他物质；凝胶裂缝是指缝间充填了碱硅凝胶，“—”表示无。

表 7.14　　芯样骨料与浆体界面 EDS 分析结果（%）

芯样编号	CaO	SiO_2	Al_2O_3	FeO	MgO	K_2O	Na_2O	SO_3	MnO	TiO_2
1-2	77.07	14.16	5.54	2.89	0.00		0.00		0.34	
1-6	48.97	30.84	9.71	3.16	1.96	3.37	1.99			
1-8	34.76	48.46	5.46	5.90	2.76	1.42	1.25			
2-2	69.11	15.44	4.68	3.51	3.86	2.21	1.20			
2-3	69.16	16.08	4.73	2.81	2.92	2.87	1.43			
2-4	60.65	18.28	8.88	3.91	2.73	3.49	1.18			0.87
3-3	70.57	18.83	6.30	2.71	1.11	0.49				
3-4	67.41	16.58	5.78	5.56	2.68	1.09	0.00	0.47		0.43
3-5	58.88	20.77	11.58	3.85	1.37	0.36	0.89	0.39		1.91
4-2	62.68	17.24	9.45	3.93	1.84	2.14	1.33			1.40
4-3	51.79	30.00	5.59	4.11	2.65	4.21	1.64			

续表

芯样编号	CaO	SiO_2	Al_2O_3	FeO	MgO	K_2O	Na_2O	SO_3	MnO	TiO_2
4-6	61.66	19.49	6.71	4.61	1.57	3.39	1.33			1.25
5-1	44.60	26.79	10.82	7.86	4.48	3.58	1.52	0.35		
5-3	58.76	23.71	6.12	3.50	3.24	3.21	1.45			
5-5	51.60	23.21	7.73	8.01	3.95	3.38	1.54			0.58

7.5　大坝混凝土孔溶液的 pH 值和碱含量

7.5.1　水泥净浆和砂浆的 pH 值和碱含量

为了解水泥水化早期孔溶液的情况，采用嘉华中热 42.5 水泥（碱含量 0.58%）、宣威Ⅰ级粉煤灰、灰岩砂成型了 8 组试件，碱含量分别为 0.58%、1.25%、2.00%（外加 NaOH），试件大小为 150mm×150mm×150mm 和 ϕ50mm×30mm，配合比见表 7.15。成型养护 3d 后，在 150mm×150mm×150mm 试件上分别钻取 ϕ10mm 和 ϕ20mm 的孔，孔深 100mm，注满去离子水，20℃下保湿养护，养护 3d、7d、14d、28d 后取 1ml 的孔溶液（取完后补 1ml 离子水），采用化学分析测试孔溶液碱含量、孔隙液 pH 值，结果见表 7.16～表 7.21 和图 7.16。成型养护 3d、7d、14d、28d 后，将 ϕ50mm×30mm 取一小块敲碎，粉碎碾磨通过 0.08mm 筛子，取 5g 克粉末浸泡于 50mL 去离子水中 48h，取溶液的清液测试浆体的可溶性碱含量。养护 3d 粉碎碾磨粉末取 2g 克恒重后（砂浆采用的灰岩砂通过测烧失量计算予以扣除，得到浆体的量）测总碱量，结果见表 7.22 和图 7.17。

表 7.15　　净浆和砂浆试验配合比

编号	水泥/kg	粉煤灰/kg	水/L	骨料/kg	碱含量/%
JPK-1	8	0	2.4	-	0.58
JPK-2	8	0	2.4	—	1.25
JPK-3	8	0	2.4	—	2.00
JPK-4	6.4	1.6	2.4	—	2.00
JPK-5	3	0	1.2	6	0.58
JPK-6	3	0	1.2	6	1.25
JPK-7	3	0	1.2	6	2.00
JPK-8	2.4	0.60	1.2	6	2.00

表 7.16　　孔径 10mm 注水 7d 后孔溶液的 pH 值和碱含量

编　号	pH	K^+含量/(mmol/L)	Na^+含量/(mmol/L)	碱含量/(mmol/L)
JPK-1	13.20	42.77	33.23	75.99
JPK-2	13.29	44.04	117.74	161.78
JPK-3	13.65	43.83	211.29	255.12

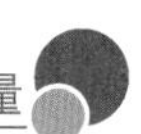

续表

编　号	pH	K^+ 含量/(mmol/L)	Na^+ 含量/(mmol/L)	碱含量/(mmol/L)
JPK-4	13.58	42.77	181.29	224.06
JPK-5	13.06	28.94	26.45	55.39
JPK-6	13.18	28.72	53.23	81.95
JPK-7	13.31	28.09	108.71	136.79
JPK-8	13.28	27.23	105.48	132.72

表 7.17　　孔径 10mm 注水 14d 后孔溶液的 pH 值和碱含量

编　号	pH	K^+ 含量/(mmol/L)	Na^+ 含量/(mmol/L)	碱含量/(mmol/L)
JPK-1	13.25	43.62	34.52	78.13
JPK-2	13.34	44.89	120.65	165.54
JPK-3	13.68	45.96	216.13	262.09
JPK-4	13.6	43.19	185.48	228.68
JPK-5	13.13	29.79	28.39	58.17
JPK-6	13.22	29.57	54.84	84.41
JPK-7	13.36	28.72	111.94	140.66
JPK-8	13.32	28.09	108.06	136.15

表 7.18　　孔径 10mm 注水 28d 后孔溶液的 pH 值和碱含量

编　号	pH	K^+ 含量/(mmol/L)	Na^+ 含量/(mmol/L)	碱含量/(mmol/L)
JPK-1	13.28	44.92	36.58	81.50
JPK-2	13.35	45.75	122.14	167.89
JPK-3	13.63	46.24	218.22	264.46
JPK-4	13.6	43.78	187.24	231.02
JPK-5	13.12	29.89	29.95	59.84
JPK-6	13.2	29.97	57.14	87.11
JPK-7	13.41	29.42	114.02	143.44
JPK-8	13.33	28.29	109.56	137.85

表 7.19　　孔径 20mm 注水 7d 后孔溶液的 pH 值和碱含量

编　号	pH	K^+ 含量/(mmol/L)	Na^+ 含量/(mmol/L)	碱含量/(mmol/L)
JPK-1	13.02	33.19	27.10	60.29
JPK-2	13.22	35.11	67.42	102.53
JPK-3	13.37	34.89	131.29	166.18
JPK-4	13.29	30.64	130.32	160.96
JPK-5	12.73	19.57	18.71	38.28
JPK-6	12.98	20.43	46.45	66.88

续表

编　号	pH	K^+含量/(mmol/L)	Na^+含量/(mmol/L)	碱含量/(mmol/L)
JPK-7	13.19	19.57	99.35	118.93
JPK-8	13.16	17.87	100.00	117.87

表7.20　　孔径20mm注水14d后孔溶液的pH值和碱含量

编　号	pH	K^+含量/(mmol/L)	Na^+含量/(mmol/L)	碱含量/(mmol/L)
JPK-1	13.09	37.45	28.71	66.16
JPK-2	13.26	38.30	77.74	116.04
JPK-3	13.39	37.23	147.42	184.65
JPK-4	13.36	36.38	143.55	179.93
JPK-5	12.88	26.17	21.29	47.46
JPK-6	13.14	27.02	52.58	79.60
JPK-7	13.22	26.17	99.35	125.53
JPK-8	13.17	25.32	100.00	125.32

表7.21　　孔径20mm注水28d后孔溶液的pH值和碱含量

编　号	pH	K^+含量/(mmol/L)	Na^+含量/(mmol/L)	碱含量/(mmol/L)
JPK-1	13.07	37.35	28.82	66.27
JPK-2	13.30	38.5	77.94	116.44
JPK-3	13.41	37.33	147.54	184.87
JPK-4	13.38	36.34	143.51	179.85
JPK-5	12.92	26.14	21.53	47.67
JPK-6	13.11	27.06	52.84	79.90
JPK-7	13.27	26.21	99.68	125.89
JPK-8	13.20	25.41	100.12	125.53

表7.22　　浆体的碱含量

编　号	浆体			成型3d浆体			成型7d浆体		
	K_2O含量/%	Na_2O含量/%	碱含量/%	可溶性K_2O含量/%	可溶性Na_2O含量/%	可溶性碱含量/%	可溶性K_2O含量/%	可溶性Na_2O含量/%	可溶性碱含量/%
JPK-1	0.49	0.28	0.60	0.21	0.12	0.26	0.21	0.12	0.26
JPK-2	0.51	0.84	1.18	0.20	0.47	0.60	0.20	0.42	0.55
JPK-3	0.51	1.47	1.80	0.21	0.79	0.93	0.21	0.76	0.90
JPK-4	0.50	1.40	1.73	0.21	0.77	0.91	0.20	0.72	0.86
JPK-5	0.38	0.24	0.49	0.18	0.13	0.25	0.19	0.13	0.25
JPK-6	0.38	0.91	1.16	0.18	0.53	0.65	0.18	0.43	0.54

续表

编号	浆体			成型 3d 浆体			成型 7d 浆体		
	K_2O 含量/%	Na_2O 含量/%	碱含量/%	可溶性 K_2O 含量/%	可溶性 Na_2O 含量/%	可溶性碱含量/%	可溶性 K_2O 含量/%	可溶性 Na_2O 含量/%	可溶性碱含量/%
JPK-7	0.41	1.33	1.60	0.18	1.00	1.12	0.19	0.95	1.07
JPK-8	0.41	1.36	1.64	0.16	0.95	1.06	0.18	0.83	0.95

编号	成型 14d 浆体			成型 28d 浆体					
	可溶性 K_2O 含量/%	可溶性 Na_2O 含量/%	可溶性碱含量/%	可溶性 K_2O 含量/%	可溶性 Na_2O 含量/%	可溶性碱含量/%			
JPK-1	0.21	0.11	0.25	0.21	0.12	0.26			
JPK-2	0.20	0.40	0.53	0.20	0.39	0.52			
JPK-3	0.20	0.73	0.86	0.20	0.71	0.84			
JPK-4	0.20	0.70	0.83	0.20	0.68	0.81			
JPK-5	0.18	0.12	0.24	0.18	0.12	0.24			
JPK-6	0.18	0.47	0.59	0.18	0.46	0.58			
JPK-7	0.19	0.92	1.05	0.19	0.89	1.02			
JPK-8	0.16	0.83	0.94	0.15	0.80	0.92			

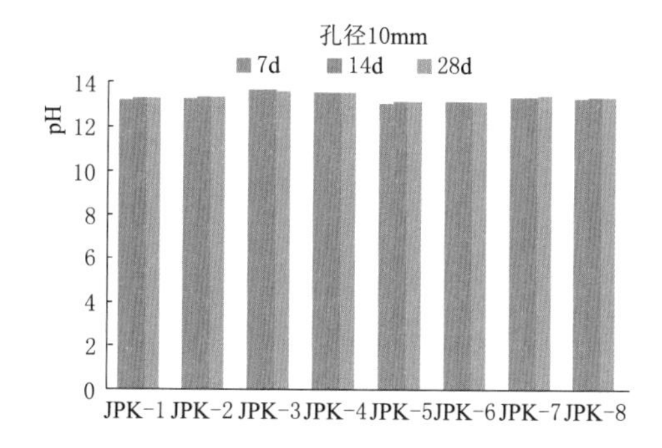

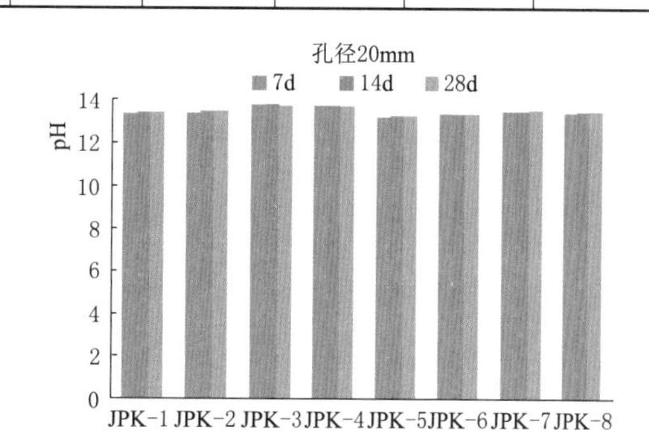

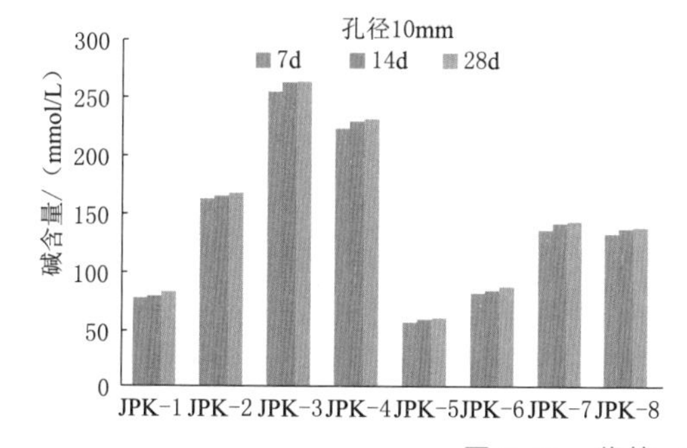

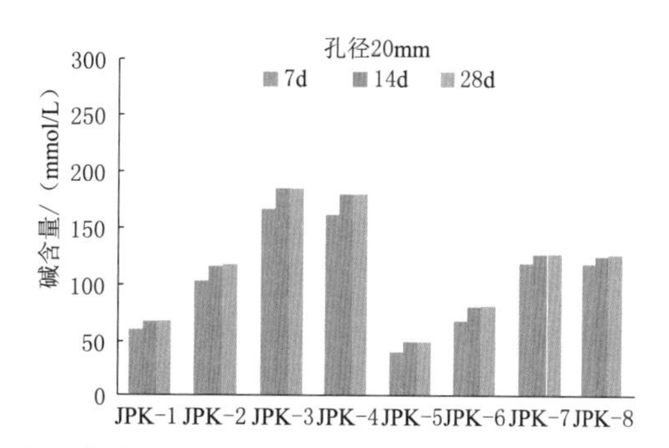

图 7.16 浆体 pH 及孔溶液碱含量

从试验结果可以看出：

(1) 孔径变大，相同龄期条件下，孔溶液中 pH、碱含量变小。

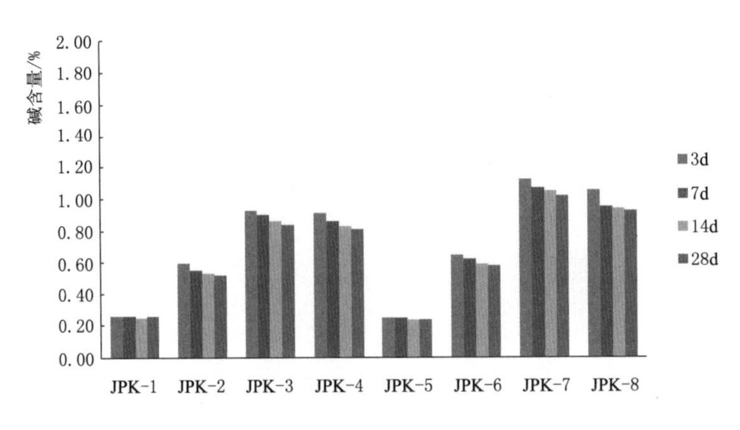

图 7.17　浆体的可溶性碱含量

(2) 孔径相同，相同龄期条件下，净浆孔溶液中 pH 略高于砂浆孔溶液中 pH；净浆孔溶液中碱含量高于砂浆孔溶液中碱含量；扣除水灰比的影响（净浆水胶比 0.3，砂浆水胶比 0.4），净浆孔溶液中 pH 和砂浆孔溶液中 pH 大致相同。

(3) ϕ10mm 孔注水 7d 孔溶液、14d 孔溶液和 28d 孔溶液中 pH 差别很小，碱含量仍在增长。

(4) ϕ20mm 孔注水 7d 孔溶液、14d 孔溶液和 28d 孔溶液中 pH 差别很小，孔溶液碱含量仍在增长。

(5) 砂浆浆体的可溶性碱溶出率比净浆要高，砂浆浆体的可溶性碱溶出率最大可达 64%。随着龄期的增长，浆体的可溶性碱溶出略有下降。

7.5.2　混凝土芯样孔溶液的 pH 值和碱含量

碱金属离子是发生 ASR 的必要条件之一，通常将采用碱活性骨料的混凝土的总碱量控制在 3.0kg/m^3 以内。但并不是所有的碱都会参与 ASR，只有混凝土水化一定龄期后存在于孔溶液中的碱金属离子才会参与 ASR，称之为有效碱。对芯样孔溶液中可溶碱含量的检测，可以评估混凝土是否有足够的碱来维持 ASR 的进行（沈家万，2015）。Nixon（1986）的研究表明，混凝土孔溶液的碱金属离子浓度大于 250mmol/L 时，ASR 才能持续进行。关于混凝土孔溶液有效碱的临界值的确认尚不统一，此阈值可能与骨料活性的大小有关。

选取 9 组混凝土芯样，在芯样上分别钻取 ϕ10mm 和 ϕ50mm 的孔，孔深 100mm，注满去离子水，20℃下保湿养护，到龄期取 1ml 的孔溶液（取完后补 1ml 离子水），采用化学分析测试混凝土内部孔溶液碱含量、孔溶液 pH 值、可溶性 $H_2SiO_4^{2-}$ 含量，用于综合评价 ASR 风险，试验结果见表 7.23～表 7.28 和图 7.18。选取 5 组混凝土芯样，将混凝土敲碎，去除粗骨料，剩余部分粉碎碾磨，通过 0.08mm 筛子，取 5g 克粉末浸泡于 50mL 去离子水中 48h，取溶液的清液分析计算浆体的可溶性碱含量。（锦屏一级拱坝混凝土采用的大理岩砂，通过烧失量计算大理岩砂的质量予以扣除，得到浆体的质量）试验结果见表 7.29。

表7.23　ϕ10mm孔注水7d孔溶液离子含量

编　号	pH值	$H_2SiO_4^{2-}$含量/(mmol/L)	K^+含量/(mmol/L)	Na^+含量/(mmol/L)	碱含量/(mmol/L)
1-5	12.04	0.55	9.15	6.45	15.60
4-2	12.28	0.38	14.04	8.06	22.11
5-2	12.18	0.46	9.79	5.16	14.95
5-4	12.27	0.37	14.04	7.74	21.78

表7.24　ϕ10mm孔注水14d孔溶液离子含量

编　号	pH	$H_2SiO_4^{2-}$含量/(mmol/L)	K^+含量/(mmol/L)	Na^+含量/(mmol/L)	碱含量/(mmol/L)
1-5	12.09	1.07	9.36	6.45	15.81
4-2	12.34	0.64	14.26	8.39	22.64
5-2	12.26	0.69	10.00	5.16	15.16
5-4	12.37	0.96	13.83	8.06	21.89

表7.25　ϕ10mm孔注水28d孔溶液离子含量

编　号	pH	$H_2SiO_4^{2-}$含量/(mmol/L)	K^+含量/(mmol/L)	Na^+含量/(mmol/L)	碱含量/(mmol/L)
1-5	12.12	1.14	13.62	6.45	20.07
4-2	12.33	0.73	18.43	9.35	27.78
5-2	12.25	0.75	14.83	8.10	22.93
5-4	12.34	1.03	16.68	10.06	26.75

表7.26　ϕ50mm孔注水14d孔溶液离子含量

编　号	pH	$H_2SiO_4^{2-}$含量/(mmol/L)	K^+含量/(mmol/L)	Na^+含量/(mmol/L)	碱含量/(mmol/L)
1-5	11.91	0.106	2.63	0.76	3.39
2-6	11.88	0.145	2.11	0.41	2.52
3-2	11.84	0.097	2.69	1.29	3.99
4-3	11.90	0.113	2.84	1.40	4.25
5-4	11.72	0.090	2.09	0.45	2.55

表7.27　ϕ50mm孔注水28d孔溶液离子含量

编　号	pH	$H_2SiO_4^{2-}$含量/(mmol/L)	K^+含量/(mmol/L)	Na^+含量/(mmol/L)	碱含量/(mmol/L)
1-5	12.02	0.409	4.23	1.61	5.85
2-6	12.01	0.441	4.45	2.13	6.58
3-2	11.97	0.381	3.04	1.87	4.91
4-3	12.05	0.473	3.36	1.77	5.14
5-4	11.88	0.408	3.02	1.13	4.15

表 7.28　　ϕ50mm 孔注水 56d 孔溶液离子含量

编　号	pH	$H_2SiO_4^{2-}$ 含量 /(mmol/L)	K^+ 含量 /(mmol/L)	Na^+ 含量 /(mmol/L)	碱含量 /(mmol/L)
1-5	12.03	0.422	4.28	1.64	5.92
2-6	12.02	0.451	4.52	2.16	6.68
3-2	11.96	0.395	3.11	1.85	4.96
4-3	12.06	0.487	3.41	1.74	5.15
5-4	11.88	0.416	3.05	1.12	4.17

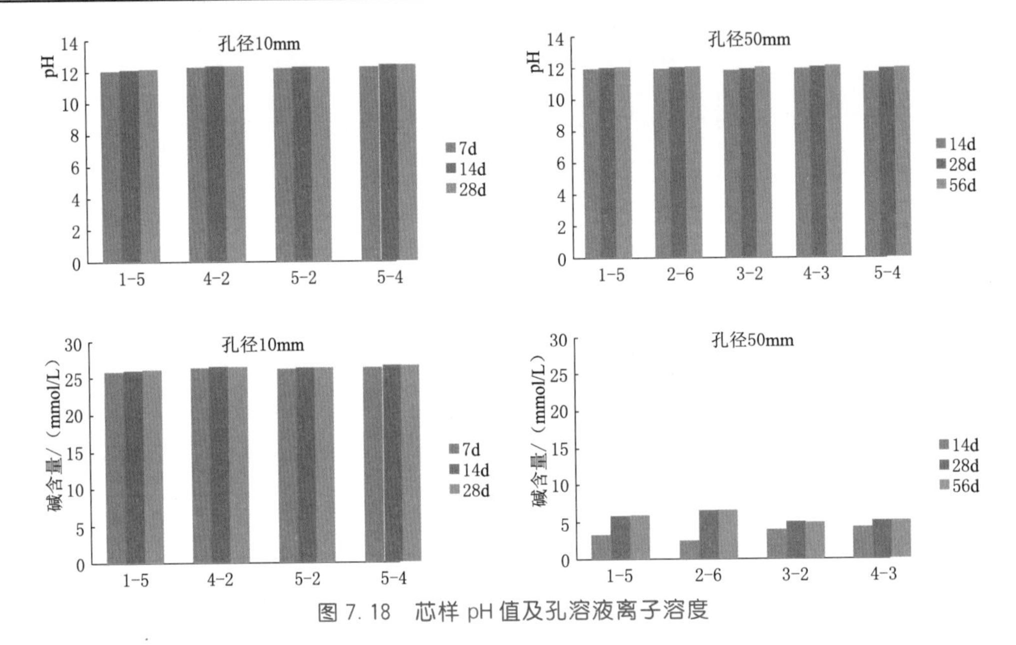

图 7.18　芯样 pH 值及孔溶液离子溶度

表 7.29　　芯样浆体的碱含量

编号	可溶性 K_2O 含量/%	可溶性 Na_2O 含量/%	可溶性碱含量/%	K_2O 含量/%	Na_2O 含量/%	碱含量/%
1-5	0.18	0.05	0.20	0.40	0.09	0.35
2-6	0.10	0.02	0.08	0.21	0.04	0.18
3-2	0.07	0.02	0.07	0.15	0.03	0.13
4-3	0.23	0.05	0.21	0.42	0.08	0.36
5-4	0.18	0.04	0.16	0.38	0.07	0.32

从试验结果可以看出：

（1）孔径变大，相同龄期条件下，孔溶液中 pH 值、碱含量变小。

（2）ϕ10mm 孔注水 7d 孔溶液、14d 孔溶液和 28d 孔溶液 pH 值差别很小，pH 值最大为 12.39，碱含量随着时间的增长有一定的增长，碱含量最大为 27.78mmol/L。

（3）ϕ50mm 孔注水 14d、孔溶液 28d 孔溶液和 56d 孔溶液中 pH 差别很小，可溶性 $H_2SiO_4^{2-}$ 孔溶液比仍有一定的增长，孔溶液 28d 孔溶液和 56d 孔溶液碱含量变化很小。

（4）芯样浆体的可溶性碱含量最大为0.21%，略低于砂浆浆体（水泥碱含量0.60%）的可溶性碱含量（0.24%）。

7.5.3　芯样的碱含量及pH值

所钻取的芯样主要是三级配混凝土，三级配大坝混凝土的胶凝材料用量（见表3.39）为271kg/m³，大坝混凝土浆体的碱含量在0.13%～0.36%（见表7.29），浆体的碱含量大体与胶凝材料的碱含量相当，三级配大坝混凝土芯样的总碱含量最大值为0.98kg/m³，低于施工期检测的平均总碱含量最大值（1.05kg/m³），满足三级配大坝混凝土总碱含量设计限值规定（1.8kg/m³）。

从芯样的岩相分析和SEM和EDS的结果看，未见ASR反应产物，说明芯样孔溶液中碱金属离子基本没有消耗，芯样孔溶液的碱含量浇筑后基本没有变化。芯样浆体的可溶性碱含量最大为0.21%，略低于砂浆浆体（水泥碱含量0.60%）的可溶性碱含量（0.24%）。假设芯样孔溶液碱含量与砂浆浆体（水泥碱含量0.60%）孔溶液碱含量相当（实际上是低于的）的，将ϕ10mm孔径芯样孔溶液的含碱量（28d）与砂浆ϕ10mm孔径芯样孔溶液的含碱量（28d）相比，可以得到芯样孔溶液稀释倍数，从而可以计算出芯样孔溶液的pH值（见表7.30）。芯样孔溶液的pH值为12.60～12.69（真实值更低），接近饱和$Ca(OH)_2$的pH值12.65［根据$Ca(OH)_2$ 20℃在水中饱和溶解值1.66g/1kg水计算而得］。

由于大坝混凝土采用了低碱水泥，胶凝材料中掺入了35%的Ⅰ级粉煤灰，并且控制混凝土总碱含量低于1.5kg/m³，孔溶液的pH值（计算值）略高于12.50（孔溶液的pH值小于12.50时，基本不会发生ASR），孔溶液的实际pH值是低于计算值的，且混凝土中35%的Ⅰ级粉煤灰在后期的水化过程中还会不断消耗OH^-，随着混凝土龄期的增长，孔溶液的pH值还会不断下降，锦屏一级拱坝混凝土发生ASR的风险极低。

表7.30　　芯样孔溶液pH值

编　号	ϕ10mm孔径28d孔溶液碱含量/(mmol/L)	ϕ10mm孔径28d孔溶液pH	孔溶液碱含量/(mmol/L)	孔溶液稀释倍数	孔溶液pH（计算值）
1-5	20.07	12.12	60	2.99	12.60
2-6	27.78	12.33	60	2.16	12.66
3-2	22.93	12.25	60	2.62	12.67
4-3	26.75	12.34	60	2.24	12.69

注　孔溶液碱含量以砂浆ϕ10mm孔径芯样孔溶液的含碱量（28d）为标准。

由于实际混凝土采用了低碱水泥，配合比中掺入了35%的Ⅰ级粉煤灰，并且控制混凝土总碱量低于1.5kg/m³，孔溶液的pH是低于计算值的，孔溶液的pH值小于12.50时，不会发生ASR。孔溶液的pH（计算值）略高于12.50，由于混凝土中35%的Ⅰ级粉煤灰在后期的水化过程中还会不断消耗OH^-，芯样孔溶液的pH低于饱和$Ca(OH)_2$的pH值（12.87），在后期的水化过程中就没有OH^-补充。随着混凝土龄期的增长，孔溶液的pH值还会不断下降，混凝土发生ASR的风险极低。

7.6 大坝混凝土芯样的残余膨胀和P波（弹性波）测试

7.6.1 芯样残余膨胀试验

现场钻取大坝有代表性的混凝土芯样，选取20组（编号见表7.31）加工成试件尺寸为ϕ200mm×230mm，在芯样的顶面和底面中心钻孔，沿芯样轴线方向在芯样两个端面中心埋设不锈钢测头，用中热水泥净浆固定，保湿养护3天后测初长，测量采用大量程千分尺进行。通过测量两个测头的距离来反映芯样的长度变化；采用不同温度（38℃、50℃、60℃、80℃）养护，开展大坝混凝土芯样ASR残余膨胀监测，研究大坝实际混凝土ASR的特性和膨胀趋势。

表7.31 混凝土芯样编号

二道坝		1595-12		1730-9		1778-9		1829-左岸交通洞	
编号	位置	编号	位置	编号	位置	编号	位置	编号	位置
1-2	上③	2-1	12-上②	3-1	9-上②	4-1	9-上①	5-2	下③
1-3	上⑥	2-2	12-上③	3-3	11-上①	4-2	9-上②	5-3	下④
1-6	下③	2-3	15-下②	3-4	11-上④	4-3	9-下①	5-5	下⑦
1-8	下⑥	2-4	15-下③	3-5	11-下①	4-6	11-下③	5-6	下⑧

将芯样放入养护筒或者养护箱中（图7.19），底部加水后保证相对湿度大于95%，放入高温养护室或养护箱内进行加速养护，加速养护至一定龄期，取出芯样，冷却24h后在室温测量其长度（图7.20）。

80℃

60℃

50℃

38℃

图7.19 芯样加速养护

参考《水工混凝土试验规程》（SL 352—2020）的膨胀率测量流程进行膨胀率测量，残余膨胀测试结果如表7.32～表7.35、图7.21。由试验结果可以看出，大多数芯样早期呈现出一定的收缩，可能是水泥净浆在高温养护条件下，加速水化导致的。大坝芯样存在微弱的残余膨胀，其中，38℃养护温度下，1595.00m廊道的芯样180d龄期时的膨胀率最大，为0.009%；50℃养护温度下，1778.00m廊道的芯样91d龄期时的膨胀率最大，

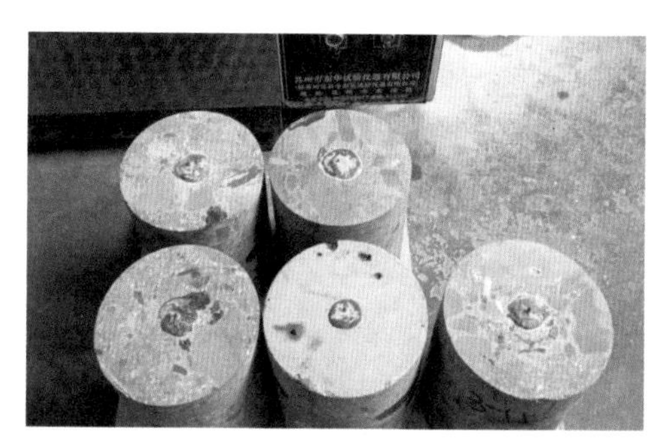

图 7.20 芯样测长

为0.016%；60℃养护温度下，1595.00m廊道的芯样180d龄期时的膨胀率最大，为0.022%；80℃养护温度下，1829.00m廊道的芯样120d龄期时的膨胀率最大，为0.022%，均小于《水工混凝土抑制碱-骨料反应技术规范》(DL/T 5298—2013)混凝土棱柱体法抑制ASR有效性检验评定标准（0.04%）。残余膨胀标准养护温度为38℃，在此条件下，残余膨胀率最大仅为0.009%，小于危害值，后期膨胀率均趋于平稳，说明不会产生危害性的ASR。养护温度提高到50℃时，残余膨胀率最大仅为0.016%；后期膨胀率同样趋于平稳。养护温度提高到80℃时，残余膨胀最大仅为0.022%；和50℃相比，残余膨胀没有出现显著的增长，120d龄期后膨胀率均趋于平稳，未出现明显的增长趋势（养护温度从38℃提高到50℃、60℃、80℃，如果发生了危害性的ASR，反应速度大幅提高，残余膨胀会出现显著增长），也表明混凝土不会产生危害性的膨胀。

表 7.32 芯样加速养护残余膨胀率（38℃）

芯样编号	膨胀率/%							
	14d	28d	56d	91d	120d	180d	270d	365d
1-2	0.007	0.002	0.004	0.007	0.000	−0.002	−0.004	−0.009
2-1	0.004	0.002	−0.007	0.009	0.004	0.007	0.007	0.002
3-1	0	−0.015	−0.014	−0.013	−0.013	−0.007	−0.004	−0.007
4-1	−0.009	−0.011	−0.011	0.000	0.002	0.002	0.002	0.002
5-2	−0.009	−0.013	−0.013	−0.007	−0.004	0.007	−0.002	−0.002

表 7.33 芯样加速养护残余膨胀率（50℃）

芯样编号	膨胀率/%							
	14d	28d	56d	91d	120d	180d	270d	365d
1-3	−0.015	0.007	0.000	0.007	0.009	0.011	0.009	0.004
2-2	−0.013	0.007	0.007	0.009	0.013	0.013	0.009	0.011
3-3	−0.013	−0.002	−0.007	−0.002	−0.007	−0.007	−0.007	−0.011
4-2	−0.013	0.011	0.015	0.016	0.015	0.007	0.007	0.002
5-3	−0.011	0	0.002	0.000	0.007	0.011	0.009	0.007

表 7.34　　芯样加速养护残余膨胀率（60℃）

芯样编号	膨胀率/%							
	14d	28d	56d	91d	120d	180d	270d	365d
1-6	−0.013	−0.011	−0.009	−0.002	−0.007	0.002	0.000	−0.002
2-3	−0.009	0.002	0.002	0.009	0.017	0.022	0.015	0.020
3-4	−0.017	−0.011	−0.009	−0.002	0.007	0.009	0.009	0.002
4-3	−0.013	−0.007	0.004	0.002	0.011	0.017	0.015	0.015
5-5	−0.013	0.002	0.004	0.011	0.020	0.015	0.011	0.013

表 7.35　　芯样加速养护残余膨胀率（80℃）

芯样编号	膨胀率/%							
	14d	28d	56d	91d	120d	180d	270d	365d
1-8	−0.011	−0.004	−0.009	−0.013	−0.017	−0.011	−0.013	−0.013
2-4	−0.002	0.004	0.000	0.004	0.004	0.002	0.004	0.000
3-5	−0.007	0.013	0.015	0.020	0.020	0.013	0.009	0.007
4-6	−0.011	−0.009	−0.009	−0.004	0.000	−0.007	−0.004	−0.007
5-6	−0.013	0.010	0.015	0.017	0.022	0.015	0.015	0.015

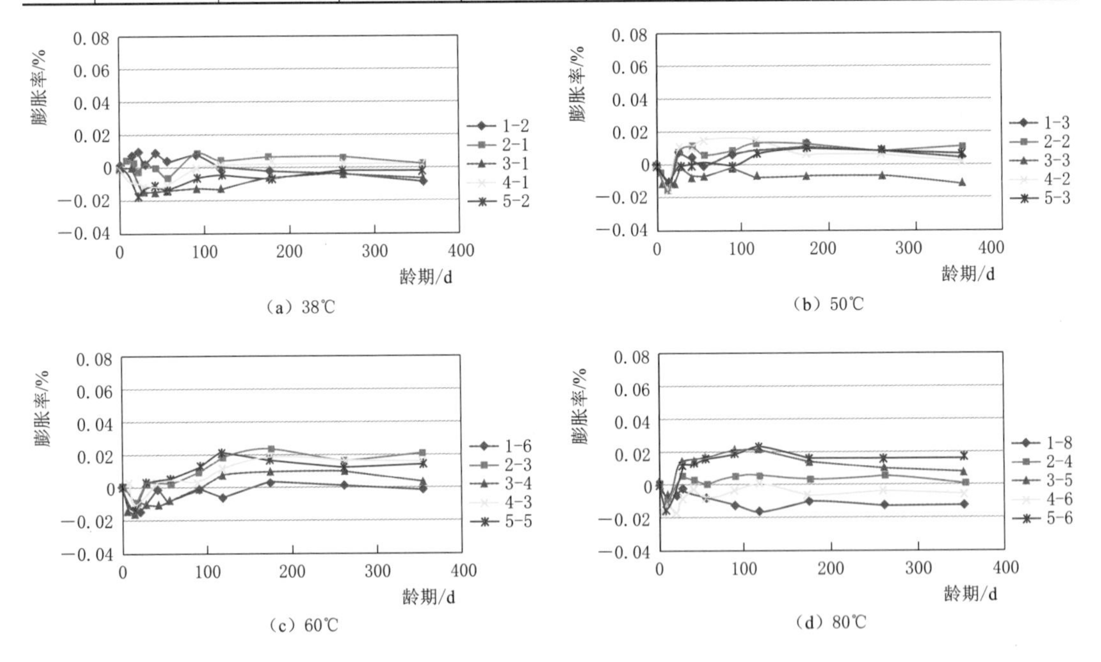

图 7.21　芯样加速养护残余膨胀率变化曲线图

7.6.2　芯样 P 波（弹性波）测试

弹性波波速与混凝土的强度和弹性模量有较强的相关关系，因此可以用来评价检测断面内部混凝土质量分布情况。弹性波是在混凝土、岩土、金属等固体物质中，由力或应变激发而产生的扰动波。弹性波一般包括体波（P 波、S 波）和面波（主要 R 波和 Lame

波，也称表面波）。波的传播方向与振动方向平行的弹性波称为P波（纵波，又叫疏密波）。

大量研究表明，混凝土中弹性波波速与其材料性质之间存在相关关系。假设混凝土为理想弹性体，那么混凝土中P波波速与混凝土的动弹性模量之间存在直接的相关关系，如式（7.1）～式（7.3）所示：

三维传播：
$$V_{P3}=\sqrt{\frac{E_d}{\rho}*\frac{1-\mu}{(1+\mu)(1-2\mu)}} \tag{7.1}$$

二维传播：
$$V_{P2}=\sqrt{\frac{E_d}{\rho(1-\mu^2)}} \tag{7.2}$$

一维传播：
$$V_{P1}=\sqrt{\frac{E_d}{\rho}} \tag{7.3}$$

式中：V_P 为混凝土内P波波速（V_{P3}、V_{P2}、V_{P1} 三维、二维和一维P波波速）；E_d 为动弹性模量；ρ 为密度；μ 为泊松比。

由于混凝土的动弹性模量与强度有很好的相关关系，因此P波波速与强度之间也有较好的相关关系，因此可以用来评价检测断面内部混凝土质量分布情况。采用武汉岩海开发的RS-ST01C非金属声波检测仪对混凝土芯样进行P波波速测试。测量系统见图7.22。P波波速测试结果见表7.36～表7.39和图7.23。

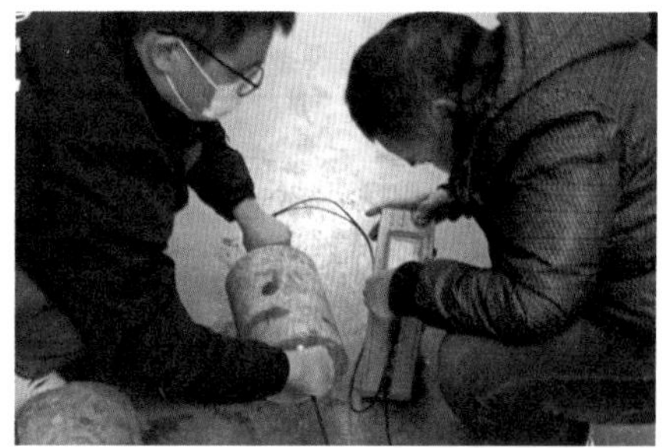

图7.22 弹性波P波波速测量系统

表7.36 芯样加速养护弹性波波速（38℃）

芯样编号	P波波速/(m/s)								P波波速最大降幅/%
	0d	28d	56d	91d	120d	180d	270d	365d	
1-2	4285	4302	4340	4246	4296	4267	4257	4214	1.66
2-1	4431	4420	4380	4236	4360	4283	4313	4260	4.40
3-1	4256	4221	4197	4122	4182	4152	4132	4201	3.15
4-1	4287	4247	4256	4251	4278	4235	4224	4230	1.47
5-2	4256	4182	4145	4182	4152	4126	4142	4152	3.15

表 7.37 芯样加速养护弹性波波速（50℃）

芯样编号	P 波波速/(m/s)								P 波波速最大降幅/%
	0d	28d	56d	91d	120d	180d	270d	365d	
1-3	4321	4406	4466	4355	4305	4323	4356	4320	0.37
2-2	4325	4221	4226	4267	4224	4201	4221	4234	2.87
3-3	4556	4545	4356	4301	4319	4334	4355	4338	5.60
4-2	4458	4427	4315	4226	4203	4187	4203	4238	6.08
5-3	4574	4635	4546	4326	4388	4452	4432	4452	5.42

表 7.38 芯样加速养护弹性波波速（60℃）

芯样编号	P 波波速/(m/s)								P 波波速最大降幅/%
	0d	28d	56d	91d	120d	180d	270d	365d	
1-6	4385	4221	4487	4343	4393	4401	4376	4370	3.74
2-3	4421	4447	4222	4346	4276	4259	4259	4214	4.68
3-4	4356	4298	4476	4359	4385	4403	4317	4240	3.42
4-3	4560	4545	4265	4453	4383	4345	4376	4294	6.47
5-5	4386	4298	4276	4445	4384	4332	4367	4338	2.51

表 7.39 芯样加速养护弹性波波速（80℃）

芯样编号	P 波波速/(m/s)								P 波波速最大降幅/%
	0d	28d	56d	91d	120d	180d	270d	365d	
1-8	4236	4286	4302	4371	4311	4325	4284	4180	1.32
2-4	4400	4298	4278	4348	4303	4324	4335	4370	2.77
3-5	4221	4194	4156	4167	4123	4101	4114	4086	3.20
4-6	4456	4377	4366	4440	4400	4382	4362	4260	4.40
5-6	4419	4506	4402	4146	4236	4156	4210	4290	6.18

目前工程界仍较广泛地使用 Leslie 和 Cheeseman 于 1949 年提出的 P 波波速检测混凝土质量评定标准（见表 7.40）。大坝混凝土芯样加速养护前后质量良好，混凝土致密，根据弹性波波速与混凝土弹性模量等性能的相关性，历经 10 年，大坝混凝土弹性模量随龄期增长发展良好，混凝土内部没有裂缝等损伤隐患。

表 7.40 弹性波 P 波波速评定混凝土质量参考标准

P 波波速/(m/s)	>4500	3600～4500	3000～3600	2100～3000	<2100
混凝土质量	优良	较好	一般（可能有问题）	差	很差

由表 7.36～表 7.39 和图 7.23 可以看出，混凝土芯样 P 波波速大多分布在 4100～4650m/s，加速养护前后弹性波波速变化不大，芯样加速养护弹性波波速（38℃）降幅在

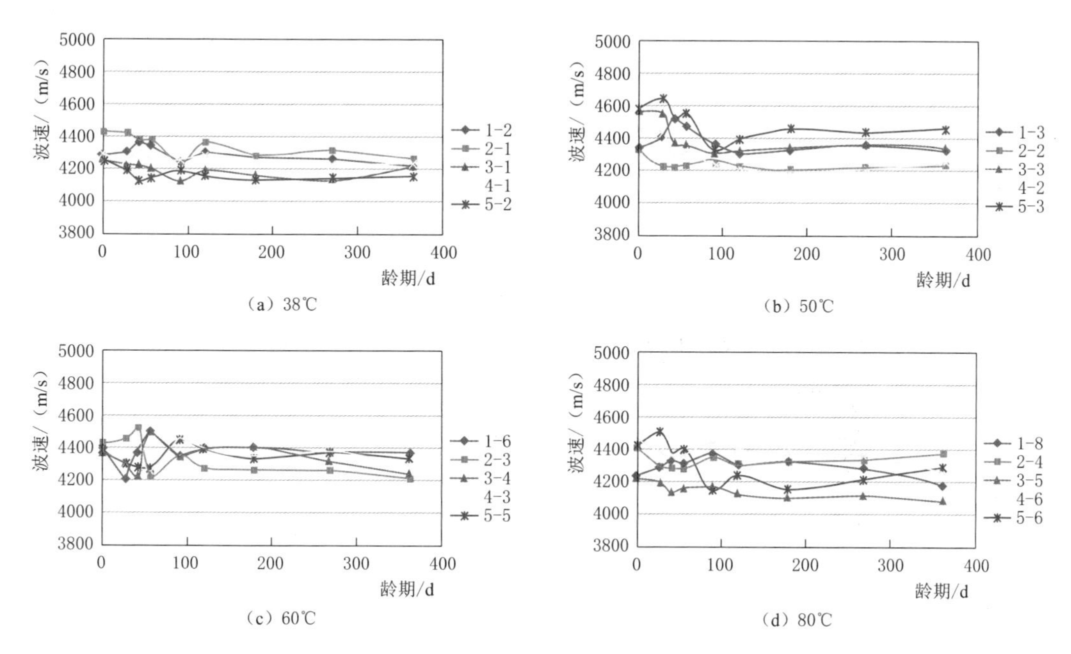

图 7.23 芯样加速养护弹性波波速变化曲线图

1.66%～4.40%，波速下降主要出现在91d前，后期趋于平稳，没有呈现出持续下降趋势，说明芯样没有发生ASR（出现ASR的混凝土，38℃加速养护后，混凝土芯样弹性波波速会出现持续下降的趋势）。芯样加速养护弹性波波速（50℃）降幅在0.37%～6.08%，波速下降主要出现在120d前，后期趋于平稳，没有呈现出持续下降趋势。芯样加速养护弹性波波速（60℃）降幅在2.51%～6.47%，波速下降主要出现在120d前，后期趋于平稳，没有呈现出持续下降趋势。芯样加速养护弹性波波速（50℃）降幅在1.32%～6.18%，波速下降主要出现在120d前，后期趋于平稳，没有呈现出持续下降趋势。养护温度提高后，弹性波波速降幅有所增大，但都没有出现持续下降的趋势，说明芯样没有发生ASR。

7.6.3 加速养护后的芯样检查

选取了4组加速养护后残余膨胀率大的芯样进行了ASR缺陷检测和外观特征观察，观察混凝土中骨料的完整性、骨料周围界面区裂缝、骨料周围是否存在反应环，按照美国推荐性标准检测是否存在反应物。芯样外观特征观察见图7.24和表7.41。混凝土芯样外观检查结果表明，混凝土中骨料完整，与砂浆胶结紧密，骨料周围界面区未见裂缝，砂岩骨料周围不存在反应环，未见碱硅反应物，混凝土质量良好。

表 7.41 加速养护混凝土芯样ASR缺陷统计表（外观检查）

芯样编号	骨料中的闭合缝	骨料中的张开缝	骨料中的凝胶裂缝	与浆体脱离的骨料	骨料周围的反应产物	骨料周围的反应环	水泥浆裂缝	水泥浆的凝胶裂缝	凝胶气孔
2-3	—	—	—	—	—	—	—	—	—
3-5	—	—	—	—	—	—	—	—	—

续表

芯样编号	骨料中的闭合缝	骨料中的张开缝	骨料中的凝胶裂缝	与浆体脱离的骨料	骨料周围的反应产物	骨料周围的反应环	水泥浆裂缝	水泥浆的凝胶裂缝	凝胶气孔
5-5	—	—	—	—	—	—	—	—	—
5-6	—	—	—	—	—	—	—	—	—

注 闭合缝是指缝间无空隙，无法充填其他物质；张开缝是指缝间有空隙，可充填其他物质；凝胶裂缝是指缝间充填了碱硅凝胶；“—”表示无。

图7.24 加速养护后的芯样

芯样岩相分析采用莱卡Leica DM750偏光显微镜观察混凝土中骨料活性矿物组成和分布，定量观察和检测芯样内部的无凝胶骨料裂纹、带凝胶骨料裂缝、无凝胶浆体裂纹、带凝胶浆体裂纹、含凝胶孔隙数量，用于综合评价ASR风险。芯样ASR缺陷岩相分析结果见表7.42。

表7.42 加速养护混凝土芯样ASR缺陷统计表（岩相分析）

芯样编号	骨料中的闭合缝	骨料中的张开缝	骨料中的凝胶裂缝	与浆体脱离的骨料	骨料周围的反应产物	骨料周围的反应环	水泥浆裂缝	水泥浆的凝胶裂缝	凝胶气孔
2-3	—	—	—	—	—	—	—	—	—
3-5	—	—	—	—	—	—	—	—	—
5-5	—	—	—	—	—	—	—	—	—
5-6	—	—	—	—	—	—	—	—	—

注 闭合缝是指缝间无空隙，无法充填其他物质；张开缝是指缝间有空隙，可充填其他物质；凝胶裂缝是指缝间充填了碱硅凝胶；“—”表示无。

对混凝土芯样试件表面镀金，采用日本电子JSM-6610扫描电镜（SEM）进行测试。观测骨料与浆体的胶结及裂缝、骨料界面区是否有反应物形成、反应物形貌特征和分布特点；芯样ASR缺陷SEM分析结果见表7.43、混凝土芯样试件采用EDS能谱，分析骨料周边水泥浆体界面产物化学组成。微观测试的结果表7.44。测试结果表明：

(1) 芯样中骨料与胶凝材料胶结较好，骨料表面致密完整，界面处有大量块状水泥凝胶，骨料与胶凝材料的界面看不到骨料的腐蚀现象，骨料与浆体界面区未见碱硅反应产物。

(2) 芯样 EDS 试验结果可以看出，骨料周边产物（以氧化物计）以 CaO、SiO_2 为主，Fe_2O_3、Al_2O_3 次之，还有少量 MgO、Na_2O 和 K_2O，和水泥水化产物成分相似，碱硅反应产物中 Na_2O 含量一般较高，芯样 EDS 试验结果中 Na_2O 和 K_2O 含量偏低，骨料周边产物 Na_2O 和 K_2O 含量和水泥水化产物 Na_2O 和 K_2O 含量基本相当，说明没有碱硅凝胶产生，和扫描电镜的结果一致。

表 7.43　　加速养护后混凝土芯样 ASR 缺陷统计表（SEM）

芯样编号	骨料中的闭合缝	骨料中的张开缝	骨料中的凝胶裂缝	与浆体脱离的骨料	骨料周围的反应产物	骨料周围的反应环	水泥浆裂缝	水泥浆的凝胶裂缝	凝胶气孔
2-3	—	—	—	—	—	—	—	—	—
3-5	—	—	—	—	—	—	—	—	—
5-5	—	—	—	—	—	—	—	—	—
5-6	—	—	—	—	—	—	—	—	—

注　闭合缝是指缝间无空隙，无法充填其他物质；张开缝是指缝间有空隙，可充填其他物质；凝胶裂缝是指缝间充填了碱硅凝胶；“—”表示无。

表 7.44　　加速养护后芯样中骨料与浆体界面 EDS 分析结果（%）

芯样编号	CaO	SiO_2	Al_2O_3	FeO	MgO	K_2O	Na_2O	SO_3	MnO	TiO_2
2-3	72.75	14.52	4.59	3.66	1.50	1.38	1.58	0	0	0
3-5	60.08	17.28	6.81	8.44	3.16	2.56	1.67	0	0	0
5-5	53.07	22.23	19.16	3.90	0.90	0.75	0.00	0	0	0
5-6	49.99	25.54	10.45	4.56	3.41	3.09	1.52	0	0	1.45

7.7 锦屏一级水电站大坝混凝土 ASR 长期安全性评价

本书详细介绍了锦屏一级水电站大坝混凝土 ASR 反应抑制措施和长期安全性评价的相关情况，主要研究结论如下。

(1) 经多种方法、多家单位、多批次试验，锦屏一级水电站大坝混凝土所用砂岩骨料为潜在危害性反应骨料，其活性相对较低，不属于高活性骨料。将细骨料由砂岩替换为大理岩、控制混凝土总碱含量小于 1.5kg/m^3、掺入 35% Ⅰ级粉煤灰的综合抑制方案，可显著降低混凝土发生碱-骨料反应的风险。实际施工过程中，通过精细化过程管理，严格控制四级配大坝混凝土实际碱含量为 0.8～0.9 kg/m^3，从源头降低了碱-骨料反应风险。

(2) 大坝已经运行 10 余年的基本情况：大坝位移过程线和加卸载曲线表明，拱坝坝体变形工作性态正常，拱坝受水荷载变化的位移分布基本对称；主要荷载径向变位与弹性有限元反馈计算结果基本一致，大坝变形量在设计预计值范围内，拱坝处于弹性工作状态。坝体、坝基时效位移量值小或已经收敛，时效位移增量逐年减小或趋于收敛，无不利变化趋势，未发现大坝混凝土有膨胀变形的迹象和趋势。对运行 10 余年的大坝钻取芯样分析混凝土当前状态：混凝土芯样外观检查、芯样岩相分析、损伤等级指数分析、能量色散 X 射线分析仪（EDS）、扫描电子显微镜（SEM）分析等结果均表明混凝土中未发生 ASR。

（3）从化学反应动力学角度分析：研究了碱金属离子在砂岩骨料中的扩散特性、砂岩骨料中 SiO_2 的溶出特性以及砂岩碱-骨料反应导致宏观膨胀的基本规律，建立了砂岩 ASR 长期变形的动力学预测模型，并用 10 年以上混凝土棱柱体试验结果和全级配暴露试验结果验证了预测模型的准确性。将锦屏一级水电站大坝混凝土的实际配合比参数、环境温度、实测芯样孔溶液离子浓度等代入预测模型中，计算大坝混凝土 150 年膨胀变形约 $20\mu\varepsilon$，判断坝体混凝土发生 ASR 破坏的概率非常低。

（4）从材料层次分析：基于化学动力学理论建立了大坝混凝土碱-骨料反应细观颗粒离散元模型，研究了 ASR 导致大坝混凝土开裂的机理，并根据混凝土开裂对其力学性能的影响规律，提出了允许膨胀变形控制指标。大坝混凝土由于骨料粒径大，由碱-骨料反应导致的膨胀变形较小，但开裂时间较早，其允许膨胀变形控制值小于一级配混凝土。考虑混凝土准脆性材料特性及锦屏拱坝的受力特征，以抗拉强度降低 10% 为准则，确定膨胀变形控制值为不大于 $140\mu\varepsilon$。该控制值为材料层次允许膨胀变形，与大坝实体位移监测数据、10 年以上全级配暴露试验结果以及基于动力学预测模型的长期膨胀变形预测结果相比，可以确定锦屏一级水电站大坝混凝土不会发生材料层次的碱-骨料反应破坏。

（5）从结构层次分析：对国外发生 ASR 的大坝（特别是拱坝）工程进行了系统的调查研究，按照计算成果稳定、控制标准明确考虑，选择拱梁分载法、线弹性有限元-等效应力法、刚体极限平衡法和弹塑性有限元法等方法，从强度应力安全、拱座抗滑稳定、孔口正常运行、拱坝工作性态等角度综合考虑，提出了拱坝正常工作允许膨胀变形控制值为不大于 $140\mu\varepsilon$。该控制值为结构层次大坝混凝土允许膨胀变形，弹塑性有限元计算表明拱坝具有较强适应膨胀变形的能力，判断锦屏一级水电站不会发生结构层次的碱-骨料反应破坏。

（6）大坝混凝土稳定状态分析：由于采用低碱水泥并掺入 35% 的 Ⅰ 级粉煤灰，混凝土孔溶液中 Na_2O 和 K_2O 含量低，pH 值不大于 12.50，判断 ASR 风险极低。对芯样进行 38℃、50℃、60℃、80℃高温加速养护，其残余膨胀率最大仅为 0.022%，表明混凝土不会产生危害性的 ASR 膨胀。

综上分析，变形监测和大坝混凝土芯样检测结果表明锦屏一级水电站 10 余年来运行稳定，未发生异常变形，未发生 ASR，结构整体安全。通过混凝土长期膨胀变形动力学预测模型、大坝混凝土细观颗粒离散元模型、结构三维有限元模型、大坝芯样真实孔溶液分析和残余膨胀变形分析等多方面深入研究，判断锦屏一级水电站大坝服役期内不会发生材料层次或结构层次的 ASR 破坏。

参考文献

BERUBE M A，FRENETTE J，PEDNEAULT A，et al. Laboratory assessment of the potential rate of

ASR expansion of field concrete [J]. Cement Concrete and Aggregates, 2002, 24 (24) : 13 - 19.

BERUBE M, GELINAS C, FEELEY N, et al. Feasibility of a hybrid web - based and in - person self - management intervention aimed at preventing acute to chronic pain transition after major lower extremity trauma (iPACT - E - Trauma): A pilot randomized controlled trial [J]. Pain medicine, 2019, 20 (10): 1 - 15.

BULTEEL D, GARCIA - DIAZ E, VERNET C, et al. Alkali - Silica Reaction: a method to quantify the reaction degree [J]. Cement and Concrete Research, 2002, 32 (8) : 1199 - 1206.

CLAYTON N, CURRIE R J, MOSS R M. Effects of alkali - silica reaction on the strength of prestressed concrete beams [J]. 1990, 68 : 287 - 292.

DEAN S W, SMAOUI N, BISSONNETTE B, et al. Mechanical properties of ASR - affected concrete containing fine or coarse reactive aggregates [J]. Journal of ASTM International, 2005, 3 (3): 16.

FOURNIER B, BERUBE M, FOLLIARD K J, et al. Report on the diagnosis, prognosis, and mitigation of alkali - silica reaction (ASR) in transportation structures [R]. Balcones DriveAustin The Transtec Group, 2010 : 1 - 154.

GLASSER L S D, KATAOKA N. The chemistry of alkali - aggregate reactions [J]. Advances in Cement Research, 1981, 18 : 47 - 63.

GODART B, ROOIJ M D, WOOD J G M. Guide to diagnosis and appraisal of AAR damage to concrete in structures: part 1 diagnosis (AAR 6. 1) [J]. RILEM State - of - the - Art Reports, 2013.

GODART B. Diagnosis and monitoring of concrete bridges damaged by AAR in Northern France [C]. The ninth international conference on alkali - aggregate reaction in concrete, London, 1992 : 368 - 375.

GUTHRIE H D, PURSEL V G, WALL R J. Porcine follicle - stimulating hormone treatment of gilts during an altrenogest - synchronized follicular phase: effects on follicle growth, hormone secretion, ovulation, and fertilization [J]. Journal of Animal Science, 75 (12) : 3246 - 3254.

HOBBS D W. Expansion of concrete due to alkali - silica reaction: an explanation [J]. Magazine of Concrete Research, 1978, 30 (105) : 215 - 220.

HOU X, STRUBLE L J, KIRKPATRICK R J. Formation of ASR gel and the roles of C - S - H and portlandite [J]. Cement and Concrete Research, 2004, 34 (9) : 1683 - 1696.

JOHN S. Concrete petrography: a handbook of investigative techniques [J]. Magazine of Concrete Research, 1998, 51 (1) : 71 - 72.

KIM T, OLEK J, JEONG H G. Alkali - silica reaction: Kinetics of chemistry of pore solution and calcium hydroxide content in cementitious system [J]. Cement and Concrete Research, 2015, 71: 36 - 45.

KOLLEK J J, VARMA S P, ZARIS C. Measurement of OH^- concentrations of pore fluids and expansion due to alkali - silica reaction in composite cement mortars [C]. Proceeding of the 8th International Congress on the Chemistry of Cement. Rio de Janeiro, 1986: 183 - 189.

LEE G, LING T C, WONG Y L, et al. Effects of crushed glass cullet sizes, casting methods and pozzolanic materials on ASR of concrete blocks [J]. Construction and Building Materials, 2011, 25 (5) : 2611 - 2618.

MICHAEL THOMAS. The effect of supplementary cementing materials on alkali - silica reaction: A review [J]. Cement and Concrete Research, 2011, 41 (12) : 1224 - 1231.

NATESAIYER K, STARK D, HOVER K C. Gel fluorescence reveals reaction product traces [J]. Concrete International, 1991.

NIXON P J, BOLLINGHAUS R. Effect of alkali aggregate reaction on the tensile and compressive strength of concrete [J]. Durability of Building Materials. 1985, 2: 243 - 248.

PLEAU R, BÉRUBÉ M, PIGEON M , et al. Mechanical behaviour of concrete affected by ASR [J]. 1989: 721 - 726.

POWERS T C, STEINOUR H H. An interpretation of some published researches on the alkali - aggregate reaction. Part 1 - The chemical reactions and mechanism of expansion [J]. Journal Proceedings 1955, 51 (2) : 497 - 516.

RIVARD P, SAINT - PIERRE F. Assessing alkali - silica reaction damage to concrete with non - destructive methods: From the lab to the field [J]. Construction and Building Materials, 2009, 23 (2) : 902 - 909.

RODRIGUES A, DUCHESNE J, FOURNIER B. A new accelerated mortar bar test to assess the potential deleterious effect of sulfide - bearing aggregate in concrete [J]. Cement and Concrete Research, 2015, 73: 96 - 110.

SANCHEZ L F M, FOURNIER B, JOLIN M, et al. Overall assessment of Alkali - Aggregate Reaction (AAR) in concretes presenting different strengths and incorporating a wide range of reactive aggregate types and natures [J]. Cement and Concrete Research, 2017, 93: 17 - 31.

SARGOLZAHI M, KODJO S A, RIVARD P, et al. Effectiveness of Non - Destructive Testing for the Evaluation of Alkali - Silica Reaction in Concrete [J]. Construction and Building Materials, 2010, 24 (8) : 1398 - 1403.

SHAH S P, SWARTZ S E, BARR B. Fracture of concrete and rock: recent developments [M]. Elsevier Applied Science, 1989.

SIEMES A J M, VISSER J H M. Low tensile strength in older concrete structures with alkali - silica reaction [C]. Proceedings 11th International Conference on Alkali - Aggregate Reaction (ICAAR). Québec, Canada, 2000. 1029 - 1038.

SMAOUI N, BÉRUBÉ M A, FOURNIER B, et al. Effects of alkali addition on the mechanical properties and durability of concrete [J]. Cement and Concrete Research, 2005, 35 (2) : 203 - 212.

STARK D. The handbook for the identification of alkali - silica reactivity in highway structures [J]. 1991.

SWAMY R N, AL - ASALI M M. Influence of alkali - silica reaction on the engineering properties of concrete [J]. Astm Special Technical Publications, 1986 (930) : 18.

THOMAS M D A, FOURNIER B, FOLLIARD K J. Alkali - Aggregate Reactivity (AAR) facts book [J]. Alkali Silica Reactions, 2013.

WALKER H N. Interim Report: Petrographic Manual: Petrographic Methods of Examining Hardened Concrete [J]. Petrology, 1991.

WOOD J G M, WALDRON P, CHRISP T M. Development of a non - destructive test to quantify damage in deteriorated concrete [J]. Magazine of Concrete Research, 1993, 45 (165) : 247 - 256.

鲍曼 R，徐德辉. 因碱骨料反应受损坝的重建 [J]. 水利水电快报，2003，24 (18) : 3.

吕小彬，孙其臣，鲁一晖，等. 基于冲击弹性波的 CT 技术的原理及在水工混凝土结构无损检测中的应用 [J]. 水利水电技术，2013，44 (10) : 107 - 112.

哨冠华，刘晨霞，李曙光，等. 基于冲击弹性波波速的混凝土碱骨料反应损伤评价研究 [J]. 华北水利水电大学学报：自然科学版，2018，39 (5) : 31 - 35.